"十四五"普通高等教育本科系列教材

工程教育创新系列教材

供配电技术

主　编　葛廷友　李　晓

编　写　张　晶　秦　鹏　董微微　郭　凯

主　审　王晓文

中国电力出版社
CHINA ELECTRIC POWER PRESS

内 容 提 要

本书系统阐述了供配电技术的相关基本知识、基本理论、计算方法、运行技术和管理方式。全书分为四部分，共十二章，主要内容包括电力系统概述、电力线路、常用高压电气设备、电气主接线、负荷计算与无功功率补偿、短路电流的计算、电气设备及导线的选择、变电站的总体布置、变电站的二次回路与自动装置、电力系统继电保护、智能变电站及电力工程电气设计等，章后配有复习思考题。附录部分给出了电力网相关计算的常用参数。

本书可作为本科院校电气工程及其自动化、自动化、电气工程与智能控制、供配电技术等专业教材，也可作为电气工程技术人员的培训教材，还可供电气技术爱好者参考。

图书在版编目（CIP）数据

供配电技术/葛廷友，李晓主编．—北京：中国电力出版社，2020.9（2024.6 重印）
"十四五"普通高等教育本科规划教材　工程教育创新系列教材
ISBN 978-7-5198-4521-6

Ⅰ.①供…　Ⅱ.①葛…②李…　Ⅲ.①供电系统－高等学校－教材②配电系统－高等学校－教材
Ⅳ.①TM72

中国版本图书馆 CIP 数据核字（2020）第 048046 号

出版发行：中国电力出版社
地　　址：北京市东城区北京站西街 19 号（邮政编码 100005）
网　　址：http://www.cepp.sgcc.com.cn
责任编辑：陈　硕（010-63412532）
责任校对：黄　蓓　朱丽芳
装帧设计：郝晓燕
责任印制：吴　迪

印　　刷：北京雁林吉兆印刷有限公司
版　　次：2020 年 9 月第一版
印　　次：2024 年 6 月北京第五次印刷
开　　本：787 毫米×1092 毫米　16 开本
印　　张：19.25
字　　数：467 千字
定　　价：55.00 元

序

近年来，计算机、通信、智能控制等前沿技术的日新月异给高等教育的发展注入了新活力，也带来了新挑战。而随着中国工程教育正式加入《华盛顿协议》，高等学校工程教育和人才培养模式开始了新一轮的变革。高校教材，作为教学改革成果和教学经验的结晶，也必须与时俱进、开拓创新，在内容质量和出版质量上有新的突破。

教育部高等学校电气类专业教学指导委员会按照教育部的要求，致力于制定专业规范或教学质量标准，组织师资培训、教学研讨和信息交流等工作，并且重视与出版社合作编著、审核和推荐高水平的电气类专业课程教材，特别是“电机学”、“电力电子技术”、“电气工程基础”、“继电保护”、“供用电技术”等一系列电气类专业核心课程教材和重要专业课程教材。

因此，2014年教育部高等学校电气类专业教学指导委员会与中国电力出版社合作，成立了电气类专业工程教育创新课程研究与教材建设委员会，并在多轮委员会讨论后，确定了“十三五”普通高等教育本科系列教材（工程教育创新系列）的组织、编写和出版工作。这套教材主要适用于以教学为主的工程型院校及应用技术型院校电气类专业的师生，按照工程教育认证和国家质量标准的要求编排内容，参照电网、化工、石油、煤矿、设备制造等一般企业对毕业生素质的实际需求选材，围绕“实、新、精、宽、全”的主旨来编写，力图引起学生学习、探索的兴趣，帮助其建立起完整的工程理论体系，引导其使用工程理念思考，培养其解决复杂工程问题的能力。

优秀的专业教材是培养高质量人才的基本保证之一。此次教材的尝试是大胆和富有创造力的，参与讨论、编写和审阅的专家和老师们均贡献出了自己的聪明才智和经验知识，引入了“互联网+”时代的数字化出版新技术，也希望最终的呈现效果能令大家耳目一新，实现宜教易学。

胡敏强

教育部高等学校电气类专业教学指导委员会主任委员

2018年1月于南京师范大学

前　言

为了适应新时代高等院校“供配电技术”课程发展的需要，编者从高等院校本科学生的培养目标出发，结合我国电力工业的发展状况，紧密联系我国供配电技术的实际情况编写了本书。本书系统阐述了供配电技术的基本知识、基本理论、计算方法、运行技术和管理方式。本书在总结、吸取国内外同类教材特色的基础上，更加注重理论上的系统性和工程上的实用性，并大量地纳入了当前电气工程采用的最新设备和最新知识。

全书分为四部分，共十二章，以110kV及以下电压等级的发电厂和变电站的电气一次及二次系统的设计计算为主线，系统、全面地阐述了一、二次系统的基本结构、基础理论、基本计算方法，力求使读者对供配电系统的组成及变电站的电气设计有较为全面地了解与掌握。

第一部分为电力网，主要介绍供配电系统的基本概念、接线方式及电力网的等效电路。

第二部分为发电厂和变电站一次系统，主要讲述发电厂和变电站常用高压电气设备、电气主接线、负荷计算与无功功率补偿、短路电流的计算、电气设备及导线的选择与校验，以及变电站的总体布置。

第三部分为发电厂和变电站二次系统，主要讲述变电站的二次接线、电力系统继电保护、变电站的监控系统和自动装置，并对智能变电站进行介绍。

第四部分为电力工程电气设计，主要对110kV变电站和10kV变配电站的典型设计进行介绍。

本书各章附有复习思考题，附录部分给出了电力网的常用参数。

本书的特点如下：

（1）侧重于基本结构和基本原理的阐述，并强调实际应用。

（2）突出技术内容的先进性，以及相互关联性。

（3）体系结构合理，系统性强。

（4）书中内容组织循序渐进，内容丰富、结构严谨。

（5）书中文字及图表使用规范，叙述简明扼要。

（6）书中不仅给出了电力工程电气设计常用的技术数据和典型的工程设计示例，还较多地关注了供配电领域的新知识和新技术。

本书由大连海洋大学应用技术学院葛廷友、中北大学李晓担任主编，并负责统稿工作。本书第一、二章由大连海洋大学应用技术学院董微微编写，第三、四、十章由大连海洋大学应用技术学院葛廷友编写，第五章～第七章及附录由大连海洋大学应用技术学院张晶编写，第八章由中北大学秦鹏编写，第九、十一章由中北大学李晓编写，第十二章由山西省交通规划勘察设计院有限公司郭凯编写。本书由沈阳工程学院王晓文教授担任主审，并提出了许多宝贵的意见和建议。北京博超时代软件有限公司董事长林飞、技术总监于滨给予了多方支持，在此一并表示衷心感谢！

限于编者水平，书中缺点和疏漏之处在所难免，欢迎读者批评指正。

编　者

2020 年 3 月

目　　录

第四部分 电力工程电气设计

第一部分 电 力 网

第一章　电力系统概述

第一节　电力系统的基本概念

一、电力系统的组成

电能可以实现远距离的传输和分配，电能在国民经济和人们的日常生活中越来越重要，变得不可或缺，电力工业的发展水平也标志着一个国家国民经济的发达程度。

1. 发电厂

发电厂将其他形式的能量转换为电能，经过变压器和不同电压等级的输电线路将电能输送给电力用户，通过各种用电设备将电能转换为适合用户需要的其他形式的能量。

2. 变（配）电站

变电站起着变换电能、接受和分配电能的作用，是联系发电厂和电力用户的中间环节，分为变电站和配电站，配电站只接受和分配电能，而变电站不仅要接受和分配电能，还要进行电压等级的变换。

3. 电力用户

凡是消耗电能的单位统称为电力用户，分为工业用户和民用用户。电力用户中的用电设备称为电力负荷或电力负载，有时电力负荷也称电力用户。电力负荷还可以指用电设备或用电单位所消耗的电功率或电流的大小。因此，电力用户的具体所指要根据具体情况而定。

二、电力系统、动力系统和电力网

电力系统是指生产、输送、分配和消耗电能的各种电气设备连接在一起而组成的一个整体。动力系统是把火力发电厂的汽轮机、锅炉、供热管道和热力用户，水电厂的水轮机和水库等动力部分也包括进来。电力网是指输送和分配电能的部分，通常简称电网，它是电力系统的重要组成部分，承担着将发电厂发出的电能输送给电力用户的任务，如图 1-1 所示。

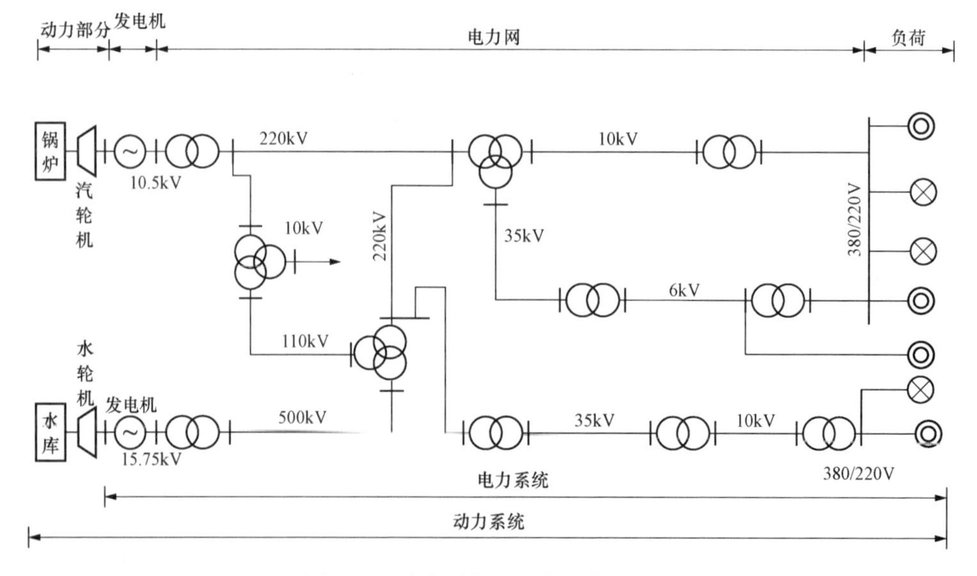

图 1-1　动力系统、电力系统及电网

电网按在电力系统中的作用分为输电网和配电网。输电网以输送电能为主要任务，采用高压或超高压将发电厂、变电站或变电站之间连接起来，为电力系统的主网架。直接将电能输送给电力用户的网络称为配电网。配电网将电能分配给不同的电力用户，它的电压等级由电力用户的需要决定，因此又分为高压配电网（通常指35kV及以上的电压）、中压配电网（通常指10、6kV和3kV）和低压配电网（通常指220、380V）。电网按其电压等级的高低和供电范围的大小也分为区域电网和地方电网。

第二节 发电厂和变电站的类型

一、发电厂的类型

发电厂是把其他形式的能源转换为电能的特殊工厂。按其利用的能源不同，发电厂分为火力发电厂、水力发电厂、核能发电厂及风力发电厂、地热发电厂和太阳能发电厂等。

1. 火力发电厂

火力发电厂又分为凝汽式火电厂和兼供热的热电厂，它们的不同之处在于热电厂从汽轮机的中间段抽出一部分做过功的蒸汽供热给热力用户。火力发电厂是利用燃料的化学能来生产电能的，燃料主要以煤炭为主。为了提高燃料的效率，火力发电厂将煤炭碎成煤粉，由喷燃器喷入炉膛，以悬浮状态充分燃烧，产生的高温使水冷壁中的水变成蒸汽，蒸汽经过加温、加压后经管道送进汽轮机，推动汽轮机旋转，带动发电机旋转产生电能。其能量转换过程为燃料燃烧产生化学能→热能→机械能→电能。图1-2所示为火力发电厂生产过程示意图。

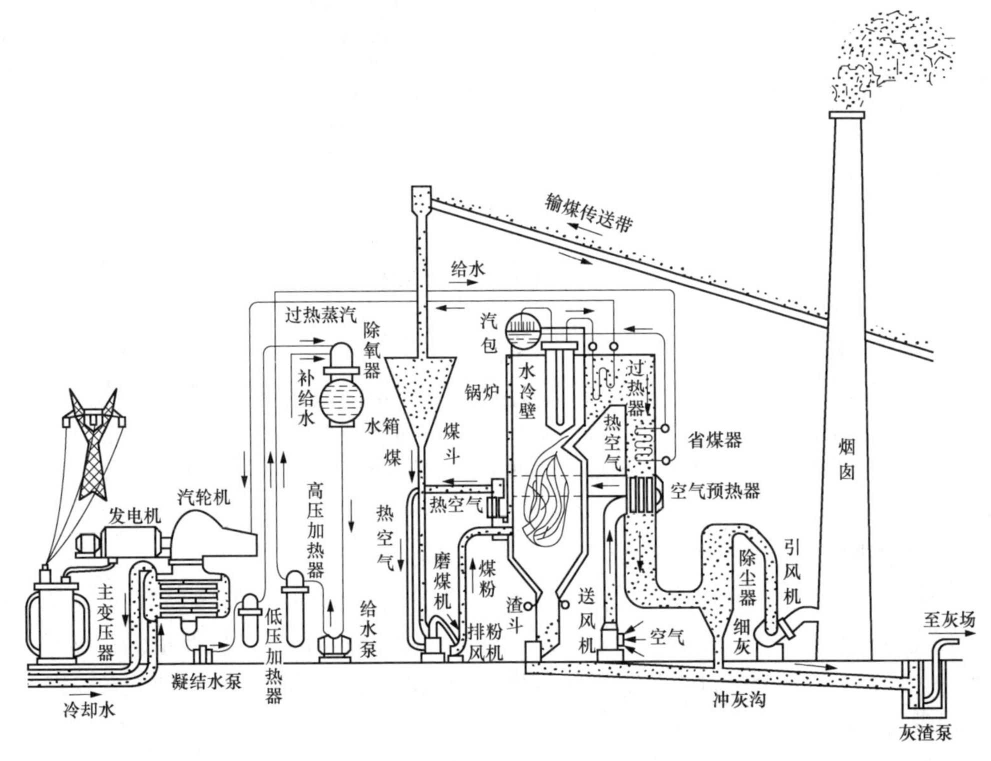

图1-2 火力发电厂生产过程示意图

2. 水力发电厂

水力发电厂分为堤坝式水力发电厂、引水道式水力发电厂和混合式水力发电厂。水力发电厂利用水流的位能来生产电能，发电量的大小由上下游的水位差和水流量决定。打开水流的控制闸门，水流通过引水管进入水轮机蜗壳室，冲击水轮机，带动发电机旋转产生电能。其能量转换过程为水的位能→机械能→电能。图 1-3 为水力发电厂工作示意图。

我国的水利资源丰富，地质条件好，而且水力发电效率高、发电成本低，环境清洁，综合利用价值高，是我国大力建设的电厂之一。

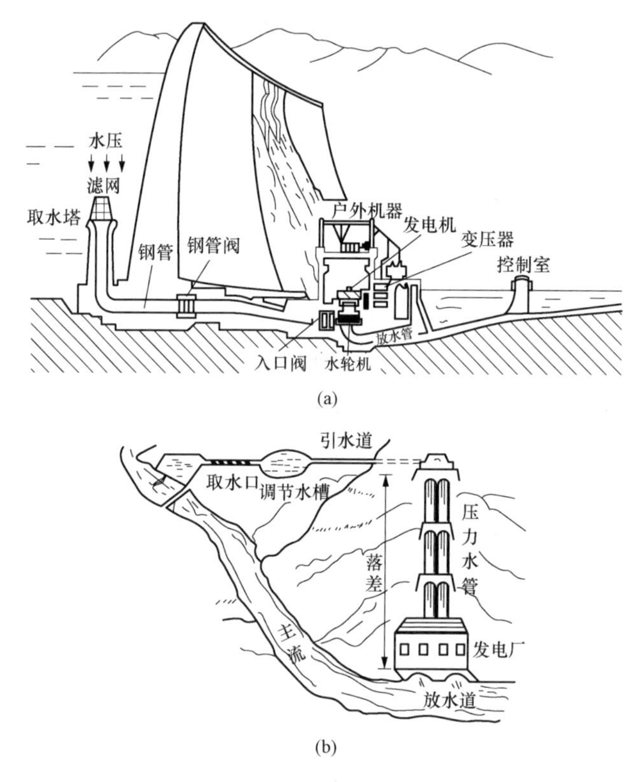

图 1-3 水力发电厂工作示意图

(a) 堤坝式水力发电厂；(b) 引水道式水力发电厂

3. 核能发电厂

核能发电厂是将核裂变产生的能量转变为热能，再按火力发电厂的方式来发电的，原子能反应堆代替了火力发电厂的锅炉。其能量转换过程为核裂变能→热能→机械能→电能。

核反应堆分为轻水堆（包括沸水堆和压水堆）、重水堆和石墨冷气堆等。轻水堆核发电厂的生产过程示意图如图 1-4 所示。

4. 风力发电厂、地热发电厂和太阳能发电厂

(1) 风力发电厂：建在有丰富风力资源处，利用风力的动能来生产电能。风能是一种取之不尽的清洁、廉价和可再生的能源，但是，风能的能量密度较小，因此单机容量不可能很大。此外，风能是一种具有随机性和不稳定性的能源，因此风力发电厂必须配备一定的蓄电装置，以保证其连续供电。

(2) 地热发电厂：建在有足够地热资源处，利用地球内部蕴藏的大量地热资源来生产电

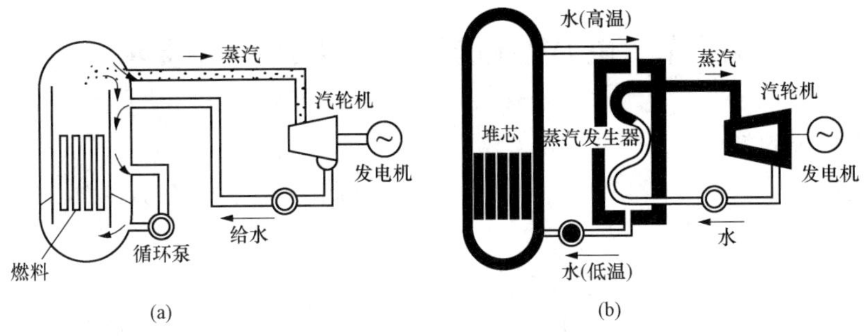

图 1-4 轻水堆核发电厂的生产过程示意图

(a) 沸水堆；(b) 压水堆

能。地热发电不消耗燃料，运行费用低。地热发电不像火力发电那样，要排出大量灰尘和烟雾，因此其属于比较清洁的能源。但是，地下水和蒸气中大多含有硫化氢、氨和砷等有害物质，因此对其排出的废水要妥善处理，以免污染环境。

(3) 太阳能发电厂：利用太阳的光能或热能来生产电能。利用太阳光能发电，是通过光电转换元件，如光电池等直接将太阳光能转换为电能。利用太阳热能发电，可分直接转换和间接转换两种方式：温差发电、热离子发电和磁流体发电，均属于热电直接转换；通过集热装置和热交换器，加热给水，使之变为蒸汽，推动汽轮发电机发电，与火力发电相同，属于间接转换发电。

二、变电站的类型

变电站又分为升压变电站和降压变电站。升压变电站一般建在发电厂，发电厂生产出来的电能电压比较低，为了进行远距离输送电能，势必将电压等级升高；降压变电站一般建在靠近负荷中心的地方，将电网输送来的高压转换为合适的电压等级。变电站按其在电力系统的地位和作用又分为枢纽变电站、地区变电站和用户变电站。图 1-5 为变电站结构示意图。

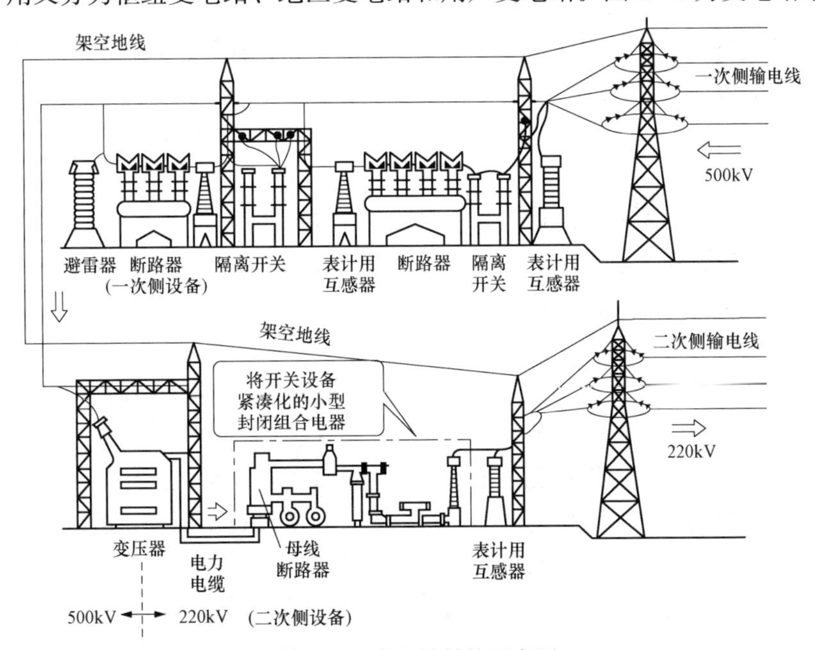

图 1-5 变电站结构示意图

第三节 电力系统的特点和运行的基本要求

一、电力系统的特点

电能从生产、输送、分配和使用的全过程都是在同一瞬间完成的，因此，电力系统具有以下的特点：

1. 电能生产、输送和使用的连续性

电能现在还不能大量地储存，从生产、输送到电能的使用，几乎是在同一时间完成的，任何一个环节出现问题都会影响电力系统的正常运行。

2. 电能生产的重要性

电能的使用已涉及工农业和国民经济的各个领域，与人民的生活息息相关，供电的中断或电能的不足，将极大地影响经济的发展和人们的正常生活，甚至会危及设备和人身安全。

3. 电力系统暂态过程的快速性

电力系统的运行状态因用户用电情况的随时改变而不断发生变化，由运行方式变化而引起的电磁、机电暂态过程非常短暂。这就要求电力系统必须采用自动化程度高、能迅速准确动作的继电保护装置和监控设备。

二、电力系统运行的基本要求

基于电力系统本身的特点，在设计和运行时必须达到以下的要求：

1. 安全

在电能的生产、输送和使用中，不应发生人身和设备事故。

2. 可靠

电力系统应满足电力用户对电能可靠性的要求。供电中断将会使生产停顿、生活混乱，甚至危及人身和设备安全，造成十分严重的后果。停电给国民经济造成的损失远远超过电力系统本身少售电能的损失，因此，电力系统运行的首要任务是满足用户对供电可靠性的要求。

3. 优质

电力系统应满足电力用户对电能质量的要求。电能质量是指电压、频率和波形的质量。电能质量的优劣，对设备寿命和产品质量等有较大的影响。为了保证电力系统安全经济运行，国家规定了各项电能指标的允许值。

4. 经济

电能是国民经济各生产部门的主要动力，生产电能消耗的能源在我国能源总消耗中占的比例也很大，因此，提高电能生产的经济性具有十分重要的意义。

电力系统在保证供电可靠性和良好电能质量的前提下，应最大限度地提高电力系统运行的经济性，为用户提供充足、廉价的电能。这就是说，建设费用要少，运行费用要低，尽可能地节约电能和减小有色金属的消耗。要求在电能的生产、输送和分配过程中，效率高、损耗小。为此，应做好规划设计，合理利用能源；采用高效率低损耗设备，采取措施降低网损，实行经济调度等。

第四节 电力系统中性点的运行方式

电力系统的中性点是指星形连接的变压器或发电机的中性点。电力系统中性点的运行方式有三种：中性点不接地、中性点经阻抗（消弧线圈或电阻）接地和中性点直接接地。根据系统中发生单相接地故障时接地电流的大小来划分，前两种接地系统称为小接地电流系统，也称中性点非有效接地系统，或中性点非直接接地系统，后一种称为大接地电流系统，也称中性点有效接地系统。

一、中性点不接地系统

中性点不接地的运行方式，是指电力系统供电电源的中性点不直接与大地相连接。图1-6为中性点不接地系统正常运行时的电路图和相量图。

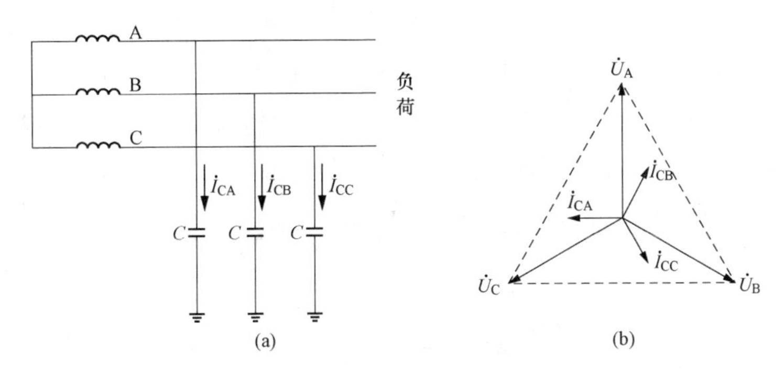

图1-6 中性点不接地系统正常运行时的电路图和相量图

(a) 电路图；(b) 相量图

现假设三相系统的电压和线路参数都是对称的，把每相导线的对地分布电容用集中参数C来表示，并忽略极间分布电容。由于在正常运行时三相电压$\dot{U}_A$、$\dot{U}_B$、$\dot{U}_C$是对称的，三个相的对地电容电流$\dot{I}_{CA}+\dot{I}_{CB}+\dot{I}_{CC}=0$也是对称的，如图1-6（b）所示。三相的电容电流之和为零，说明没有电流在地中流过。各相对地电压均为相电压。

假设发生A相接地故障，如图1-7（a）所示，则故障A相对地电压为零，而非故障相B、C相的对地电压在相位和数值上均发生变化（变为线电压），如图1-7（b）所示。

1. 各相对地电压

各相对地电压表达式为

$$\begin{aligned}\dot{U}'_A &= \dot{U}_A + (-\dot{U}_A) = 0\\ \dot{U}'_B &= \dot{U}_B + (-\dot{U}_A) = \dot{U}_{BA}\\ \dot{U}'_C &= \dot{U}_C + (-\dot{U}_A) = \dot{U}_{CA}\end{aligned} \tag{1-1}$$

由相量图［图1-7（b）］可知，A相接地时B相和C相对地电压其数值上由原来的相电压变为线电压，即升高为原对地电压的$\sqrt{3}$倍。因此，这种系统的设备的相绝缘，不能只按相电压来考虑，而要按线电压来考虑。

2. 系统线电压

由相量图［图1-7（b）］还可以看出，该系统发生单相接地故障时，三相线电压仍然保

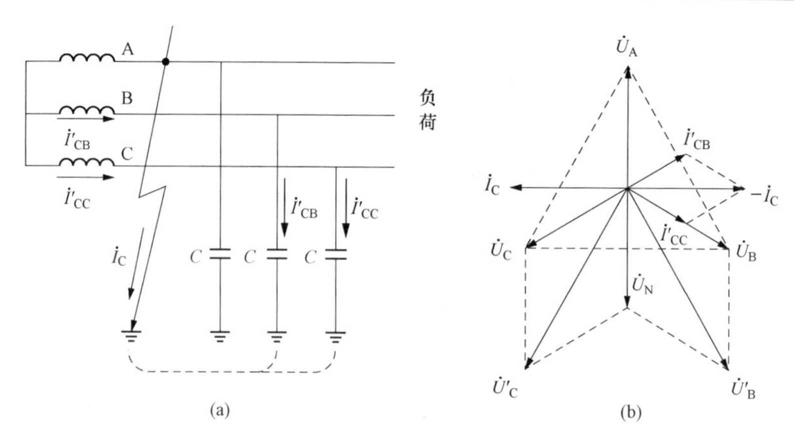

图 1-7 中性点不接地系统发生单相接地故障

（a）电路图；（b）相量图

持对称，因此，与该系统相接的三相用电设备仍可正常运行，这是中性点不接地系统的最大优点；但只允许短时间运行，因为此时非故障相对地电压升高了$\sqrt{3}$倍，容易发生对地闪络等接地故障，可能会造成两相短路，危害性较大。我国相关规程规定，中性点不接地系统发生单相接地后，允许继续运行时间不得超过 2h，在此时间内应设法查出和排除故障，否则应对故障线路停电检修。

3. 系统接地电流

A 相接地时，从图 1-7（b）可以得到对地电容电流的变化情况。系统的接地电流（对地电容电流）$\dot{I}_C$应为 B、C 两相对地电容电流之和，即

$$\dot{I}_C = -(\dot{I}'_{CB} + \dot{I}'_{CC}) \tag{1-2}$$

由图 1-7（b）所示的相量图可知，$\dot{I}_C$在相量上正好超前 A 相电压 $\dot{U}_A 90°$。而 $\dot{I}_C$的数值为

$$I_C = \sqrt{3} I'_{CB} = \sqrt{3}\frac{U'_B}{X_C} = \sqrt{3}\frac{\sqrt{3}U_B}{X_C} = 3\omega C U_\varphi = 3I_{C0} \tag{1-3}$$

因此

$$\dot{I}_C = 3I_{C0} \tag{1-4}$$

式（1-4）说明单相接地电流等于正常运行时每相对地电容电流的 3 倍。因为线路对地电容 C 很难准确计算，所以单相接地（电容电流）电流通常按下列经验公式计算，即

$$I_C = \frac{(l_{ab} + 35 l_{cab})U_N}{350} \tag{1-5}$$

式中：$\dot{I}_C$为单相接地电容电流，A；U_N 为电网额定电压，kV；l_{ab}为同级电网具有电气联系的架空线路的总长度，km；l_{cab}为同级电网具有电的联系的电缆线路的总长度，km。

二、中性点经消弧线圈接地系统

中性点不接地系统具有发生单相接地故障时仍可继续供电的突出优点，但当发生单相接地故障时，如果接地电流较大，在接地点可能产生间歇性电弧而导致过电压（幅值可达 2.5～3 倍相电压），引起电压谐振，导致线路上绝缘薄弱的地方绝缘击穿。

消弧线圈是一个具有铁芯的可调电感线圈，通常将它装在变压器或发电机中性点与地之间，如图 1-8 所示。

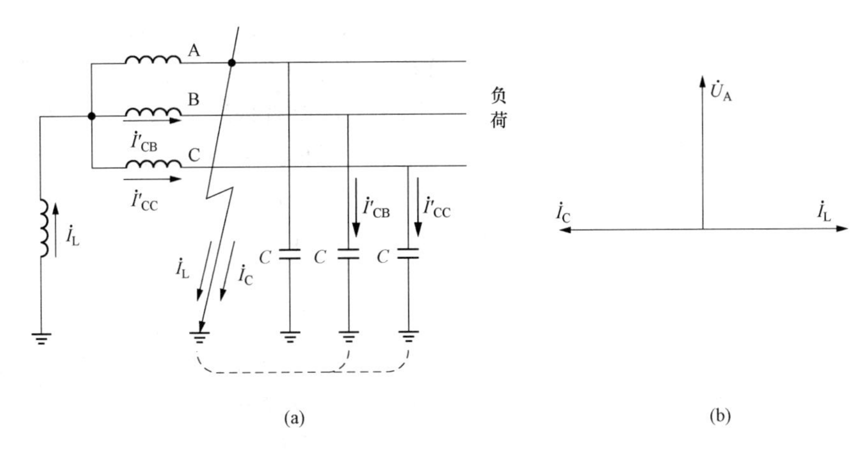

图 1-8　中性点经消弧线圈接地系统发生单相接地故障

（a）电路图；（b）相量图

正常运行时，三相系统是对称的，中性点电流为零，消弧线圈中没有电流流过。当电网发生单相接地故障时，流过接地点的总电流是接地电容电流 $\dot{I}_C$ 与流过消弧线圈的电感电流 $\dot{I}_L$ 之和。由于 $\dot{I}_C$ 超前于 $\dot{U}_A 90°$，而 $\dot{I}_L$ 滞后于 $\dot{U}_A 90°$［见图 1-8（b）］，流过接地点的电流的方向相反，在接地点形成相互补偿，假如消弧线圈的电流与接地电容电流基本相等，则可使接地处的电流变得很小或等于零，从而消除了接地处的电弧及由此引起的各种危害。另外，当电流过零，电弧熄灭后，消弧线圈还可减小故障相电压的恢复速度，从而减小了电弧重燃的可能性，有利于单相接地故障的消除。

如果调节消弧线圈抽头使之满足 $\dot{I}_L = \dot{I}_C$，则可实现完全补偿。但正常运行时进行完全补偿，会出现感抗等于容抗的现象，造成电网发生串联谐振。

调节消弧线圈抽头，使 $\dot{I}_L < \dot{I}_C$，这时接地处将有未被补偿的电容电流，这种运行方式称为欠补偿。采用欠补偿运行方式时，如果电网运行方式改变而切除部分线路，则整个电网的对地电容减小，有可能变得接近于完全补偿状态，可能引起电磁谐振、过电压等其他问题，所以很少采用。使 $\dot{I}_L > \dot{I}_C$，则在接地处将有残余的电感电流，这种运行方式称为过补偿，是电力系统中较多采用的一种运行方式。过补偿方式的消弧线圈留有一定裕度，以保证将来电网发展而使对地电容增加后，原有消弧线圈仍可继续使用。

消弧线圈的选择，应当考虑供配电系统的发展规划，通常可按下式进行估算，即

$$S_{ay} = 1.35 I_C \frac{U_N}{\sqrt{3}} \tag{1-6}$$

式中：S_{ay} 为消弧线圈的容量，kVA；I_C 为电网的接地电容电流，A；U_N 为电网的额定电压，kV。

三、中性点直接接地系统

图 1-9 为中性点直接接地的电力系统示意图，这种系统中性点始终保持为地电位。

正常运行时，各相对地电压为相电压，中性点无电流通过；如果该系统发生单相接地故障，因系统中出现了除中性点外的另一个接地点，构成了单相接地短路（单相短路用符号 $k^{(1)}$ 表示）。由于短路回路阻抗很小，短路电流（单相短路电流用 $I_k^{(1)}$ 表示）非常大，各相之

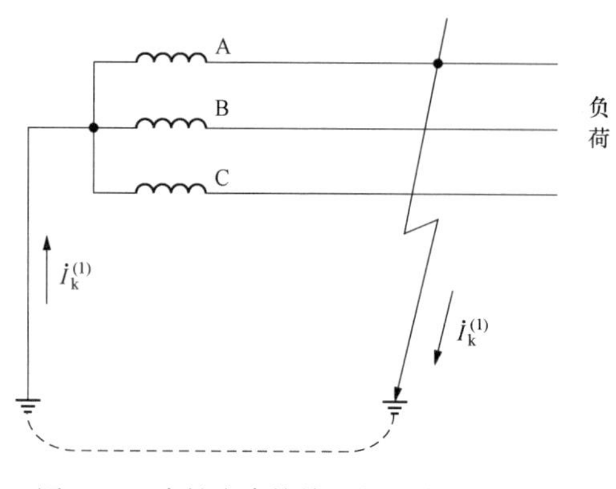

图 1-9　中性点直接接地的电力系统示意图

间电压也不再是对称的，而未发生接地故障的两完好相的对地电压不会升高，仍保持相电压。所以，中性点直接接地系统中的供用电设备的绝缘只需按相电压来考虑，对 110kV 及以上的超高压系统具有极高的经济技术价值。

中性点直接接地的电力系统的优点：一是安全性好，因为系统单相接地时即为单相短路，短路电流较大，保护装置动作，立即切除故障；二是经济性好，因中性点直接接地系统在任何情况下，中性点电压不会升高，不会出现系统单相接地时电网过电压，所以电力系统的绝缘水平可按相电压考虑。其主要缺点是当系统发生单相接地时，继电保护会使故障线路的断路器立即跳闸，降低了供电可靠性。

四、各种接地方式的比较及应用范围

1. 中性点不接地系统的应用范围

中性点不接地系统发生单相接地时，接地电流在故障处可能产生稳定或间歇性电弧。实践证明，当接地电流较大（30A 以上）时，一般形成稳定电弧，造成持续性电弧接地，这将烧毁设备并可能引起多相短路。因此，中性点不接地系统必须装设单相接地保护和绝缘监察装置，在系统发生单相接地故障时，发出警告信号或指示，以提醒值班人员注意，及时采取措施，查找或消除接地故障，当接地故障严重时，应使接地保护装置作用于跳闸。

中性点不接地的系统，在高压系统中多用于 3～10kV 系统，在低压系统中用于三相三线制的 IT 系统中。

2. 中性点经消弧线圈接地系统

中性点经消弧线圈接地系统中发生单相接地时，与中性点不接地系统中发生单相接地故障时一样，相间电压没有变化，因此，三相设备仍可照常运行，但运行时间同样不允许超过 2h，且要装设单相接地保护或绝缘监察装置，在发生单相接地时给予报警信号或指示，提醒运行值班人员及时采取措施，查找或消除故障，并尽可能地将重要负荷通过系统切换操作转移到备用线路上去。

按我国有关规程规定，在 3～10kV 电力系统中，若单相接地时的电容电流超过 30A；或 35～60kV 电力系统单相接地时电容电流超过 10A，其系统中性点均应采取经消弧线圈接地方式。

我国 110kV 及以上的电力系统基本上采用中性点直接接地方式。在低压配电系统中，三相四线制的 TN 系统和 TT 系统也都采取中性点直接接地的运行方式。

复习思考题

1-1　电能的特点有哪些？对企业供配电有哪些基本要求？

1-2　电力系统由哪几部分组成？建立大型电力系统有哪些益处？

1-3 什么是电力系统、电网、动力系统?

1-4 发电厂有哪几种类型?各自产生能量转换的过程是怎样的?

1-5 为什么要采用高压输电、低压配电的供电方式?

1-6 企业供配电系统由哪几部分组成?其内部变电站、配电站的任务是什么?

1-7 电力系统中性点的运行方式有哪几种?

1-8 什么是小接地电流系统和大接地电流系统?在系统发生单相接地时,这两种接地方式的接地电流和相对地的电压将如何变化?

第二章 电 力 线 路

第一节 电力网的接线方式

电网的接线对电力系统运行的安全性、经济性和可靠性都有极大的影响。电网的接线方式用来表示电网中各主要元件的相互连接关系。

电网可分为输电网和配电网两种类型。输电网一般由电力系统中电压等级最高的一级或两级电力线路组成，它的主要任务是将各种大型发电厂的电能可靠而经济地输送到负荷中心。因而对输电网的要求主要是供电的可靠性要高，符合电力系统运行稳定性的要求，便于系统实现经济运行，具有灵活的运行方式且适应系统发展的需要等。配电网的主要功能是将小型发电厂或变电站的电能降到合适的电压等级，并配送到每个用户。因而对配电网的要求是接线要简单明了，结构合理，供电的可靠性和安全性高，符合配电网自动化发展的要求等。

电网的接线方式按其对负荷供电可靠性的要求，可分为无备用接线和有备用接线；按其布置方式，可分为放射式、干线式、链式、环式及两端供电式。

一、按对负荷供电可靠性分类

（一）无备用接线

由一条电源线路向电力用户供电的电网称为无备用接线方式的电网，也称开式电网，简称开式网。无备用接线包括单回路放射式、单回路干线式、单回路链式等网络，如图 2-1 所示。

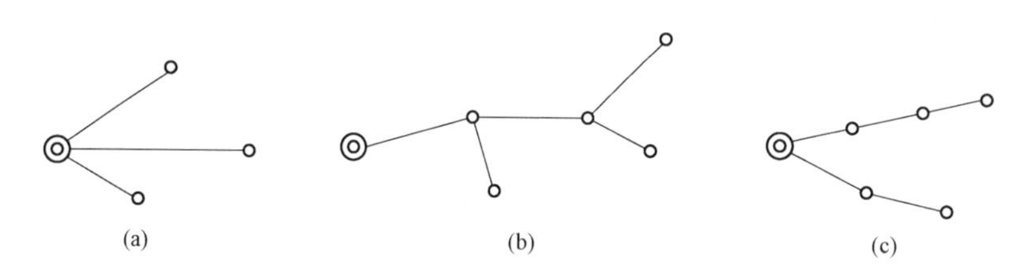

图 2-1 无备用接线

（a）单回路放射式；（b）单回路干线式；（c）单回路链式

无备用接线方式电网的优点是简单明了，运行方便，投资费用少，但是供电的可靠性较低，任何一段线路故障或检修都会影响对用户的供电。因此，这种接线方式只适用于向普通负荷供电，不适用于向重要用户供电。

（二）有备用接线

由两条及两条以上电源线路向电力用户供电的电网称为有备用接线方式的电网，也称闭式电网，简称闭式网。有备用接线包括双回路放射式、双回路干线式、双回路链式及环式和两端供电式等网络，如图 2-2 所示。

在有备用接线方式电网中，双回路的放射式、干线式、链式网络的优点是供电的可靠性和电压质量明显提高，缺点是设备费用增加很多，不够经济。

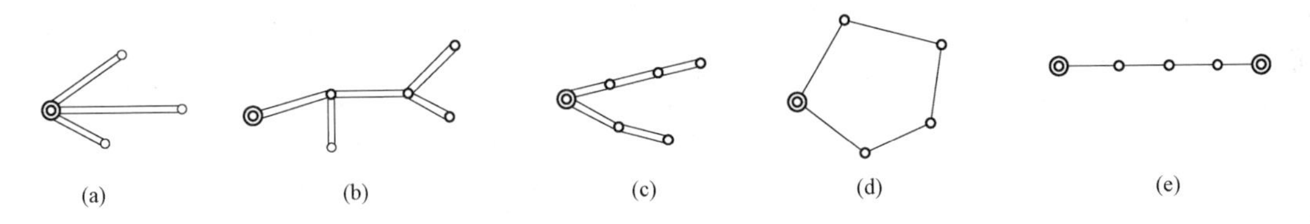

图 2-2 有备用接线
(a) 双回路放射式；(b) 双回路干线式；(c) 双回路链式；(d) 环式；(e) 两端供电式

环式接线具有较高的供电可靠性和良好的经济性，但是当环网的接点较多时运行调度较复杂，且故障时电压质量较差。

两端供电式网络在有备用接线方式中最为常见，其供电可靠性很高，但这种接线方式必须有两个独立电源。

二、按布置方式分类

(一) 放射式接线

放射式接线是指由地区变电站或企业总降压变电站 6～10kV 母线直接向用户变电站供电，沿线不接其他负荷，各用户变电站之间也无联系，如图 2-3 所示。这种接线方式具有结构简单，操作维护方便，保护装置简单，便于实现自动化等优点，但它的供电可靠性较差，只能用于三级负荷和部分次要的二级负荷。

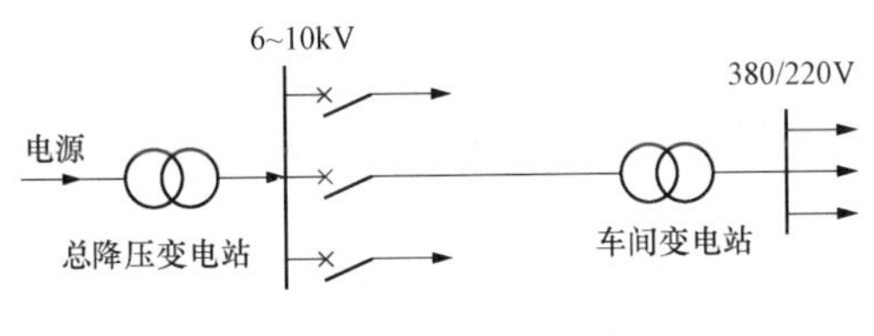

图 2-3 放射式接线

对于供电可靠性要求较高的某些工业企业内部的车间变电站，可采用来自两个电源的双回路放射式接线，如图 2-4 所示，两回放射式线路连接在不同电源的母线上，当任意线路或任意电源发生故障时，均能保证不间断供电，适用于一级负荷。其缺点是从电源到负荷都是双套设备，互为备用，投资大，且维护困难。

(二) 干线式接线

干线式接线分为直接连接干线式接线和串联型干线式接线两种。

1. 直接连接干线式接线

直接连接干线式接线是指由地区变电站或企业总降压变电站 6～10kV 母线向外引出高压供配电干线，沿途从干线上直接接出分支线引入用户（或车间）变电站，如图 2-5 所示。这种接线方式的优点是线路敷设简单，变电站出线回路数少，高压配电装置和线路投资较小，比较经济。其缺点是供电可靠性差，当干线发生故障或检修时，所有用户都将停电，且在实现自动化方面，适应性较差。因此，直接连接干线式只适用于分支数目不多、变压器容量也不太大的三级负荷。

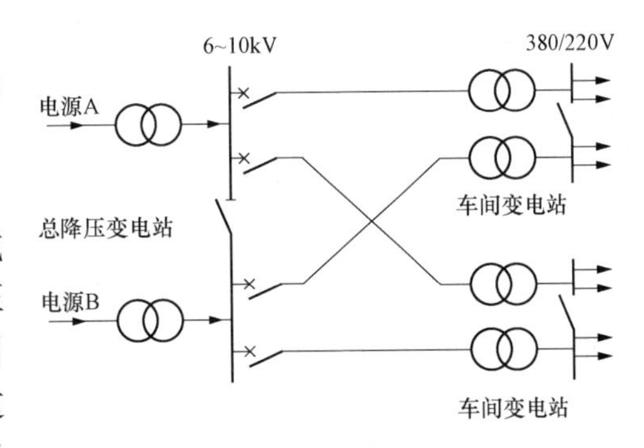

图 2-4 双回路放射式接线

2. 串联型干线式接线

串联型干线式接线如图 2-6 所示，其特点是干线的进出侧均安装了隔离开关，当发生故障时，可在找到故障点后，拉开相应的隔离开关继续供电，从而缩小停电范围，使供电可靠性有所提高。

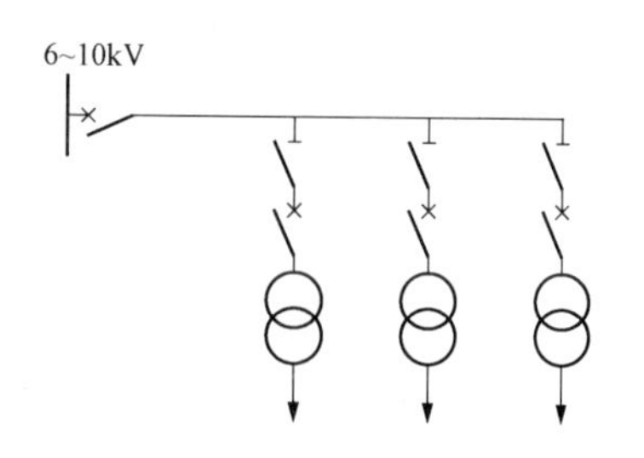

图 2-5 直接连接干线式接线

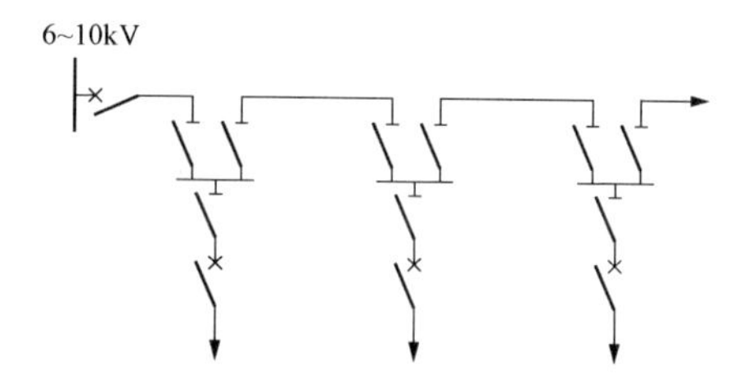

图 2-6 串联型干线式接线

为了提高供电的可靠性，可采用双回路干线式接线（见图 2-7）或两端供电干线式接线（见图 2-8）。

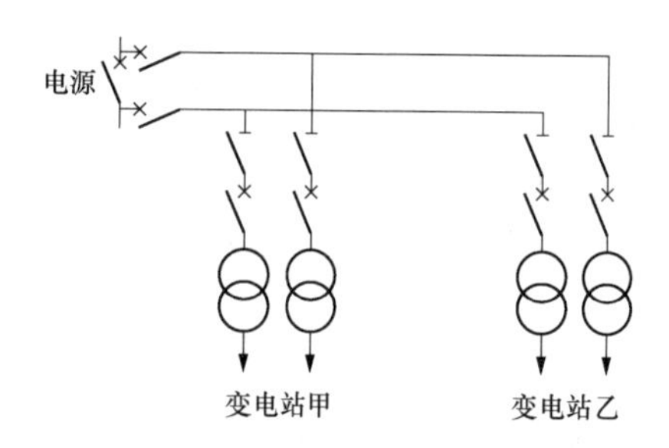

图 2-7 双回路干线式接线

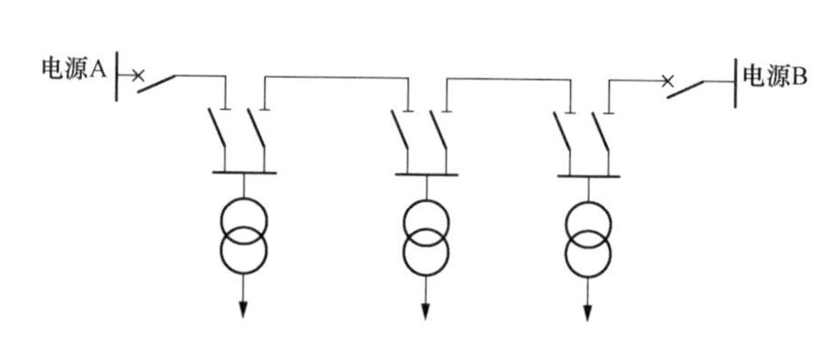

图 2-8 两端供电干线式接线

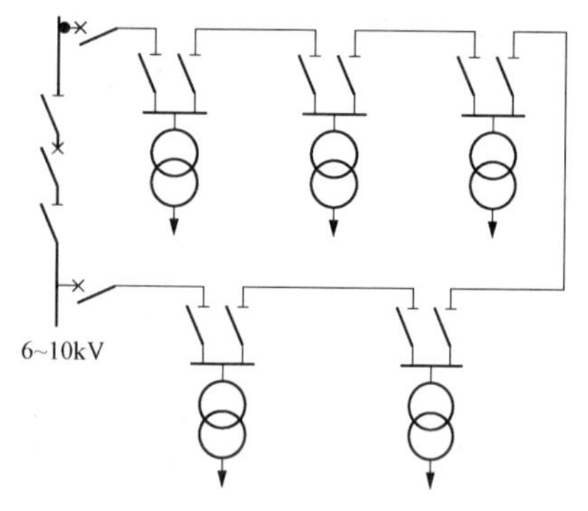

图 2-9 普通环式接线

（三）环式接线

只要把两路串联型干线式线路联络起来，就构成了普通环式接线，如图 2-9 所示。环式接线的优点是运行灵活，供电可靠性高，当线路的任何线段发生故障时，在短时停电后经过“倒闸操作”，拉开故障线路两侧的隔离开关，将故障线段切除后，全部用户变电站均可恢复供电。

环式接线有开环和闭环两种运行方式，闭环运行时形成两端供电，当任一线段故障时，将使两路进线端的断路器均跳闸，造成全部停电，因此一般均采用开环运行方式，即正常运行时环形线路在某点是断开的。普通环式接线一般适用于允许停电 30～40min 的二、三级负荷。

环式供电系统的导电截面应按有可能通过的全部负荷来考虑，因此截面较大，投资较高，而且切换操作比较频繁，对继电保护和自动装置要求也较高，技术上比较复杂。

拉手环式接线实质上是将以往的放射式接线改造成双电源供电，中间以联络断路器将两段线路连接起来，如图 2-10 所示。在正常运行时联络断路器打开，以减少短路电流和可能出现的环流等，当线路失去一端电源时，将联络断路器合上，从另一端电源对失去电源线路上的用户供电。这种接线方式的供电

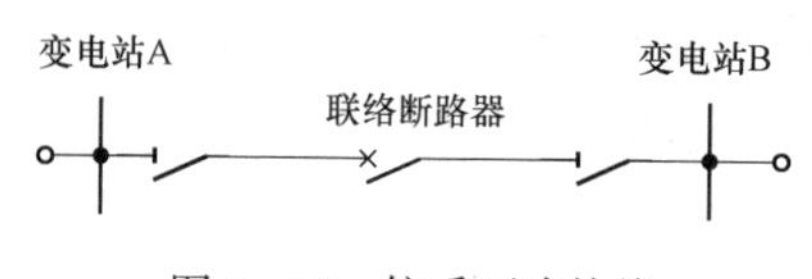

图 2-10 拉手环式接线

可靠性较高，易于实现配电网自动化，因此，在配电网建设与改造中被广泛采用。

低压配电系统也有放射式、干线式、环式等接线方式。实际上电网络比较复杂，多采用几种接线方式的组合。

第二节 电力网的等效电路

一、电力线路的参数和等效电路

（一）电力线路的参数

1. 电阻

单根导线的直流电阻为

$$R = \rho \frac{L}{S} \tag{2-1}$$

式中：R 为导线电阻，Ω；ρ 为导线材料的电阻率，Ω·m，其大小与温度有关；L 为导线的长度，m；S 为导体的横截面积，m^2。

导线的交流电阻比直流电阻增大 0.2%～1%，主要是因为考虑了集肤效应和邻近效应的影响；导线为多股绞线，使每股导线的实际长度比线路长度大；导线的额定截面积（即标称截面积）一般略大于实际截面积。

工程计算中，通常取 $\rho_{Cu}=18.8\Omega \cdot mm^2/km$，$\rho_{Al}=31.5\Omega \cdot mm^2/km$。

工程计算中，可先查出导线单位长度电阻值 r_1，则 $R=r_1 l$。

需要指出：手册中给出的 r_1 值，是指温度为 20℃时的导线电阻，当实际运行的温度不等于 20℃时，应按公式 $r_\theta = r_{20}\left[1+\alpha(\theta-20)\right]$ 进行修正，其中，α 为电阻的温度系数（1/℃），铜取 0.003 82（1/℃），铝取 0.003 6（1/℃）。

2. 电抗

（1）单相导线单位长度的等效电抗为

$$x_1 = 2\pi f\left(4.6\lg\frac{D_m}{r} + 0.5\mu_r\right)\times 10^{-4} \approx 0.1445\lg\frac{D_m}{r} + 0.0157\mu_r \tag{2-2}$$

式中：f 为交流电频率；μ_r 为相对磁导率，铜和铝的 $\mu_r=1$；r 为导线半径，m；D_m 为三相导线的线间几何均距，m。

（2）分裂导线线路电抗为

$$x = 0.1445\lg\frac{D_m}{r_{eq}} + \frac{0.0157}{n} \tag{2-3}$$

式中：n 为每一相分裂导线的根数；D_m 为一根分裂导线间的几何均距，m；r_{eq} 为分裂导线的等效半径 ，m。

3. 电导

电导反映沿线路绝缘子表面的泄漏电流和导线周围空气电离产生的电晕现象而产生的有功功率损耗。电晕是在架空线路带有高电压的情况下，当导线表面的电场强度超过空气的击穿强度时，导线周围的空气被电离而产生局部放电的现象。当线路实际电压高于电晕临界电压时，与电晕相对应的电导为

$$g = \frac{\Delta P_g}{U^2}\times 10^{-3} \tag{2-4}$$

式中：g 为导线单位长度的电导，S/km；ΔP_g 为实测三相电晕损耗的总功率，kW/ km；U 为线路电压，kV。

4. 电纳

电力线路的电纳（容纳）是由导线间及导线与大地间的分布电容所确定的。每相导线的等效电容为

$$C_1 = \frac{0.0241}{\lg \frac{D_m}{r}} \times 10^{-6} \quad (\text{F/km}) \tag{2-5}$$

当频率为 50Hz 时，单位长度的电纳为

$$b = 2\pi f C_1 = \frac{7.58}{\lg \frac{D_m}{r}} \times 10^{-6} \quad (\text{S/km}) \tag{2-6}$$

5. 线路每相总电阻、总电抗、总电导和总电纳

当线路长度为 l 时，线路每相总电阻、总电抗、总电导和总电纳为

$$\begin{aligned} R &= rl \quad (\Omega) \\ X &= xl \quad (\Omega) \\ G &= gl \quad (\text{S}) \\ B &= bl \quad (\text{S}) \end{aligned} \tag{2-7}$$

（二）输电线路的等效电路

1. 一字形等效电路

对于线路长度不超过 100km 的架空线路，线路电压不高时，不发生电晕的情况下，线路电纳的影响不大，可令 $b=0$。正常情况时，绝缘子泄漏又很小，可令 $g=0$。此时，只剩下电阻和电抗两个参数，即一字形等效电路。一字形等效电路用于长度不超过 100km 的架空线路（35kV 及以下）和线路不长的电缆线路（10kV 及以下），如图 2 - 11 所示。

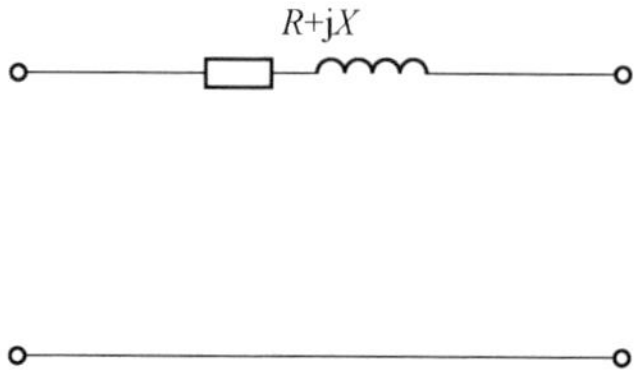

图 2 - 11 一字形等效电路

2. Π 形等效电路和 T 形等效电路

对于线路长度为 100～300km 的架空线路，或长度不超过 100km 的电缆线路，电容的影响已不可忽略，需采用 Π 形等效电路或 T 形等效电路，如图 2 - 12 所示。图 2 - 12 中 $Y=G+\text{j}B$ 为全线路总导纳，当 $G=0$ 时 $Y=\text{j}B$。

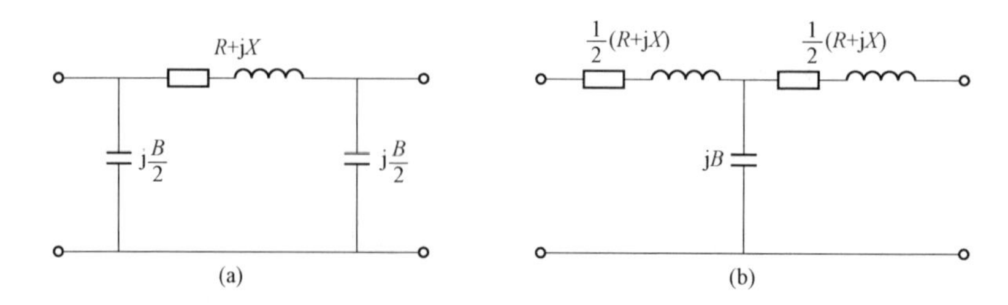

图 2 - 12 Π 形或 T 形等效电路

(a) Π 形；(b) T 形

工程上 Π 形等效电路应用更为广泛。

二、变压器的参数及其等效电路

(一) 双绕组变压器

1. 等效电路

双绕组变压器的等效电路一般采用Γ形等效电路，如图 2-13 (a) 所示。在实际计算中，往往直接用变压器的空载损耗 ΔP_0 和励磁功率 ΔQ_0 代替 G_T 和 B_T，如图 2-13 (b) 所示。对于 35kV 及以下的变压器，励磁支路可忽略不计，可用简化等效电路，如图 2-13 (c) 所示。

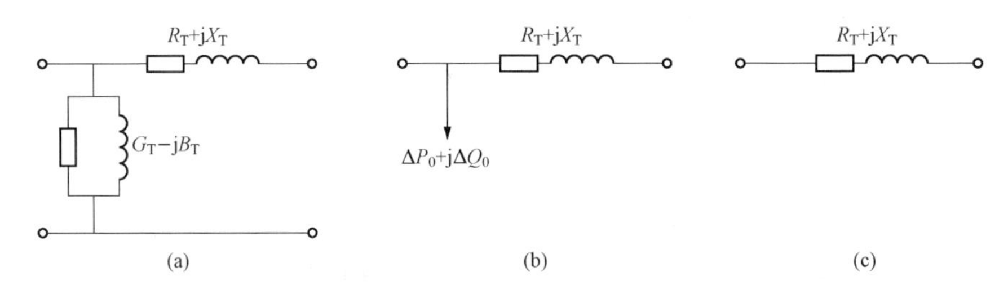

图 2-13 双绕组变压器的等效电路

(a) Γ形等效电路；(b) 励磁支路用功率表示的等效电路；(c) 简化等效电路

反映励磁支路的导纳接在变压器的一次侧。图 2-13 中所示变压器的四个参数可由变压器的空载和短路试验结果求出。

2. 变压器的参数

变压器的参数可以通过短路试验和空载试验获得。由变压器的短路试验可得变压器的短路损耗 ΔP_k 和变压器的短路电压 $U_k\%$。由变压器的空载试验可得变压器的空载损耗 ΔP_0 和空载电流 $I_0\%$。

利用这四个量计算出变压器的 R_T、X_T、G_T 和 B_T。

(1) 电阻

$$R_T = \frac{\Delta P_k U_N^2 \times 10^3}{S_N^2} \tag{2-8}$$

式中：R_T 为变压器一、二次绕组的总电阻，Ω；ΔP_k 为变压器短路损耗，kW；U_N 为变压器的额定电压，kV；S_N 为变压器的额定容量，kVA。

(2) 电抗

$$X_T = \frac{U_k\% U_N^2 \times 10^3}{S_N} \tag{2-9}$$

式中：X_T 为变压器一、二次绕组的总电抗，Ω；$U_k\%$ 为变压器短路电压的百分数；S_N 为变压器的额定容量，kVA；U_N 为变压器的额定电压，kV。

(3) 励磁电导

$$G_T = \frac{\Delta P_0 \times 10^{-3}}{U_N^2} \tag{2-10}$$

式中：G_T 为变压器的电导，S；ΔP_0 为变压器额定空载损耗，kW；U_N 为变压器的额定电压，kV。

(4) 励磁电纳

$$B_T = \frac{I_0\% S_N}{U_N^2} \times 10^{-5} \tag{2-11}$$

式中：B_T 为变压器的电纳，S；$I_0\%$为变压器额定空载电流的百分值；S_N 为变压器的额定容量，kVA；U_N 为变压器的额定电压，kV。

（二）三绕组变压器

三绕组变压器的等效电路如图 2 - 14 所示。

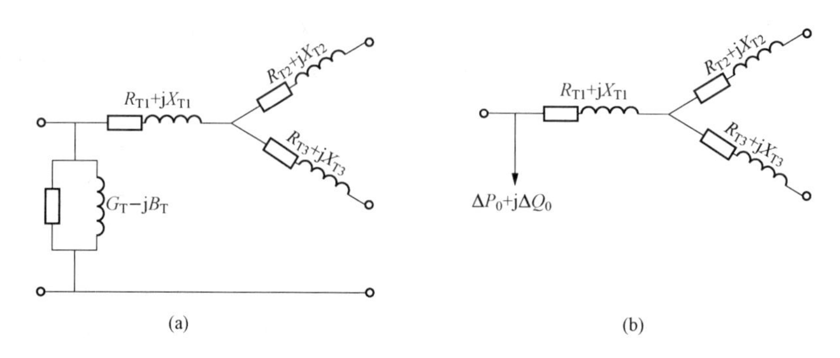

图 2 - 14 三绕组变压器的等效电路

（a）励磁回路用导纳表示；（b）励磁回路用功率表示

1. 电阻

变压器三个绕组容量比为 100%/100%/100%的三绕组变压器，通过短路试验可以得到任两个绕组的短路损耗 ΔP_{k12}、ΔP_{k23}、ΔP_{k31}。由此算出每个绕组的短路损耗 ΔP_{k1}、ΔP_{k2}、ΔP_{k3}和电阻 R_{T1}、R_{T2}、R_{T3}，即

$$
\begin{aligned}
\Delta P_{k1} &= \frac{\Delta P_{k12} + \Delta P_{k31} - \Delta P_{k23}}{2}, R_{T1} = \frac{\Delta P_{k1} U_N^2 \times 10^3}{S_N^2} \\
\Delta P_{k2} &= \frac{\Delta P_{k12} + \Delta P_{k23} - \Delta P_{k31}}{2}, R_{T2} = \frac{\Delta P_{k2} U_N^2 \times 10^3}{S_N^2} \\
\Delta P_{k3} &= \frac{\Delta P_{k23} + \Delta P_{k31} - \Delta P_{k12}}{2}, R_{T3} = \frac{\Delta P_{k3} U_N^2 \times 10^3}{S_N^2}
\end{aligned} \tag{2 - 12}
$$

2. 电抗

通常变压器铭牌上给出各绕组间的短路电压 $U_{k12}\%$、$U_{k23}\%$、$U_{k31}\%$和电抗 X_{T1}、X_{T2}、X_{T3}，由此可求出各绕组的短路电压，即

$$
\begin{aligned}
U_{k1}\% &= \frac{U_{k12}\% + U_{k31}\% - U_{k23}\%}{2}, X_{T1} = \frac{U_{k1}\% U_N^2 \times 10^3}{S_N} \\
U_{k2}\% &= \frac{U_{k12}\% + U_{k23}\% - U_{k31}\%}{2}, X_{T2} = \frac{U_{k2}\% U_N^2 \times 10^3}{S_N} \\
U_{k3}\% &= \frac{U_{k23}\% + U_{k31}\% - U_{k12}\%}{2}, X_{T3} = \frac{U_{k3}\% U_N^2 \times 10^3}{S_N}
\end{aligned} \tag{2 - 13}
$$

3. 导纳

三绕组变压器导纳的计算方法和求双绕组变压器导纳的方法相同。

2 - 1 电力线路一般用什么样的等效电路来表示？

2-2 什么是变压器的短路试验和空载试验？从这两个试验中可确定变压器的哪些参数？

2-3 变压器短路电压百分数$U_k\%$的含义是什么？

2-4 双绕组和三绕组变压器一般用什么样的等效电路表示？双绕组变压器的等效电路与电力线路的等效电路有何异同？

2-5 变压器的额定容量与其绕组的额定容量有什么关系？绕组的额定容量对于计算变压器参数有什么影响？何为三绕组变压器的最大短路损耗？

2-6 某 10kV 变电站装有一台 SJL1-630/10 型变压器，其铭牌数据如下：$S_N=630kVA$，$U_{N1}/U_{N2}=10/0.4$，$\Delta P_k=8.4kW$，$\Delta P_0=1.3kW$，$U_k\%=4$，$I_0\%=2$。求变压器的各项参数。

第二部分　发电厂和变电站一次系统

第三章　常用高压电气设备

第一节　电弧的形成与熄灭

一、电弧的形成

电弧是一种气体游离放电现象。高压开关电器在切断负荷电流或短路电流时，当加在动、静触头间的电压大于10V，通过其间的电流大于80mA，在动、静触头之间就会出现电弧：一道耀眼的白光。例如，220V的低压刀开关，在开断不大的负荷电流时，人们就可以看到电弧现象。开断的电流越大，触头间出现的电弧就越强烈。电弧的产生是开关电器在开断或接通电路过程中不可避免的一种客观的物理现象。

电弧的存在说明电路中有电流，只有当电弧熄灭，触头间隙成为绝缘介质时，电路才算断开。

电弧电流的主要特征如下：

（1）电弧的能量集中，温度极高，亮度很强。

（2）电弧由阴极区、阳极区和弧柱区组成，弧柱处温度最高，可达6000～7000℃，甚至10000℃以上，在弧柱周围温度较低，亮度明显减弱的部分称为弧焰，电流几乎都从弧柱内部流过。

（3）电弧的气体放电是自持放电，维持电弧燃烧的电压很低。在大气中，1cm长的直流电弧的弧柱电压为15～30V；在变压器油中，1cm长的直流电弧的弧柱电压为100～220V。

（4）电弧是一束游离的气体，质量极轻，极易变形，电弧在气体或液体的流动作用下或电动力作用下，能迅速移动、伸长或弯曲。

（一）弧隙中导电质点的产生

触头之间电弧燃烧的区域称为弧隙，弧隙中电子和离子的产生主要有以下几种形式。

1. 热电子发射

高温的阴极表面能够向四周空间发射电子。当开关触头分离时，触头间的接触压力及接触面积逐渐减小，接触电阻也随之增大，接触处将发热，使阴极表面温度升高而发射出电子。

2. 强电场发射电子

如果阴极表面处的电场强度很高，那么金属内部的电子就会在电场力的作用下被拉出来，即强电场发射。当电场强度超过10^5V/cm时，即使金属表面温度不高，其电子的发射量也会显著增加。

3. 碰撞游离

在电场力作用下，电极（触头）之间的电子会向正电极做加速运动。当电子获得足够的动能撞击中性质点（分子或原子）时，可使质点中的电子释放出来，形成自由电子和正离子，原来的电子和新产生的电子将向正电极做加速运动，如果能获得足够的动能，在撞击其他中性质点时，又会产生更多的新的电子和正离子，这样持续发展下去，会使电子和离子迅速增加，这种现象称为碰撞游离。

4. 热游离

在常温下，气体中的分子都处在不规则的热运动中，随着温度升高，气体分子的热运动加剧，当温度升高到3000℃以上时，它们间互相碰撞就会产生电子与正离子，这种现象称为热游离。热游离是维持电弧继续燃烧的主要形式。

（二）电弧的产生与维持

当触头刚分开瞬间，距离很小，触头间的电场强度很高，阴极表面上的电子被高电场拉出来，在触头间隙中形成自由电子（强电场发射电子）；同时，随着接触压力和接触面积减小，接触电阻迅速增加，使即将分离的动、静触头接触处剧烈发热，产生热电子发射；这两种电子在电场力的作用下，向阳极做加速运动，并碰撞弧隙中的中性质点，由于电子的运动速度很快，其动能大于中性质点的游离能，因此使中性质点游离为正离子和自由电子，即发生碰撞游离，碰撞游离的规模由于连锁反应而不断扩大，使触头间的电场能转变为热能，致使介质温度迅速升高，当温度升高到3000℃以上时，处于高温下的介质分子和原子产生强烈的热运动又可产生出新的电子和正离子，这便是热游离。至此，弧隙中充满了定向运动的自由电子和正离子，这就是电弧的形成。

实验证明，强电场发射电子是产生电弧的主要条件，而碰撞游离是产生电弧的主要原因。在电弧产生以后主要由热游离来维持电弧燃烧，同时，在弧隙高温下，阴极表面继续发射热电子，在热游离和热电子发射共同作用下，电弧继续炽热燃烧。

二、电弧的熄灭

（一）电弧中的去游离

弧隙中带电质点自身消失或者失去电荷变为中性质点的现象称为去游离。去游离有两种方式：复合与扩散。

1. 复合

带有异性电荷的质点相遇而结合成中性质点的现象称为复合。

（1）空间复合。在弧隙空间内，自由电子和正离子相遇，可以直接复合成一个中性质点。但是，由于自由电子运动速度比离子运动速度高很多（约高1000倍），因此电子与正离子直接复合的机会很少。复合的主要形式是间接复合，即电子碰撞中性质点时，一个电子可能先附着在中性质点上形成负离子，其速度大大减慢，然后与正离子复合，形成两个中性质点。

（2）表面复合。在金属表面进行的复合称为表面复合。其主要有以下几种形式：①电子进入阳极；②正离子接近阴极表面，与从阴极刚发射出的电子复合，变为中性质点；③负离子接近阳极后将电子移给阳极，自身变为中性质点。

2. 扩散

弧隙中的电子和正离子，从浓度高的空间向浓度低的介质周围移动的现象称为扩散。扩散的结果为使电弧中带电质点减少，有利于灭弧。电弧和周围介质的温度差及带电质点的浓度差越大，扩散的速度就越快。若把电弧拉长或用气体、液体吹弧，带走弧柱中的大量带电质点，就能加强扩散的作用。弧柱中的带电质点逸出到冷却介质中受到冷却而互相结合，成为中性质点。

游离与去游离是电弧内部同时进行着的性质完全相反的两种物理过程。当游离占优势时，电弧就会产生并得以加强；当去游离占优势时，电弧就趋于熄灭。若能采用某些加强去游离的措施，就会有利于电弧的熄灭。

（二）交流电弧的电压和电流

在交流电路中，交流电弧电压 u_h 和电流 i_h 随时间 t 变化的波形如图 3-1 所示。交流电弧电压在半周期起始时，迅速上升到最大值 U_{rh}（燃弧电压）。电弧点燃后，电弧电压迅速下降，在电弧电流半周期的中部达到最小值，并变得比较平坦。在半周期末，电压又上升到熄弧电压 U_{xh}，随之很快下降到零。由于在电流过零前后很短的时间内，电弧电阻变得相当大，电弧电流很小，因此波形偏离了正弦形。在电弧电流过零以前，其波形比正弦波形下降得快，而在零点附近变化缓慢，电弧电流几乎接近于零，这种现象称为“零休”。

（三）交流电弧的熄灭

交流电弧电流每半周期要过零一次，在过零前后很短的时间内会出现“零休”，此时弧隙的输入能量为零或趋近于零，电弧的温度下降，弧隙将从导体逐渐变成介质，这给熄灭交流电弧创造了有利条件。交流开关电器的灭弧装置在这期间的主要任务是充分利用这个有利条件，用外能或自能强迫冷却电弧，使去游离大于游离作用，将电弧熄灭，切断电路。

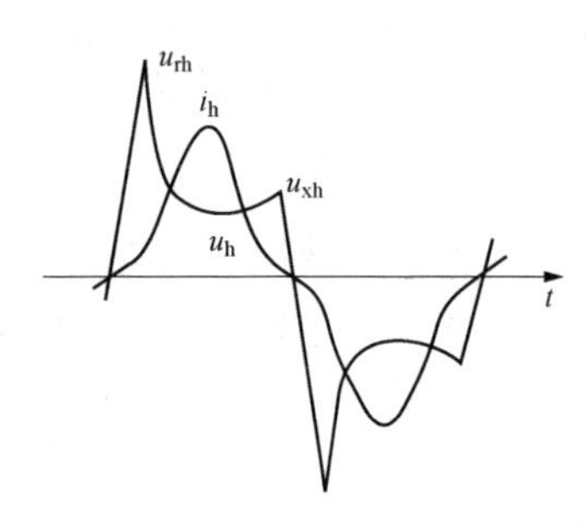

图 3-1　交流电弧的电压与电流随时间 t 变化的波形

u_h—电弧电压；i_h—电弧电流；u_{rh}—燃弧电压；u_{xh}—熄弧电压

从每次电弧电流过零时刻开始，弧隙中都发生两个作用相反又相互联系的过程：一个是弧隙介质强度的恢复过程，另一个是弧隙电压恢复过程。电弧熄灭与否取决于这两个恢复过程的速度。

1. 弧隙介质强度恢复过程

弧隙介质强度即弧隙的绝缘能力，也就是弧隙能承受的不致引起重燃的外加电压。

电弧电流过零时，弧隙有一定的介质强度，并随着弧隙温度的不断降低而继续上升，逐渐恢复到正常的绝缘状态。使弧隙能承受电压作用而不发生重燃的过程称为介质强度恢复过程。

（1）弧柱区介质强度恢复过程。电弧电流过零前，电弧处在炽热燃烧阶段，热游离很强，电弧电阻很小。当接近自然过零时，电流很小，弧隙输入能量减小，散失能量增加，弧隙温度逐渐降低，游离减弱，去游离增强，弧隙电阻增大，并达到很高的数值。当电流自然过零时，弧隙输入的能量为零，弧隙散失的能量进一步增加，使其温度继续下降，去游离继续增强，弧隙电阻继续上升并达到相当高的数值，为弧隙从导体状态转变为介质状态创造条件。实践表明，虽然电流过零时弧隙温度有很大程度的下降，但是由于电流过零的速度很快，电弧热惯性的作用使热游离仍然存在，因此弧隙具有一定的电导性，称为剩余电导。在弧隙两端电压作用下，弧隙中仍有能量输入。如果此时加在弧隙上的电压足够高，使弧隙输入能量大于散失能量，则弧隙温度升高，热游离得到加强，弧隙电阻迅速减小，电弧重新剧烈燃烧，这就是电弧的重燃。这种重燃是输入弧隙的能量大于其散失能量引起的，称为热击穿，此阶段称为热击穿阶段。热击穿阶段的弧隙介质强度为弧隙在该阶段每一时刻所能承受的外加电压，在该电压作用下，弧隙输入能量等于散失能量。如果此时加在弧隙上的电压相当小甚至为零，则弧隙温度继续下降，弧隙电阻继续增大至无穷，此时热游离已基本停止，电弧熄灭，弧隙中的带电质点转变为中性质点。当加在弧隙上的电压超过此时弧隙所能承受的电压时，会引起弧隙重新击穿，从而使电弧重燃。由此而引起的重燃称为电击穿，电流过零后的这一阶段称为击穿阶段。

电弧重燃过程一般要经过热击穿和电击穿两个阶段，两者有不同的特征。热击穿阶段的特征是弧隙处于导通状态，具有一定数值的电阻，有剩余电流通过，弧隙仍得到能量。电击穿阶段的特征是弧隙电阻值趋于无穷大，弧隙呈介电状态，但温度较高，弧隙的耐压强度比常温介质低得多，所以容易被击穿。

（2）近阴极区介质强度恢复过程。实验证明，在电弧电流过零后 0.1～1μs 时间内，阴极附近的介质强度突然升高，这种现象称为近阴极效应。在电流过零前，左电极为正，右电极为负，弧隙间充满着电子和正离子。在电流过零后，弧隙电极的极性发生了变化，左电极为负，右电极为正，弧隙中电子运动方向随之改变，如图 3-2 所示。电子向正电极方向运动，而质量比电子大得多的正离子几乎未动。因此，在阴极附近形成了不导电的正电荷空间阻碍阴极发射电子，出现了一定的介质强度。如果此时加在弧隙上的电压低于此时的介质强度，则弧隙中不再有电流流过，电弧不再产生。这个介质强度值为 150～250V，称为起始介质强度（在冷电极的情况下，起始介质强度为 250V，而在较热电极的情况下约为 150V）。产生近阴极效应之后，介质强度的增长速度变慢，具体增长速度主要取决于电弧的冷却条件。

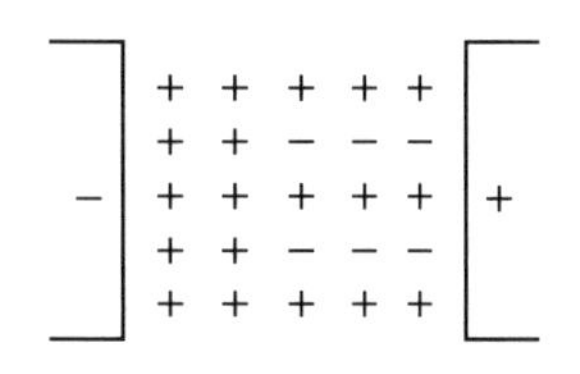

图 3-2　电流过零后电荷沿短弧隙的分布

近阴极效应在熄灭低压短弧中得到了广泛应用。在交流低压开关开断过程中，把电弧引入用钢片制成的灭栅中，将其分割成一串短弧，这样就出现了对应数目的阴极。当电流过零后，每个短弧阴极附近都立刻形成 150～250V 的介质强度，如其总和大于加在触头间的电压，即可将电弧熄灭。

近阴极效应对几万伏以上的高压断路器的灭弧起不到多大作用，因为起始介质强度比加在弧隙上的高电压低得多。

2. 弧隙电压恢复过程

交流电弧熄灭时，加在弧隙上的电压从熄弧电压开始逐渐恢复到电源电压，这个过程称为电压恢复过程。在电压恢复过程中，加在弧隙上的电压称为恢复电压。

恢复电压由暂态恢复电压和工频恢复电压两部分组成。暂态恢复电压是电弧熄灭后出现在弧隙上的暂态电压，它可能是周期性的，也可能是非周期性的，如图 3-3 所示。暂态恢复电压是否具有周期性，主要由电路参数（集中的或分散的电感、电容和电阻等）、电弧参数（电弧电压、剩余电导等）和工频恢复电压的大小所决定。工频恢复电压是暂态恢复电压消失后弧隙上出现的电压，即恢复电压的稳态值。

电压恢复过程仅在几十或几百微秒内完成，此期间正是决定电弧能否熄灭的关键时刻，因此，加在弧隙上恢复电压的幅值和波形，对弧隙能否重燃具有很大的影响。如果恢复电压的幅值和上升速度大于介质强度的幅值和上升速度，则电弧重燃；反之，不再重燃。因此，能否熄灭交流电弧，不但与介质强度恢复过程有关，而且和电压恢复过程有关。

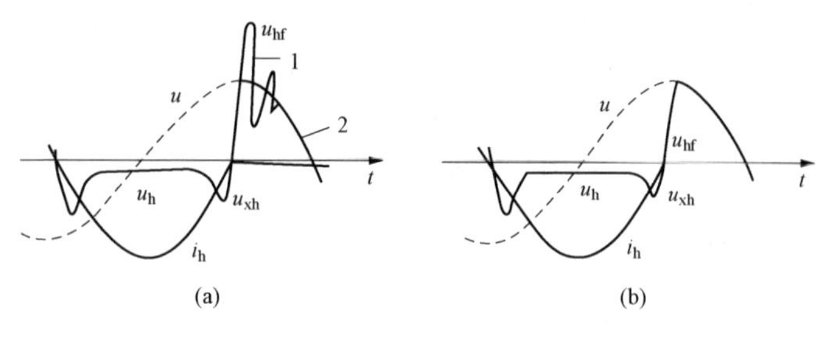

图 3-3　恢复电压

（a）周期性的暂态恢复电压；（b）非周期性的暂态恢复电压

1—暂态恢复电压；2—工频恢复电压；u—电源电压；

u_h—电弧电压；u_{hf}—恢复电压；u_{xh}—熄弧电压

3. 交流电弧的熄灭条件

在交流电弧熄灭过程中，介

质强度恢复过程和电压恢复过程是同时进行的，电弧能否熄灭取决于两个过程的发展速度。图 3－4 为几种典型电弧熄灭与重燃的波形。图 3－4（a）表示在两个恢复过程中，弧隙中有剩余电流通过，但介质强度始终大于恢复电压，所以电弧熄灭。图 3－4（b）表示在两个恢复过程中，弧隙中有较大的剩余电流，输入弧隙的能量大于弧隙散失的能量，热游离不断加强，弧隙的温度不断上升，并且由于热击穿，使电弧重燃，在热击穿阶段恢复电压较低。图 3－4（c）表示弧隙中有剩余电流，在热击穿阶段弧隙中的介质强度大于恢复电压，但在剩余电流下降到零之后，弧隙上的恢复电压即大于介质强度，引起弧隙电击穿使电弧重燃。图 3－4（d）表示弧隙中没有剩余电流，电弧电流过零后不存在热击穿阶段，但在恢复电压作用下，弧隙被电击穿使电弧重燃。

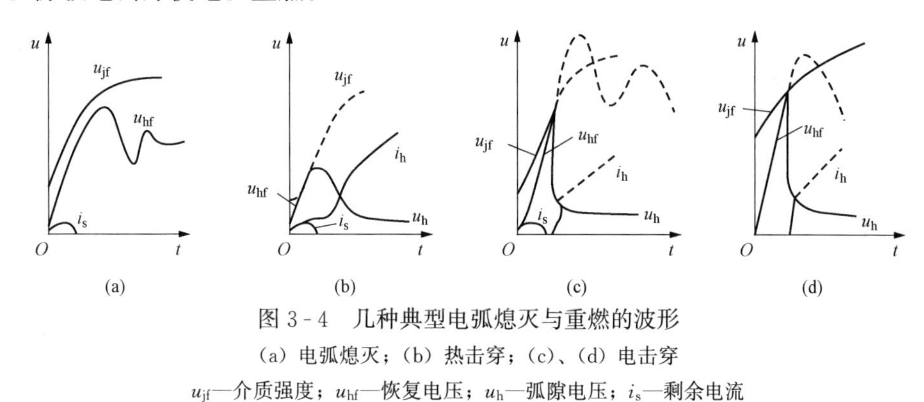

图 3－4　几种典型电弧熄灭与重燃的波形

（a）电弧熄灭；（b）热击穿；（c）、（d）电击穿

u_{jf}—介质强度；u_{hf}—恢复电压；u_h—弧隙电压；i_s—剩余电流

通过上述对两个恢复过程的分析，可得出交流电弧的熄灭条件，即交流电弧电流过零后，弧隙中的介质强度总是高于弧隙恢复电压。

4. 交流电弧的灭弧方法

现代开关电器中主要采用的灭弧方法有金属灭弧栅灭弧、绝缘灭弧栅灭弧、固体石英砂灭弧、固体产气灭弧、多断口灭弧、气体或油吹弧灭弧、采用新型介质（如六氟化硫 SF_6、真空等）灭弧。

第二节　高压开关电器

一、隔离开关

隔离开关也称刀开关，是发电厂和变电站中使用最多的一种高压开关电器。因为它没有专门的灭弧结构，所以不能用来开断负荷电流和短路电流。它需要与断路器配合使用，只有当断路器开断电流后才能进行操作。隔离开关型号的表示和含义如图 3－5 所示。

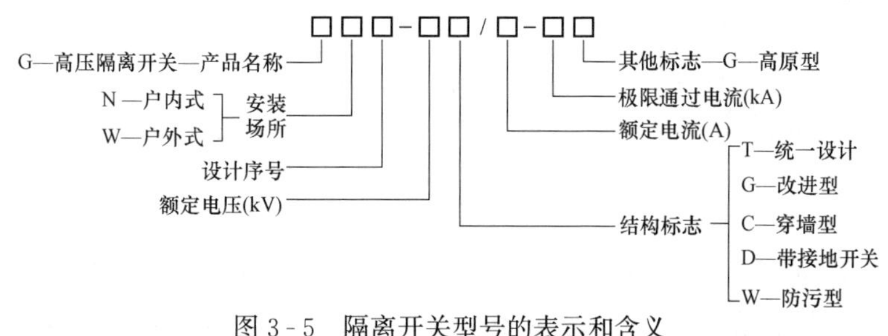

图 3－5　隔离开关型号的表示和含义

（一）隔离开关的用途、要求与分类

1. 隔离开关的用途

在电力系统中，隔离开关的主要用途如下：

（1）将停役的电气设备与带电的电网隔离，以确保被隔离的电气设备能安全地进行检修。

（2）倒闸操作，在双母线的接线电路中，利用隔离开关将电气设备或电路从一组母线切换到另一组母线上。

（3）接通或开断小电流电路。例如，接通或开断电压为10kV、距离为5km的空载送电线路，接通或开断电压为35kV、容量为1000kVA及以下的或电压为110kV、容量为3200kVA及以下的空载变压器等。

2. 隔离开关的要求

根据隔离开关所担负的任务，其应满足下列要求：

（1）隔离开关应具有明显的断开点，易于鉴别电器是否与电网断开。

（2）隔离开关断开点之间应有足够的距离，可靠的绝缘，以保证在恶劣的气候、环境下也能可靠地起隔离作用，并保证在过电压及相间闪络的情况下，不致引起击穿而危及工作人员的安全。

（3）具有足够的短路稳定性。运行中的隔离开关会受到短路电流的热效应和电动力效应的作用，所以要求它具有足够的热稳定性和动稳定性，尤其不能因电动力作用而自动断开，否则将引起严重事故。

（4）隔离开关的结构应尽可能简单，动作要可靠。

（5）带有接地开关的隔离开关必须相互有连锁，以保证先断开隔离开关，后闭合接地开关；先断开接地开关，后闭合隔离开关的操作顺序。

3. 隔离开关的分类

隔离开关按绝缘支柱的数目，可分为单柱式、双柱式和三柱式三种；按开关的运行方式，可分为水平旋转式、垂直旋转式、摆动式和插入式四种；按装设地点，可分为户内式和户外式两种；按有无接地开关，可分为带接地开关和无接地开关两种。

（二）户内隔离开关

户内隔离开关有单极式和三极式两种，一般为闸刀隔离开关，通常动触头（闸刀）与支柱绝缘子的轴垂直装设，而且大多采用线触头。

图3-6为GN6-10/400型三极隔离开关的典型结构，隔离开关的动触头每相有两条铜制闸刀，用弹簧紧夹在静触头两边形成线接触。这种结构的优点是电流平均流过两片闸刀，所产生的电动力使接触压力增大。为了提高短路时触头的电动稳定性，在触头上装有磁锁，它由装在两闸刀外侧的钢片组成，当电流通过闸刀时，产生磁场，磁通沿钢片及其空隙形成回路，而磁力线力图缩短本身的长度，使两侧钢片互相靠拢产生压力。在通过冲击电流时，触头便可得到很大的附加压力，因此，提高了它的电动稳定性。转动绝缘子和支柱绝缘子采用内胶装式。

（三）户外隔离开关

户外隔离开关的工作条件比户内隔离开关差，受气候变化影响大，如冰、风、雨、严寒和酷热等。因此，其绝缘强度和机械强度相应要求比较高。户外隔离开关有三柱式、双柱式

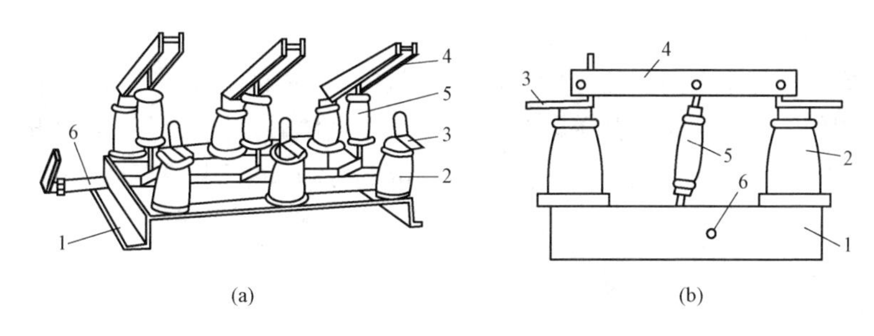

图 3-6 GN6-10/400 型三极隔离开关的典型结构

(a) 三相外形；(b) 单相外形

1—底座；2—支柱绝缘子；3—静触头；4—闸刀；5—转动绝缘子；6—转轴

和单柱式三种。

图 3-7 为国产 GW5-110D 型 V 形隔离开关单极外形图，它目前在发电厂和变电站中应用较为广泛。这种隔离开关每极有两个棒式绝缘子，构成 V 形布置，故称为 V 形隔离开关。隔离开关分成两半，可动触头成楔形连接。进行操作时，两个棒式绝缘子以相同速度反向（一个顺时针，另一个逆时针）转动 90°，使隔离开关接通或断开。

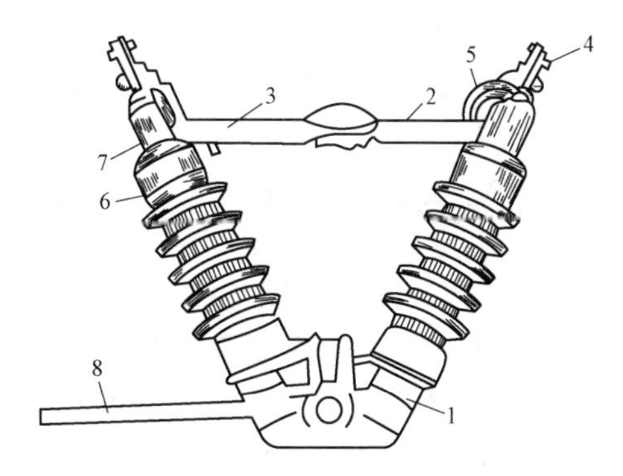

图 3-7 GW5-110D 型 V 形隔离开关单极外形图

1—底座；2、3—闸刀；4—接线端子；

5—挠性连接导体；6—棒式绝缘子；

7—支撑座；8—接地开关

（四）隔离开关的维护

1. 隔离开关的检修周期和项目

（1）小修的周期。隔离开关小修一般为一年一次，污秽严重的地区小修周期应适当缩短。隔离开关的结构虽然简单，但对电网的安全运行和供电的可靠性影响很大。在实际运行中，很容易忽视对隔离开关的维护性检修。应结合对变电设备做预防性试验的停电机会，对隔离开关进行全面的小修，确保其安全运行。

（2）小修的项目。

1）消除隔离开关绝缘子表面的灰尘、污垢，绝缘子表面应无掉釉、破损、裂纹及放电痕迹，损伤严重的应更换。

开展超声波探伤的工作，对有缺陷的绝缘子及时进行处理或更换。检查水泥浇注情况，有问题的及时处理。

2）检查传动杠杆和操动机构各部分有无损伤、锈蚀、松动和脱落等不正常现象。活动部位应动作灵活，加注适量的润滑油。

3）检查导体接触部分的烧痕及氧化情况，若有应进行处理，在接触部分薄涂一层中性凡士林。

4）在进行分、合闸操作时检查机械连锁、电气连锁的准确性和可靠性。检查、清洗辅助开关，调整辅助触点，使其切换正常、接触良好。

5）检查接线端设备线夹有无损伤、松动现象，若有松动应紧固，损伤严重应更换，防止在运行操作时脱落和断裂。

（3）大修周期。大修周期一般为4～5年，根据运行中的缺陷，大修周期可适当延长或缩短。对于油断路器两侧的隔离开关，在进行断路器大修时，同步进行隔离开关的大修。对于母线侧的隔离开关，必须开展带电作业，进行带电拆卸带电侧的接线端子，对隔离开关进行大修，以防止出现失修现象，给运行留下隐患。由于SF_6断路器的大修周期一般在10年以上，因此不能等到断路器大修时进行隔离开关的大修。

（4）大修项目。对绝缘子进行清扫，检查表面有无破损、裂纹，按规定进行绝缘试验，不合格的应及时更换。

对导电部分应进行以下项目的检修：

1）用汽油擦净闸刀刀片、触头或触指上的油污，接触表面应无机械损伤、无氧化层及过热痕迹、无扭曲变形现象。必要时应用砂皮打磨触头表面或全部解体，用砂皮或锉刀对所有接触面进行清理、修整。但注意镀银的接触面不能破坏，若确已损坏严重无法修整时应予更换。

2）触头或刀片上的附件，如弹簧、螺栓、垫圈、开口销、屏蔽罩、软连接等应完整、无缺陷，不符合要求者应更换。

3）检查静触头夹片与活动刀片间的接触压力，用0.05mm×10mm的塞尺进行检查，使接触压力符合要求，否则应调整触头的弹簧或弹簧片。

4）将隔离开关缓慢合闸，动触头应对准固定或转动触头的中心落下或进入，无偏卡现象，否则应调整触头、绝缘子或其他部件。

5）在合闸位置，刀片距静触头的底部、凸形触头距凹形触头底部有一定间隙，以免操作时冲击绝缘子造成机械损伤。若间隙不符合要求，可调节拉杆长度或拉杆绝缘子的调节螺栓或触头和绝缘子的位置来实现。

6）三相联动的隔离开关，不同期差应满足要求，否则也应调节传动拉杆的长度或拉杆绝缘子的调节螺栓。

7）检查有软连接隔离开关的软连接本身的情况，不应有折损、断股。接线板与引线应接触良好，否则拆下处理。

8）导电部分检修后在活动接触面涂一薄层中性凡士林，在固定接触面均匀涂一薄层电力复合脂。

对操动机构及传动机构进行以下检修：

1）检查和清扫隔离开关的操动和传动机构，如蜗轮、蜗杆、拉杆、传动轴；各部分的螺栓、垫圈、销子应齐全和紧固，各转动部分，如轴承和蜗轮等处应涂以润滑油。

2）蜗轮式操动机构组装后，应检查蜗轮和蜗杆的啮合情况，不能有磨损、卡涩现象。限位器、制动装置应安装牢固、动作准确。

3）检查并旋紧支持底座或构架的固定螺栓，并接地良好。

4）按厂家的技术规定，调整闸刀的张开角度和开距。

5）隔离开关和接地开关之间的机械连锁和电气连锁准确可靠。

6）传动部分对带电部分的绝缘距离符合要求。

7）对电动或气动隔离开关操作部分的二次回路、各元件的绝缘电阻进行测量，其值应不小于1MΩ，并进行交流耐压试验。

8）带有均压装置的隔离开关，其均压环等不应变形，连接件应紧固牢靠。

9）对隔离开关的支持底座（构架）、传动机构、操动机构的金属外露部分除锈刷漆，对导电系统的法兰盘、屏蔽罩等部分根据需要刷相色。

总之，大修后的隔离开关应达到绝缘良好、操作灵活、分合顺利到位。同时，在操作中各部分不能发生变形、失调、振动等情况，接线端、接地端连接牢固可靠。

2. 隔离开关常见故障及处理

（1）隔离开关拉、合困难。

1）垂直拉杆的销子与拉杆的销孔配合不好，有间隙，连接销子切断或脱落，应修复销孔更换合适的销子。

2）电机机构的电气回路故障，应检查二次回路各接点的接触情况，检查是否有断路，并针对情况进行处理。

3）传动机构松动，使两接触面不在一条直线上，应调整松动部件，使两接触面在一条直线上。

4）在冬季操动机构冻结时，隔离开关也会发生拉、合困难，应轻轻活动机构，注意观察本体和机构的各个部位，以便根据复位情况，找出故障点进行处理。

5）传动部位卡涩及锈蚀，加入适量润滑油后轻轻操作，逐步对活动部位进行清洗，更换损伤严重的零部件，最后应加适量符合当地气候条件的润滑油。

（2）隔离开关接触部分发热。

1）接触面氧化使接触电阻增大，处理的方法是卸下触头，先用汽油清洗油污，然后置于浓度为25％～28％的氨水中浸泡约15min后，再用清水冲洗干净擦干，用尼龙刷子刷去硫化银层，最后涂一层中性凡士林。

2）刀片与静触头接触面积小或过负荷运行，应调整隔离开关使触头接触面符合规定。限制负荷运行，必要时更换为能满足负荷电流的隔离开关。

3）触头的压缩弹簧或螺栓松动，应调整弹簧压力，必要时应更换弹簧。

4）在拉、合过程中，会引起电弧烧伤触头或用力不当使接触位置不正，引起触头压力降低。在手动闭合隔离开关时应遵循慢—快—慢的过程，手动拉开隔离开关时也应遵循慢—快—慢的过程，目的是防止误操作和过大的操作冲击力。操作合闸后应仔细检查触头接触情况。

（3）隔离开关绝缘子松动和表面闪络。

1）表面脏污。应带电水洗绝缘子，在无条件的地方应定期清扫绝缘子，在绝缘子表面涂防污闪涂料。

2）胶合剂发生不应有的膨胀或收缩而发生松动，应重新胶合或更换绝缘子。

（4）刀片自动断开或刀片弯曲。短路时，静触头夹片相斥力加大，刀片向外推力加大，导致刀片断开或弯曲。应增加压紧弹簧压力，更换弹簧垫圈。

二、高压断路器

高压断路器是电力系统中最重要的控制和保护电器。首先，利用断路器的控制作用，可以根据电网运行的需要，将一部分电力设备或线路投入或退出运行；其次，当电力设备或线路发生故障时，通过继电保护装置作用于断路器，将故障部分从电网中迅速切除，保证了电网中其他部分正常运行。

高压断路器的类型很多，就基本结构而言，都是由开断元件、支撑和绝缘件、传动元件、基座和操动机构五个基本元件所组成。

高压断路器按其安装地点，可分为户内式和户外式；根据所采用的灭弧介质，又可分为少油断路器、多油断路器、SF_6断路器、真空断路器四种类型。其中，SF_6断路器和真空断路器被广泛采用。

高压断路器型号的表示和含义如图3-8所示。

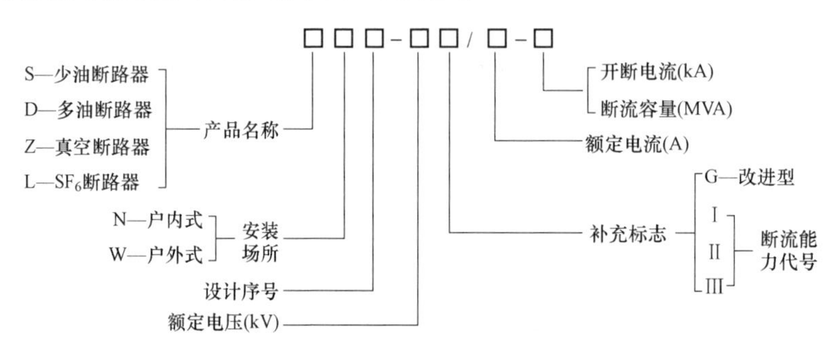

图3-8 高压断路器型号的表示和含义

（一）SF_6断路器

SF_6是一种灭弧性能很强的气体，发现于1930年，1937年应用于电气设备，1955年起开始用于断路器的灭弧介质。20世纪60年代前，35kV以上电网中主要使用空气断路器和油断路器。在20世纪70年代，SF_6断路器逐渐取代了这两种断路器而得到广泛应用。我国于1967年开始研制SF_6断路器，已经研制成功了10、35、60、220kV等电压等级的SF_6断路器。到了20世纪90年代末，油断路器已几乎淘汰，而作为开关电器之一的SF_6断路器在国内外已占据主导地位。

1. SF_6气体的性能

SF_6气体的电子具有共价键结构，如图3-9（a）所示，其分子结构呈正八面体，属于完全对称型，硫原子被六个氟原子紧密包围，如图3-9（b）所示。

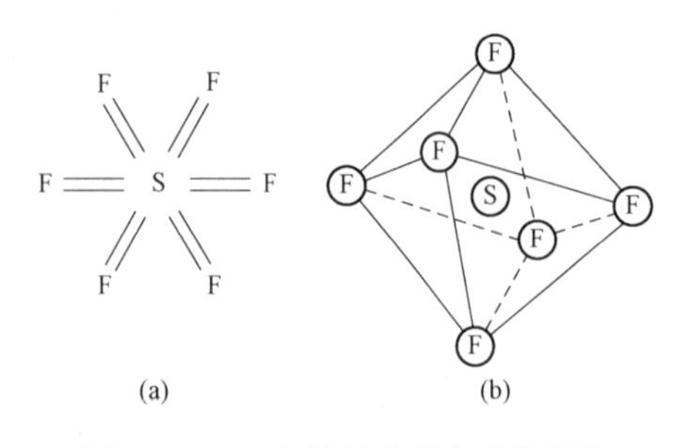

图3-9 SF_6气体的电子与分子结构

（a）电子结构；（b）分子结构

SF_6气体为无色、无味、无毒、非燃烧性也不助燃的非金属化合物，在常温常压下，密度约为空气的5倍，常压下升华温度为-63.8℃，在常温下直至21倍标准大气压下仍为气态。即使气体温度变化达50℃，压力变化也不会超过20%。在考虑自然对流效应的情况下，SF_6气体的热传导能力比空气好。

SF_6气体化学性质非常稳定，在干燥情况下，温度110℃以内，与铜、铝、钢等材料都不发生化学反应；温度超过150℃时，与钢、硅开始缓慢作用；200℃以上，与铜或铝才发生轻微作用；到达500～600℃，与银也不发生反应。

SF_6气体热稳定性好，气体分解随温度升高而加剧，但一旦使它分解的能量解除，分解物将急速再结合为SF_6气体，其结合时间不大于10^{-5}s。故弧隙介质强度恢复速度快，灭弧能力强。SF_6气体的灭弧能力相当于同等条件下空气的100倍。

SF_6气体是无毒的，但在电弧作用下可能分解出不同程度的毒性气体，如S_2F_{10}、SOF_2等。因此，为了防止可能泄漏的有害气体被人体吸入，必须在良好的通风条件下进行操作。

由于SF_6气体具有优良的绝缘性能和灭弧性能，无可燃、爆炸的特点，因此在高压电气设备中广泛应用于绝缘、开断电流的设备。SF_6断路器的应用，大大提高了断路器的各种技术性能，使断路器具有了设备可靠、检修周期长、运行维护方便的特点，从而取代了传统的油断路器。

2. SF_6断路器的种类及灭弧原理

SF_6断路器根据灭弧原理不同可分为双压气式、单压气式、旋弧式结构。

（1）双压气式SF_6断路器。双压气式灭弧室原理如图3-10所示。双压气式SF_6断路器是指灭弧室和其他部位采用不同的SF_6气体压力。在正常情况下（断路器合上、开断后），高压和低压气体是分开的；只有在分断时，触头的运动使动、静触头间产生电弧后，高压室中的SF_6气体在灭弧室（触头喷口）形成一股气流，从而吹断电弧，使之熄灭；开断完毕，吹气阀自动关闭，停止吹气，然后高压室中的SF_6气体由低压室通过气泵送入高压室。这样，可以保证在开断电流时，有足够的压力吹气使电弧熄灭。

（2）单压气式SF_6断路器。单压气式灭弧室与其他部位的SF_6气体压力是相同的，只是在动触头运动中，使SF_6气体自然形成压气形式，向喷口（灭弧室）排气，动触头的运动速度与吹气量大小有关，当停止运动时，压气的过程也即终止。单压气式灭弧室原理如图3-11所示。动触头、压气罩、喷口三者为一整体，当动触头向下运动，压气罩自然形成了压力活塞，下部的SF_6气体压力增加，然后由喷口向断口灭弧室吹气，完成灭弧过程。这种SF_6断路器也在不断改进，并在高压开关设备中得到普遍应用。

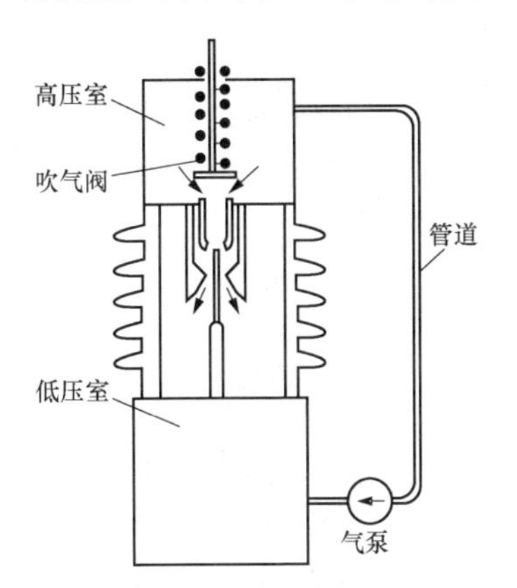

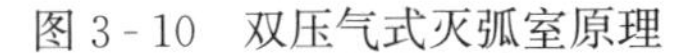
图3-10　双压气式灭弧室原理

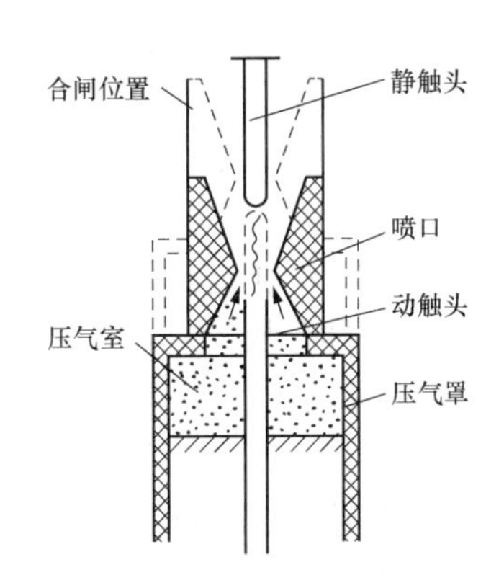

图3-11　单压气式灭弧室原理

压气式断路器大多应用在110kV及以上高压电网中，分断电流可达到几十千安，但灭弧室及内部结构相对复杂，因此价格较高。

（3）旋弧式SF_6断路器。旋弧式灭弧室利用电弧电流产生的磁场力，使电弧沿着某一截面高速旋转。由于电弧的质量比较轻，在高速旋转时，使电弧逐渐拉长，最终熄灭。为了加强旋弧效果，通常使电弧电流流经一个旋弧线圈（或磁吹线圈）来加大磁场力。一般电流越大，灭弧越困难，但对于旋弧式 SF_6断路器，磁场力与电流大小成正比，电流大，磁场力也加大，仍能使电弧迅速熄灭。小电流时，由于磁场随电流减小而减小，同样能达到灭弧作用且不产生截流现象，如图 3-12 所示。

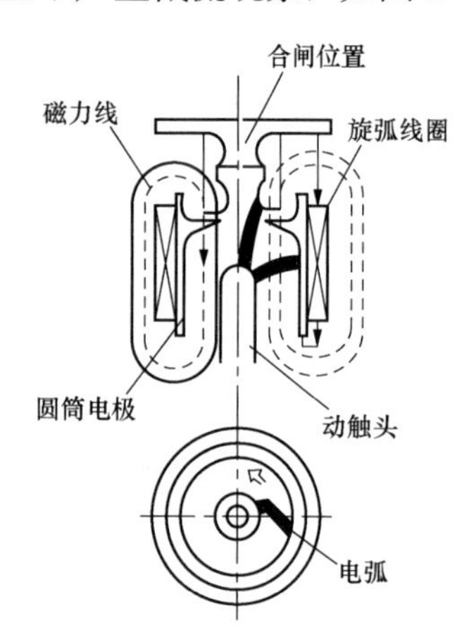

图 3-12 旋弧式灭弧原理

当导电杆与静触头分开产生电弧后，电弧就由原静触头转移到圆筒电极的磁吹线圈上，磁吹线圈大多采用扁形铜线绕制，相当于一个短路环，此时电弧经过线圈与动触头继续拉弧，由于电流通过线圈，在线圈上产生洛仑兹力，按右手坐标方向成涡旋状高速旋转，其速度为每秒几百米。由于圆筒电极内的磁场比电弧电流的相位滞后一个角度，因此电流过零时，磁场力没有过零，即电流过零时仍可使电弧继续旋转，使电弧在过零时能可靠地熄灭。电弧熄灭后，触头间的绝缘也很快恢复。

根据旋弧式灭弧室的原理，旋弧式灭弧室主要有以下特点：

1）利用电流通过弧道（磁吹线圈）产生的磁场力直接驱动电弧高速旋转，灭弧能力强，大电流时容易开断，小电流时不产生截流现象，所以不致引起操作过电压，开断电容电流时，触头间的绝缘也较高，不致引起重燃现象。

2）灭弧室结构简单，操作功率小，使操动机构大大简化，机械可靠性高，成本低。

3）电弧局限在圆筒或在线圈上高速运动，电极烧损均匀，电寿命长。

旋弧式 SF_6断路器在 10～35kV 电压等级的开关设备上大量采用，是很有发展前途的一种断路器结构。

3. LW-10 型 SF_6 断路器

LW-10 型 SF_6断路器是利用旋弧式原理设计生产的一种断路器，开断电流为 3、8、12.5、16kA 等，能满足配电网短路容量的要求。该断路器采用低压力，有较强的灭弧能力，充气压力为 0.35MPa，在零表压下还能开断额定负荷电流。断路器采用手动-弹簧-电磁一体化操动机构，并装有电流互感器、过流脱扣器等。其外形及内部结构如图 3-13 和图 3-14 所示。

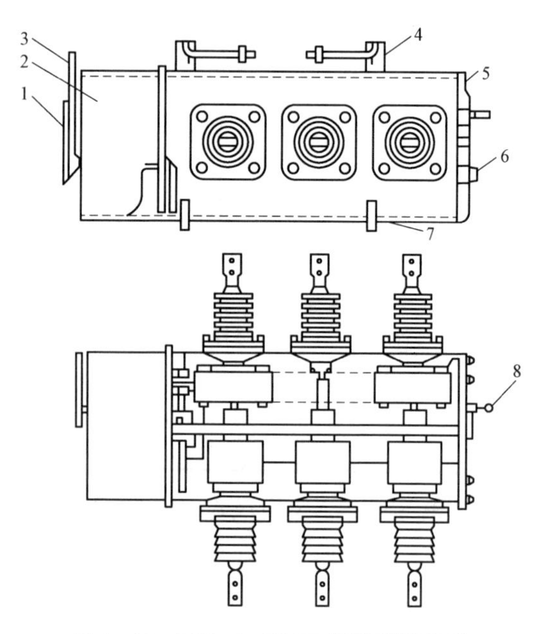

图 3-13 LW-10 型 SF_6断路器的外形

1—分合指示板；2—操动机构；3—操作手柄；4—吊装螺杆；5—断路器本体；6—充放气接头；7—固定板；8—压力表

（1）断路器本体结构。断路器为三相共箱体结构。其内部结构由下几部分组成：

1）导电部分。静触头为梅花触头，由铜钨整体材料制成，在静触头的前方有一个金属制成的圆筒电极，电极外侧是磁吹线圈。动触头的端部为铜钨合金，尾部装有软连接的青铜动触片，使动触头在运动时能保持良好的电接触。断路器有一根

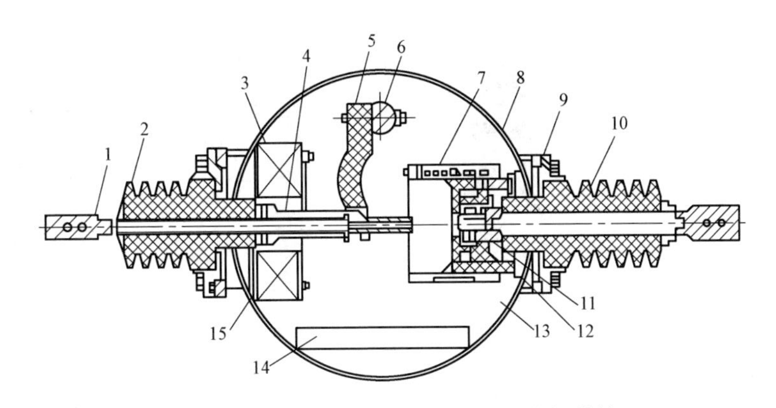

图 3-14　LW-10 型 SF_6 断路器的内部结构

1—接线端子；2—左瓷绝缘子装配；3—电流互感器；4—动触头；5—绝缘拨叉；6—主轴；7—磁吹线圈；8—外壳；9—密封圈；10—右瓷绝缘子装配；11—静触头；12—触头座；13—圆筒电极；14—吸附剂；15—折叠触头

主轴贯穿箱中，一端伸出箱体外与安装在箱体端部的操动机构相连接，主轴上的绝缘拨叉在机构动作时，驱动动触头与静触指分合。

2）吸附剂。为了吸收水分及 SF_6 气体在电弧作用下分解的低氟化合物，在壳体内部装有一定数量的 Al_2O_2 粒状吸附剂。

3）电流互感器。互感器主要用于开关本身的保护和信号检测，采用穿心式电流互感器，其变比可以根据用户需要确定电流变比值，可实现过电流短路故障的自动脱扣。

4）出线端子。开关主回路的出线通过瓷件引出，为防止引线松动和漏气，瓷套采用环氧树脂灌封，在搬运、安装中应防止其受力。

5）外壳。外壳用大于 6mm 厚的钢板卷制而成，各密封面及充气口保证一定的光洁度和良好的焊接，以保证产品不漏气。另外，在各静止的密封部位和主轴转动密封面还要有“O”形橡胶密封圈，再涂上其他辅助密封材料，以加强密封性能及润滑作用。为了便于观察内部气体，在壳体上装有真空压力表，装备的单向阀可用于产品组装后抽真空、充气及检修充放气。

（2）操动机构。手动弹簧储能操动机构（见图 3-15）与电动弹簧储能操动机构（见图 3-16）相同。手动操动机构靠人力将弹簧储能，然后释放能量，达到合闸目的。合闸的同时，又向分闸弹簧储能，以保证分闸时间和速度。电动操动机构由电动机驱动，以棘轮使弹簧储能，其原理如下：

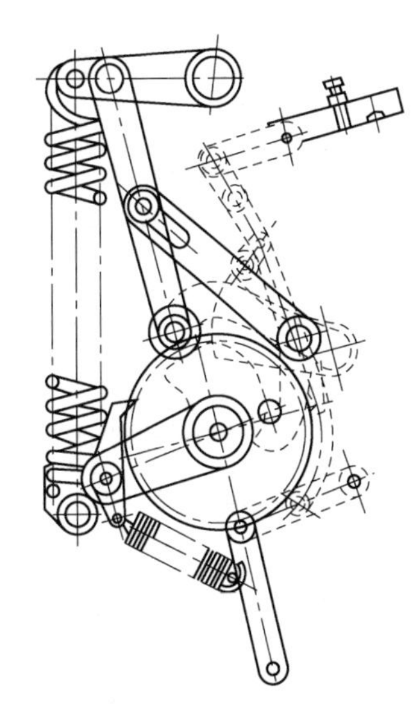

图 3-15　手动弹簧储能操动机构

1）储能合闸。当手动操作的手柄或电动操作的棘轮旋转时，轴上的弹簧拐臂也随其旋转，把储能弹簧拉长。过死点时储能弹簧已储满能量，无制动装置时过死点即释放，使开关合闸并使分闸弹簧存储足够能量等待分闸。当有制动时，以其他方式控制掣子，完成合闸功能。

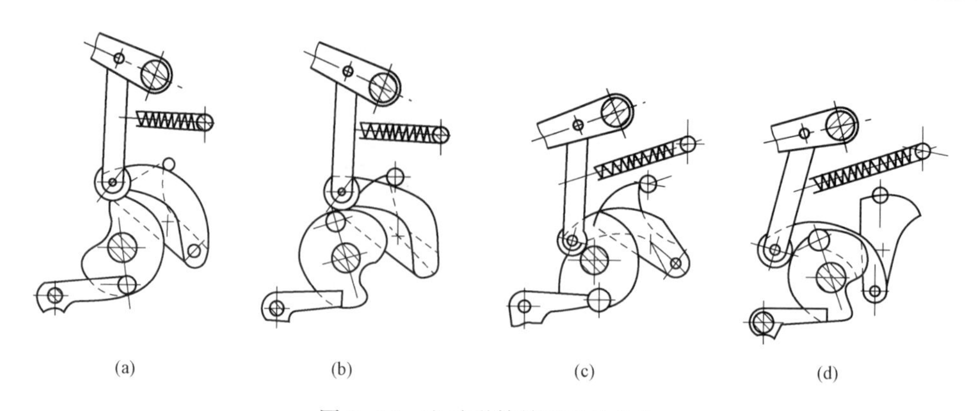

图 3-16 电动弹簧储能操动机构

(a) 储能合闸；(b) 未储能合闸；(c) 储能分闸；(d) 未储能分闸

2）分闸操作。手动控制分闸时拉动分闸拉环即可分闸。当过电流时，电流脱扣线圈（约 5.5A）将启动，使分闸扣解除，完成分闸。

SF_6气体所具有的多方面的优点，使断路器的设计更加精巧、可靠、使用方便。SF_6 断路器的主要优点为

1）结构紧凑，节省空间，操作功率小，噪声小。

2）由于带电部件及断口均被密封在金属容器内，金属外部接地，因此更好地防止了意外触电事故的发生，防止外部物体侵入设备内部，使设备运行更加可靠。

3）在低气压下使用，能够保证电流在几乎过零附近被切断，电流截断趋势减至最小，避免截流而产生的操作过电压，因而降低了对设备绝缘水平的要求，并在开断电容电流时不产生重燃。

4）燃弧时间短，电流开断能力大，触头的烧损腐蚀小。

5）密封条件好，能够保持装置内部干燥，不受外界潮气的影响。

6）无易燃易爆物质，提高变电站的安全可靠性。

7）燃弧后，装置内没有碳的沉淀物，可以消除电碳痕迹，不发生绝缘击穿现象。

8）SF_6气体具有良好的绝缘性能，可以大大减少装置的电气距离。

9）SF_6断路器是全封闭的，因而可以适用于户内场所，特别是煤矿及其他有爆炸危险的场所。

目前，超高压断路器通常与其他设备组合为一体，称为 GIS 型全封闭组合电器，不但工作可靠，而且大大地缩小了设备尺寸和占地面积。

4. SF_6断路器的维护

（1）SF_6断路器定期维护。

1）采用 SF_6断路器自带密度控制器或其他专用 SF_6气体密度监视器监视断路器内 SF_6气体压力，如果压力下降即表明有漏气现象，应及时查出泄漏位置并进行消除，否则将危及人身和设备安全。

SF_6气体压力是否正常是断路器能否可靠灭弧的关键。密度控制器可显示 SF_6气体压力，并能对断路器实行自动监控。它能自动修正温度对压力变化的影响，当断路器内气体压力低于报警压力值时，密度控制器的一对动合触点接通，发出 SF_6气体压力低的信号；当断路器内气

体压力低于闭锁压力值时，密度控制器的另外一对触点接通，闭锁断路器的跳合闸回路。

2）检查外部瓷件有无破损、裂纹和严重污秽现象。

3）检查接触端子有无发热迹象，如有应停电退出，消除后方可继续运行。

4）断路器在投入运行前应检查操作机构是否灵活，分、合闸批示及红绿灯信号是否正确。

5）运行中应严格防止潮气进入断路器内部，以免由于电弧产生的氟化物和硫化物与水作用对断路器结构材料产生腐蚀。

断路器在运行时，要定期进行维护检查。如发现问题，须查明原因，如果对正常运行有严重影响，应及时退出运行，进行检修。

（2）SF_6断路器的检修。长期运行中，当断路器本体严重漏气和预防试验发现缺陷时，考虑解体大修。另外，当SF_6断路器累计运行中开断短路电流达规定限值（折算额定短路开断电流下的开断次数为30次）时，也应将断路器解体大修。

检修时，应选好天气，检修工人必须配置防毒面具、工业防护眼镜、专用工作服和手套，并设置通风设备及吸尘器。解体前，先用SF_6气体回收设备回收SF_6气体，直到真空达2mmHg时，再通过两次充、放氮后，才能拆开断路器本体进行检修。检修中的除尘工作应使用吸尘器进行，严禁使用布、掸子之类物体拍打。除尘后，金属件可用汽油清洗，绝缘件可用甲苯或酒精擦拭干净，更换活性吸附剂。

检修组装后，进行抽真空、反复充氮等处理后，才能充合格的SF_6气体，并投入运行。

（二）真空断路器

真空断路器以真空作为灭弧和绝缘的介质。所谓真空是相对而言的，是指气体压力在10^{-4}mmHg以下的空间。由于真空中几乎没有什么气体分子可供游离导电，且弧隙中少量导电粒子很容易向周围真空扩散，因此真空的绝缘强度比变压器油及一个大气压下的SF_6或空气的绝缘强度高得多。

1. 真空灭弧室的结构

真空灭弧室是真空断路器的核心部分，外壳大多采用玻璃和陶瓷，如图3-17所示，在被密封抽成真空的玻璃或陶瓷容器内，装有静触头、动触头、电弧屏蔽罩、波纹管，构成了真空灭弧室。动、静触头连接导电杆，与大气连接，在不破坏真空的情况下，完成触头部分的开、合动作。真空灭弧室的技术要求高，一般由专业生产厂生产。

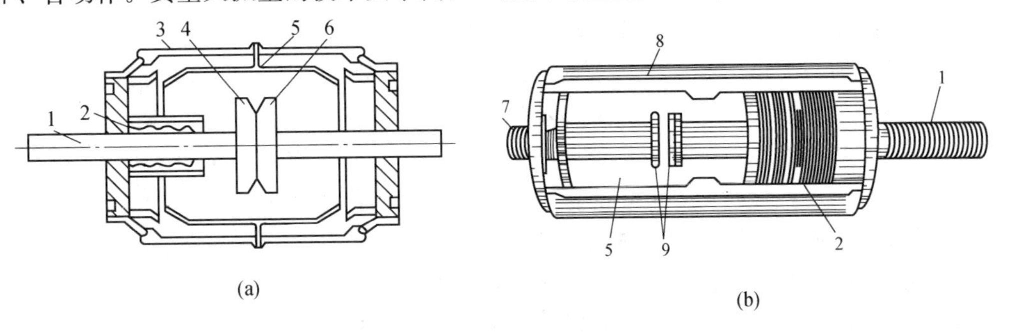

图3-17 真空灭弧室的结构

（a）玻璃外壳；（b）陶瓷外壳

1—动触杆；2—波纹管；3—外壳；4—动触头；5—电弧屏蔽罩；6—静触头；7—静触杆；8—陶瓷壳；9—平面触头

真空灭弧室的外壳作灭弧室的固定件并兼有绝缘作用。电弧屏蔽罩可以防止因燃弧产生的金属蒸气附着在绝缘外壳的内壁而使绝缘强度降低。同时，它又是金属蒸气的有效凝聚面，能够提高开断性能。

真空灭弧室的是通过专门的抽气方式进行真空处理的，真空度一般达到 $1.33\times10^{-3}\sim1.33\times10^{-7}$ Pa。

真空断路器的应用主要取决于真空灭弧室的技术性能。目前，世界上在中压等级的设备中，随着真空灭弧室技术的不断完善和改进，电极的形状、触头的材料、支撑的方式都有了很大的提高，真空断路器在使用中占有相当大的优势。目前，陶瓷式真空灭弧室应用较多，尤其是开断电流在 20kA 及以上的真空断路器，具有更多的优势。

2. 触头的结构

真空断路器触头的中部是一圆环状的接触面，接触面的周围是开有螺旋槽的吹弧面。当开断电流时，最初在接触面上产生电弧；在电弧电流所形成的磁场作用下，电弧沿径向向外缘快速移动，如图 3-18（a）的 b 点所示。由于电弧的移动路径受螺旋线的限制，因此它通过的路径也是螺旋形的，如图 3-18（b）中虚线所示。电流可分解为切向分量 i_2 和径向分量 i_1，其中切向分量电流 i_2 在弧柱上产生沿触头半径方向的磁感应强度 B_2，它与电弧电流形成沿切线方向的电动力，促使电弧沿触头做圆周运动，在触头外缘上旋转，当电弧电流过零时熄灭。电流线与磁场示意如图 3-18（c）所示。

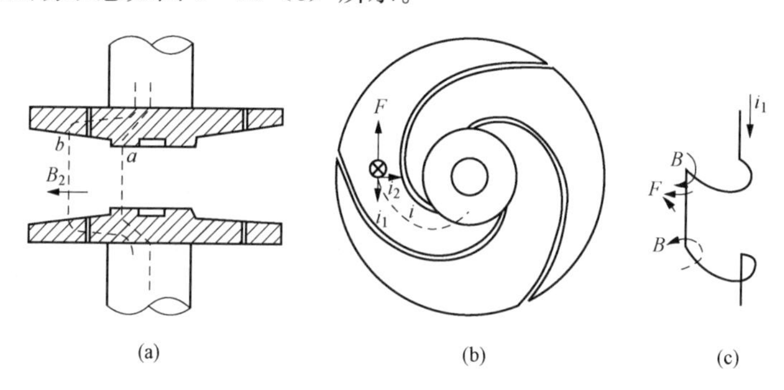

图 3-18 真空断路器的触头结构

（a）纵向剖面图；（b）动触头顶视图；（c）电流线与磁场示意

3. 真空断路器的特点

由于真空断路器灭弧部分的工作十分可靠，因此真空断路器本身具有很多优点：

（1）开断能力强，可达 50kA；开断后断口间介质恢复速度快，介质不需要更换。

（2）触头开距小，10kV 级真空断路器的触头开距只有 10mm 左右，所需的操作功率小，动作快，操动机构简单，寿命长，一般二十年左右不需检修。

（3）熄弧时间短，弧压低，电弧能量小，触头损耗小，开断次数多。

（4）动导杆的惯性小，适用于频繁操作。

（5）断路器操作时，动作噪声小，适用于城区使用。

（6）灭弧介质或绝缘介质不用油，没有火灾和爆炸的危险。

（7）触头部分为完全密封结构，不会因潮气、灰尘、有害气体等影响而降低性能。工作可靠，通断性能稳定。灭弧室作为独立的元件，安装调试简单方便。

(8) 在真空断路器的使用年限内，触头部分不需要维修、检查，即使维修检查，所需时间也很短。

(9) 在密封的容器中熄弧，电弧和炽热气体不外露。

(10) 具有多次重合闸功能，适合配电网中应用要求。

4. 户外真空断路器结构分析

真空断路器的发展初期从设计和应用上主要面向户内型成套开关设备，这是因为真空灭弧室表面的绝缘水平不能适应户外运行条件。为了对此加以改进，真空断路器出现了多种类型，有的采用加大空气距离，有的采用 SF_6气体或绝缘油和充胶作为辅助绝缘等。下面就当前几种户外 10kV 真空断路器结构进行分析。

(1) 空气绝缘的户外真空断路器。这种断路器的真空灭弧室密封在金属箱体内，防止大气、风、雨、尘埃的直接影响，相间对地距离按户外配电装置的要求设计，进出线采用六支瓷套引出，产品外形尺寸较大。这种结构仅解决了户外相间及对地的绝缘问题。目前，生产的 10kV 真空灭弧室，其两端的沿面爬电距离一般为 140～200mm；采用玻璃或陶瓷外壳，无憎水性能，在环境温度变化较大时，沿面会产生凝露，这就要求对真空灭弧室外壳采取措施。这种断路器结构比较简单，但体积大。

(2) 充 SF_6气体的户外真空断路器。为减小断路器相间距离，缩小产品尺寸，在装有断路器的金属容器内充一定压力的 SF_6气体，可解决空气绝缘不足的问题，缩小体积，提高绝缘水平。

(3) 固体绝缘的户外真空断路器。这种断路器真空灭弧室的外绝缘采用固体绝缘材料——固体胶进行绝缘。该型断路器样机在常温下试验符合产品技术要求，但产品在实际运行中随温度的变化，固体胶热胀冷缩，且与外瓷件、内玻璃管的介质收缩系数不一致会出现气隙，潮气侵入后使绝缘水平下降，引起沿面击穿，在现场运行中，多次发生开关爆炸和瓷件破裂事故。从理论上看，采用固体绝缘解决真空灭弧室的外绝缘是比较理想的方法，但是解决材料配合的收缩系数是主要难题。

(4) 变压器油作为外绝缘的真空断路器。国外从 20 世纪 50 年代始将真空灭弧室浸入油中，成为户外真空断路器，已运行多年，并一直延续到现在仍继续使用。这种方案技术上已经成熟，结构上比较简单。实践证明，这种方法解决真空灭弧室用于户外设备是行之有效的，但也要确实解决绝缘油在运行中的渗漏问题。该型断路器的特点：

1) 变压器油可解决真空灭弧室的沿面爬电和凝露问题，能作为主绝缘的介质，可适当减小体积。

2) 灭弧室位于绝缘框架内，保持了良好的稳定性和开断性能，组装工艺性好，检测、调试方便，是其他断路器不可比拟的。

3) 该产品尽管在结构上仍属于油型结构，但该油的作用与常规概念已经完全不同，只作为灭弧室的外绝缘，不作为灭弧室的介质。

4) 箱体不渗漏油、不浸水，几乎保持了原有的性能，确保了可靠性和稳定性，运行效果十分理想。

5. 真空断路器的维护

真空断路器以基本不需要维修的真空灭弧室（又称真空管）为主体，由真空灭弧室及相关附件组合而成。它的操动机构由于动作行程短，结构简单，零部件少，因此故障少，被称为免维护电器。但是，真空断路器并不是完全不需要维护的，它在额定短路开断电流开断次数或机械操作次数达到规定的次数后，都要进行维护。

（1）真空灭弧室。真空灭弧室是真空断路器的主要元件。它是一只管形的玻璃管（或陶瓷管），其中密封着所有的灭弧元件，分、合闸时通过动触杆运动，拉长或压缩波纹管而不破坏灭弧室内真空的装置。

1）检查外观有无异常、外表面有无污损，如果绝缘外壳表面沾污，应用干布擦拭干净。

2）动、静触头累积磨损厚度超过 3mm，就要更换真空管。

3）真空度的检查主要通过工频耐压法检查，在真空断路器处于开断状态下，在真空灭弧管的触头间加上规定的预防性工频试验电压 1min，无异常。

4）每一次维护，都要对真空断路器的触头开距、压缩行程、三相同期性进行检查及调整。

（2）高压带电部分。高压带电部分指真空灭弧室的静导电杆和动导电杆接到主回路端子以接通电路的部分，它由支柱绝缘子、绝缘套管等绝缘元件支撑在真空断路器的框架上。

1）检查导电部分有无变色、断裂、锈蚀，固定连接部分元件有无松动，绝缘有无破损、污损。

2）测试主回路相对地、相与相之间及绝缘提升杆的绝缘电阻应不小于规定值。

3）断路器在分、合闸状态下分别进行主回路相对地、相间及断口的交流耐压试验 1min，应合格；绝缘提升杆在更换或干燥后必须进行耐压试验。

4）测试真空灭弧室两端之间、主回路端之间的接触电阻，应不大于规定值。

（3）操动机构部分。真空断路器的操动机构一般采用电磁操动机构、电动或手动弹簧储能操动机构。

1）检查紧固元件有无松动、各种元件是否生锈、变形、损伤，更换不合格的部件，涂上防锈油。

2）多次进行分、合闸操作试验，自由脱扣试验，通电合闸操作试验，断路器应无异常。

3）测试电磁操动机构在 65%～120%的额定电压范围内分、合闸操作无异常；30%额定分闸电压进行操作时，应不得分闸。在 85%～110%的额定电压范围分、合闸内操作无异常。

（4）控制组件。控制组件是操作断路器所不可缺少的部分。对于控制组件，主要检查各个接线端子有无松动变色，微动开关、辅助开关的动作是否到位、触头有无烧损，各个电气及控制回路元件的绝缘电阻应不小于 2MΩ。分、合线圈及合闸接触器线圈的直流电阻值与产品出厂试验值相比应无明显差别。有手持遥控装置的，还要进行遥控测试，其直线遥控距离一般不低于 8m。

（5）注意事项。

1）需要用手触及真空断路器进行维护的，断路器必须处于开断状态，同时还应断开主回路和控制回路，并将主回路可靠接地。

2）采用储能弹簧操动机构的，要松开合闸弹簧才能维修。

3）松动的螺栓、螺母之类的零件要完全拧紧，弹簧垫片之类的零件用过之后，禁止再使用。

三、高压负荷开关

高压负荷开关（high - voltage load switch）文字符号为 QL，具有简单的灭弧装置，能通断一定的负荷电流和过负荷电流。但是，它不能断开短路电流，所以一般与高压熔断器串联使用，借助熔断器来进行短路保护。高压负荷开关断开后，与隔离开关一样，也有明显可见的断开间隙，因此具有隔离高压电源、保证安全检修的功能。

高压负荷开关的类型较多，这里主要介绍一种应用较广的户内压气式高压负荷开关。图 3 - 19 所示为 FN3 - 10RT 型户内压气式高压负荷开关的结构。

由图 3 - 19 可以看出，上半部为负荷开关本身，外形与高压隔离开关类似，实际上它是在隔离开关的基础上加了一个简单的灭弧装置。负荷开关的上绝缘子就是一个简单的灭弧室，其内部结构如图 3 - 20 所示。该绝缘子不仅起支柱绝缘子的作用，而且内部是一个气缸，装有由操动机构主轴传动的活塞，其作用类似打气筒。绝缘子上部装有绝缘喷口和弧静触头。

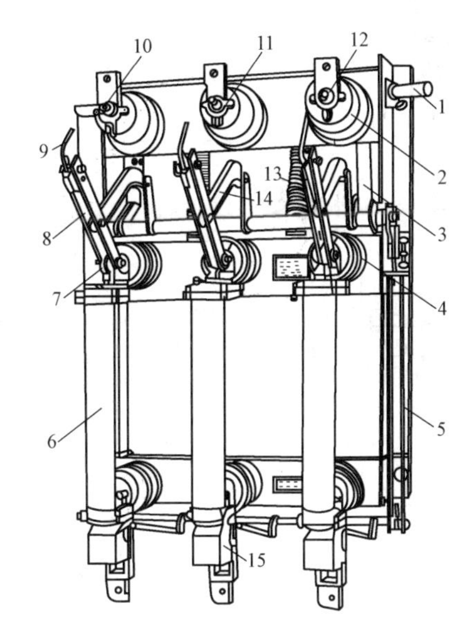

图 3 - 19　FN3 - 10RT 型户内压气式高压负荷开关的结构

1—主轴；2—上绝缘子兼气缸；3—连杆；4—下绝缘子；5—框架；6—RN1 型高压熔断器；7—下触座；8—闸刀；9—弧动触头；10—绝缘喷口(内有弧静触头)；11—主静触头；12—上触座；13—断路弹簧；14—绝缘拉杆；15—热脱扣器

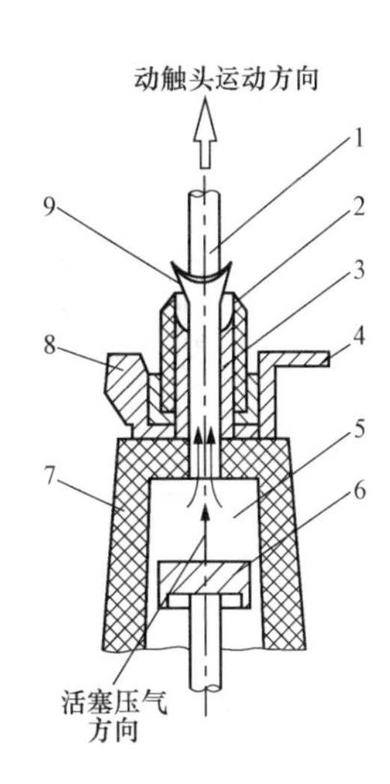

图 3 - 20　FN3 - 10RT 型户内压气式高压负荷开关灭弧室的内部结构

1—弧动触头；2—绝缘喷口；3—弧静触头；4—接线端子；5—气缸；6—活塞；7—上绝缘子；8—主静触头；9—电弧

当负荷开关分闸时，在闸刀一端的弧动触头与绝缘子上的弧静触头之间产生电弧。分闸时，主轴转动而带动活塞，压缩气缸内的空气从喷口往外吹弧，使电弧迅速熄灭。当然，分闸时迅速拉长电弧及电流回路本身的电磁吹弧的作用，加强了灭弧。但总的来说，负荷开关的断流灭弧能力是很有限的，只能开断一定的负荷电流和过负荷电流，因此，负荷开关不能配置短路保护装置来自动跳闸，但可以装设热脱扣器用于过负荷保护。

高压负荷开关型号的表示和含义如图 3 - 21 所示。

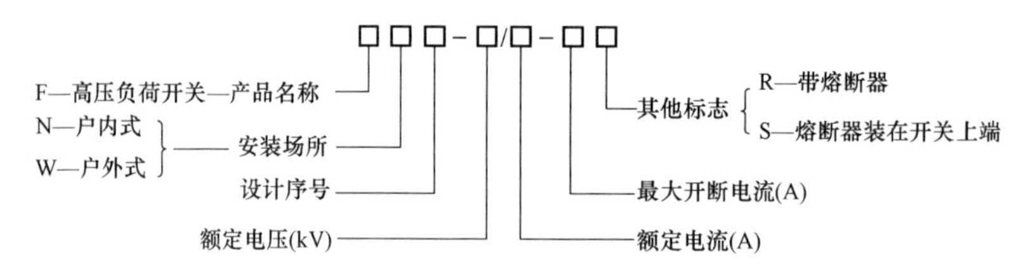

图 3-21 高压负荷开关型号的表示和含义

FN3 型高压负荷开关一般配用 CS2 型等手动操动机构进行操作。图 3-22 是 CS2 型手动操动机构的外形及其与 FN3 型负荷开关配合的一种安装方式。

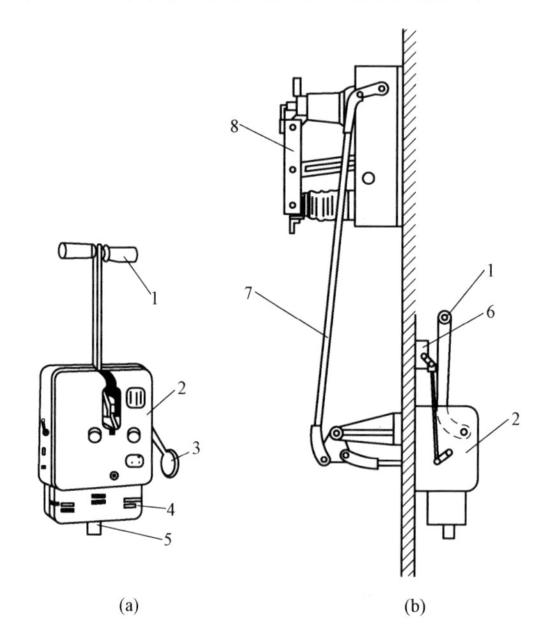

图 3-22 CS2 型手动操动机构的外形及其与 FN3 型高压负荷开关配合的一种安装方式

(a) CS2 型操动机构外形；(b) CS2 型与 FN3 型高压负荷开关配合安装方式

1—操作手柄；2—操动机构外壳；3—分闸指示牌（掉牌）；4—脱扣器盒；5—分闸铁芯；6—辅助开关（联动触头）；7—传动连杆；8—负荷开关

第三节 绝缘子和母线

一、绝缘子

绝缘子广泛应用在发电厂和变电站的配电装置、变压器和开关电器中，以及输电线路上，用来支持和固定裸载流导体，并使裸载流导体与地绝缘，或使装置中处于不同电位的载流导体之间绝缘。因此，绝缘子应具有足够的绝缘强度和机械强度，并能够耐热和不怕潮湿。

绝缘子可分为电站绝缘子、电器绝缘子和线路绝缘子。

（一）电站绝缘子

电站绝缘子用来支持和固定发电厂及变电站中户内外配电装置的硬母线，并使母线与地绝缘。电站绝缘子可分为支柱绝缘子和套管绝缘子，套管绝缘子用于母线在户内穿过墙壁和天花板，以及从户内向户外引出之处。电站绝缘子又可分为户外式和户内式，户外式绝缘子有较大的伞裙，以增长沿面放电距离，并能在雨天阻断水流，使绝缘子能在恶劣的气候环境中可靠地工作。户内绝缘子表面无伞裙。

（二）电器绝缘子

电器绝缘子用来固定电器的载流部分，有支持绝缘子和套管绝缘子两种。套管绝缘子用于使有封闭外壳的电器（如断路器、变压器等）的载流部分引出外壳。此外，有些电器绝缘子还有特殊的形状，如柱、牵引杆、杠杆等形状。

（三）线路绝缘子

线路绝缘子用来固结架空输电线的导线和户外配电装置的软母线，并使它们与接地部分绝缘，可分为针式绝缘子和悬式绝缘子两种。

高压绝缘子主要由电瓷作为绝缘体，因它具有结构紧密、表面光滑、不吸水分、良好的绝缘性能和足够的机械强度等优点。绝缘子也可用钢化玻璃制成，它具有尺寸小、质量小、机械强度高、价格低、制造工序简单等优点。线路和电器的玻璃绝缘子，可制成各种电压级，最高可达400～500kV。

为了把绝缘子固定在支架上，以及把载流导体固定在绝缘子上，绝缘子除瓷件以外，还有牢固地固定在瓷件上的金属配件。金属配件与瓷件大多是用水泥胶合剂胶合在一起的。绝缘瓷件的外表面涂有一层棕色、白色或天蓝色的硬质瓷釉，以提高绝缘子的绝缘性能和力学性能。在金属附件和瓷件胶合处表面涂以防潮剂。金属配件皆镀锌处理，以防其氧化。支柱绝缘子和套管绝缘子的机械强度，应能承受短路电流通过母线时可能产生的最大电动作用力，并且还应具有一定的裕度。同一电压级的绝缘子，随着机械强度的不同，有不同的尺寸，并分为A、B、C、D四组。每一组绝缘子的机械强度用一定的抗弯破坏负荷值来表明。所谓抗弯破坏负荷，就是均匀地作用在绝缘子帽的平面上并与绝缘子轴垂直的负荷。在此负荷的作用下，绝缘子受到弯矩的作用，可能使绝缘子的个别部分或整体破坏。绝缘子的容许负荷为抗弯破坏负荷的60%。

二、母线

在发电厂和变电站中各级电压配电装置的母线，各种电器之间的连接及发电机、变压器等电气设备与相应配电装置母线之间的连接，大多采用矩形或圆形截面的裸导线、管形裸导线或绞线。所有这些连接导线统称为母线。母线的作用是汇集、分配和传送电能。母线在运行中，有巨大的电功率通过，在短路时，承受着很大的发热和电动力效应。因此，必须经过计算分析和比较，合理选用母线材料、截面形状和截面积，以符合安全经济运行的要求。

（一）母线的材料

在配电装置中，广泛采用铜或铝作为母线，有些部分也可采用钢作为母线。铜的电阻率低，机械强度高，抗腐蚀性强，是很好的导电材料，但铜的储量不多，在其他工业特别是国防工业上应用很广，因此在电力工业上应以铝代铜。除在含有腐蚀性气体或有强烈振动的地区应用铜母线外，一般采用铝母线。铝的电阻率（0.029）较铜（0.0178）稍高，但储量大，密度小（铝的密度2.7kg/cm^3只为铜的密度8.7kg/cm^3的0.3倍），加工方便，所以，在长度和电阻相同的情况下，铝母线的质量仅为铜母线的0.5倍，总的来看，用铝母线比用铜母线经济，目前我国广泛采用铝母线。

钢的电阻率很大（比铜大7倍），用于交流时有很强的集肤效应，其优点是机械强度高和价廉。钢母线只应用在高压小容量回路（如电压互感器）和电流在200A以下的低压和直流电路，以及接地装置中。

（二）母线的截面形状

1. 矩形母线

在35kV及以下的户内配电装置中，大多采用矩形截面母线。这是因为在同样截面积下，矩形母线比圆形母线的周长要长，散热面大，因而冷却条件好；此外，当交流电流通过母线时，由于集肤效应的影响，矩形母线的电阻也要比圆形母线的小一些。在相同截面积和相同的容许发热温度下，矩形母线要比圆形母线的容许工作电流大；在同一容许工作电流下，矩形母线的截面积要比圆形母线的截面积小，因此，矩形母线要比实心圆形母线所消耗的金属量小。为了改善冷却条件和减小集肤效应的影响，矩形母线的边长之比为$\frac{1}{5}\sim\frac{1}{12}$，最大截面积为$10mm\times120mm=1200mm^2$。如果截面积还不能满足要求，可用几条母线并列使用。

2. 圆形母线

在35kV以上的户外配电装置中，为了防止电晕，大多采用圆形截面母线。母线表面的曲率半径越小，电场强度越大，矩形截面的四角容易引起电晕现象，圆形截面无电场集中的现象。但是，圆形母线的直径越小时，表面附近的电场强度越大。当圆形母线为绞线或管线时，由于直径增加，其表面附近的电场强度要比单根导线小一些。因此，在110kV及更高电压的户外配电装置中，一般采用钢芯铝绞线或管形母线。在110kV及更高电压的户内配电装置中，一般采用管形母线。电压为35kV及以下的户外配电装置中，一般也采用钢芯铝绞线，可使户外配电装置的结构和布置简单，投资费用降低。

（三）母线在绝缘子上的固结和着色

1. 母线在绝缘子上的固结

矩形母线用母线金具固结在支柱绝缘子上。在交流装置中，涡流和磁滞损耗会使母线金具发热，为了减小母线金具的发热，在1000A以上的大工作电流装置中通常将母线金具上边的夹板用非磁性材料铝制成，其他零件用镀锌铁。母线用母线金具固结在绝缘子上，要考虑母线在发热温度变化时，能纵向自由伸缩，以免支柱绝缘子受到很大的应力。为此，在螺栓上套以间隔钢管，使母线与上夹板之间保持1.5～2mm的空隙。

圆形母线利用卡板固结在支柱绝缘子上。多股绞线利用专门的线夹固结在悬式绝缘子串上。

当矩形铝母线长度大于20m、矩形铜母线或钢母线长度大于30m时，在母线上应装设伸缩补偿器。

2. 母线的着色

母线着色可以增加热辐射能力，有利于母线散热，因此，着色后容许负荷电流提高12%～15%。钢母线着色还可以防止生锈，同时，为了使工作人员便于识别直流极性和交流的相别，母线涂以不同的颜色标志。

直流装置：正极——红色，负极——蓝色。

交流装置：U相——黄色，V相——绿色，W相——红色。

中性线：不接地的中性线——白色，接地的中性线——紫色。

第四节 电力变压器

一、电力变压器及其分类

电力变压器（power transformer）文字符号为T或TM，是变电站中最关键的一次设备，其主要功能是将电力系统的电能电压升高或降低，以利于电能的合理输送、分配和使用。

电力变压器按变压功能分，有升压变压器和降压变压器。工厂变电站都采用降压变压器。终端变电站的降压变压器也称配电变压器。

电力变压器按容量系列分，有R8容量系列和R10容量系列。所谓R8容量系列，是指容量等级是按 $R8=\sqrt[8]{10}\approx1.33$ 倍数递增的。我国早期变压器容量等级采用R8容量系列，容量等级如100、135、180、240、320、420、560、750、1000kVA等。所谓R10容量系列，是指容量等级是按 $R10=\sqrt[10]{10}\approx1.26$ 倍数递增的。R10容量系列的容量等级较密，便于合理选用，是IEC（International Electrotechnical Commission，国际电工委员会）推荐的，我国新的变压器容量等级采用这种R10容量系列，容量等级如100、125、160、200、250、315、400、500、630、800、1000kVA等。

电力变压器按相数分，有单相和三相两大类。工厂变电站通常采用三相变压器。

电力变压器按调压方式分，有无载调压（又称无励磁调压）和有载调压两大类。工厂变电站大多采用无载调压变压器。但是，在用电负荷对电压水平要求较高的场合，也有采用有载调压变压器的。

电力变压器按绕组（线圈）导体材质分，有铜绕组和铝绕组两大类。工厂变电站过去大多采用较价廉的铝绕组变压器，但现在低损耗的铜绕组变压器得到了越来越广泛的应用。

电力变压器按绕组形式分，有双绕组变压器、三绕组变压器和自耦变压器。工厂变电站一般采用双绕组变压器。

电力变压器按绕组绝缘及冷却方式分，有油浸式、干式和充气式（SF_6）等变压器。其中，油浸式变压器又有油浸自冷式、油浸风冷式、油浸水冷式和强迫油循环冷却式等。工厂变电站大多采用油浸自冷式变压器。

电力变压器按用途分，有普通电力变压器、全封闭变压器和防雷变压器等。工厂变电站大多采用普通电力变压器，只在易燃易爆场所及安全要求特高的场所采用全封闭变压器，在多雷区采用防雷变压器。

二、电力变压器的结构、型号

电力变压器的基本结构包括铁芯和绕组两大部分。绕组又分高压和低压，或一次和二次绕组等。

图3-23是普通三相油浸式电力变压器的结构。图3-24是环氧树脂浇注绝缘的三相干式电力变压器的结构图。

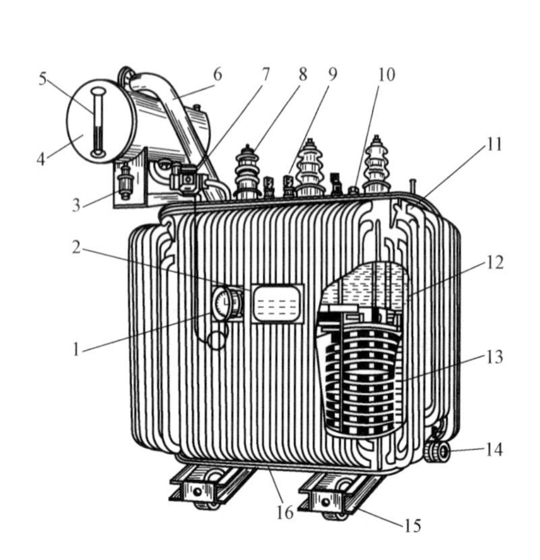

图 3-23 普通三相油浸式电力变压器的结构

1—温度计；2—铭牌；3—吸湿器；4—储油柜；
5—油位指示器（油标）；6—防爆管；7—气体继电器；
8—高压出线套管和接线端子；9—低压出线套管和接线端子；
10—分接开关；11—油箱及散热油管；12—铁芯；
13—绕组及绝缘；14—放油阀；15—小车；
16—接地端子

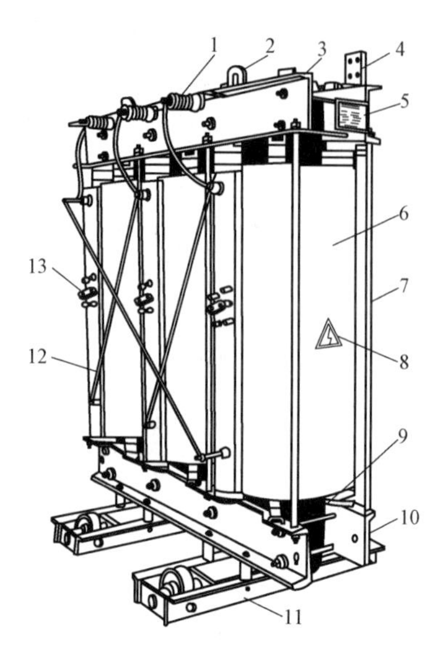

图 3-24 环氧树脂浇注绝缘的三相干式电力变压器的结构

1—高压出线套管和接线端子；2—吊环；3—上夹件；
4—低压出线套管和接线端子；5—铭牌；
6—环氧树脂浇注绝缘绕组（内低压，外高压）；
7—上下夹件拉杆；8—警示标牌；9—铁芯；
10—下夹件；11—小车；12—高压绕组间连接
导杆；13—高压分接头连接片

电力变压器型号的表示和含义如图 3-25 所示。

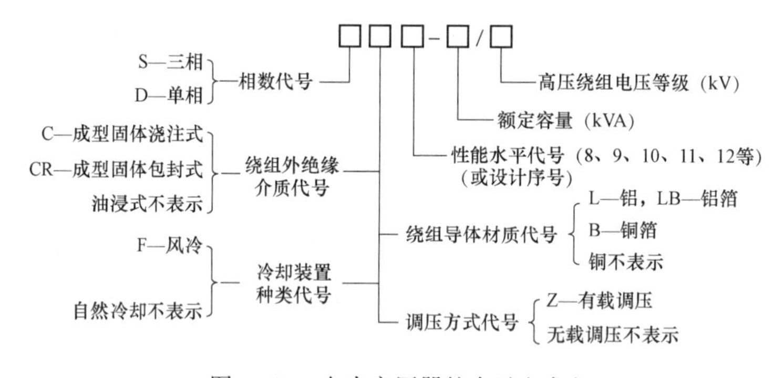

图 3-25 电力变压器的表示和含义

三、电力变压器的联结组别及其选择

电力变压器的联结组别，是指变压器一、二次（或一、二、三次）绕组因采取不同的联结方式而形成变压器一、二次（或一、二、三次）侧对应的线电压之间的不同相位关系。

1. 常用配电变压器的联结组别

6～10kV 配电变压器（二次侧电压为 220/380V）有 Yyn0（即 Y/Y0-12）和 Dyn11（即△/Y0-11）两种常用的联结组。

变压器 Yyn0 联结组的接线和示意图如图 3-26 所示。其一次线电压与对应的二次线电压之间的相位关系，如同在零点（12 点）时时钟分针与时针的相互关系一样。图 3-26（a）

中一、二次绕组标有黑点“•”的端子为对应的“同名端”。

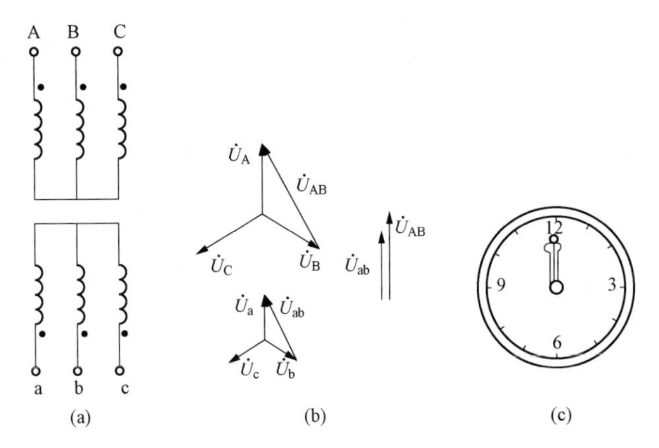

图 3-26　变压器 Yyn0 联结组的接线和示意图

(a) 一、二次绕组接线图；(b) 一、二次电压相量图；(c) 时钟示意图

变压器 Dyn11 联结组的接线和示意图如图 3-27 所示。其一次线电压与对应的二次线电压之间的相位关系，如同时钟在 11 点时分针与时针的相互关系一样。

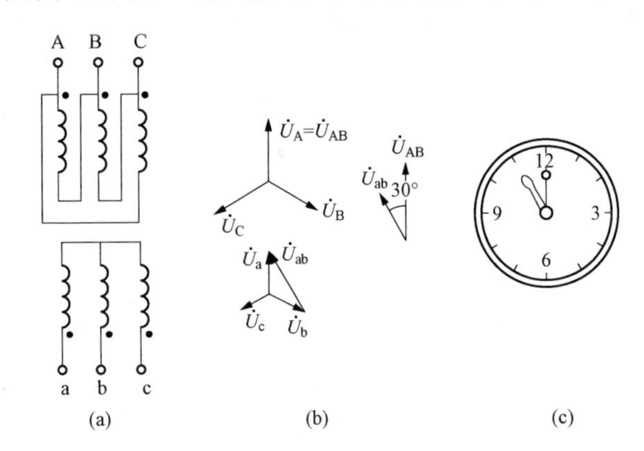

图 3-27　变压器 Dyn11 联结组的接线和示意图

(a) 一、二次绕组接线图；(b) 一、二次电压相量图；(c) 时钟示意图

早期我国的配电变压器大多采用 Yyn0 联结。近二十年来，Dyn11 联结的配电变压器开始得到了推广应用。配电变压器采用 Dyn11 联结较之采用 Yyn0 联结有下列优点：

(1) 对 Dyn11 联结的配电变压器来说，其 $3n$ 次（n 为正整数）谐波电流在其三角形联结的一次绕组内形成环流，从而不致注入公共的高压电网中去，这较一次绕组接成星形的 Yyn0 联结的配电变压器，更有利于抑制电网中的高次谐波。

(2) Dyn11 联结的配电变压器的零序阻抗较 Yyn0 联结的配电变压器的零序阻抗小得多，从而更有利于低压单相接地短路故障保护的动作及故障的切除。

(3) 当低压侧接单相不平衡负荷时，由于 Yyn0 联结的配电变压器要求低压中性线电流不超过低压绕组额定电流的 25%，因此严重限制了其所接单相负荷的容量，影响了变压器设备能力的充分发挥。为此，低压为 TN 和 TT 系统时，宜选用 Dyn11 联结变压器。Dyn11 联结变压器低压侧中性线电流允许达到低压绕组额定电流的 75%以上，其承受单相不平衡负荷的能力远比 Yyn0 联结变压器大。因此，在现代供配电系统中单相负荷急剧增长的情况下，推广应用 Dyn11 联结变压器就显得更有必要。

但是，由于 Yyn0 联结变压器一次绕组的绝缘强度要求比 Dyn11 联结变压器稍低，从而制造成本稍低，因此在 TN 和 TT 系统中由单相不平衡负荷引起的低压中性线电流不超过低压绕组额定电流的 25%，且其一相的电流在满载时不致超过额定值时，仍可选用 Yyn0 联结组别变压器。

2. 防雷变压器的联结组别

防雷变压器通常采用 Yzn11 联结组，如图 3-28（a）所示，其正常时的电压相量图如图 3-28（b）所示。其结构特点是每一铁芯柱上的二次绕组都分为两半个匝数相等的绕组，而且采用曲折形（Z 形）连接。

正常工作时，一次线电压 $\dot{U}_{AB}=\dot{U}_A-\dot{U}_B$，二次线电压 $\dot{U}_{ab}=\dot{U}_a-\dot{U}_b$，其中，$\dot{U}_a=\dot{U}_{a1}-\dot{U}_{b2}$，$\dot{U}_b=\dot{U}_{b1}-\dot{U}_{c2}$。由图 3-28（b）知，$\dot{U}_{ab}$与$-\dot{U}_B$同相，而$-\dot{U}_B$滞后 $\dot{U}_{AB}330°$，即 $\dot{U}_{ab}$滞后 $\dot{U}_{AB}330°$。在钟表上 1 个小时表示角度为 30°，因此，该变压器的联结组别为 330°/30°=11，即联结组别为 Yzn11。

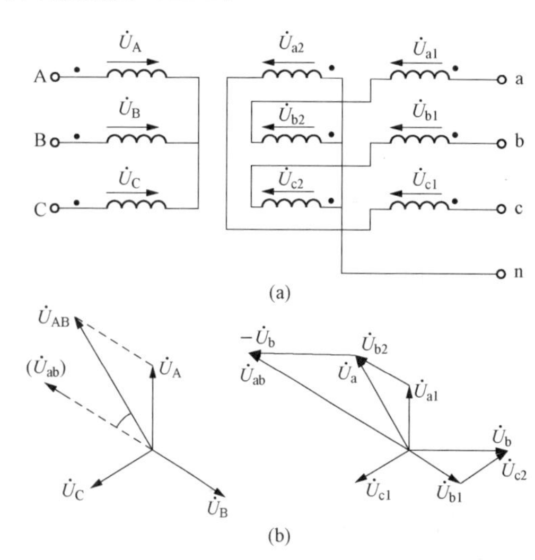

图 3-28 Yzn11 联结的防雷变压器

（a）一、二次绕组接线图；（b）一、二次电压相量图

当雷电过电压沿变压器二次侧（低压侧）线路侵入时，由于变压器二次侧同一芯柱上的两半个绕组的电流方向正好相反，其磁动势相互抵消，因此过电压不会感应到一次侧（高压侧）线路上去。同样的，假如雷电过电压沿变压器一次侧（高压侧）线路侵入，由于变压器二次侧（低压侧）同一芯柱上的两个绕组的感应电动势相互抵消，二次侧也不会出现过电压。由此可见，采用 Yzn11 联结的变压器有利于防雷。在多雷地区宜选用这类防雷变压器。

四、变电站主变压器台数和容量的选择

1. 变电站主变压器台数的选择

选择主变压器台数时应考虑下列原则：

（1）应满足用电负荷对供电可靠性的要求。对于供有大量一、二级负荷的变电站，应采用两台变压器，以便当一台变压器发生故障或检修时，另一台变压器能对一、二级负荷继续供电。对于只有二级负荷而无一级负荷的变电站，也可以只采用一台变压器，但必须在低压侧敷设与其他变电站相连的联络线作为备用电源，或另有自备电源。

（2）对于季节性负荷或昼夜负荷变动较大宜采用经济运行方式的变电站，也可考虑采用两台变压器。

（3）除上述两种情况外，一般车间变电站宜采用一台变压器。但是，负荷集中且容量相当大的变电站，虽为三级负荷，也可以采用两台或多台变压器。

（4）在确定变电站主变压器台数时，应适当考虑负荷的发展，留有一定的裕量。

2. 变电站主变压器容量的选择

(1) 只装一台主变压器的变电站。主变压器的容量$S_{N.T}$应满足全部用电设备总计算负荷S_{30}的需要，即

$$S_{N\cdot T} \geqslant S_{30} \tag{3-1}$$

(2) 装有两台主变压器的变电站。每台变压器的容量$S_{N.T}$应同时满足以下两个条件：

1) 任一台变压器单独运行时，宜满足总计算负荷S_{30}的60%～70%的需要，即

$$S_{N\cdot T} = (0.6 \sim 0.7)S_{30} \tag{3-2}$$

2) 任一台变压器单独运行时，应满足全部一、二级负荷的需要，即

$$S_{N\cdot T} \geqslant S_{30(\text{I}+\text{II})} \tag{3-3}$$

(3) 车间变电站主变压器的单台容量上限。车间变电站主变压器的单台容量，一般不宜大于1000kVA（或1250kVA）。这一方面是受以往低压开关电器断流能力和短路稳定度要求的限制；另一方面也是考虑可以使变压器更接近于车间负荷中心，以减少低压配电线路的电能损耗、电压损耗和有色金属消耗量。现在我国已能生产一些断流能力更大和短路稳定度更好的新型低压开关电器，如DW15型、ME型等低压断路器及其他电器，因此，如果车间负荷容量较大、负荷集中且运行合理，也可以选用单台容量为1250～2000kVA的配电变压器，这样可减少主变压器台数及高压开关电器和电缆等。

对于装设在二层以上的电力变压器，应考虑其垂直和水平运输时对通道及楼板荷载的影响。如果采用干式变压器，其容量不宜大于630kVA。

对于住宅小区变电站内的油浸式变压器，其单台容量也不宜大于630kVA。这是因为油浸式变压器容量大于630kVA时，按规定应装设气体保护，而这些住宅小区变电站电源侧的断路器往往不在变压器附近，因此瓦斯保护很难实施，而且如果变压器容量增大，则供电半径相应增大，往往造成配电线路末端的电压偏低，给居民生活带来不便，如荧光灯启焊困难、电冰箱不能启动等。

(4) 适当考虑负荷的发展。应该适当考虑今后5～10年电力负荷的增长，留有一定的裕量。干式变压器的过负荷能力较小，更宜留有较大的裕量。

这里电力变压器的额定容量$S_{N.T}$，是在一定温度条件下（如户外安装，年平均气温为20℃）的持续最大输出容量（出力）。如果安装地点的年平均气温$\theta_{0.av} \neq 20$℃，则年平均气温每升高1℃，变压器容量相应地减小1%。因此，户外电力变压器的实际容量（出力）为

$$S_T = \left(1 - \frac{\theta_{0.av} - 20}{100}\right)S_{N.T} \tag{3-4}$$

对于户内变压器，由于散热条件较差，一般变压器室的出风口与进风口间有约15℃的温度差，从而使处在户内中的变压器环境温度比户外变压器环境温度要高出大约8℃，因此户内变压器的实际容量（出力）较之式（3-4）所计算的容量（出力）还要减小8%。

还要指出：由于变压器的负荷是变动的，大多数时间是欠负荷运行，因此必要时可以适当过负荷，并不会影响其使用寿命。对于油浸式变压器，户外可正常过负荷30%，户内可正常过负荷20%。对于干式变压器，一般不考虑正常过负荷。

电力变压器在事故情况下（如并列运行的两台变压器因故障切除一台时），允许短时间较大幅度的过负荷运行，而无论故障前的负荷情况如何，但过负荷运行时间不得超过表3-1所规定的时间。

表 3-1　　电力变压器事故过负荷允许值

油浸自冷式变压器	过负荷百分数（%）	30	60	75	100	200
	过负荷时间（min）	120	45	20	10	15
干式变压器	过负荷百分数（%）	10	20	30	50	60
	过负荷时间（min）	75	60	45	16	5

最后必须指出：变电站主变压器台数和容量的最后确定，应结合变电站主接线方案，经技术经济比较择优而定。

【例 3-1】 某 10/0.4kV 变电站，总计算负荷为 1200kVA，其中一、二级负荷 680kVA。试初步选择该变电站主变压器的台数和容量。

解： 根据变电站有一、二级负荷的情况，确定选两台主变压器。每台容量为

$$S_{N\cdot T} = (0.6 \sim 0.7) \times 1200 = 720 \sim 840(\text{kVA})$$

且

$$S_{N\cdot T} \geqslant S_{30(\text{I}+\text{II})}$$

因此，查附录 C 初步确定每台主变压器容量为 800kVA。

五、电力变压器并列运行条件

两台或多台变压器并列运行时，必须满足以下三个基本条件：

(1) 并列变压器的额定一、二次电压必须对应相等，即并列变压器的电压比必须相同，允许差值不超过±5%。如果并列变压器的电压比不同，则并列变压器二次绕组的回路内将出现环流，即二次电压较高的绕组将向二次电压较低的绕组供给电流，导致绕组过热甚至烧毁。

(2) 并列变压器的阻抗电压（即短路电压）必须相等。由于并列运行变压器的负荷是按其阻抗电压值成反比分配的，如果阻抗电压相差很大，可能导致阻抗电压小的变压器发生过负荷现象，因此要求并列变压器的阻抗电压必须相等，允许差值不得超过±10%。

(3) 并列变压器的联结组别必须相同，即所有并列变压器一、二次电压的相序和相位都必须对应的相同，否则不能并列运行。假设两台变压器并列运行，一台为 Yyn0 联结，另一台为 Dyn11 联结，则它们的二次电压将出现 30°相位差，从而在两台变压器的二次绕组间产生电位差 ΔU，如图 3-29 所示。ΔU 将在两台变压器的二次侧产生一个很大的环流，可能使变压器绕组烧毁。

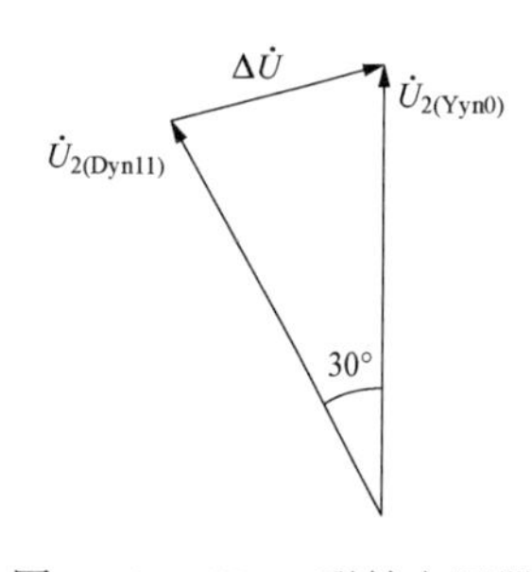

图 3-29　Yyn0 联结变压器与 Dyn11 联结变压器并列运行时的二次电压相量图

此外，并列运行的变压器容量应尽量相同或相近，其最大容量与最小容量之比，一般不能超过 3∶1。如果容量相差悬殊，不仅运行很不方便，而且在变压器特性上稍有差异时，变压器间的环流将相当显著，特别是容量小的变压器容易过负荷或烧毁。

【例 3-2】 现有一台 S9-800/10 型配电变压器与一台 S9-2000/10 型配电变压器并列运行，均为 Dyn11 联结。问总负荷达到 2800kVA 时，这两台变压器中哪一台将要过负荷？过负荷可达多少？

解： 并列运行的变压器之间的负荷分配是与其阻抗标幺值成反比的，因此先计算其阻抗标幺值。

变压器的阻抗标幺值的计算式为

$$|Z_T^*| = \frac{U_k\% S_d}{100 S_N}$$

式中：$U_k\%$ 为变压器的短路电压（阻抗电压）百分值；S_d 为基准容量，kVA，通常取 S_d＝100MVA＝10^5kVA；S_N为变压器的额定容量，kVA。

查附表C，得S9-800/10型变压器（T1）的 $U_k\%=5$，S9-2000/10型变压器（T2）的 $U_k\%=6$，因此这两台变压器的阻抗标幺值分别为（取 S_d＝100MVA＝10^5kVA）

$$|Z_{T1}^*| = \frac{5\times10^5}{100\times800} = 6.25$$

$$|Z_{T2}^*| = \frac{6\times10^5}{100\times2000} = 3.00$$

由此可以计算出两台变压器在负荷达2800kVA时各台变压器负担的负荷分别为

$$S_{T1} = 2800\times\frac{3.00}{6.25+3.00}\approx 908(\text{kVA})$$

$$S_{T2} = 2800\times\frac{6.25}{6.25+3.00}\approx 1892(\text{kVA})$$

由以上计算结果可知，S9-800/10型变压器（T1）将过负荷，过负荷值为908－800＝108(kVA)，且超过额定值的百分比为

$$\frac{108}{800}\times100\% = 13.5\%$$

按相关规定，油浸式变压器正常允许过负荷可达20%（户内）或30%（户外），因此S9-800/10型变压器过负荷13.5%在允许范围内的。

从上述两台变压器的容量比来看，800kVA∶2000kVA＝1∶2.5，也未达到变压器并列运行一般不允许的容量比1∶3。但是，考虑负荷的发展和运行的灵活性，S9-800/10型变压器宜换用较大容量的变压器。

第五节 互 感 器

互感器应用变压器原理（电磁感应原理）来变换电压和电流，可分为电压互感器和电流互感器两大类。电流互感器（current transformer）文字符号为TA，又称仪用变流器。电压互感器（voltage transformer 或 potential transformer）文字符号为TV，又称仪用变压器。电流互感器和电压互感器合称仪用互感器，简称互感器。从基本结构和原理来说，互感器就是一种特殊变压器。

互感器在电力系统中的作用：

（1）将一次回路的高电压和大电流变换为二次回路标准的低电压、小电流。电压互感器二次侧的额定电压规定为100V（线电压）；电流互感器二次侧的额定电流规定为5A或1A（后者在弱二次系统时采用），使测量仪表和继电保护装置标准化、小型化，二次设备的绝缘水平按低电压统一的标准进行设计，以降低成本和价格，而且使用方便。

（2）一次系统和二次系统间是通过互感器联络的，这样它就起到了一次高压与二次低压的隔离作用，并且互感器二次绕组必须有一点接地，从而确保了运行人员和二次设备的

安全。

一、电流互感器

（一）工作原理和特点

电流互感器的工作原理和变压器相似，但其使用方法与变压器完全不同，电流互感器的一次绕组串联在一次电路内，二次绕组与测量仪表或继电器等的电流线圈串联，如图 3-30 所示。

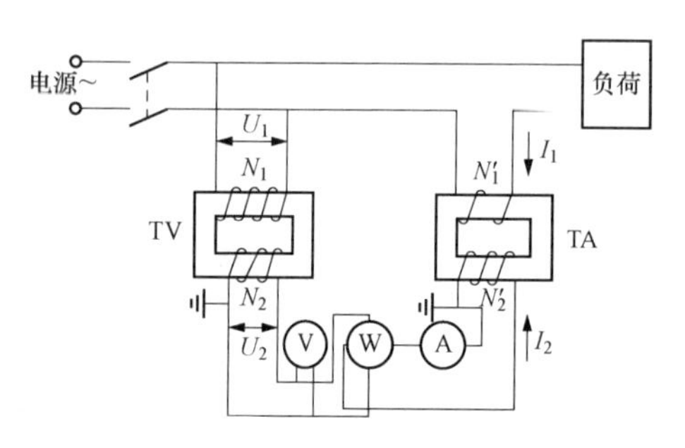

图 3-30　电压互感器和电流互感器的连接

电流互感器正常运行时有以下特点：

（1）电流互感器一次绕组串联在电路中，并且匝数很少，因此一次绕组中电流完全取决于被测电路的负荷电流，而且与二次电流无关。

（2）电流互感器二次绕组与测量仪表、继电器的电流线圈串联，由于测量仪表和继电器等的电流线圈阻抗均很小，电流互感器正常工作时接近于短路状态。

（3）电流互感器正常运行时，不允许二次回路开路，也不允许装设开关和熔断器。如果二次回路开路，二次电流为零，一次电流全部用来励磁，使电流互感器铁芯饱和，通过铁芯中的磁通 ψ 波形畸变为平顶波，如图 3-31 所示。由于绕组中的感应电动势与磁通的变化率成正比，因此电流互感器二次绕组将在磁通过零时感应产生很高的尖顶波电动势 e_2，其值可达数千甚至上万伏。这样高的电压对运行人员的人身安全及仪表继电器的绝缘都是极其危险的，并且铁芯中磁感应强度骤增，会引起铁芯中有功损耗增加，使铁芯和绕组有过热损坏的危险。此外，在铁芯中还会产生剩磁，使电流互感器误差增大。因此，当运行中的电流互感器需要拆除二次回路中所接仪表时，必须采用专用导线（或专用短路连接片）将二次绕组短接起来，再进行工作，以防二次回路开路造成的严重危害。

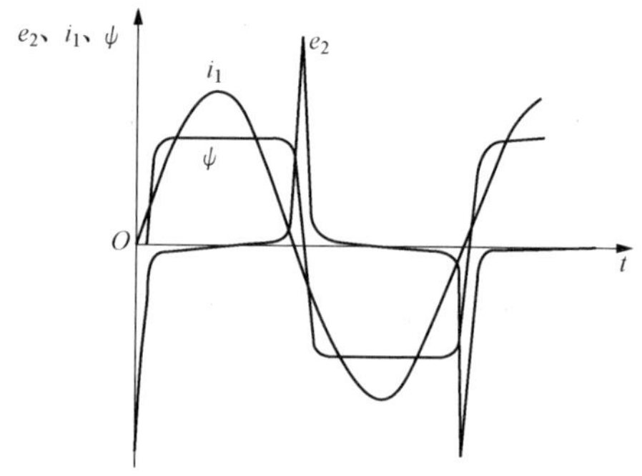

图 3-31　电流互感器二次开路时 i_1、ψ 和 e_2 的变化曲线

（二）电流互感器的误差和准确级

由于电流互感器的励磁损耗和磁路饱和等因素的影响，因此会造成测量结果出现误差，电流互感器的误差通常用电流误差和角误差来表示。

（1）电流误差：是指电流互感器二次电流的测量值乘以额定互感比所得的值，与实际一次电流之差对一次实际电流的百分数，即

$$f_i = \frac{k_i I_2 - I_1}{I_1} \times 100\% \tag{3-5}$$

（2）角误差：又称相角差，是指旋转 180°后的二次电流相量 $-\dot{I}_2$ 与一次电流相量 $\dot{I}_1$ 的夹角 δ_i，并规定 $-\dot{I}_2$ 超前于 $\dot{I}_1$ 时，其角误差为正值；反之，则为负值。电流互感器的相量图如图 3-32 所示。

影响电流互感器误差的因素有一次电流 $\dot{I}_1$、二次负荷阻抗 Z_{2L}、功率因数角 φ_2 等；电流互感器的结构参数对其误差也有影响，如铁芯材料、磁路平均长度、铁芯截面、二次绕组匝数、内阻抗等。

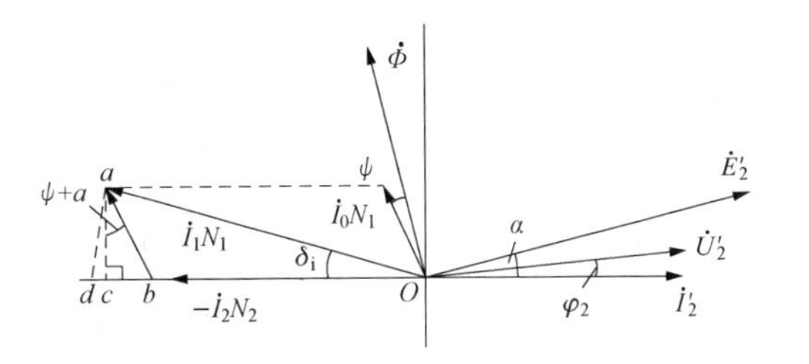

图 3 - 32　电流互感器的相量图

（3）电流互感器的准确级和 10%误差曲线：电流互感器根据测量时误差的大小而划分为不同的准确等级。准确级是指在规定的二次负荷范围内，一次电流为额定值时的最大误差限值。我国电流互感器的准确级和误差极限见表 3 - 2。

表 3 - 2　我国电流互感器的准确级和误差极限

准确级次	一次电流为额定电流的百分数（%）	误差极限		二次负荷变化范围
		电流误差（±%）	角误差（±′）	
0.2	10 20 100～120	0.5 0.35 0.2	20 15 10	(0.25～1) S_{2N}
0.5	10 20 100～120	1 0.75 0.5	60 45 30	
1	10 20 100～120	2 1.5 1	120 90 60	
3 10	50～120 50～120	3.0 10	不规定	(0.5～1) S_{2N}
B	100 100n*	3 −10	不规定	S_{2N}

* n 为额定 10%倍数；S_{2N}为电流互感器二次额定容量。

对于不同的测量仪表应选用不同准确级的电流互感器，例如，用于实验室精密测量仪表，应选用 0.2 级的电流互感器；用于发电机、变压器、厂用电及出线等回路中的电能表，应选用 0.5 级的电流互感器；盘式仪表，如电流表应选用 1 级电流互感器；用于继电保护的电流互感器（国家规定采用 B 级），在正常负荷范围内，其准确级要求不如用于测量的高，一般为 3～10 级，但在短路电流范围内，互感器最大电流误差限值要求不超过 10%，角误差不超过 7°。当一次电流为额定电流的 n 倍 $\left(n=\dfrac{I_1}{I_{1N}}\right)$ 时，电流误差达到 10%，这里 n 被称为 10%倍数。10%倍数 n 与电流互感器二次允许最大负荷阻抗的关系曲线 $n=f(Z_{2L})$，称为电流互感器的 10%误差曲线，如图 3 - 33 所示。通常 10%误差曲线由制造厂提供，只要电流互感器实际二次负荷不超过按最大一次电流倍数从曲线上查出的 Z_{2L} 值，均能保证其误差不超过 10%。

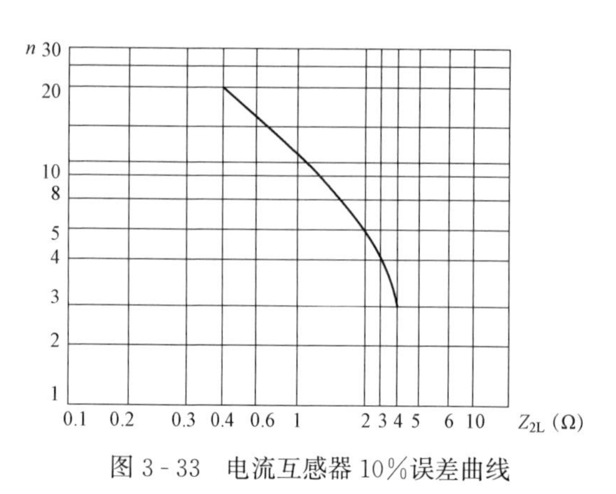

图 3-33　电流互感器 10%误差曲线

（三）电流互感器的接线方式

电流互感器的接线方式，按其使用目的的不同，通常有三种接线方式，如图 3-34 所示。图 3-34（a）为单相接线，常用于三相对称负荷电路；图 3-34（b）为星形接线，可测量三相电流；图 3-34（c）为不完全星形接线，流过公共导线上的电流为 A、C 两相电流的相量和，即 $\dot{I}_b=-(\dot{I}_a+\dot{I}_c)$，由于这种接线方式节省一个电流互感器，故被广泛采用。

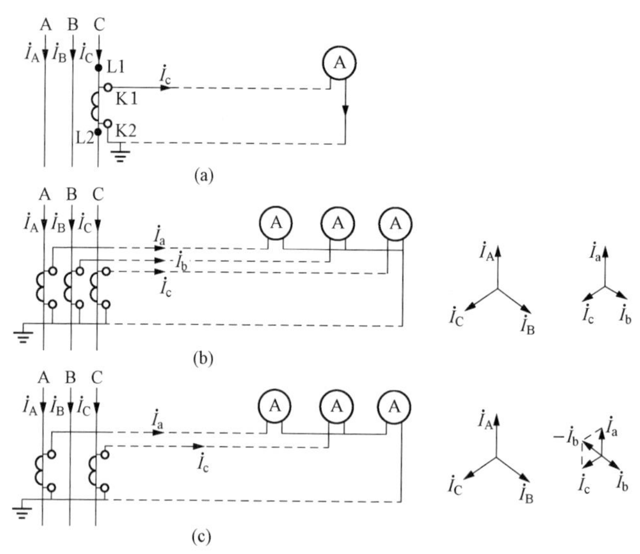

图 3-34　电流互感器接线图
（a）单相接线；（b）星形接线；（c）不完全星形接线

（四）电流互感器的分类与结构

1. 电流互感器的分类

电流互感器按安装地点可分为户内式和户外式。20kV 及以下制成户内式，35kV 及以上多制成户外式。

电流互感器按安装方式可分为穿墙式、支持式和装入式。穿墙式电流互感器装在墙壁或金属结构的孔中，可节约穿墙套管；支持式电流互感器安装在平面或支柱上；装入式电流互感器套在 35kV 及以上变压器或油断路器油箱内的套管上，故又称套管式。

电流互感器按绝缘结构可分为干式、浇注式、油浸式等。干式用绝缘胶浸渍，适用于低压户内电流互感器；浇注式利用环氧树脂作为绝缘，多用于 35kV 及以下的电流互感器；油浸式多为户外电流互感器。

电流互感器按一次绕组匝数可分为单匝式和多匝式。图 3-35 和图 3-36 分别为 LVB-35W3 型和 LVBZ1-35 型电流互感器的外形图。

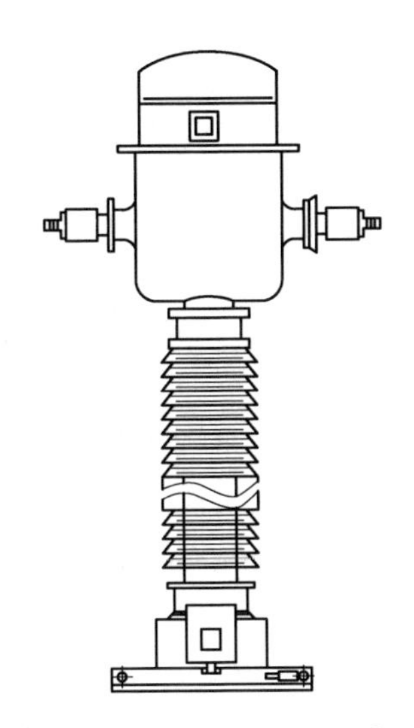

图 3-35　LVB-35W3 型电流互感器的外形

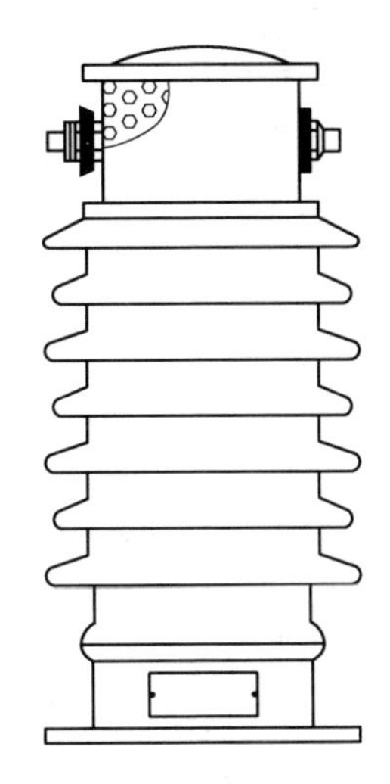

图 3-36　LVBZ1-35 型电流互感器的外形

2. 电流互感器的结构

单匝式电流互感器按结构可分为贯穿式和母线式。多匝式电流互感器按结构可分为线圈式、“8”字形和“U”字形。

单匝式电流互感器结构简单、尺寸小、价格低，其内部电动力不大，热稳定也容易保证；缺点是一次电流较小时，一次安匝 I_1N_1 与励磁安匝 I_0N_1 相差不大故误差较大。因此，额定电流 400A 以下的电流互感器采用多匝式。

“8”字形绕组结构的电流互感器，其一次绕组为圆形并套住带环形铁芯的二次绕组，构成两个互相套着的环，形如“8”字。由于“8”字绕组电场不均匀，故只用于 35～110kV 电压等级。

“U”字形绕组电流互感器，一次绕组是“U”字形，主绝缘全部包在一次绕组上，绝缘分十层，层间有电容，外屏接地，形成圆筒式电容串结构。由于其电场分布均匀和便于实现机械化包扎绝缘，因此在 110kV 及以上的高压电流互感器中得到了广泛的应用。

电流互感器型号的表示和含义如图 3-37 所示。

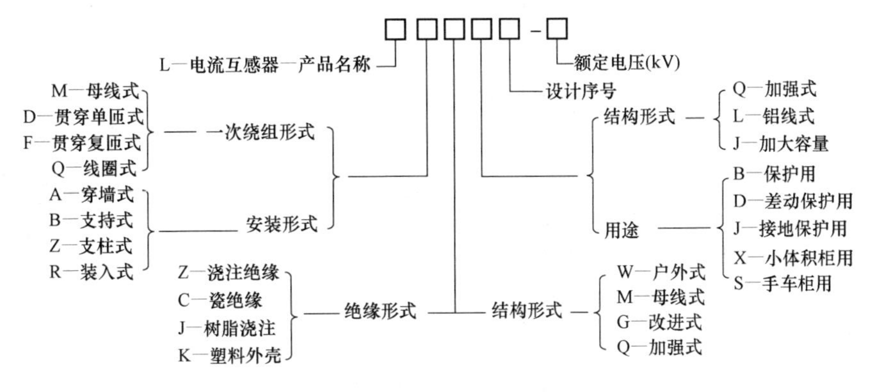

图 3-37　电流互感器型号的表示和含义

二、电压互感器

（一）工作原理及特点

电压互感器的工作原理、构造和连接方法等都与电力变压器相似，其主要区别在于电压互感器容量很小，一般只有几十到几百伏安。

电压互感器正常运行时有如下特点：

（1）电压互感器一次电压 U_1 即为电网运行电压，不受互感器二次负荷的影响，二次负荷一般情况下是恒定的。

（2）电压互感器二次负荷是测量仪表、继电器的电压线圈，其阻抗很大，通过电压互感器二次回路的电流很小，所以电压互感器正常工作时接近于空载状态。

（3）电压互感器在运行中，二次侧不允许短路；否则，短路后在二次电路中会产生很大的短路电流，将使电压互感器烧毁。

（二）电压互感器的误差与准确级

电压互感器的误差分为电压误差和角误差。

（1）电压误差：为二次电压的测量值乘以额定互感比所得的一次电压的近似值 k_uU_2 与实际一次电压值 U_1 之差，并与实际一次电压值 U_1 相比的百分数，即

$$f_u = \frac{k_uU_2 - U_1}{U_1} \times 100\% \tag{3-6}$$

（2）角误差：为旋转180°后的二次电压相量 $-\dot{U}'_2$ 与一次电压相量 $\dot{U}_1$ 的夹角 δ_u。规定 $-\dot{U}'_2$ 超前于 $\dot{U}_1$ 时，其角误差 δ_u 为正值；反之，则 δ_u 为负值。电压互感器的相量图如图3-38所示。

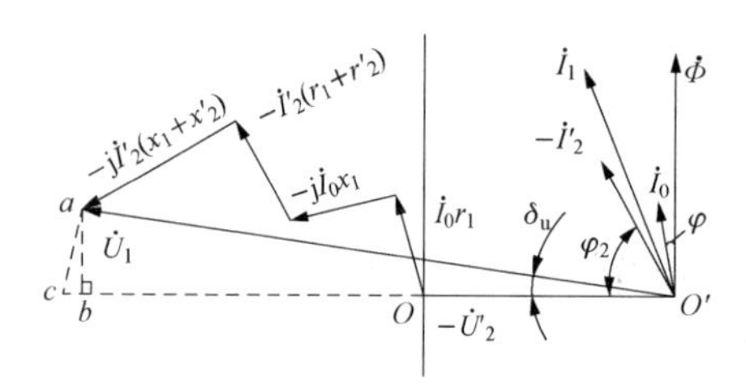

图3-38　电压互感器的相量图

影响电压互感器两种误差的因素主要是二次负荷电流 I'_2、功率因数 $\cos\varphi_2$ 和一次电压 U_1 的值，即与正常工作条件有关。电压互感器的结构参数对其误差也有影响，如铁芯材料、磁路平均长度、铁芯截面、二次绕组匝数、内阻抗等。

（3）电压互感器的准确级：电压互感器的准确级是指在规定的一次电压和二次负荷的变化范围内，负荷功率因数为额定值时误差的最大误差限值。我国电压互感器准确级和误差极限见表3-3。

表3-3　我国电压互感器的准确级和误差极限

准确级次	误差极限		电压互感器一次电压 U_N 和二次负荷 S_{2N} 的变化范围
	电压误差（±%）	角误差（±′）	
0.2	0.2	10	$(0.85\sim1.5)U_{1N}$ $(0.25\sim1)S_{2N}$ $\cos\varphi_2=0.8$
0.5	0.5	20	
1	1.0	40	
3	3.0	不规定	

我国电压互感器的准确等级分为四级，即0.2、0.5、1.0级和3级，0.2级用于实验室精密测量；0.5、1.0级用于发电厂和变电站的盘式仪表；3级用于测量仪表和某些继电保护装置。

（三）电压互感器的接线方式

电压互感器的接线方式有多种，根据其结构形式和测量需要，通常有如图3-39所示的几种接线。图3-39（a）是采用一台单相电压互感器来测量某一相间电压或相对地电压的接线；图3-39（b）是采用两台单相电压互感器接成V-V形接线，用来测量相间电压，广泛应用于20kV及以下中性点非直接接地电力网，在满足测量要求的前提下，采用此种接线比三相经济；图3-39（c）是采用一台三相五柱式电压互感器接线，一次、二次绕组接成Y_0-Y_0-△形接线，广泛应用在3～35kV电力系统中，可测量各相间电压和相对地电压，互感器三个辅助二次绕组接成开口三角形，供接地保护装置和接地信号（绝缘监察）继电器用；图3-39（d）是采用三台单相三绕组电压互感器接线，二次绕组接成Y_0-Y_0-△形接线，这种接线广泛应用在35～330kV电力系统中，可测量各相间电压和相对地电压，互感器三个辅助二次绕组接成开口三角形，供接地保护装置和接地信号（绝缘监察）继电器用；图3-39（e）为电容式电压互感器接线图，其作用与图3-39（d）相同。

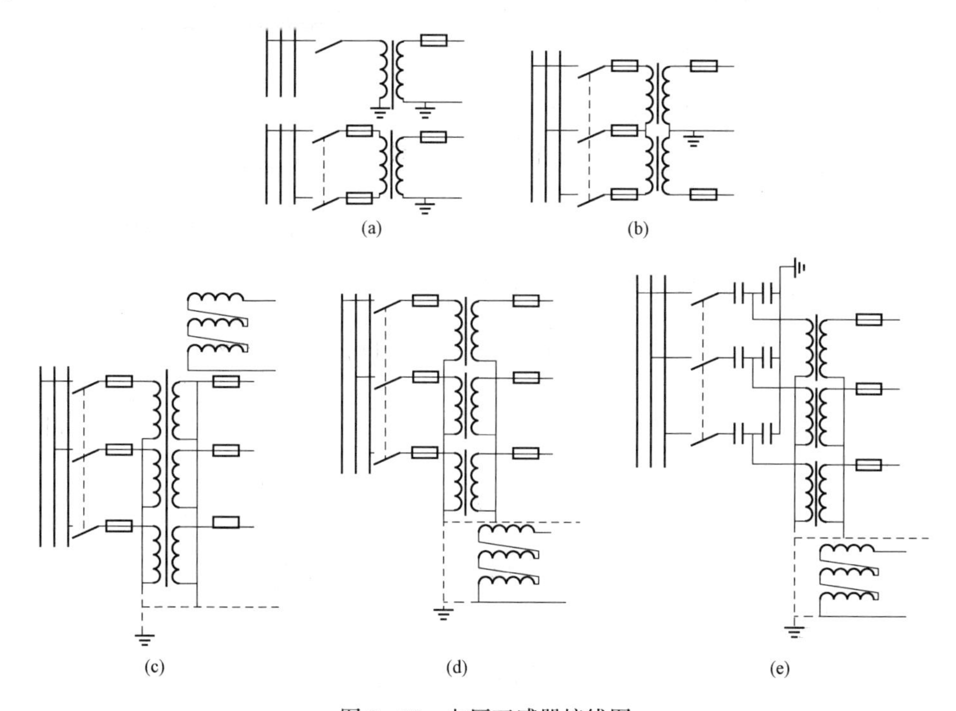

图3-39　电压互感器接线图

（a）一台电压互感器接线；（b）不完全星形接线；（c）一台三相五柱式电压互感器接线

（d）三台单相三绕组电压互感器接线；（e）电容式电压互感器接线

（四）电压互感器的分类

电压互感器按安装地点可分为户内式和户外式。35kV及以下制成户内式，35kV以上都制成户外式。

电压互感器按相数可分为单相式和三相式。35kV 及以上制成单相式，10kV 及以下通常制成三相式。

电压互感器按绕组数目可分为双绕组电压互感器和三绕组电压互感器。三绕组电压互感器除一次绕组和基本二次绕组外，还有一组辅助二次绕组，供电网绝缘监察和接地保护用。

电压互感器按绝缘结构可分为干式、浇注式、油浸式、充气式和电容式。干式电压互感器适用于 6kV 及以下空气干燥的户内配电装置中；浇注式电压互感器适用于 3～35kV 户内配电装置中；充气式电压互感器主要与 SF_6 封闭式组合电器配套使用；油浸式电压互感器按其结构还可分为普通式和串级式两类，3～35kV 都制成普通式，结构上与普通小型变压器相似，110kV 及以上采用串级式。

图 3-40 和图 3-41 为两种电压互感器的外形。

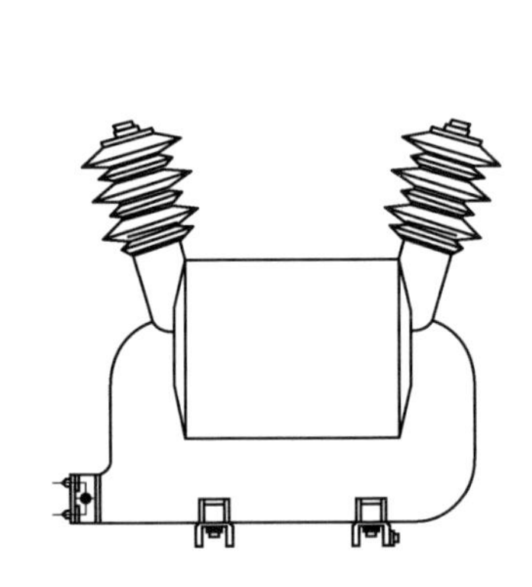

图 3-40　JZW-12 型电压互感器的外形

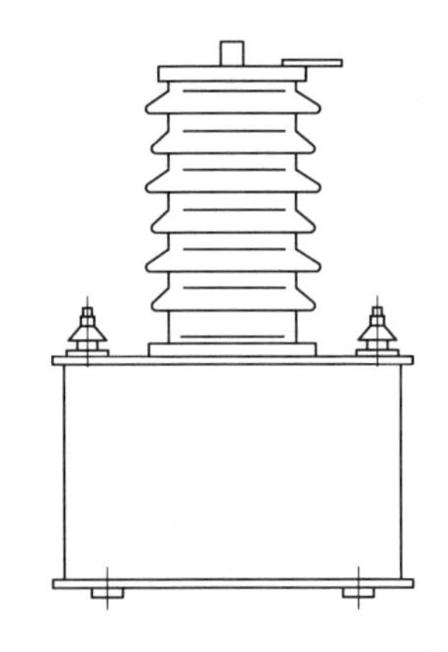

图 3-41　JDZX6-35W2 型电压互感器的外形

电压互感器型号的表示和含义如图 3-42 所示。

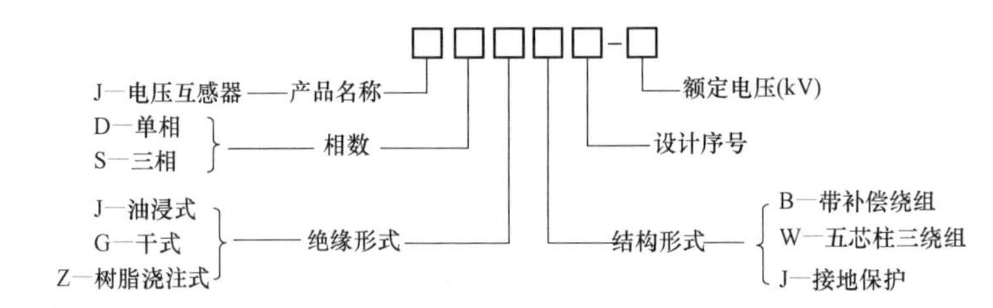

图 3-42　电压互感器型号的表示和含义

第六节　电　抗　器

一、普通电抗器

普通电抗器是单相、中间无抽头的空心电感线圈。短路电流流经电抗器时在电抗器上产生很大的电动力，为了保证电抗器自身的动稳定性，旧式电抗器用混凝土将电抗器线圈浇装成一个整体，故称水泥电抗器，其型号标注为 NK（铜线）或 NKL（铝线）。新型电抗器线圈外部由环氧树脂浸透的玻璃纤维包封，整体高度固化，整体性强，机械强度很高且噪声低，质量轻，型号为 XKGK（空心式限流电抗器），其额定电压有 6、10kV 两种，额定电流由 200～4000A 分为若干种。

电抗器的百分电抗定义为

$$\chi_k\% = \chi_{k*} \times 100\% \tag{3-7}$$

$$\chi_{k*} = \chi \frac{\sqrt{3}I_N}{U_N}$$

式中：χ_{k*} 为电抗标幺值；χ 为电抗有名值；I_{kN}为电抗器额定电流；U_{kN}为电抗器额定电压。

表 3-4 为普通电抗器的主要参数，可见在额定电流与百分电抗相同情况下 10kV 电抗器的电感（有名电抗）较 6kV 电抗器大，因此质量也较大。

表 3-4　　普通电抗器的主要参数

型　号	额定电压（kV）	额定电流（kA）	百电抗（%）	电感（mH）	动稳定电流（kA）	4s 热稳定电流（kA）	单相质量（kg）
XKGK-6-1500-8	6	1500	8	0.588	95.63	37.5	612
XKGK-10-1500-8	10	1500	8	0.980	95.63	37.5	802

二、分裂电抗器

分裂电抗器又称双臂限流电抗器，其结构为一中间抽头的空心电感线圈。接线符号如图 3-43（a）所示。其最常用的接线方式是中间端 3 接电源，两端 1、2 接负荷。

图 3-43（b）为分裂电抗器的工作原理图。由于两臂绕组互感的作用，每支等效电抗与两分支电流方向及比值大小有关：正常运行时，两支电流近似相同，互磁通方向与自磁通方向相反，即两绕组互相去磁而使每支等效电抗小于其自感抗。短路时，短路分支自磁通远大于另一分支（非短路分支）产生的互磁通，因此，可略去互磁通。这时，短路分支的等效电抗等于其自感抗。

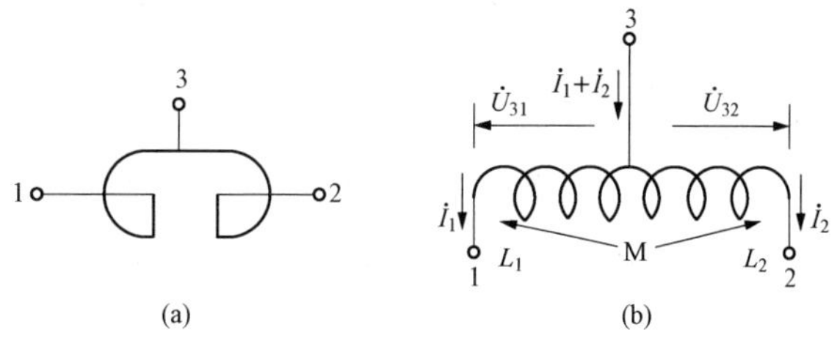

图 3-43　分裂电抗器
（a）接线符号；（b）工作原理图

第 1 分支等效电抗为

$$\chi_1 = \chi_L\left(1 - f\frac{\dot{I}_2}{\dot{I}_1}\right) \tag{3-8}$$

式中：f 为互感系数。第 2 分支等效电抗为

$$\chi_2 = \chi_L\left(1 - f\frac{\dot{I}_1}{\dot{I}_2}\right) \tag{3-9}$$

由于互感的作用使每一分支的等效电抗依赖于两支电流的复值比。因此，在两支负荷电流近似相同时，分支等效电抗为：

正常运行时，有 $\dot{I}_1 = \dot{I}_2$，则

$$\chi_1 = \chi_2 = \chi_L(1-f) \tag{3-10}$$

短路时，有 $I_1 \gg I_2$（分支1短路），则

$$\chi_1 = \chi_L \tag{3-11}$$

由此可使短路阻抗大于正常阻抗，从而解决了限制短路电流与保证正常压降不超过允许值的矛盾。一般取互感系数 $f=0.5$，这时正常运行等效电抗 $\chi_1=0.5\chi_L$，为短路状态下等效电抗的一半。

分裂电抗器的型号为FK（铜线）和FKL（铝线），其主要参数见表3-5。

表3-5 分裂电抗器的主要参数

型号	每臂额定电流（A）	额定电压（kV）	总通过容量（kVA）	百分电抗（单臂）	动稳定电流（A）		1s热稳定电流（A）
					两臂电流方向相同	两臂电流方向相反	
FKL-6-2X1000-10	1000	6	3×6920	10%	25 500	12 550	12 550

表3-5中的总通过容量指三相容量，即每相两臂容量为6920kVA，单臂容量为3460kVA。

由于分裂电抗器正常运行时等效电抗小于其自感抗，因此在满足正常压降要求条件下可提高自感抗以限制短路电流，当 $f=0.5$，两支负荷相同时，其自感抗较普通电抗器可提高为2倍。但是，当一支负荷突然切除时，切除支路产生过电压，而未切除支路相当于串入普通电抗器产生很大的压降。因此，即使在两支负荷平衡情况下，分裂电抗器的阻抗也应加以限制（一般不超过12%），其主要作用在于降低正常压降。当选用普通电抗器按限流要求取定的百分电抗不能满足正常压降要求时，可考虑改选分裂电抗器。

分裂电抗器两臂压降与两臂电流的关系为

$$\left.\begin{aligned}\Delta U_1\% &= \chi_L\% I_{1*}\sin\varphi_1 - \chi_L\% f I_{2*}\sin\varphi_2 \\ \Delta U_2\% &= \chi_L\% I_{2*}\sin\varphi_2 - \chi_L\% f I_{1*}\sin\varphi_1\end{aligned}\right\} \tag{3-12}$$

式中：I_{1*}、I_{2*}、φ_1、φ_2 分别为两臂电流标幺值及功率因数角。

由式（3-12）可计算几种特殊状态下的两臂压降（取 $\chi_L\%=12$，$f=0.5$；负荷功率因数为0.8；系统电源接于3端）：

（1）两臂电流相等（$I_{1*}=I_{2*}=1$），有

$$\Delta U_1\%=\Delta U_2\%=0.3\chi_L\%=3.6$$

可见，两臂电流处于均衡状态下压降较小。

（2）一臂停运（$I_{1*}=1$，$I_{2*}=0$），有

$$\Delta U_1\% = 0.6\chi_L\% = 7.2$$

$$\Delta U_2\% = -0.3\chi_L\% = -3.6$$

可见，运行臂相当于普通电抗器，压降增加为2倍，停运臂出现负压降，产生过电压3.6%。

（3）一臂短路（设1臂短路）。由于非短路臂电流 I_{2*} 相对于短路臂电流 I_{1*} 很小，因此可视 $I_{2*}=0$。取电源电压标幺值为1，有 $I_{1*}=\dfrac{1}{\chi_{L*}+\chi_{T*}}$，并有 $\sin\varphi_1=1$，代入式（3-12），得

$$\Delta U_1\% = \frac{100}{1+\chi_{T*}/\chi_{L*}}$$

$$\Delta U_2\% = -\frac{50}{1+\chi_{T*}/\chi_{L*}}$$

可见，非短路臂过电压与系统电抗 χ_{T*} 和电抗器自感抗 χ_{L*} 比值有关：χ_{T*} 越小、χ_{L*} 越大时，非短路分支过电压倍数越高。当 $\chi_{T*}/\chi_{L*}=0$ 时，有 $\Delta U_2\%=-50$，负号表示电压升高，因此，有非短路分支在另一分支短路过程中过电压 50%。

水泥电抗器的外形如图 3-44 所示。三个单相组成的水泥电抗器组，可以采用三相垂直重叠，两相重叠、一相水平，三相水平“品”字形排列方式，如图 3-45 所示，为减少相间支撑瓷座拉伸力，不同排列方式对线圈的绕向要求不同，按图 3-45（a）排列时中间相与上下两相线圈绕向相反；按图 3-45（b）排列时，垂直重叠的两相绕组方向相反，另一相与上面的那一相绕向相同；按图 3-45（c）排列时，三相绕向相同。

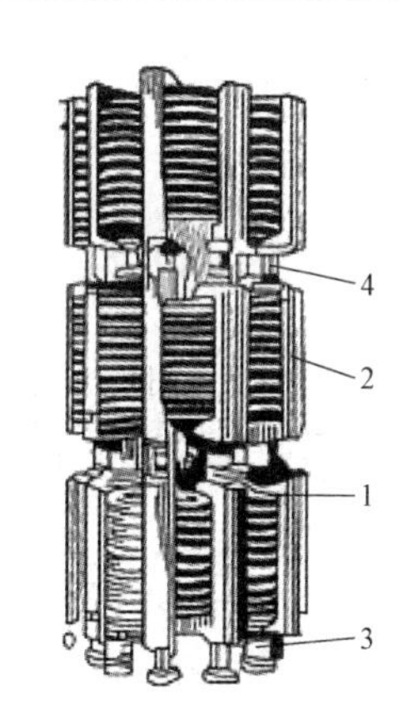

图 3-44　水泥电抗器的外形
1—绕组；2—水泥支柱；
3—对地支柱绝缘子；
4—相间支柱绝缘子

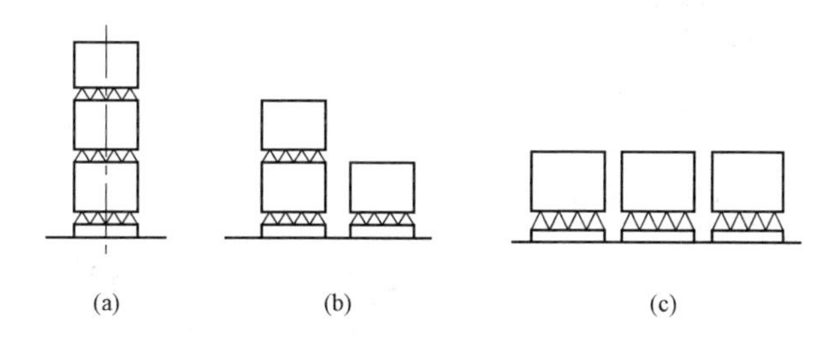

图 3-45　水泥电抗器三相排列方式
（a）三相垂直重叠；（b）两相重叠、一相水平；（c）三相水平品字形布置

第七节　避　雷　器

避雷器是用来限制过电压幅值的保护电器，并联在被保护电器与地之间。当雷电波沿线路侵入，过电压的作用使避雷器动作（放电），导线通过电阻或直接与大地相连接，雷电流经避雷器泄入大地，从而限制了雷电过电压的幅值，使避雷器上的残压不超过被保护电器的冲击放电电压。为了保证电力系统的安全运行，避雷器应满足的基本要求如下：

（1）当过电压超过一定值时，避雷器应动作（放电），使导线与地直接或经电阻相连接，以限制过电压。

（2）在过电压作用后，能够迅速截断工频续流（即避雷器放电时形成的放电通道在工频电压下所通过的工频电流）所产生的电弧，使电力系统恢复正常运行。

避雷器的种类主要有阀型避雷器、管型避雷器、氧化锌避雷器和保护间隙几种。在发电厂和变电站中应用的有阀型避雷器、氧化锌避雷器。

一、阀型避雷器

阀型避雷器是性能较好的一种避雷器，分为高压、低压阀型避雷器两种，它的基本元件是装在密封磁管中的火花间隙和非线性电阻片。图 3-46 为阀型避雷器的结构示意图。

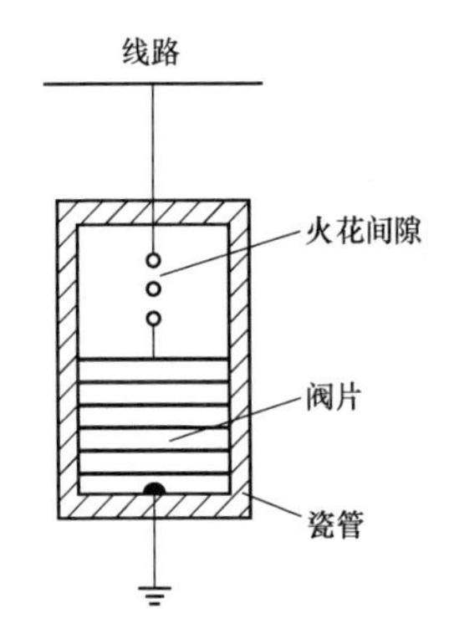

图 3-46　阀型避雷器的结构示意图

火花间隙用铜片冲制而成，每对间隙用 0.5～1mm 厚的云母垫片圈隔开。正常情况下，火花间隙阻止线路工频电流通过；但在大气过电压作用下，火花间隙击穿放电。非线性电阻片又称阀电阻片，由金刚砂（SiC）和结合剂在一定温度下烧结而成，阀片的阻值随通过的电流而变，当很大的雷电流通过阀片时，非线性电阻片将呈现很大的电导率，使雷电流畅通地向大地泄放；当电阻加以电网电压时，非线性电阻片的电导率突然下降，将工频续流限制到很小的数值，从而保证线路恢复正常工作。

低压阀型避雷器中串联的火花间隙和非线性电阻片少，高压阀型避雷器中串联的火花间隙和非线性电阻片随着电压的升高而增多。图 3-47（a）、（b）分别是我国生产的 FS4-10 型高压阀型避雷器和 FS-0.38 型低压阀型避雷器的结构图。

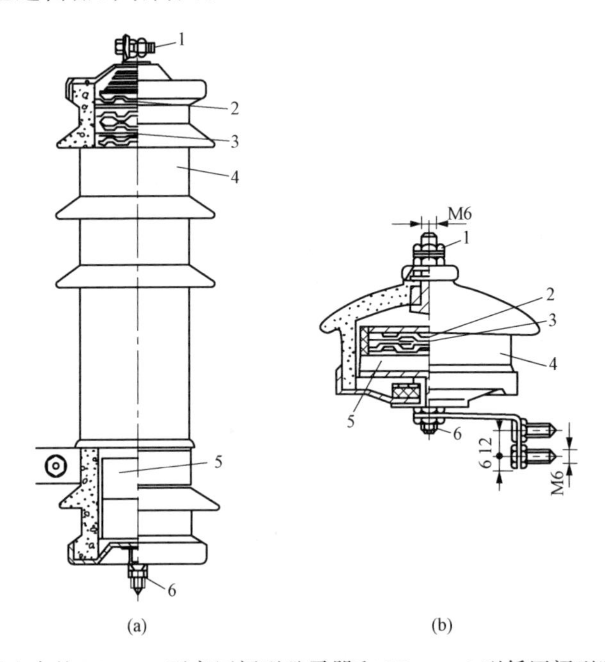

图 3-47　我国生产的 FS4-10 型高压阀型避雷器和 FS-0.38 型低压阀型避雷器的结构图
（a）FS4-10 型；（b）FS-0.38 型
1—上接线端；2—火花间隙；3—云母垫片；4—瓷套管；5—非线性电阻片；6—下接线端

阀型避雷器型号的表示和含义如图 3-48 所示。

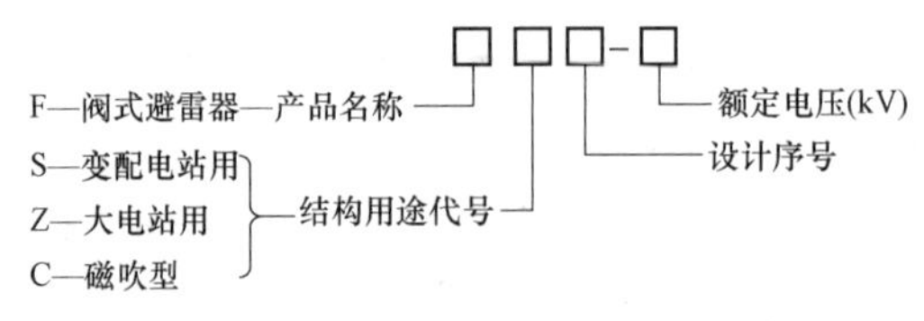

图 3-48　阀型避雷器型号的表示和含义

二、管型避雷器

管型避雷器由产气管、内部间隙和外部间隙三部分组成，如图 3-49 所示。产气管由纤维、有机玻璃或塑料制成，内部间隙装在产气管内部，一个电极为棒形，另一个电极为环形。图 3-49 中的 s_1 就是管型避雷器的内部间隙，s_2 就是装在管型避雷器与带电的线路间的外部间隙。

当线路上遭到雷击或发生感应雷时，大气过电压使管型避雷器外部间隙和内部间隙击穿，强大的雷电流通过接地装置入地。但是，随之而来的是供电系统的工频续流，其值也很大。雷电流和工频续流在管子内部间隙发生强烈电弧，使管子内部材料燃烧，产生大量灭弧气体。由于管子容积很小，这些气体的压力很大，因此从管口喷出，强烈地吹弧，在电流过零时，电弧熄灭。这时，外部间隙的空气恢复了绝缘，使管型避雷器与系统隔离，恢复系统的正常运行。

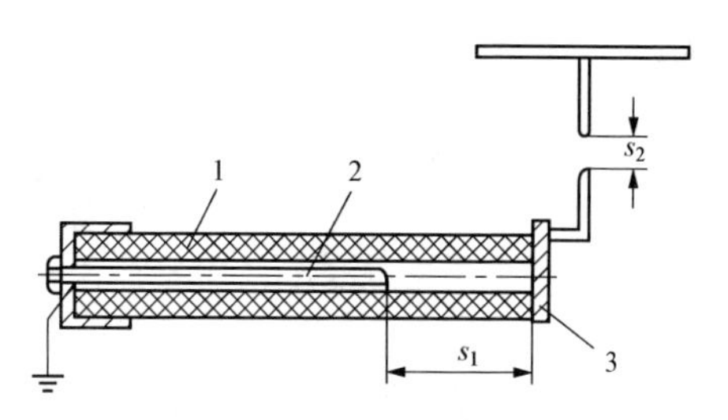

图 3-49 管型避雷器
1—产气管；2—内部电极；3—外部电极
s_1—内部间隙；s_2—外部间隙

为了保证管型避雷器可靠工作，在选择管型避雷器时，开断续流的上限应不小于安装处短路电流最大有效值（考虑非周期分量）；开断续流的下限应大于安装处短路电流的可能最小值（不考虑非周期分量）。

管型避雷器外部间隙的最小值：3kV，8mm；6kV，10mm；10kV，15mm。

管型避雷器型号的表示和含义如图 3-50 所示。

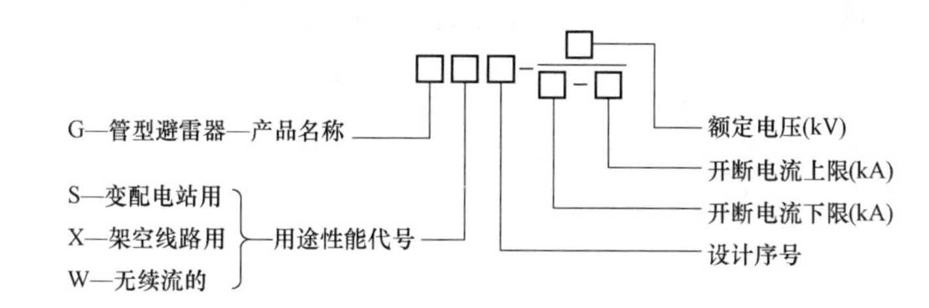

图 3-50 管型避雷器型号的表示和含义

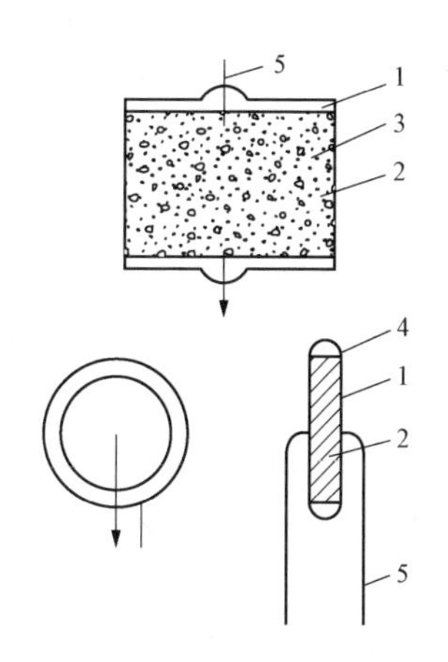

图 3-51 氧化锌避雷器的结构示意图
1—金属氧化接触层；2—填充剂；
3—氧化锌晶粒；4—氧化锌避雷器
环氧树脂绝缘封表层；5—引出线

三、氧化锌避雷器

氧化锌避雷器又称压敏避雷器，它实际上是一个以微粒状的金属氧化锌为基体，附以精选过的能够产生非线性的金属氧化物（如氧化铋等）添加剂高温烧结而成的多晶半导体陶瓷非线性电阻，图 3-51 为氧化锌避雷器的结构示意图。

氧化锌阀片（压敏电阻）具有很理想的伏安特性，工频电压下呈现极大的电阻，因此续流很小，不用间隙熄灭工频电流所产生的电弧。氧化锌阀片的通流容量很大，直径 20mm 的圆形电阻就可以通过 5kA 的冲击电流，所以压敏电阻体积很小。

氧化锌避雷器的工作原理：正常工作在工频电压下，具有极高的电阻，呈绝缘状态；在电压超过启动值（雷电压或内过电压）时，阀片"导通"，呈低阻状态，泄放电流；待有害的过电压消失后，阀片“导通”终止，迅速恢复高电阻呈绝缘状态。

氧化锌避雷器动作迅速、通流量大、残压低、无续流，对大气过电压和内过电压都能起保护作用。这种避雷器的体积小，结构简单可靠性高、寿命长、维护简便，是更新换代产品。

金属氧化物避雷器型号的表示和含义如图 3-52 所示。

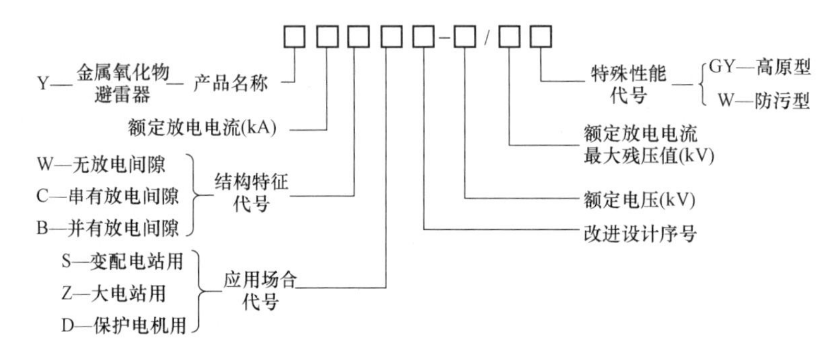

图 3-52 金属氧化物避雷器型号的表示和含义

四、保护间隙

保护间隙是简单而经济的防雷设备。由于它灭弧能力小，易造成接地或短路事故，因此装有保护间隙的线路，一般应装自动重合闸装置，以提高供电可靠性。图 3-53 是装于水泥杆铁横担上的角型间隙的结构。这种角型间隙又称羊角避雷器。

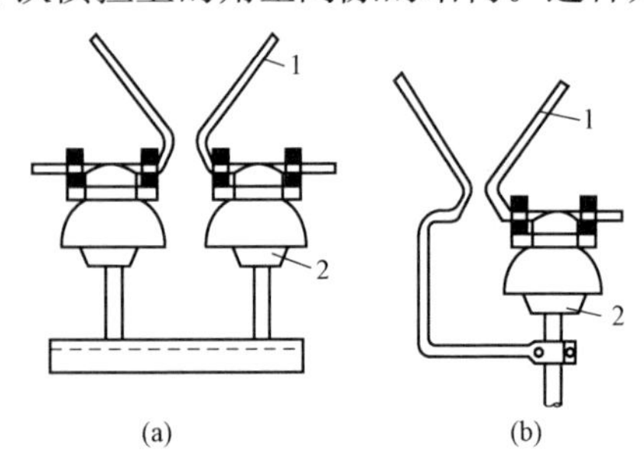

图 3-53 装于水泥杆铁横担上的角型间隙的结构

1—羊角形电极；2—支持绝缘子

五、避雷器的运行维护

1. 避雷器的安装要求

额定电压 10kV 及以下的避雷器用铁夹子固定在托架或横担上。额定电压 35kV 及以上的避雷器安装在基座上。安装时，首先固定避雷器底座，其他元件自下而上进行安装。避雷器安装后应保持垂直，要求元件中心线与垂直线之间的偏差不大于元件高度的 2%，将顶盖上的螺栓与高压端连接，绝缘底座上的螺栓可与放电计数器高压端连接，放电计数器低压端接地，若不用放电计数器，可将绝缘底座直接接地。

均匀拧紧避雷器各节组合的螺栓及引线的连接螺栓，使连接紧固、受力均匀。引线长度要适当，不应使避雷器承受附加应力。

2. 避雷器的维护检查

（1）避雷器外部瓷套是否完整，如有破损和裂纹，则不能使用。检查瓷套表面有无闪络痕迹。

（2）检查密封是否良好。若配电用避雷器顶盖和下部引线处的密封混合物脱落或龟裂，应将避雷器拆开干燥后再装好。高压用避雷器若密封不良，则应进行修理。

（3）检查引线有无松动、断线或断股现象。

（4）摇动避雷器检查有无响声，如有响声表明内部固定不好，应予检修。

（5）对于有放电计数器与磁钢计数器的避雷器，应检查它们是否完整。

（6）避雷器各节的组合及导线与端子的连接，对避雷器不应产生附加应力。

每个春季必须对避雷器进行预防性试验，合格后方可投入运行。

第八节　熔　断　器

熔断器 FU 是最早被采用的也是最简单的一种保护电器，它串联在电路中使用。当电路中通过过负荷电流或短路电流时，熔断器利用熔体产生的热量使自身熔断，切断电路，以达到保护的目的。高压熔断器型号的表示和含义如图 3-54 所示。

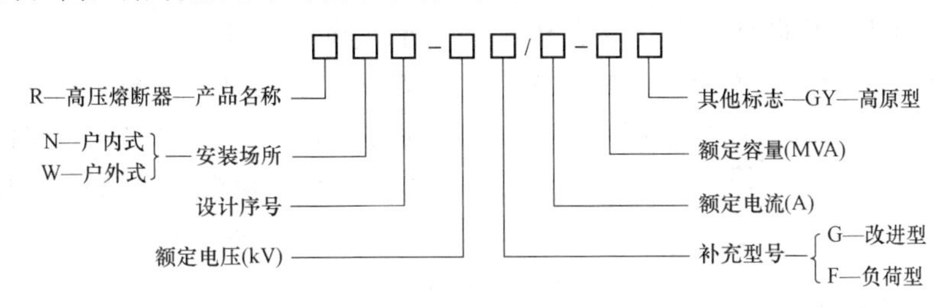

图 3-54　高压熔断器型号的表示和含义

一、熔断器的工作原理

熔断器主要由金属熔体、连接熔体的触头装置和外壳组成。金属熔体是熔断器的主要元件，熔体的材料一般有铜、银、锌、铅和铅锡合金等。熔体在正常工作时，仅通过不大于熔体额定电流值的负荷电流，其正常发热温度不会使熔体熔断。当过负荷电流或短路电流通过熔体时，熔体便熔化断开。

熔体熔断的物理过程如下：当短路电流或过负荷电流通过熔体时，熔体发热熔化，并进而气化。金属蒸气导电率远比固态与液态金属的导电率低，使熔体的电阻突然增大，电路中的电流突然减小，将在熔体两端产生很高的电压，导致间隙击穿，出现电弧。在电弧的作用下产生大量的气体而使电弧熄灭或电弧与周围有利于灭弧的固体介质紧密接触强行冷却而熄灭。

二、熔断器的工作性能

熔断器的工作性能，可用下面的特性和参数表征。

1. 电流—时间特性

熔断器的电流—时间特性又称熔体的安—秒特性，用来表明熔体的熔化时间与流过熔体的电流之间的关系，如图 3-55 所示。一般来说，通过熔体的电流越大，熔化时间越短。每一种规格的熔体都有一条安—秒特性曲线，由制造厂给出。安—秒特性是熔断器的重要特性，在采用选择性保护时，必须考虑安—秒特性。

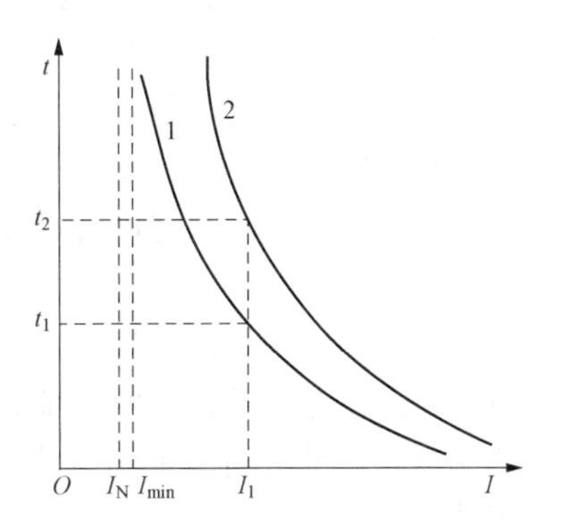

图 3-55　熔断器的安—秒特性
1—熔体截面积较小；2—熔体截面积较大

2. 熔体的额定电流与最小熔化电流

从安—秒特性曲线中可以看出，随着电流的减小，熔化时间将不断增大。当电流减小到某值时，熔体不能熔断，熔化时间将为无穷大，此电流值称为熔体的最小熔化电流 I_{min}。因此，熔体不能长期在最小熔化电流 I_{min}下工作。这是因为在 I_{min}附近的熔体安—秒特性是很不稳定的。熔体允许长期工作的额定电流 I_N应比 I_{min}小，通常最小熔化电流比熔体的额定电流大 1.1～1.25 倍。

熔断器的额定电流和熔体的额定电流是两个不同的值。熔断器的额定电流是指熔断器载流部分和接触部分设计时所根据的电流。熔体的额定电流是指熔体本身设计时所根据的电流。在某一额定电流的熔断器内，可安装额定电流在一定范围内的熔体，但熔体的最大额定电流不许超过熔断器的额定电流。

3. 短路保护的选择性

熔断器主要用在配电线路中，作为线路或电气设备的短路保护。由于熔体安—秒特性分散性较大，因此在串联使用的熔断器中必须保证一定的熔化时间差。如图 3 - 56 所示，主回路用 20A 熔体，分支回路用 5A 熔体。当 A 点发生短路时，其短路电流为 200A，此时熔体 1 的熔化时间为 0.35s，熔体 2 的熔化时间为 0.25s，显然熔体 2 先断，保证了有选择性切除故障。如果熔体 1 的额定电流为 30A，熔体 2 的额定电流为 20A，若 A 点短路电流为 800A，则熔体 1 的熔化时间为 0.04s，熔体 2 的熔化时间为 0.026s，两者相差 0.014s；若再考虑安—秒特性的分散性及燃弧时间的影响，在 A 点出现故障时，有可能出现熔体 1 与熔体 2 同时熔断，这一情况通常称为保护选择性不好。因此，当熔断器串联使用时，熔体的额定电流等级不能太接近。

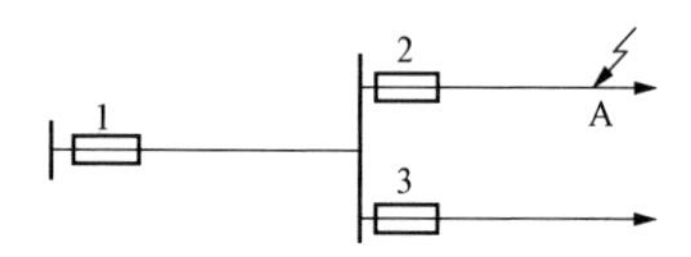

图 3 - 56 熔断器配合接线图

4. 额定开断电流

熔断器的额定开断电流主要取决于熔断器的灭弧装置。根据灭弧装置结构不同，熔断器大致分为两大类：喷逐式熔断器与石英砂熔断器。

对于喷逐式熔断器，电弧在产气材料制成的消弧管中燃烧与熄灭。这种熔断器与内能式油断路器相似，开断电流越大，产气量也越大，气吹效果越好，电弧越易熄灭。当开断电流很小时，由于电弧能量小，产气量也小，气吹效果差，可能出现不能灭弧的现象。因此，在喷逐式熔断器中，有时还存在一个下限开断电流的问题。故选用喷逐式熔断器时必须注意下限开断电流（由生产者提供）问题。

对于石英砂熔断器，电弧在充有石英砂填料的封闭室内燃烧与熄灭。当熔体熔断时，电弧在石英砂的狭缝里燃烧，根据狭缝灭弧原理，电弧与周围填料紧密接触受到冷却而熄灭。这种熔断器灭弧能力强，燃弧时间短，并有较大的开断能力。

5. 限流效应

当熔体的熔化时间很短，灭弧装置的灭弧能力又很强时，线路或电气设备中实际流过的短路电流最大值将小于无熔断器时预期的短路电流最大值，这一效应称为限流效应，如图 3 - 57 所示。由图可知，短路电流上升到 m 点时，熔体熔化产生电弧，短路电流由此值减小到零。

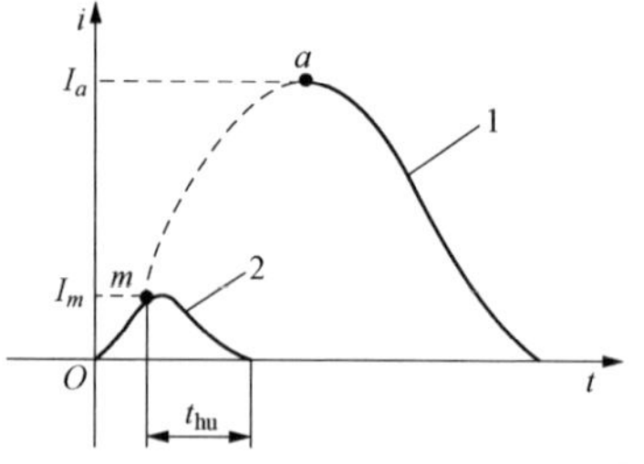

图 3 - 57 限流效应

1—短路电流的电流波形；

2—短路电流被切断时的电流波形；

t_{hu}—燃弧时间

有限流效应的熔断器至少有两个优点：一是线路中

实际流过的短路电流值小于预期短路电流，这样对线路及电气设备电动稳定性和热稳定性的要求均可降低；二是开断过程中电弧能量小，电弧容易熄灭。

三、熔断器的种类

熔断器的种类很多，按电压可分为高压和低压熔断器，按装设地点可分为户内式和户外式，按结构可分为螺旋式、插片式和管式，按是否有限流作用可分为限流式和无限流式熔断器等。下面介绍的是一种常用的熔断器，即10kV户外跌落式熔断器，如图3-58所示。它适用于变压器的短路保护。当熔体熔断时，上动触头的活动关节不再与上静触头接触，熔管在上、下触头压力推动下，加上熔管自身重力的作用，使熔管自动跌落，形成明显可见的隔离间隙，跌落式熔断器由此得名。

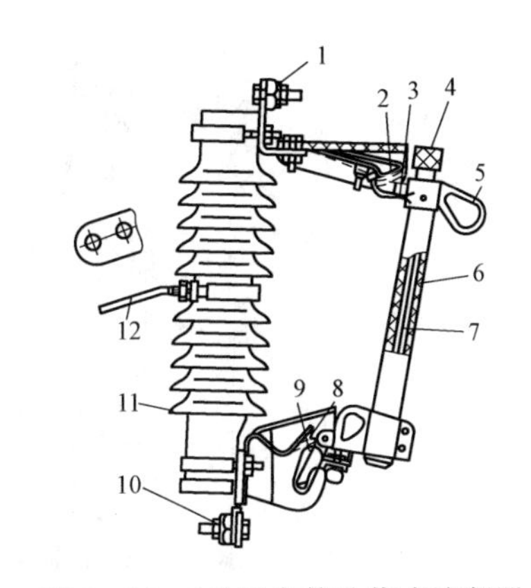

图3-58 10kV户外跌落式熔断器
1—接线端子；2—上静触头；3—上动触头；4—管帽；5—操作环；6—熔管；7—钢熔丝；8—下动触头；9—下静触头；10—下接线端子；11—绝缘子；12—固定安装板

第九节 高低压成套配电装置

一、概述

成套配电装置是按一定的线路方案将有关一、二次设备组装而成的一种成套设备的产品，用于供配电系统的控制、监测和保护。

成套配电装置中安装有开关电器、监测仪表、保护和自动装置及母线、绝缘子等。

成套配电装置分为高压成套配电装置（即高压开关柜）、低压成套配电装置（含配电屏、盘、柜、箱）和全封闭组合电器等。

二、高压开关柜

高压开关柜是按一定的线路方案将有关一、二次设备组装在一起的一种高压成套配电装置，在电力系统中控制和保护高压设备与线路之用，其中安装有高压开关设备、保护电器、监测仪表和母线、绝缘子等。

高压开关柜有固定式和手车式（移开式）两大类。在一般中小型工厂中普遍采用较为经济的固定式高压开关柜。我国以往大量生产和广泛应用的固定式高压开关柜主要是GG-1A（F）型。这种防误型高压开关柜装设了防止电气误操作和保障人身安全的闭锁装置，即所谓的“五防”：①防止误分、误合断路器；②防止带负荷误拉、误合隔离开关；③防止带电误挂接地线；④防止带接地线或在接地开关闭合时误合隔离开关或断路器；⑤防止人员误入带电间隔。

图3-59是GG-1A（F）-07S型固定式高压开关柜的结构，其中断路器为SN10-10型。

手车式高压开关柜的特点是，高压断路器等主要电气设备是装在可以拉出和推入开关柜的手车上的。高压断路器等设备出现故障需要检修时，可随时将其手车拉出，之后推入同类备用手车，即可恢复供电。因此，采用手车式高压开关柜，较之采用固定式高压开关柜，具

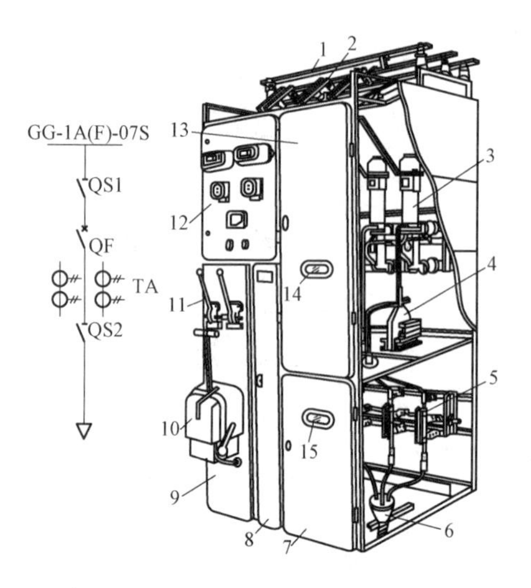

图 3-59　GG-1A（F）-07S 型固定式高压开关柜的结构

1—母线；2—母线侧隔离开关（QS1，GN8—10 型）；3—少油断路器（QF，SN10—10 型）；4—电流互感器（TA，LQJ—10 型）；5—线路侧隔离开关（QS2，GN6—10 型）；6—电缆头；7—下检修门；8—端子箱门；9—操作板；10—断路器的手动操动机构（CS2 型）；11—隔离开关的操作手柄；12—仪表继电器屏；13—上检修门；14、15—观察窗口

有检修安全方便、供电可靠性高的优点，但其价格较贵。图 3-60 是 GC-10（F）型手车式高压开关柜的结构。

从 20 世纪 80 年代以来，我国设计生产了一些符合 IEC 标准的新型高压开关柜，如 KGN-10（F）型固定式金属铠装高压开关柜、XGN 型箱式固定式高压开关柜、KYN-10（F）型移开式金属铠装高压开关柜、JYN-10（F）型移开式金属封闭间隔型高压开关柜和 HXGN 型环网柜等。其中，环网柜适用于 10kV 环形电网中，在城市电网中也得到了广泛应用。

现在新设计生产的环网柜，大多将原来的负荷开关、隔离开关、接地开关的功能，合并为一个三位置开关，它兼有通断负荷、隔离电源和接地三种功能，这样可缩小环网柜占用的空间。

图 3-61 是 SM6 型高压环网柜的结构。其中，三位置开关被密封在一个充满 SF_6 气体的壳体内，利用 SF_6 来进行绝缘和灭弧。三位置开关的接线、外形和触头位置如图 3-62 所示。

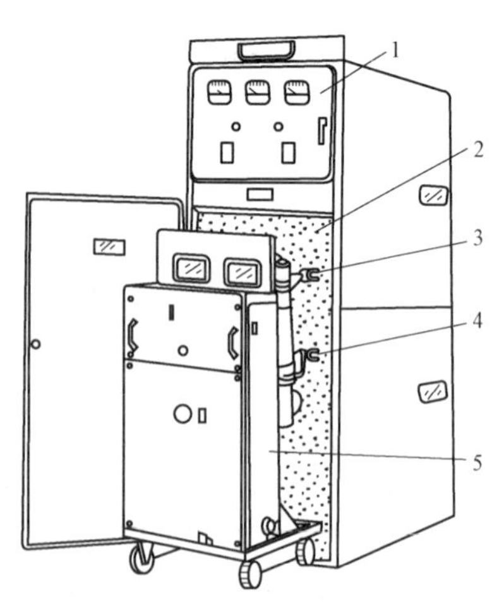

图 3-60　GC-10（F）型手车式高压开关柜的结构

1—仪表屏；2—手车室；3—上触头（兼起隔离开关作用）；4—下触头（兼起隔离开关作用）；5—断路器手车

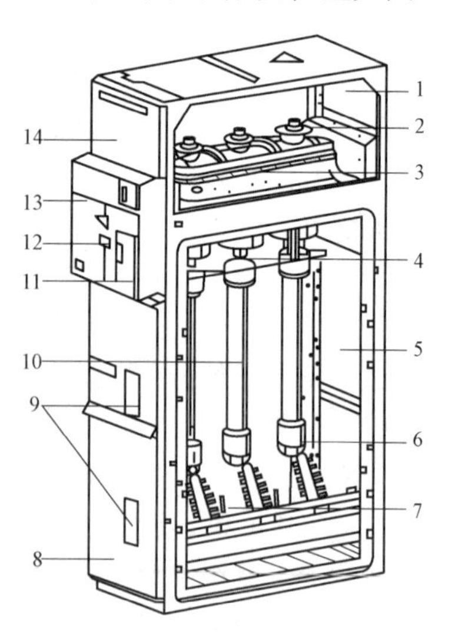

图 3-61　SM6 型高压环网柜的结构

1—母线间隔；2—母线连接垫片；3—三位置开关间隔；4—熔断器熔断联跳开关装置；5—电缆连接与熔断器间隔；6—电缆连接间隔；7—下接地开关；8—面板；9—熔断器和下接地开关观察窗；10—高压熔断器；11—熔断器熔断指示器；12—带电指示器；13—操动机构间隔；14—控制、保护和测量间隔

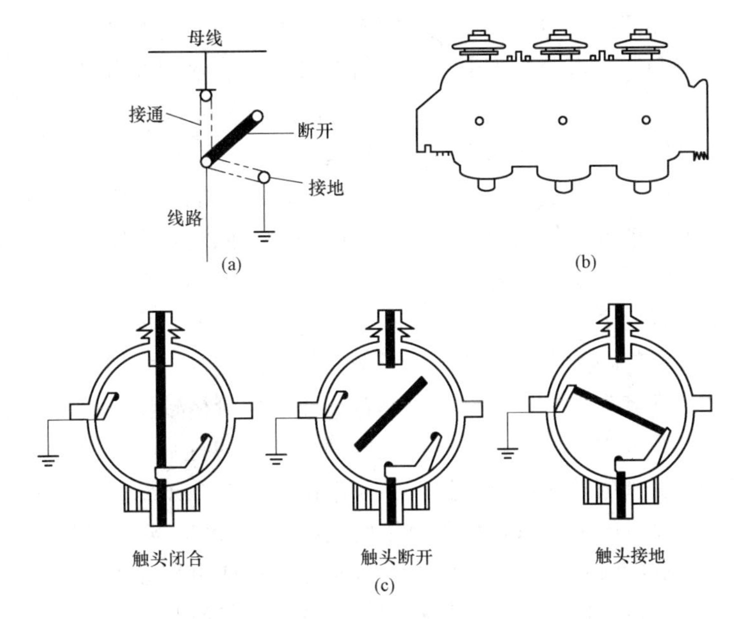

图 3-62　三位置开关的接线、外形和触头位置
(a) 接线示意；(b) 结构外形；(c) 触头位置

较早生产的高压开关柜型号的表示和含义如图 3-63 所示。

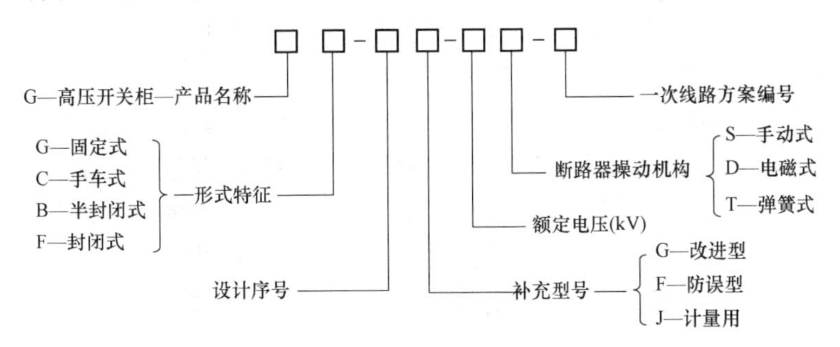

图 3-63　老系列高压开关柜型号的表示和含义

近年生产的高压开关柜型号的表示和含义如图 3-64 所示。

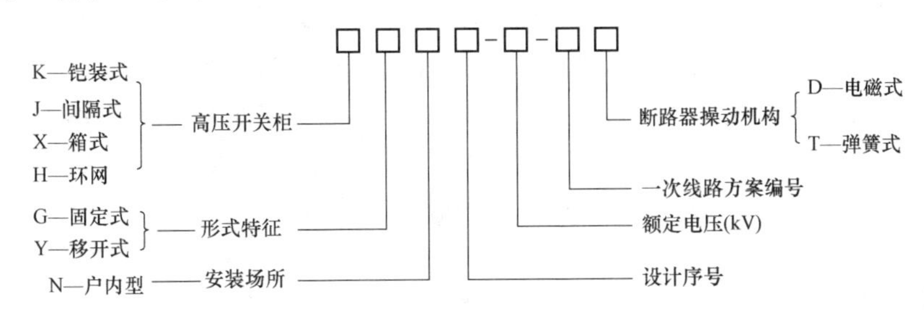

图 3-64　新系列高压开关柜型号的表示和含义

三、低压成套配电装置

低压成套配电装置是低压系统中用来接受和分配电能的成套设备，用于 500V 以下的供

配电系统中，作动力和照明配电之用。低压成套配电装置包括配电屏（配电盘、配电柜）和配电箱两类，按其控制层次可分为配电总盘、分盘和动力、照明配电箱。

1. 低压配电屏

低压配电屏按其结构形式可分为固定式和抽屉式。

固定式低压配电屏的所有电气元件都固定安装、固定接线，适用于发电厂、变电站和厂矿企业的低压供配电系统中，供动力、配电和照明之用。固定式低压配电屏结构简单、价格低廉、应用广泛。固定式低压配电屏使用广泛的有 PGL 型和 GGD 型。

抽屉式低压配电屏的主要电气元件均装在抽屉内或手车上，再按一、二次线路方案将有关功能单元的抽屉装在封闭的金属柜体内，可按需要抽出或推入。抽屉式低压配电屏具有结构紧凑、通用性好、安装维护方便、安全可靠等优点，但价格较贵，广泛应用于工矿企业和高层建筑的低压配电系统中。抽屉式低压配电屏使用广泛的有 GCS 型和 GCK 型。

目前，还有一种引进国外先进技术生产的多米诺组合式低压开关柜。多米诺组合式低压开关柜的特点：柜内设有电缆通道，柜顶及柜底设有电缆进口，进出电缆安装方便；各回路采用间隔式布置，有故障时互不影响；门上设有机械连锁或电气连锁，以保证安全；抽屉具有工作、试验、分离和抽出四个位置，且相同规格的抽屉具有互换性；具有自动排气的防爆功能；断流能力大。

多米诺组合式低压开关柜适用于发电厂、工厂企业及宾馆的低压供配电系统中，作为动力供配电、电动机控制及照明配电之用。同时，多米诺组合式低压开关柜除一般固定场所使用外，还可在舰船、移动车辆、海上石油钻采平台和核电站使用。

2. 低压配电箱

从低压配电屏引出的低压配电线路，一般需经动力配电箱或照明配电箱接至各用电设备，动力配电箱具有配电和控制两种功能，主要用于动力配电和控制，也可用于照明的配电和控制。照明配电箱主要用于照明配电，也可配电给一些小容量的动力设备和家用电器。

低压配电箱的安装方式有靠墙式、悬挂式和嵌入式。靠墙式是靠墙落地安装，悬挂式是挂在墙壁上明装，嵌入式是嵌在墙体内暗装。

四、全封闭组合电器

全封闭组合电器将变电站中除变压器以外的一次设备，包括断路器、隔离开关、接地开关、电流互感器、电压互感器、避雷器、母线、出线套管和电缆终端等元件，按变电站主接线的要求，经优化设计有机地组合成一个整体。各元件的高压带电部位均封闭于接地的金属壳内，并充以 SF_6 气体作为绝缘和灭弧介质，称为 SF_6 气体绝缘变电站，简称 GIS。

GIS 的优点是结构紧凑、不受外界环境的影响、运行可靠性高、检修周期长。

复习思考题

3-1 什么是电弧？

3-2 简述电弧的形成过程。

3-3 什么是介质强度恢复过程？什么是电压恢复过程？它们与哪些因素有关？

3-4 交流电弧电流有何特点？熄灭交流电弧的条件是什么？

3-5 简述交流电弧的灭弧方法。

3-6 隔离开关的作用是什么?

3-7 SF_6 气体为什么被用作灭弧介质?

3-8 真空断路器采用的介质是什么?有何优越性?

3-9 绝缘子的作用是什么?绝缘子如何分类?

3-10 母线的作用是什么?

3-11 母线为什么要着色?如何着色?

3-12 互感器的作用是什么?

3-13 电流互感器二次绕组为什么不允许开路?

3-14 电流互感器的准确级有哪几种?各适用于什么场合?

3-15 什么是10%误差曲线?有什么用途?

3-16 试画出电流互感器的接线图,并说明各适用于什么场合。

3-17 电压互感器的准确级有哪几种?各适用于什么场合?

3-18 试画出电压互感器的接线图,并说明各适用于什么场合。

3-19 避雷器的作用是什么?常用避雷器的种类有哪些?

3-20 熔断器的作用是什么?

3-21 熔断器的额定电流和熔体的额定电流是否相同?为什么?

第四章　电 气 主 接 线

第一节　电气主接线的要求及类型

电气主接线是发电厂、变电站中传递电能的通路。电气主接线图是由发电机、变压器、母线、断路器、隔离开关、电抗器、线路等一次设备的图形符号和连接导线所组成的表示电能生产流程的电路图。通过它可以了解各种电气设备的规范、数量、连接方式、作用和运行状态等。因此，电气主接线的连接方式对供电可靠性、运行灵活性、维护检修的方便及其经济性等起着决定性的作用。电气主接线图一般用单线图绘制，只有在个别场合必须给出三相时，才采用三线图来表示。

电气主接线的基本形式通常可分为有母线接线和无母线接线两大类。有母线接线有单母线接线、单母线分段接线、双母线接线、双母线分段接线、增设旁路母线或旁路隔离开关等；无母线接线有桥形接线、单元接线、多角形接线等。

电气主接线有下列基本要求：

（1）安全。应符合有关国家标准和技术规范的要求，能充分保障人身和设备的安全。

（2）可靠。应满足电力负荷特别是其中一、二级负荷对供电可靠性的要求。

（3）灵活。应能适应必要的各种运行方式，便于切换操作和检修，且适应负荷的发展。

（4）经济。在满足上述要求的前提下，尽量使主接线简单，投资少，运行费用低，并节约电能和有色金属消耗量。

一、单母线接线

（一）单母线无分段接线

图 4-1 为单母线无分段接线，这种接线在有母线接线中是最简单的。其接线特点是电源和引出线回路都接于同一组母线上，每个回路都装有断路器和隔离开关，如图 4-1 中电源 1 回路中的 QF1、QS1。紧靠母线的隔离开关称为母线隔离开关，如 QS1、QS2、QS3…靠近线路侧的隔离开关和断路器在运行操作时，必须严格遵守操作规程。隔离开关与断路器的配合原则：隔离开关“先合后断”或在等电位状态下进行操作。母线侧隔离开关与线路侧隔离开关的配合原则：母线侧隔离开关“先合后断”。

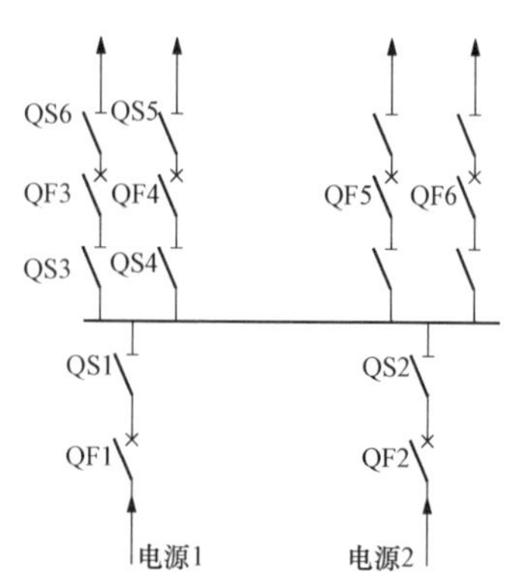

图 4-1　单母线无分段接线

例如，检修断路器 QF3 时，可首先断开 QF3，后断开其两侧的隔离开关 QS6、QS3，以保证被检修的断路器与电源可靠地隔离。然后，在 QF3 两侧挂上接地线，确保检修人员的安全。

单母线无分段接线的主要优点：接线简单、清晰；需用的电气设备少；配电装置的建造费用低；操作方便，便于扩建和采用成套配电装置。其主要缺点是：

（1）母线或母线隔离开关检修时，在检修期间，连接在母线上的所有回路必须全部停止工作。

（2）母线或母线隔离开关上发生短路故障时，所有电源回路的断路器在继电保护作用下都将自动跳闸，使整个配电装置在修复期间停止工作。

(3) 检修电源或引出线断路器时，该回路必须停电。

由上述分析可知，单母线无分段接线的工作可靠性和运行灵活性都比较差，无法满足重要用户对供电的要求。故这种接线一般只适用于一台发电机或一台主变压器或出线回路不多的小容量发电厂和变电站中。

（二）单母线分段接线

用断路器分段的单母线接线如图 4-2 所示。图 4-2 中 QF7 为母线分段断路器。正常运行时，两个分段分别由两个电源供电，对于重要用户可以从不同分段引出两个回路。

当一段母线发生故障时，母线分段断路器和连接在故障分段上的电源回路断路器因继电保护装置动作自动跳闸，以保证正常工作段母线和重要用户不间断供电。

对于供电可靠性要求不高的场合，也可以用隔离开关分段，在这种情况下，任一段母线发生故障，将使全部装置短时停电，待断开分段隔离开关 QS_3 后，正常母线即可恢复供电。

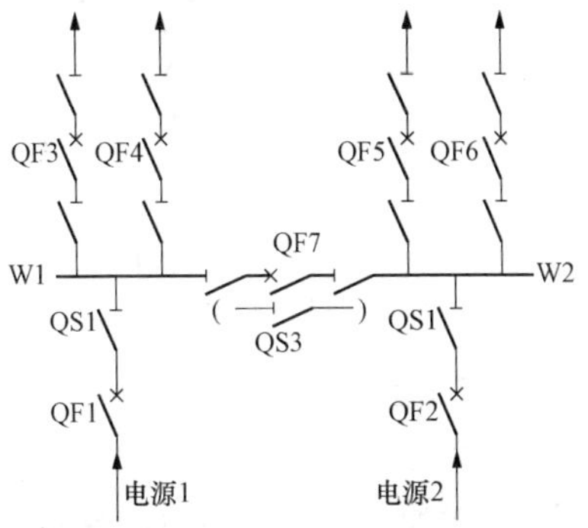

图 4-2　用断路器分段的单母线分段接线

单母线分段接线主要缺点：当一段母线或母线隔离开关故障或检修时，该段母线所连接的回路都在检修期间内停电；任一回路的断路器检修时，该回路将中断供电。因此，这种接线主要应用在中小型发电厂及出线数目不多的 35～220kV 变电站中。

（三）带旁路母线的单母线接线

图 4-3 为带旁路母线的单母线接线。除工作母线外，增设一组旁路母线 W2 和旁路断路器 QF2，旁路母线经旁路隔离开关 QS3 与出线连接。

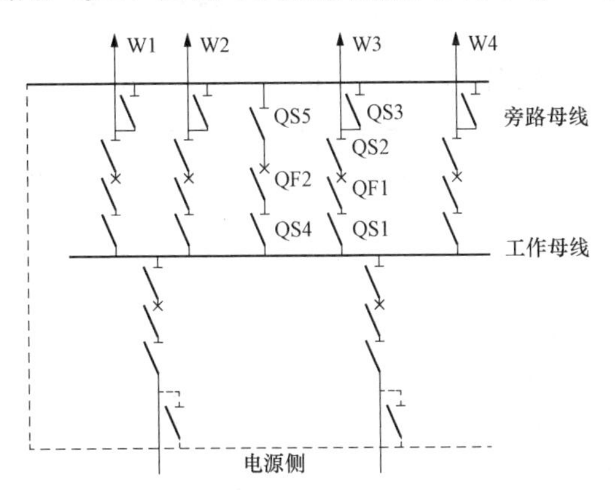

图 4-3　带旁路母线的单母线接线

正常运行时，旁路断路器 QF2 及旁路隔离开关 QS3 都是断开的。当检修某出线断路器 QF1 时，首先闭合 QF2 两侧的隔离开关，再闭合 QF2 和旁路隔离开关 QS3，然后断开断路器 QF1，拉开其线路侧的隔离开关 QS2 和母线侧隔离开关 QS1。这样，QF1 就可以退出工作，由旁路断路器 QF2 执行其任务，即在检修 QF1 期间，通过 QF2 和 QS3 向线路 W3 供电。

有了旁路母线，检修与它相连的任意回路的断路器时，该回路便可以不停电，从而提高了供电的可靠性。旁路母线广泛用于出线数较多的 110kV 及以上的高压配电装置中，因为电压等级高，输送功率较大，送电距离较远，停电影响较大，同时高压断路器每台检修时间较长；而 35kV 及以下的配电装置一般不设旁路母线，因为负荷小，供电距离短，容易取得备用电源，有可能停电检修断路器，并且断路器的检修、安装或更换均较方便。一般 35kV 以下配电装置多为户内式，为节省建筑面积，降低造价都不设旁路母线，只有在向特殊重要的用户供电，不允许停电检修断路器时才设置旁路母线。

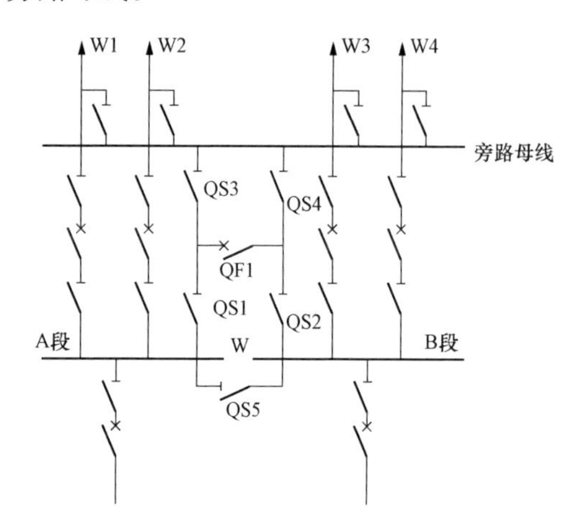

图 4-4 以分段断路器兼作旁路断路器单母线分段接线

对于单母线分段接线，常采用图 4-4 所示的以分段断路器兼作旁路断路器的接线。两段母线均可带旁路母线，正常时旁路母线 W3 不带电，分段断路器 QF1 及隔离开关 QS1、QS2 在闭合状态，QS3、QS4、QS5 均断开，以单母线分段方式运行。当 QF1 作为旁路断路器运行时，闭合隔离开关 QS1、QS4（此时 QS2、QS3 断开）及 QF1，旁路母线即接至 A 段母线；闭合隔离开关 QS2、QS3 及 QF1（此时 QS1、QS4 断开）则接至 B 段母线。这时，A、B 两段母线合并为单母线运行。这种接线方式，对于进出线不多，电压为 35～110kV 的变电站较为适用，具有足够的可靠性和灵活性。

二、双母线接线

（一）单断路器双母线接线

图 4-5 为单断路器双母线接线。正常运行时一组母线工作（与之相连的隔离开关是闭合的），另一组母线备用（与之相连的隔离开关是断开的）。运行中的双母线接线其任一组母线都可以作为工作母线或备用母线。

1. 双母线接线的主要优点

（1）检修任一组母线时，不会中断向用户供电。

（2）检修任意回路的母线隔离开关时，只需开断该条回路两侧的相关元件，因此该回路仅仅在检修期间停电。

（3）工作母线发生故障时，可将全部回路切换到备用母线上，从而迅速恢复正常工作，但需短暂停电。

（4）检修任意工作回路的断路器时，可利用母联断路器来替代，而不致使该回路供电长期中断。

（5）需要对任意回路单独进行电气试验时，可以将该回路切换到备用母线上，这样的试验既安全又方便。

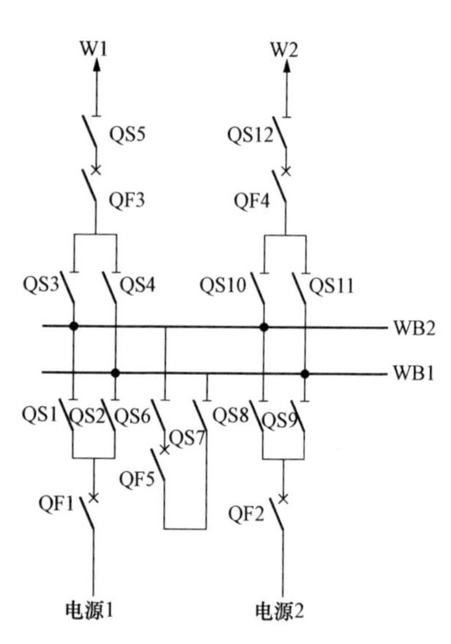

图 4-5 单断路器双母线接线

双母线接线对于用户在电网中无备用电源或备用不足时，上述优点显得更加突出了。因此，单断路器双母线接线具有较高的可靠性和灵活性。此外，还具有便于扩建等优越性。我国大容量重要的发电厂和变电站中，这种接线已得到了广泛应用。

2. 倒闸操作方法

运行中变更主接线方式的操作称为倒闸操作。双母线接线在运行中最重要的操作是切换母线操作。

（1）检修工作母线。如图 4-5 所示，工作母线 WB1 进行检修时，必须首先将全部电源和引出线回路切换到备用母线 WB2 上，此操作称为倒母线。倒母线时，应先合上母联断路器 QF5 两侧隔离开关 QS7、QS6，后接通母线断路器 QF5，使备用母线通电。此项操作步骤称为向备用母线充电。进行此项操作时，须先投入母线断路器的继电保护，如果母线断路器 QF5 不跳闸，说明备用母线是完好无故障，可以使用。对备用母线充电成功后，退出母线断路器的继电保护，以免在切换电路过程中，母联断路器误跳闸而引起事故。

备用母线充电成功带电后，两组母线处于等电位，运行人员可按规定的操作程序先接通备用母线侧的隔离开关 QS1、QS3、QS8、QS10，后断开工作母线侧隔离开关 QS2、QS4、QS9、QS11，这样依次切换完毕，最后将母线断路器 QF5 断开，并断开两侧隔离开关 QS7、QS6，这样原工作母线 WB1 退出运行，便可进行检修。

（2）检修任意回路断路器。如图 4-6 所示，在检修出线断路器 QF2，又要求该回路供电不能长期停电时，首先用母联断路器 QF5 对备用母线充电检查是否完好，确认无故障时，将引出线 W2 的备用母线侧母线隔离开关 QS2 投入，断开工作母线侧的母线隔离开关 QS1，此时引出线 W2 的电流路径如图 4-6 所示。然后断开母联断路器 QF5 及其两侧的隔离开关 QS4、QS5，接着断开引出线 W2 的出线隔离开关 QS3 和备用母线侧的母联隔离开关 QS2，即可拆除出线断路器 QF2 的引线接头，并在断路器上安装上临时跨条，再依次合备用母线侧母线隔离开关 QS2，出线隔离开关 QS3 和 QF5 两侧的隔离开关 QS4、QS5，最后合上母联断路器 QF5，线路 W2 经上述操作时的短时间停电后，又重新恢复供电。此时，线路 W2 的断路器功能由母联断路器 QF5 所替代，使线路继续供电。

3. 单断路器双母线接线的主要缺点

（1）这种接线方式在倒母线操作过程中，须使用隔离开关按等电位原则进行切换操作，因此在事故情况下，当操作人员情绪紧张时，很容易造成误操作。例如，当操作顺序错误，不符合等电位原则时，将造成带负荷拉隔离开关，引起重大事故。

（2）工作母线发生故障时，必须倒换母线，此时整个装置要短时停电。

（3）这种接线使用的母线隔离开关数目较多，使整个配电装置结构复杂，占地面积和投资费用也相应增大。

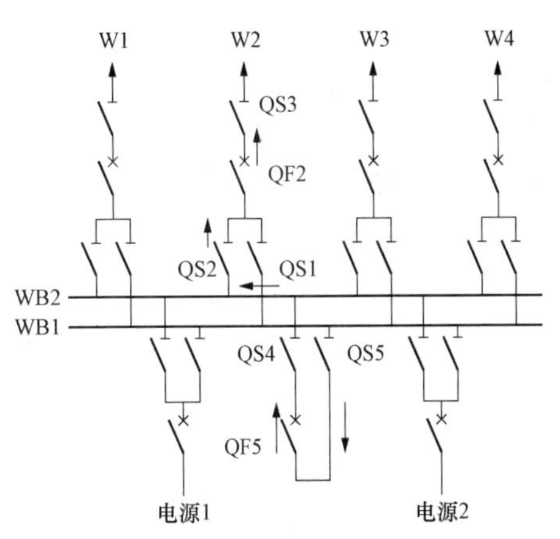

图 4-6 用母联断路器代替 QF2 断路前电流的路径图

为了克服上述缺点，在实用中可以采取下列措施：

（1）为了避免在倒闸过程中隔离开关误操作，要求隔离开关和对应的断路器间装设闭锁装置，同时要求运行人员必须严格执行操作规程，以防止带负荷开、合隔离开关，避免事故的发生。

（2）为了避免工作母线故障时造成整个装置全部停电，可采用两组母线同时投入工作的运行方式。采用这种方式运行时，应把电源和引出线回路合理地分配在两组母线上，并通过母线联络断路器使两组母线并联运行。当任一组母线上发生故障时，母线联络断路器和连接在该组母线上的电源回路的断路器通过保护装置迅速断开，再把接在故障母线上的所有回路倒换到另一组母线上，使其迅速恢复工作。另外，也可以采用工作母线分段的办法。

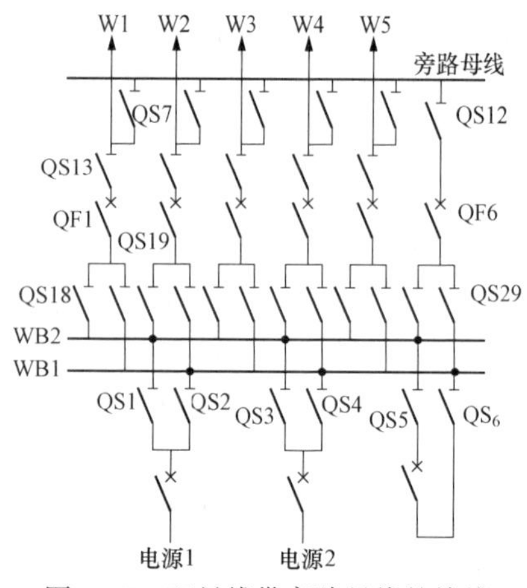

图 4-7 双母线带旁路母线的接线

（3）为了避免在检修线路断路器时造成该回路短时停电，可采用双母线带旁路母线的接线，如图 4-7 所示。当需要检修线路 W1 的断路器 QF1 时，其操作步骤如下：合上旁路开关 QS12、QS29 及旁路断路器 QF6，旁路母线充电，若充电成功，再合上 W1 线路侧旁路隔离开关 QS7，断开需要检修线路的断路器 QF1 和两侧隔离开关 QS13、QS19，这样该线路断路器 QF1 即可进行检修。

单断路器双母线接线采用了上述措施后，具有较高的供电可靠性和运行灵活性，因此广泛应用在 35～220kV 电压等级中负荷量大、出线回路数较多的重要的配电装置中。

（二）双断路器的双母线接线

双断路器的双母线接线如图 4-8 所示。这种接线的特点是正常运行时两组母线同时工作，所有断路器均接通。这种接线方式的主要优点是任何一组运行母线或断路器发生故障或进行检修时，都不会造成装置停电；各回路均用断路器进行操作，隔离开关仅作检修时隔离电源之用，因此这种接线是非常可靠与灵活的，检修也很方便。但是，这种接线要用较多的断路器和隔离开关，设备投资和配电装置的占地面积也都相应增加，维修工作量也较大，所以在超高压系统或大容量发电厂或极其重要的枢纽变电站中，对运行可靠性要求很高，传输功率很大，突然停电会造成国民经济巨大损失的场所，才考虑采用这种接线。

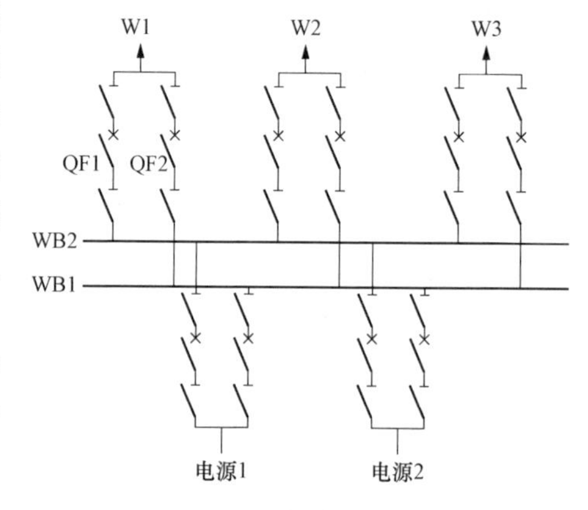

图 4-8 双断路器的双母线接线

（三）3/2 接线

图 4-9 为接线的特点是两条回路接有三台断路器，因此称为 3/2 接线，又称一台半断路器双母线接线。它是现代国内外超高压、大容量发电厂和变电站的配电装置中应用很广泛的一种典型接线，具有如下突出的优点：这种接线具有环形接线和双母线接线的优点，供电可靠性高，运行灵活；操作、检修方便，当一组母线停电检修时，不需要切换回路，任意一台断路器检修时，各回路仍按原接线方式进行，也不需要切换；隔离开关不作为操作电器使用，只在检修电气设备时作为隔离电源使用。

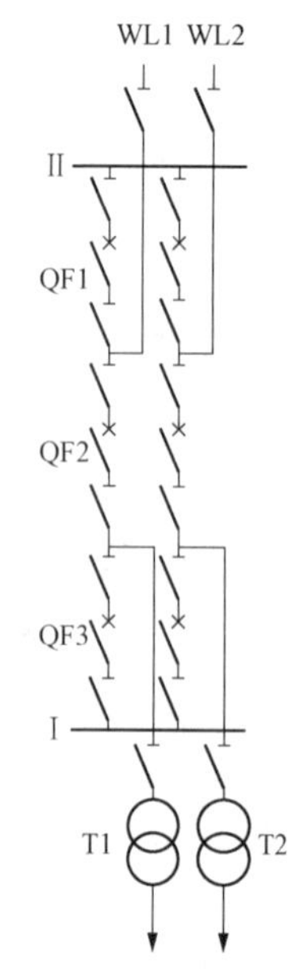

图 4-9 3/2 接线

3/2 接线的缺点是首先，所配用的断路器数目较单断路器双母线接线要多，维修工作量增大，设备投资及变电站的占地面积相应增大。其次，这种接线继电保护也较其他接线复杂，且接线本身的特点要求电源数和出线数最好相等。当出线数目较多时，不可避免会出现引出线路方向不同，将造成设备布置上的困难。因此，这种接线在实际使用上也受到了一定的限制。

三、无母线接线

（一）桥形接线

桥形接线是单母线分段接线的一种变形接线方式，图 4-10 为内桥和外桥两种接线方式。这种接线只适用于两台变压器和两条线路的配电装置中。

1. 内桥接线

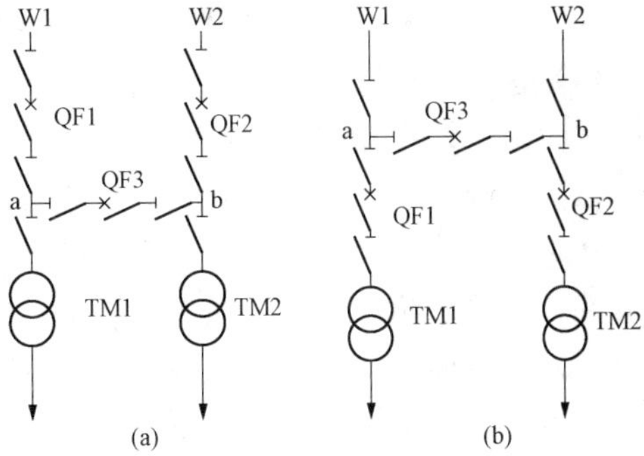

图 4-10（a）为内桥接线。这种接线的特点是作为横向联系的桥断路器 QF3 接在近变压器一侧，两台断路器 QF1 和 QF2 分别接在靠近线路 W1 和 W2 侧，因而线路的投入和切除比较方便。当线路 W1 发生故障或需要检修时，仅需断开该线路断路器 QF1 即可，而不影响其他回路的正常运行。但是，当某一台变压器（如 TM1）发生故障时，需断开与变压器相连的两台断路器 QF1 和 QF3，使未发生故障的线路短时退出工作。同时，内桥接线在投入和切除变压器时，操作也比较复杂，因此，当线路较长、变压器不需要经常切换时，采用内桥接线才是比较合理的。

图 4-10　桥形接线
（a）内桥；（b）外桥

2. 外桥接线

图 4-10（b）外桥接线。这种接线的特点是横向联系的断路器 QF3 接在靠近线路侧。显然，这对变压器的切换是比较方便的，且不影响其他回路的正常工作。但是，当线路 W1 发生故障时，与该线路相关的两台断路器 QF1 和 QF3 都要断开，这就影响了变压器 TM1 的正常运行。变压器（TM1）故障时，仅需断开该回路断路器 QF1 即可，不会影响其他回路的正常运行。因此，当线路较短，而变压器需要经常切换或考虑系统有穿越功率流经本厂（站）高压侧时，采用外桥接线是比较合理的。

通过上面分析可知，采用桥形接线也存在一个缺点，即检修某些断路器时，要使相应的线路或变压器停电，影响了配电装置供电的可靠性。但是，由于这种接线布置简单，具有一定的工作可靠性和灵活性，使用电器较少，装置建造费用低，可以作为初期工程的一种过渡接线方式，因此，仍然在我国 35～220kV 的配电装置中使用。

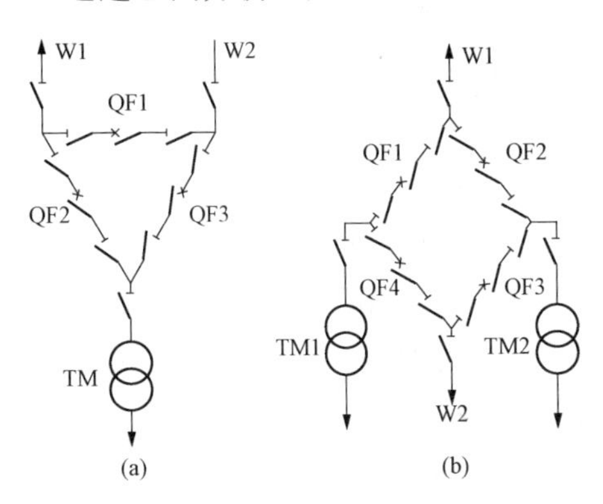

图 4-11　多角形接线
（a）三角形接线；（b）四角形接线

（二）多角形接线

多角形接线有三角形、四角形、五角形等接线形式，如图 4-11 所示。其接线特点是没有集中的母线，一次接线构成闭合环形电路。每条回路从相邻的两台断路器之间引出，并不再装设相应的断路器，而只装设隔离开关。这种接线所用的断路器数等于回路数，比相同回路数的单母线分段或双母线接线来说，减少了断路器数目。

多角形接线具有如下优点：

（1）任何一台断路器检修时，不中断任何回路正常运行。

（2）任何一条回路故障或检修时，只需断开与其相连接的断路器，不会影响其他回路正常运行。

（3）所有隔离开关，只用于检修时隔离电源，不作为操作电器使用。

（4）这种接线操作简单，采用的电气设备相对要少，因而节省了投资。

多角形接线存在如下缺点：

（1）检修任意一台断路器时，将使主接线运行方式改变成开环运行，如果在此期间，另一台断路器因故障跳闸，则将使多角形网络分割成两个独立的部分运行，从而降低了供电的可靠性。一般多角形网络，最多可使用到六角形，通常三角形、四角形接线应用最为普遍。

（2）多角形接线闭环运行和开环运行时，各支路中的潮流变化差别较大，给电气设备选择带来困难，继电保护整定比较复杂。

（3）多角形接线方式不便于扩建。

基于多角形接线具有上述优缺点，因此，在引出线较少，系统接线发展的可能性较小的高压和超高压配电装置中（如某些水力发电厂）应用得较多。

（三）单元接线

单元接线的特点是几个主要电气元件直接单独串联连接（如变压器、发电机、线路），其间无任何供电回路。随着电力工业的不断发展，发电机单机容量不断增大，供电可靠性要求也越来越高，因此，电气主接线方式要求简单、可靠，对没有地区负荷供电的大容量机组，如 200MW 及以上机组，广泛采用了发电机-变压器单元接线。图 4-12（a）为发电机与双绕组变压器直接连接为一个单元组，经断路器接至高压电网，向系统输送电能。图 4-12（b）是发电机与自耦变压器（或三绕组变压器）直接连接的单元接线，考虑在发电机停止运行时，能保证变压器高压和中压电网之间的联系，发电机出口处应装设断路器。

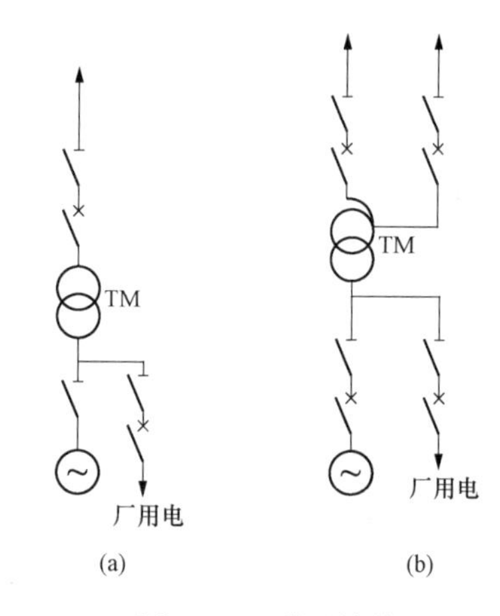

图 4-12 单元接线
（a）发电机与双绕组变压器直接连接；
（b）发电机与自耦变压器直接连接

单元接线简单清晰、操作简便。这种接线对限制低压侧短路电流效果显著，开关设备投资减少，并简化了继电保护。但是，当单元接线中的主要元件损坏或检修时，将使整个单元停止运行。

对于单机容量不大，发电机组台数在四台以上的中小容量发电厂，为了减少变压器的台数和高压侧断路器的数量，可采用两台发电机与一台变压器相连接的接线方式，称为扩大单元接线，如图 4-13 所示。采用这种接线方式，占地面积小，配电装置布置较紧凑，因而投资也小。但是，这种接线运行灵活性差，尤其在检修变压器时，两台发电机组都将被迫停止运转。扩大单元接线在机组容量不大的中小型水电厂中应用较为广泛。

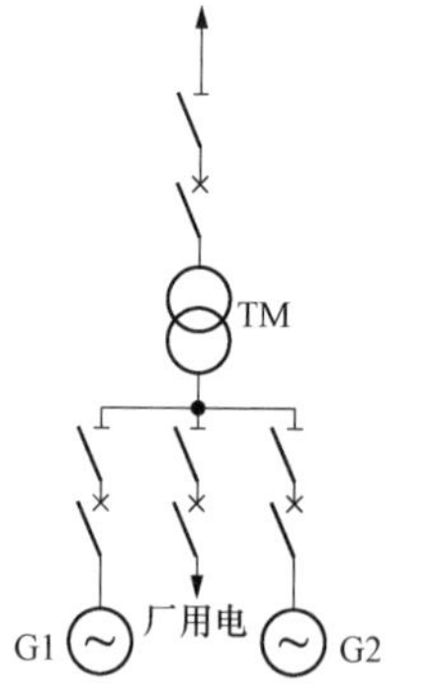

图 4-13 扩大单元接线

第二节 发电厂和变电站电气主接线示例

一、高压配电站的主接线

高压配电站担负着从电力系统受电并向各车间变电站及某些高压用电设备配电的任务。

图 4-14 是某工厂高压配电站及其附设 2 号车间变电站主接线图。这一高压配电站的主接线方案具有一定的代表性，下面依其电源进线、母线和出线的顺序对此配电站进行分析介绍。

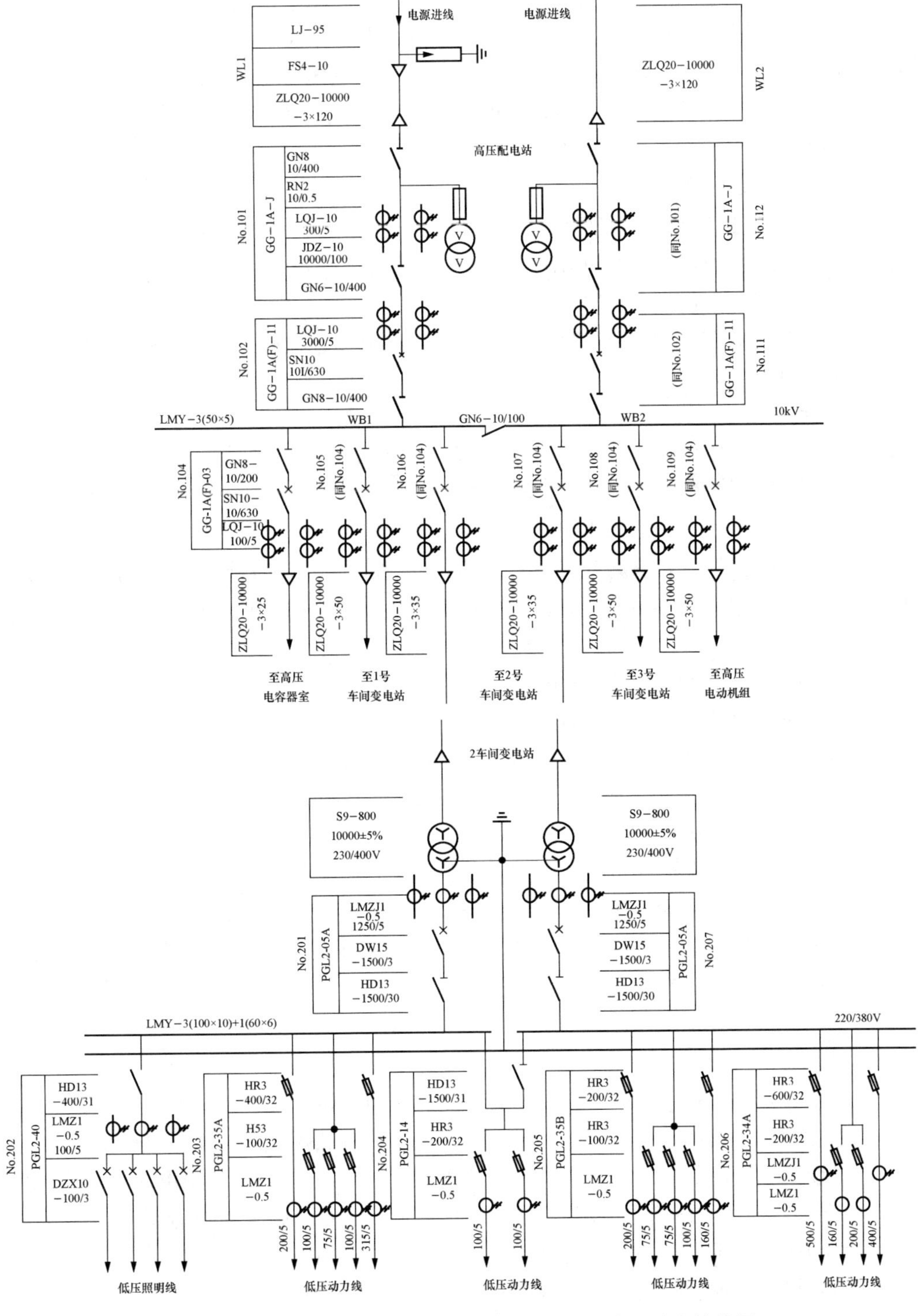

图 4-14 某工厂高压配电站及其附设 2 号车间变电站主接线图

（一）电源进线

该配电站有两路 10kV 电源进线，一路是架空线路 WL1，另一路是电缆线路 WL2。最常见的进线方案：一路电源来自发电厂或电力系统变电站，作为正常工作电源；另一路电源来自邻近单位的高压联络线，作为备用电源。

对 10kV 及以下电压供电的用户，应配置专用的电能计量柜（箱）；对 35kV 及以上电压供电的用户，应有专用的电流互感器二次绕组和专用的电压互感器二次连接线，并且不得与保护、测量回路共用。根据以上规定，在两路进线的主开关（高压断路器）柜之前（在其后也可）各装设一台 GG - 1A - J 型高压计量柜（101、112 号），其中的电流互感器和电压互感器只用来连接计费的电能表。

装设进线断路器的高压开关柜（102、111 号），因为需与计量柜相连，因此采用 GG - 1A（F）- 11 型。由于进线采用高压断路器控制，因此切换操作十分灵活方便，而且可配以继电保护和自动装置，使供电可靠性大大提高。

考虑进线断路器在检修时有可能两端来电，因此为保证检修人员的人身安全，断路器两侧都必须装设高压隔离开关。

（二）母线

母线（busbar）文字符号为 W 或 WB，又称汇流排，是配电装置中用来汇集和分配电能的导体。

高压配电站的母线，通常采用单母线制。如果两路或以上电源进线，则采用高压隔离开关或高压断路器（其两侧装隔离开关）分段的单母线制。母线采用隔离开关分段时，分段隔离开关可安装在墙壁上，也可采用专门的分段柜（又称联络柜），如 GG - 1A（F）- 119 型柜。

图 4 - 14 所示高压配电站通常采用一路电源工作、一路电源备用的运行方式，因此母线分段开关通常是闭合的，高压并联电容器对整个配电站进行无功补偿。如果工作电源发生故障或进行检修，在切除该进线后，投入备用电源即可恢复对整个配电站的供电。如果装有备用电源自动投入装置（automatic input device，APD），则供电可靠性可进一步提高，但这时进线断路器的操动机构必须是电磁式或弹簧式的。

为了测量、监视、保护和控制主电路设备的需要，每段母线上都接有电压互感器，进线和出线上都接有电流互感器。图 4 - 14 上的高压电流互感器均有两个二次绕组，其中一个接测量仪表，另一个接继电保护装置。为了防止雷电过电压侵入配电站击毁其中的电气设备，各段母线上都装设了避雷器。避雷器和电压互感器同装设在一个高压柜内，且共用一组高压隔离开关。

（三）高压配电出线

该配电站共有六路高压出线。其中，有两路分别由两段母线经隔离开关 - 断路器配电给 2 号车间变电站；有一路由左边母线 WB1 经隔离开关 - 断路器配电给 1 号车间变电站；有一路由右边母线 WB2 经隔离开关 - 断路器配电给 3 号车间变电站；有一路由左边母线 WB1 经隔离开关 - 断路器供无功补偿用的高压并联电容器组；还有一路由右边母线经隔离开关 - 断路器供一组高压电动机用电。由于这里的高压配电线路都是由高压母线来供电的，因此其出线断路器需在母线侧加装隔离开关，以保证断路器和出线的安全检修。

图 4 - 15 为图 4 - 14 中所示 10kV 高压配电站的装置式主接线图。

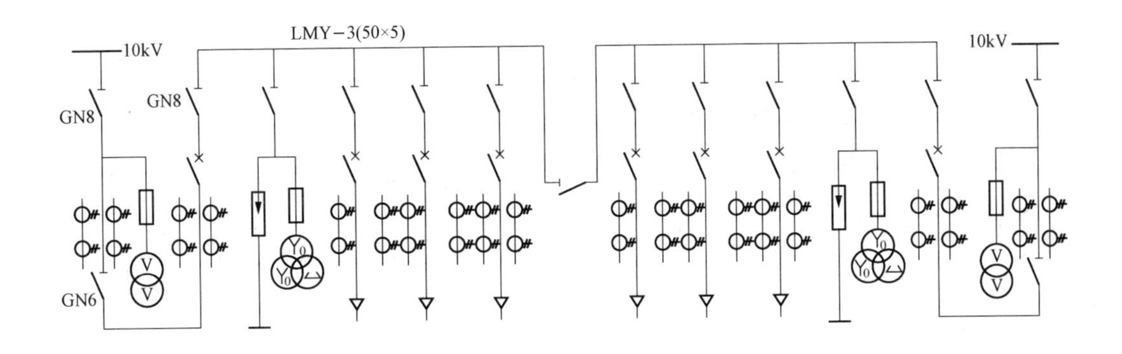

101	102	103	104	105	106		107	108	109	110	111	112
电能计量柜	1号进线开关柜	避雷器及电压互感器	出线柜	出线柜	出线柜	GN6－10/400	出线柜	出线柜	出线柜	避雷器及电压互感器	2号进线开关柜	电能计量柜
GG－1A－J	GG－1A(F)－11	GG－1A(F)－54	GG－1A(F)－03	GG－1A(F)－03	GG－1A(F)－03		GG－1A(F)－03	GG－1A(F)－03	GG－1A(F)－03	GG－1A(F)－54	GG－1A(F)－11	GG－1A－J

图 4－15 图 4－14 中 10kV 高压配电站的装置式主接线图

二、车间和小型工厂变电站的主接线

车间变电站和小型工厂变电站都是将高压 6～10kV 降为一般用电设备所需的低压 220/380V 的降压变电站。其变压器容量一般不超过 1000kVA，主接线方案通常比较简单。

（一）车间变电站的主接线图

车间变电站的主接线分两种情况：

1. 有工厂总降压变电站或高压配电站的车间变电站

这类车间变电站高压侧的开关电器、保护装置和测量仪表等，一般都安装在高压配电线路的首端，即总变配电站的高压配电室内，而车间变电站只设变压器室（室外则设变压器台）和低压配电室，其高压侧多数不装开关，或只装简单的隔离开关、熔断器（室外装跌开式熔断器）、避雷器等，如图 4－16 所示。由图 4－16 可以看出，凡是高压架空进线，变电站高压侧必须装设避雷器，以防雷电波沿架空线侵入变电站击毁电力变压器及其他设备的绝缘。当采用高压电缆进线时，避雷器则装设在电缆的首端（图上未示出），而且避雷器的接地端要连同电缆的金属外皮一起接地。此时，变压器高压侧一般可不再装设避雷器。如果变压器高压侧为架空线但又经一段电缆引入，如图 4－14 中的进线 WL1，则变压器高压侧仍应装设避雷器。

2. 工厂无总变电站和高压配电站的车间变电站

工厂内无总降压变电站和高压配电站时，其车间变电站往往就是工厂的降压变电站，其高压侧的开关电器、保护装置和测量仪表等，都必须配备齐全，所以一般要设置高压配电室。在变压器容量较小、供电可靠性要求不高的情况下，也可不设高压配电室，其高压侧的开关电器就装设在变压器室（室外为变压器台）的墙上或电杆上，而在低压侧计量电能；或高压开关柜（不多于六台时）装在低压配电室内，在高压侧计量电能。

（二）小型工厂变电站的主接线图

这里介绍一些常见的主接线方案。为使主接线简明，下面的主接线图中未绘出电能计量柜的电路。

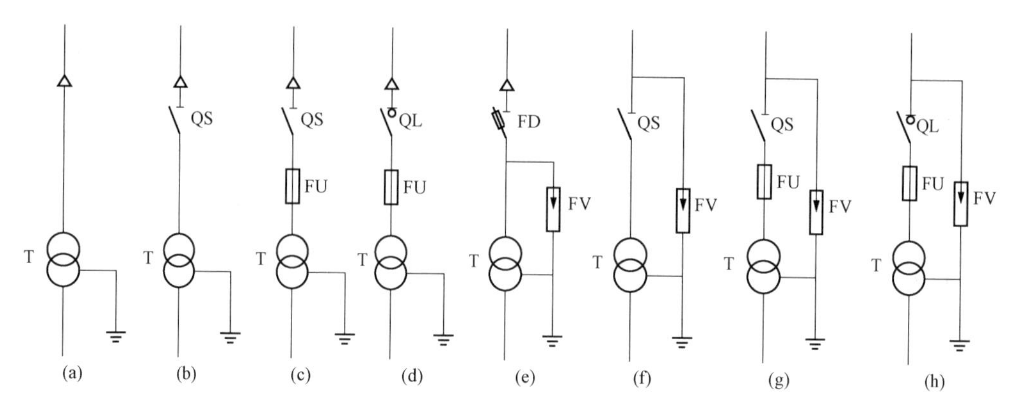

图 4-16 车间变电站高压侧主接线方案（示例）

（a）高压电缆进线，无开关；（b）高压电缆进线，装隔离开关；（c）高压电缆进线，装隔离开关—熔断器；（d）高压电缆进线，装负荷开关—熔断器；（e）高压架空进线，装跌开式熔断器和避雷器；（f）高压架空进线，装隔离开关和避雷器；（g）高压架空进线，装隔离开关—熔断器和避雷器；（h）高压架空进线，装负荷开关—熔断器和避雷器

1. 只装有一台主变压器的小型变电站主接线图

只装有一台主变压器的小型变电站，其高压侧一般采用无母线的接线。根据高压侧采用的开关电器不同，有以下三种比较典型的主接线方案。

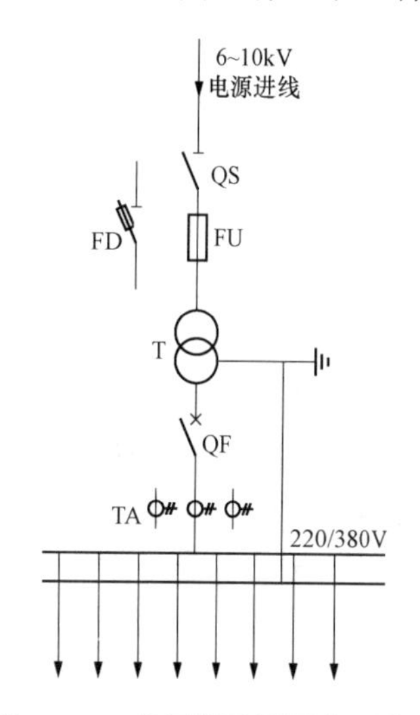

图 4-17 高压侧采用隔离开关—熔断器或跌开式熔断器的变电站主接线图

（1）高压侧采用隔离开关—熔断器或户外跌开式熔断器的变电站主接线图（见图 4-17）。这种主接线，受隔离开关和跌开式熔断器切断空载变压器容量的限制，一般只用于 500kVA 及以下容量的变电站。这种变电站相当简单经济，但供电可靠性不高，当主变压器或高压侧停电检修或发生故障时，整个变电站就要停电。由于隔离开关和跌开式熔断器不能带负荷操作，因此变电站送电和停电的操作程序比较复杂。如果稍有疏忽，就容易发生带负荷拉闸的严重事故；在熔断器熔断后，更换熔体需一定时间，也影响供电可靠性。但是，这种主接线简单经济，对于三级负荷的小容量变电站是适宜的。

（2）高压侧采用负荷开关—熔断器或负荷型跌开式熔断器的变电站主接线图（见图 4-18）负荷开关和负荷型跌开式熔断器能带负荷操作，使变电站停、送电的操作比图 4-15 所示电气主接线要简便灵活得多，也不存在带负荷拉闸的危险。但是，在发生短路故障时，也只能是熔断器熔断，因此这种主接线仍然存在着在排除短路故障时恢复供电时间较长的缺点，供电可靠性仍然不高，一般也只用于三级负荷的变电站。

（3）高压侧采用隔离开关—断路器的变电站主接线图（图 4-19）。这种主接线由于采用了高压断路器，因此变电站的停、送电操作十分灵活方便，而且在发生短路故障时，过电流保护装置动作，断路器会自动跳闸。如果短路故障已经消除，则可立即合闸恢复供电。如果配备自动重合闸装置（automatic reclosing device，ARD），则供电可靠性更高。但是，如果变电站只此一路电源进线，则一般也只用于三级负荷；如果变电站低压侧有联络线与其他变电站相连，或另有备用电源，则可用于二级负荷。如果变电站有两路电源进线，如图 4-20 所示，则供电可靠性相应提高，可用于二级负荷或少量一级负荷。

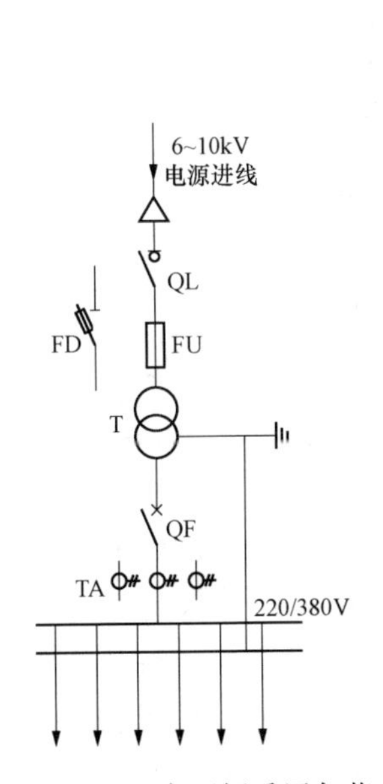

图 4-18 高压侧采用负荷开关—熔断器或负荷型跌开式熔断器的变电站主接线图

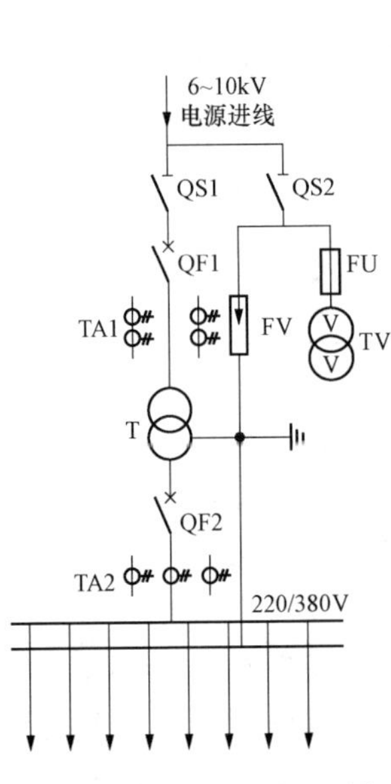

图 4-19 高压侧采用隔离开关—断路器的变电站主接线图

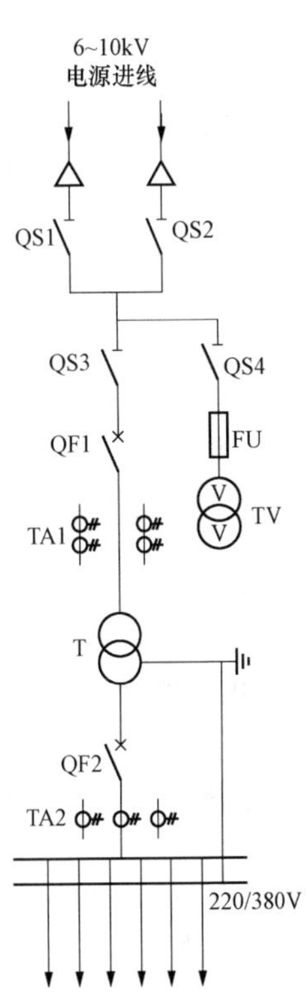

图 4-20 高压双回路进线的一台主变压器的变电站主接线图

2. 装有两台主变压器的小型变电站主接线图

（1）高压无母线、低压采用单母线分段的变电站主接线图（见图 4-21）。这种主接线的供电可靠性较高。当任一主变压器或任一电源进线停电检修或发生故障时，该变电站通过闭合低压母线分段开关，即可迅速恢复对整个变电站的供电。如果两台主变压器高压侧断路器装有互为备用的备用电源 APD，则任一主变压器高压侧的断路器因电源断电（失电压）而跳闸时，另一主变压器高压侧的断路器在 APD 作用下自动合闸，恢复对整个变电站的供电。这时，该变电站可供一、二级负荷。

（2）高压单母线、低压单母线分段的变电站主接线图（见图 4-22）。这种主接线适用于装有两台及以上主变压器或具有多路高压出线的变电站，其供电可靠性也较高。任一主变压器检修或发生故障时，通过切换操作，即可迅速恢复对整个变电站的供电。但是，在高压母线或电源进线进行检修或发生故障时，整个变电站仍要停电。这时只能供电给三级负荷。如果有与其他变电站相连的高压或低压联络线，则可供一、二级负荷。

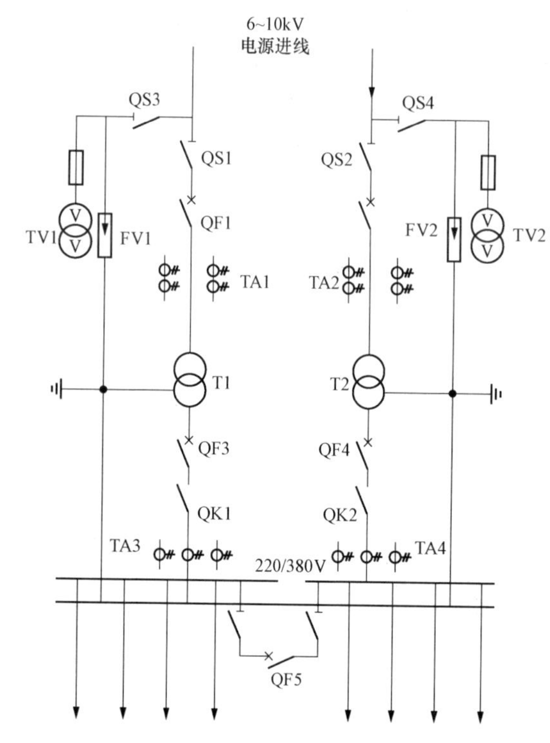

图 4-21 高压无母线、低压单母线分段的变电站主接线图

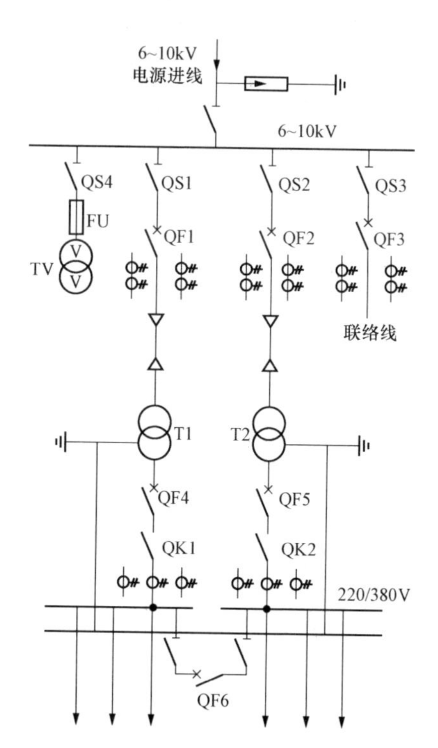

图 4-22 高压单母线、低压单母线分段的变电站主接线图

(3) 高低压侧均为单母线分段的变电站主接线图（见图 4-23）。这种主接线的两段高压母线，在正常时可以接通运行，也可以分段运行。任一台主变压器或任一路电源进线停电检修或发生故障时，通过切换操作，均可迅速恢复整个变电站的供电。因此，其供电可靠性相当高，可供一、二级负荷。

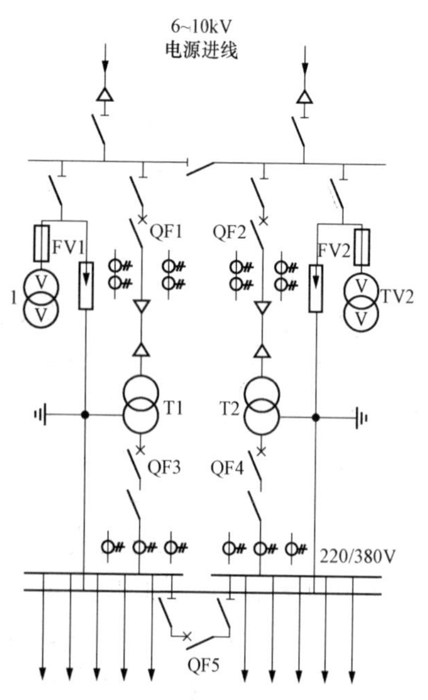

图 4-23 高低压侧均为单母线分段的变电站主接线图

三、工厂总降压变电站的主接线

对于电源电压为 35kV 及以上的大中型工厂，通常先经工厂总降压变电站降为 6～10kV 的高压配电电压，然后经车间变电站，降为一般低压用电设备所需的电压，如 220/380V。

下面介绍工厂总降压变电站几种较常见的主接线方案。为了使主接线图简明起见，本节图上省略了包括电能计量所需的在内的所有电流互感器、电压互感器及避雷器等一次设备。

(一) 只装有一台主变压器的总降压变电站主接线图（见图 4-24）

这种主接线的一次侧无母线、二次侧为单母线。特点是简单经济，但供电可靠性不高，只适于三级负荷的工厂。

（二）一次侧采用外桥式接线、二次侧采用单母线分段的总降压变电站主接线图（见图 4－25）

这种主接线，其变压器一次侧的高压断路器 QF10 也跨接在两路电源进线之间，但处在线路断路器 QF11 和 QF12 的外侧，靠近电源方向，因此称为外桥式接线。这种主接线的运行灵活性较好，供电可靠性较高，适用于一、二级负荷的工厂。但是，与内桥式接线适用场合有所不同，如果某台变压器，如 T1 停电检修或发生故障，则断开 QF11，投入 QF10（其两侧隔离开关先合），使两路电源进线恢复并列运行。这种外桥式接线适用于电源线路较短而变电站昼夜负荷变动较大、经济运行需经常切换变压器的总降压变电站。当一次电源线路采用环形接线时，也宜采用这种接线，使环形电网的穿越功率不通过断路器 QF11、QF12，这对改善线路断路器的工作及其继电保护装置的整定都极为有利。

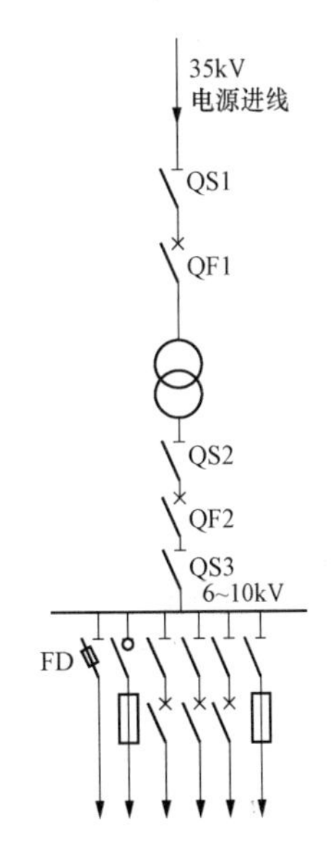

图 4－24　只装有一台主变压器的总降压变电站主接线图

（三）一、二次侧均采用单母线分段的总降压变电站主接线图（见图 4－26）

这种主接线兼有上述两种接线运行灵活性的优点，但采用的高压开关设备较多，可供一、二级负荷，适于一、二次侧进出线均较多的总降压变电站。

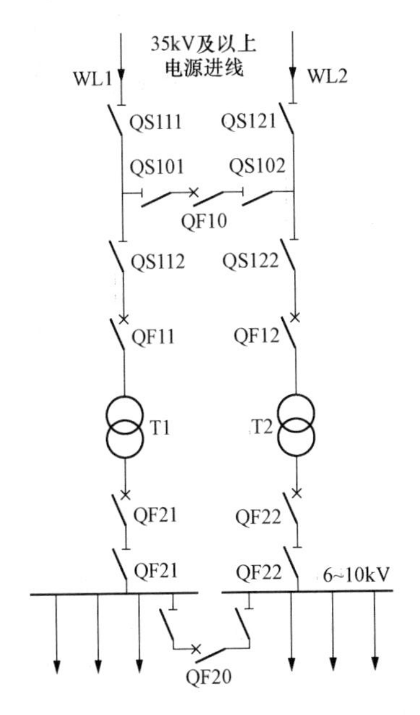

图 4－25　一次侧采用外桥式接线、二次侧采用单母线分段的总降压变电站主接线图

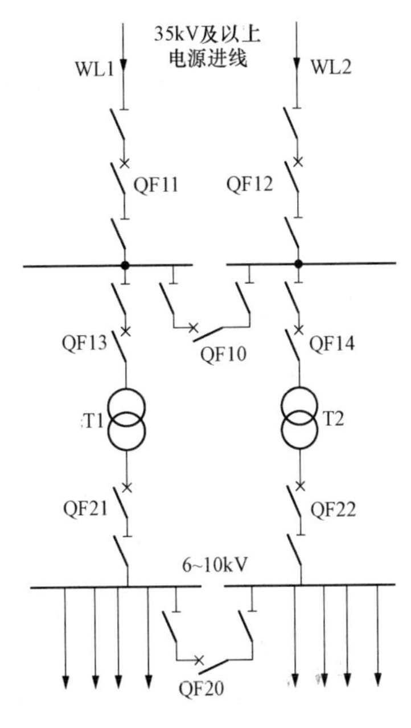

图 4－26　一、二次侧均采用单母线分段的总降压变电站主接线图

（四）一、二次侧均采用双母线的总降压变电站主接线图（见图 4－27）

采用双母线接线较之采用单母线接线，其供电可靠性和运行灵活性大大提高，但开关设备也相应大大增加，从而大大增加了初投资，所以这种双母线接线在工厂变电站中很少采用，主要应用在电力系统中的枢纽变电站。

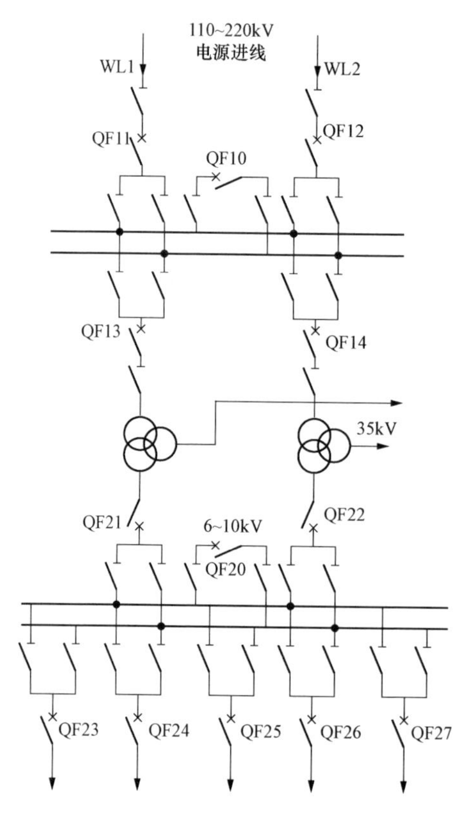

图 4-27 一、二次侧均采用双母线的总降压变电站主接线图

4-1 什么是电气主接线？

4-2 电气主接线的基本形式通常有哪些？

4-3 倒闸操作的基本原则是什么？

4-4 单母线接线的优缺点是什么？

4-5 画出单断路器的双母线接线，说明倒母线的操作步骤。

4-6 双断路器的双母线接线的优缺点是什么？

4-7 什么是 3/2 接线？其优缺点是什么？

4-8 旁路母线的作用是什么？投入旁路母线时如何操作？试举例说明。

4-9 画出内桥和外桥接线，说明各适用于什么场合。

4-10 何谓单元接线？目前大型机组发电厂中哪种接线应用得较多？

第五章　负荷计算与无功功率补偿

第一节　电力负荷的分级及其对供电的要求

电力负荷又称电力负载，有两种含义：一是指耗用电能的用电设备或用户，如重要负荷、一般负荷、动力负荷、照明负荷等；一是指用电设备或用户耗用的功率或电流大小，如轻负荷（轻载）、重负荷（重载）、空负荷（空载）、满负荷（满载）等。电力负荷的具体含义视具体情况而定。

一、电力负荷的分级

根据对供电可靠性的要求及中断供电造成的损失或影响的程度，电力负荷分为三级。

1. 一级负荷

一级负荷为中断供电将造成人身伤亡，或中断供电将在政治、经济上造成重大损失的负荷，如重大设备损坏、重大产品报废、用重要原料生产的产品大量报废、国民经济中重点企业的连续生产过程被打乱需要长时间才能恢复等。

在一级负荷中，当中断供电将发生中毒、爆炸和火灾等情况的负荷，以及特别重要场所不允许中断供电的负荷，应视为特别重要的负荷。

2. 二级负荷

二级负荷为中断供电将在政治、经济上造成较大损失的负荷，如主要设备损坏、大量产品报废、连续生产过程被打乱需较长时间才能恢复、重点企业大量减产等。

3. 三级负荷

三级负荷为一般电力负荷，所有不属于上述一、二级负荷的均属三级负荷。

二、各级电力负荷对供电的要求

1. 一级负荷对供电的要求

由于一级负荷属重要负荷，如果中断供电造成的后果将十分严重，因此要求由两路电源供电，当其中一路电源发生故障时，另一路电源应不致同时受到损坏。

一级负荷中特别重要的负荷，除上述两路电源外，还必须增设应急电源。为保证对特别重要负荷的供电，严禁将其他负荷接入应急供电系统。

常用的应急电源：①独立于正常电源的发电机组；②供电网络中独立于正常电源的专门供电线路；③蓄电池；④干电池。

2. 二级负荷对供电的要求

二级负荷也属于重要负荷，要求由两回路供电，供电变压器也应有两台，但这两台变压器不一定在同一变电站。在其中一回路或一台变压器发生常见故障时，二级负荷应不致中断供电，或中断后能迅速恢复供电。只有当负荷较小或当地供电条件困难时，二级负荷可由一回路 6kV 及以上的专用架空线路供电。这是考虑架空线路发生故障时，较之电缆线路发生故障时易于发现且易于检查和修复。当采用电缆线路时，必须采用两根电缆并列供电，每根电缆应能承受全部二级负荷。

3. 三级负荷对供电电源的要求

由于三级负荷为不重要的一般负荷，因此它对供电电源无特殊要求。

第二节 负 荷 曲 线

一、负荷曲线的概念

负荷曲线是表征电力负荷随时间变动情况的一种图形，它绘在直角坐标纸上。纵坐标表示负荷（有功或无功功率），横坐标表示对应的时间（一般以 h 为单位）。

负荷曲线按负荷对象分，包括工厂的、车间的或某类设备的负荷曲线；按负荷性质分，包括有功和无功负荷曲线；按所表示的负荷变动时间分，包括年的、月的、日的或工作班的负荷曲线。

图 5-1 是一班制工厂的日有功负荷曲线，其中，图 5-1（a）是依点连成的负荷曲线，图 5-1（b）是依点绘成梯形的负荷曲线。为便于计算，负荷曲线多绘成梯形，横坐标一般按半小时分格，以便确定半小时最大负荷（将在后面介绍）。

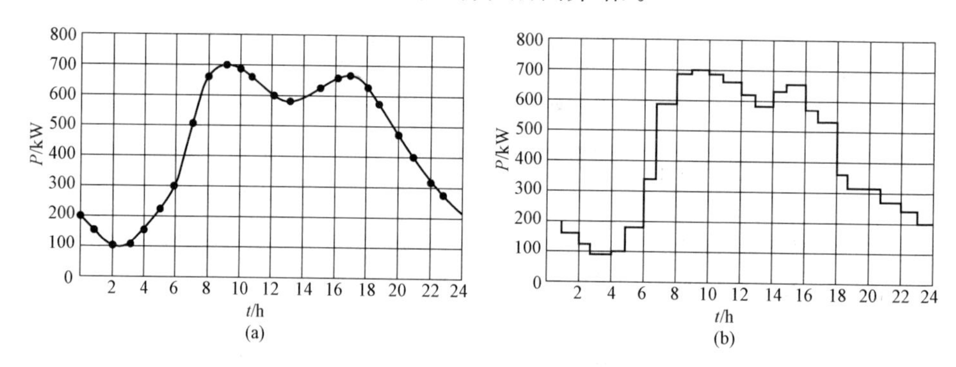

图 5-1 日有功负荷曲线

（a）依点连成的负荷曲线；（b）依点绘成梯形的负荷曲线

年负荷曲线通常绘成负荷持续时间曲线（见图 5-2），按负荷大小依次排列，如图 5-2（c）所示，全年按 8760h 计。

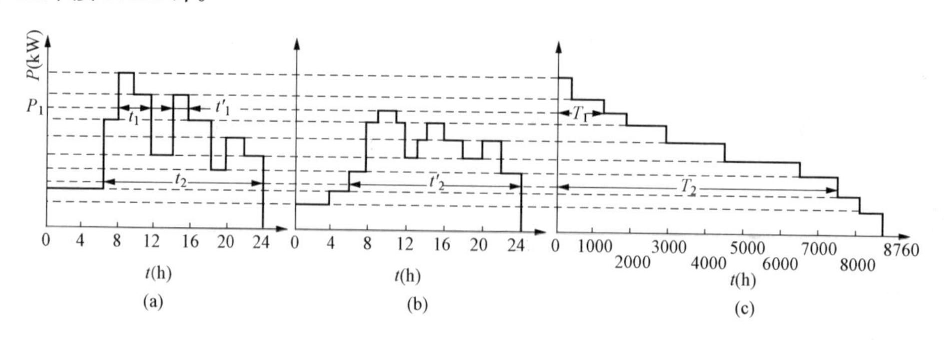

图 5-2 年负荷持续时间曲线的绘制

（a）夏日负荷曲线；（b）冬日负荷曲线；（c）年负荷持续时间曲线

上述年负荷曲线，根据其一年中具有代表性的夏日负荷曲线［见图 5-2（a）］和冬日负荷曲线［图 5-2（b）］来绘制。其夏日和冬日在全年中所占的天数，应视当地的地理位置和气温情况而定。例如，在我国北方，可近似地取夏日 165 天，冬日 200 天；在我国南方，可近似地取夏日 200 天，冬日 165 天。假设绘制南方某厂的年负荷曲线［图 5 - 2（c）］，其中 P_1 在年负荷曲线上所占的时间 $T_1=(t_1+t'_1)\times 200$，P_2 在年负荷曲线上所占的时间 $T_2=200t_2+165t'_2$，其余类推。

年负荷曲线的另一种形式，是按全年每日的最大负荷（通常取每日的最大负荷半小时平均值）绘制的，称为年每日最大负荷曲线，如图 5 - 3 所示。横坐标依次以全年十二个月份的日期来分格。这种年最大负荷曲线，可以用来确定拥有多台电力变压器的工厂变电站在一年内的不同时期宜投入几台运行，即经济运行方式，以降低电能损耗，提高供电系统的经济效益。

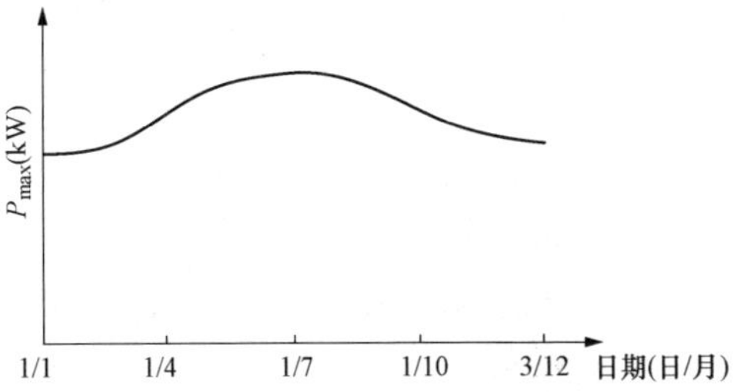

图 5 - 3　年每日最大负荷曲线

P_{max}—年最大负荷

从各种负荷曲线上，可以直观地了解电力负荷变动的情况。通过对负荷曲线的分析，可以更深入地掌握负荷变动的规律，并可以从中获得一些对设计和运行有用的资料。因此，负荷曲线对于从事工厂供电设计和运行的人员来说，是很必要的。

二、与负荷曲线和负荷计算有关的物理量

1. 年最大负荷和年最大负荷利用小时

（1）年最大负荷。年最大负荷 P_{max} 就是全年中负荷最大的工作班内（这一工作班的最大负荷不是偶然出现的，而是全年至少出现 2～3 次）消耗电能最大的半小时平均功率。因此，年最大负荷又称半小时最大负荷 P_{30}。

（2）年最大负荷利用小时。年最大负荷利用小时 T_{max} 是一个假想时间，在此时间内，电力负荷按年最大负荷 P_{max}（或 P_{30}）持续运行所消耗的电能，恰好等于该电力负荷全年实际消耗的电能，如图 5 - 4 所示。

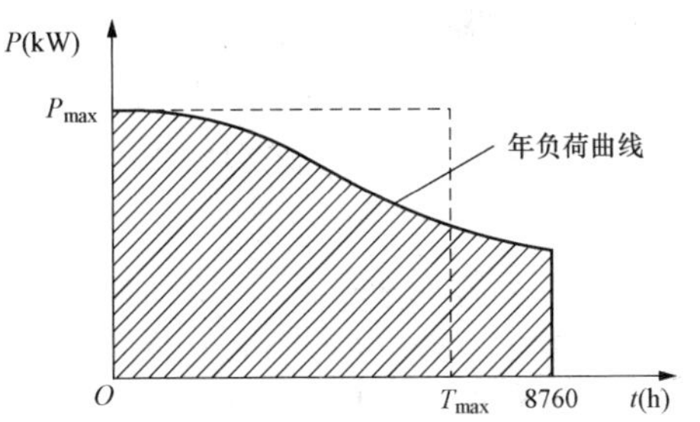

图 5 - 4　年最大负荷和年最大负荷利用小时

年最大负荷利用小时为

$$T_{max}=\frac{W_a}{P_{max}}=\frac{\int_0^{8760}P\mathrm{d}t}{P_{max}} \tag{5 - 1}$$

式中：W_a 为年实际消耗的电能量。

年最大负荷利用小时是反映电力负荷特征的一个重要参数，与工厂的生产班制有明显的关系。例如一班制工厂，$T_{max}=1800\sim3000\text{h}$；两班制工厂，$T_{max}=3500\sim4800\text{h}$；三班制工厂，$T_{max}=5000\sim7000\text{h}$。

2. 平均负荷和负荷系数

（1）平均负荷。平均负荷 P_{av} 就是电力负荷在一定时间 t 内平均消耗的功率，也就是电力负荷在该时间 t 内消耗的电能 W_t 除以时间 t 的值，即

$$P_{av}=\frac{W_t}{t} \tag{5 - 2}$$

年平均负荷的说明如图 5 - 5 所示。年平均负荷 P_{av} 的横线与纵横两坐标轴所包围的矩形

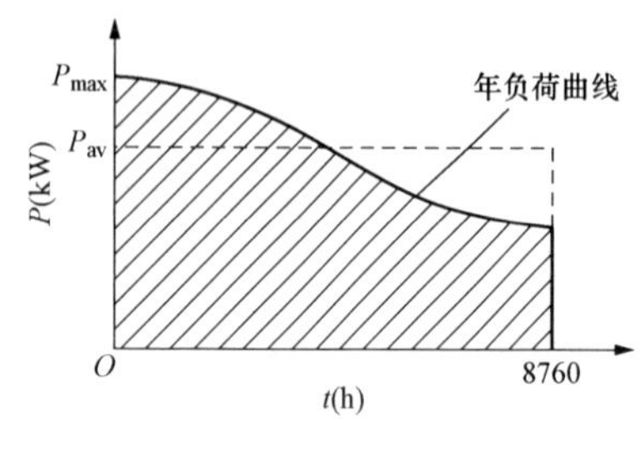

图 5-5 年平均负荷的说明

面积恰好等于年负荷曲线与两坐标轴所包围的面积 W_a，即年平均负荷为 P_{av} 为

$$P_{av}=\frac{W_a}{8760} \tag{5-3}$$

(2) 负荷系数。负荷系数又称负荷率，它是用电负荷的平均负荷 P_{av} 与其最大负荷 P_{max} 的比值，即

$$K_L=\frac{P_{av}}{P_{max}} \tag{5-4}$$

对负荷曲线来说，负荷系数又称负荷曲线填充系数，用于表征负荷曲线不平坦的程度，即表征负荷起伏变动的程度。从充分发挥供电设备的能力，提高供电效率来说，此系数越高越接近于 1 越好。从发挥整个电力系统的效能来说，应尽量使不平坦的负荷曲线“削峰填谷”，提高负荷系数。

对用电设备来说，负荷系数就是设备的输出功率 P 与设备额定容量 P_N 的比值，即

$$K_L=\frac{P}{P_N} \tag{5-5}$$

负荷系数通常以百分值表示。负荷系数（负荷率）的符号有时用 β，也有的有功负荷率用 α，无功负荷率用 β 表示。

第三节 计算负荷的确定

一、三相用电设备组计算负荷的确定

（一）概述

供电系统要能安全可靠地正常运行，其中各个元件（包括电力变压器、开关设备及导线电缆等）都必须选择恰当，除了应满足工作电压和频率的要求外，最重要的就是要满足负荷电流的要求。因此，有必要对供电系统中各个环节的电力负荷进行统计计算。

通过负荷的统计计算求出的、用来按发热条件选择供电系统中各元件的负荷值，称为计算负荷（calculated load）。根据计算负荷选择的电气设备和导线电缆，如果以计算负荷连续运行，则其发热温度不会超过允许值。

由于导体通过电流达到稳定温升的时间需（3～4）τ，τ 为发热时间常数。截面积在 $16mm^2$ 及以上的导体，其 $\tau \geqslant 10min$，因此，载流导体大约经 30min（半小时）后可达到稳定温升值。由此可见，计算负荷实际上与从负荷曲线上查得的半小时最大负荷 P_{30}（即年最大负荷 P_{max}）是基本相当的。所以，计算负荷也可以认为就是半小时最大负荷。本来有功计算负荷可表示为 P_c，无功计算负荷可表示为 Q_c，计算电流可表示为 I_c，但考虑“计算”的符号 c 容易与“电容”的符号 C 相混淆，因此大多数供电书籍都借用半小时最大负荷 P_{30} 来表示有功计算负荷，无功计算负荷、视在计算负荷和计算电流则分别表示为 Q_{30}、S_{30} 和 I_{30}。这样表示，也使计算负荷的概念更加明确。

计算负荷是供电设计计算的基本依据。计算负荷确定得是否正确合理，直接影响电器和导线电缆的选择是否经济合理。如果计算负荷确定得过大，将使电器和导线电缆选得过大，造成投资和有色金属的浪费。如果计算负荷确定得过小，将使电器和导线电缆处于过负荷下运行，增加电能损耗，产生过热，导致绝缘过早老化，甚至燃烧引起火灾，从而造成更大的

损失。由此可见，正确确定计算负荷非常重要。但是，负荷情况复杂，影响计算负荷的因素很多，虽然各类负荷的变化有一定的规律可循，但仍难准确确定计算负荷的大小。实际上，负荷也不是一成不变的，它与设备的性能、生产的组织 、生产者的技能及能源供应的状况等多种因素有关。因此，负荷计算也只能力求接近实际。

我国目前普遍采用的确定用电设备组计算负荷的方法有，需要系数法和二项式法。需要系数法是国际上普遍采用的确定计算负荷的基本方法，最为简便。二项式法的应用局限性较大，但在确定设备台数较少而容量差别较大的分支干线的计算负荷时，采用二项式法较之需要系数法合理，且计算也比较简便。本书只介绍这两种计算方法。

（二）按需要系数法确定计算负荷

1. 基本公式

用电设备组的计算负荷，是指用电设备组从供电系统中取用的半小时最大负荷 P_{30}，如图 5-6 所示。用电设备组的设备容量 P_e，是指用电设备组所有设备（不含备用的设备）的额定容量 P_N 之和，即 $P_e=\Sigma P_N$ 设备的额定容量 P_N 是设备在额定条件下的最大输出功率（出力）。但是，用电设备组的设备实际上不一定同时运行，运行的设备也不太可能都满负荷，同时，设备本身和配电线路还有功率损耗，因此，用电设备组的有功计算负荷应为

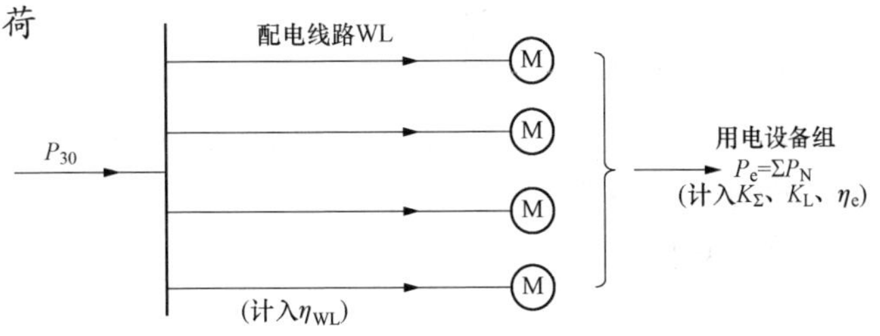

图 5-6　用电设备组的计算负荷说明

$$P_{30}=\frac{K_\Sigma K_L}{\eta_e \eta_{WL}}P_e \tag{5-6}$$

式中：K_Σ为设备组的同时系数，即设备组在最大负荷时运行的设备容量与全部设备容量之比；K_L为设备组的负荷系数，即设备组在最大负荷时输出功率与运行的设备容量之比；η_e为设备组的平均效率，即设备组在最大负荷时输出功率与取用功率之比；η_{WL}为配电线路的平均效率，即配电线路在最大负荷时的末端功率（亦即设备组取用功率）与首端功率（亦即计算负荷）之比。

令式（5-6）中的 $K_\Sigma K_L/(\eta_e\eta_{WL})=K_d$，这里的 K_d称为需要系数，则需要系数的定义式为

$$K_d=\frac{P_{max}}{\Sigma P_N}=\frac{P_{30}}{P_e} \tag{5-7}$$

即用电设备组的需要系数，为用电设备组的半小时最大负荷与其设备容量的比值。由此可得，按需要系数法确定三相用电设备组有功计算负荷的基本公式为

$$P_{30}=K_d P_e \tag{5-8}$$

实际上，需要系数值不仅与用电设备组的工作性质、设备台数、设备效率和线路损耗等因素有关，而且与操作人员的技能和生产组织等多种因素有关。因此，应尽可能地通过实测分析确定，使之尽量接近实际。

工厂各种用电设备组的需要系数值可查附表 A。注意：附表 A 所列需要系数值是按车间范围内台数较多的情况来确定的。所以，需要系数值一般都比较低，例如冷加工机床组的需要系数平均只有 0.2 左右。因此，需要系数法较适用于确定车间的计算负荷。如果采用需要系数法来计算分支干线上用电设备组的计算负荷，则附表 A 中的需要系数值往往偏小，

宜适当取大。当只有1～2台设备时，可认为$K_d=1$，即$P_{30}=P_e$。对于电动机，由于它本身功率损耗较大，因此当只有一台电动机时，其$P_{30}=P_N/\eta$，这里P_N为电动机额定容量，η为电动机效率。在K_d适当取大的同时，$\cos\varphi$也宜适当取大。这里还要指出：需要系数值与用电设备的类别和工作状态关系极大，因此在计算时，先要正确判明用电设备的类别和工作状态，否则会造成错误。例如，机修车间的金属切削机床电动机，应属小批生产的冷加工机床电动机，因为金属切削就是冷加工，而机修不可能是大批生产；又如，压塑机、拉丝机和锻锤等，应属热加工机床；再如，起重机、行车、电动葫芦等，均属吊车类。

在求出有功计算负荷P_{30}后，可按下列各式分别求出其余的计算负荷。

无功计算负荷为

$$Q_{30}=P_{30}\tan\varphi \tag{5-9}$$

式中：$\tan\varphi$为对应于用电设备组$\cos\varphi$的正切值。

视在计算负荷为

$$S_{30}=P_{30}/\cos\varphi \tag{5-10}$$

式中：$\cos\varphi$为用电设备组的平均功率因数。

计算电流为

$$I_{30}=S_{30}/\sqrt{3}U_N \tag{5-11}$$

式中：U_N为用电设备组的额定电压。

如果只有一台三相电动机，则此电动机的计算电流就取其为额定电流，即

$$I_{30}=I_N=\frac{P_N}{\sqrt{3}U_N\eta\cos\varphi} \tag{5-12}$$

负荷计算中常用的单位：有功功率单位为kW（千瓦），无功功率单位为kvar（千乏），视在功率单位为kVA（千伏安），电流单位为A（安），电压单位为kV（千伏）。

【例5-1】 已知某机修车间的金属切削机床组，拥有电压为380V的三相电动机7.5kW 3台，4kW 8台，3kW 17台，1.5kW 10台。试求其计算负荷。

解： 此机床组电动机的总容量为

$$P_e=7.5\times3+4\times8+3\times17+1.5\times10=120.5(\text{kW})$$

查附录A中“小批生产的金属冷加工机床电动机”项，得$K_d=0.16\sim0.2$（取0.2），$\cos\varphi=0.5$，$\tan\varphi=1.73$，因此可求得

有功计算负荷为

$$P_{30}=0.2\times120.5=24.1(\text{kW})$$

无功计算负荷为

$$Q_{30}=24.1\times1.73\approx41.7(\text{kvar})$$

视在计算负荷为

$$S_{30}=\frac{24.1}{0.5}=48.2(\text{kVA})$$

计算电流为

$$I_{30}=\frac{48.2}{\sqrt{3}\times0.38}\approx73.2(\text{A})$$

2. 设备容量的计算

需要系数法基本公式中的设备容量 P_e，不含备用设备的容量，而且要注意，此容量的计算与用电设备组的工作制有关。

（1）一般连续工作制和短时工作制的用电设备组容量计算。其设备容量是所有设备的铭牌额定容量之和。

（2）断续周期工作制的设备容量计算。其设备容量是将所有设备在不同负荷持续率下的铭牌额定容量，换算到一个规定的负荷持续率下的容量之和。容量换算的公式如式（5-13）所示。断续周期工作制的用电设备常用的有电焊机和吊车电动机，各自的换算要求如下：

1）电焊机组。要求容量统一换算到 $\varepsilon=100\%$，因此，由式（5-13）可得换算后的设备容量为

$$P_e = P_N\sqrt{\frac{\varepsilon_N}{\varepsilon_{100}}} = S_N\cos\varphi\sqrt{\frac{\varepsilon_N}{\varepsilon_{100}}} \tag{5-13}$$

即

$$P_e=P_N\sqrt{\varepsilon_N}=S_N\cos\varphi\sqrt{\varepsilon_N} \tag{5-14}$$

式中：P_N、S_N为电焊机的铭牌容量（前者为有功功率，后者为视在功率）；ε_N 为与铭牌容量相对应的负荷持续率（计算中用小数）；ε_{100}为其值等于 100%的负荷持续率（计算中用 1）；$\cos\varphi$ 为铭牌规定的功率因数。

2）吊车电动机组。要求容量统一换算到 $\varepsilon=25\%$，因此，可得换算后的设备容量为

$$P_e = P_N\sqrt{\frac{\varepsilon_N}{\varepsilon_{25}}} = 2P_N\sqrt{\varepsilon_N} \tag{5-15}$$

式中：P_N为吊车电动机的铭牌容量；ε_N 为与 P_N对应的负荷持续率（计算中用小数）；ε_{25}为其值等于 25%的负荷持续率（计算中用 0.25）。

3. 多组用电设备计算负荷的确定

确定拥有多组用电设备的干线上或车间变电站低压母线上的计算负荷时，应考虑各组用电设备的最大负荷不同时出现的因素。因此，在确定多组用电设备的计算负荷时，应结合具体情况对其有功负荷和无功负荷分别计入一个同时系数（又称参差系数或综合系数）$K_{\Sigma P}$和$K_{\Sigma Q}$。

对车间干线，取 $K_{\Sigma P}=0.85\sim0.95$，$K_{\Sigma Q}=0.90\sim0.97$。对低压母线，分两种情况：

（1）由用电设备组的计算负荷直接相加来计算时，取 $K_{\Sigma P}=0.80\sim0.90$，$K_{\Sigma Q}=0.85\sim0.95$。

（2）由车间干线的计算负荷直接相加来计算时取，取 $K_{\Sigma P}=0.90\sim0.95$，$K_{\Sigma Q}=0.93\sim0.97$。

总的有功计算负荷为

$$P_{30} = K_{\Sigma P}\Sigma P_{30\cdot i} \tag{5-16}$$

总的无功计算负荷为

$$Q_{30} = K_{\Sigma Q}\Sigma Q_{30\cdot i} \tag{5-17}$$

式（5-16）和式（5-17）的 $\Sigma P_{30\cdot i}$和 $\Sigma Q_{30\cdot i}$分别为各组设备的有功计算负荷之和、无功计算负荷之和。

总的视在计算负荷为

$$S_{30} = \sqrt{P_{30}^2 + Q_{30\cdot i}^2} \tag{5-18}$$

总的计算电流为

$$I_{30}=\frac{S_{30}}{\sqrt{3}U_{N}} \tag{5-19}$$

注意：由于各组设备的功率因数不一定相同，因此总的视在计算负荷与计算电流一般不能用各组的视在计算负荷或计算电流之和来计算。

【例5-2】 某机修车间380V线路上，接有金属切削机床电动机20台共50kW（其中较大容量电动机有7.5kW 1台，4kW 3台，2.2 kW 7台），通风机2台共3kW，电阻炉1台2kW。试确定此线路上的计算负荷。

解： 先求各组的计算负荷。

（1）金属切削机床组 。查附录A，取 $K_d=0.2$，$\cos\varphi=0.5$，$\tan\varphi=1.73$，因此可求得

$$P_{30(1)}=0.2\times50=10(\text{kW})$$

$$Q_{30(1)}=10\times1.73=17.3(\text{kvar})$$

（2）通风机组。查附录A，取 $K_d=0.8$，$\cos\varphi=0.8$，$\tan\varphi=0.75$，因此可求得

$$P_{30(2)}=0.8\times3=2.4(\text{kW})$$

$$Q_{30(2)}=2.4\times0.75=1.8(\text{kvar})$$

（3）电阻炉。查附录A，取 $K_d=0.7$，$\cos\varphi=1$，$\tan\varphi=0$，因此可求得

$$P_{30(3)}=0.7\times2=1.4(\text{kW})$$

$$Q_{30(3)}=0$$

因此，总的计算负荷为（取 $K_{\Sigma P}=0.95$，$K_{\Sigma Q}=0.97$）

$$P_{30}=0.95\times(10+2.4+1.4)\approx13.1(\text{kW})$$

$$Q_{30}=0.97\times(17.3+1.8)\approx18.5(\text{kvar})$$

$$S_{30}=\sqrt{13.1^{2}+18.5^{2}}\approx22.7(\text{kVA})$$

$$I_{30}=\frac{22.7}{\sqrt{3}\times0.38}\approx34.5(\text{A})$$

（三）按二项式法确定计算负荷

1. 基本公式

二项式法的基本公式是

$$P_{30}=bP_{e}+cP_{x} \tag{5-20}$$

式中：bP_e表示设备组的平均功率，其中 P_e是用电设备组的设备总容量，其计算方法如前需要系数法所述；cP_x 表示设备组中 x 台容量最大的设备投入运行时增加的附加负荷，其中 P_x是 x 台最大容量的设备总容量；b、c 是二项式系数。

附录A中也列有部分用电设备组的二项式系数 b、c 和最大容量的设备台数 x 值，供参考。

但必须注意：按二项式法确定计算负荷时，如果设备总台数 n 少于附录A中规定的最大容量设备台数 x 的2倍，即 $n<2x$ ，其最大容量设备台数 x 宜适当取小，建议取 $x=n/2$，且按“四舍五入”修约规则取其整数。例如，某机床电动机组只有7台时，则其最大设备台数 $x=n/2=7/2\approx4$。

如果用电设备组只有1～2台设备时，则可认为 $P_{30}=P_e$。对于单台电动机，则 $P_{30}=P_N/\eta$，其中 P_N为电动机额定容量，η 为其额定效率。

由于二项式法不仅考虑了用电设备组最大负荷时的平均负荷，而且考虑了少数容量最大的设备投入运行时对总计算负荷的额外影响，因此二项式法比较适用于确定设备台数较少而容量差别较大的低压干线和分支线的计算负荷。但是，二项式系数 b、c 和 x 的值，缺乏充分的理论依据，而且只有机械工业方面的部分数据，从而使其应用受到一定的局限。

【例 5-3】 试用二项式法来确定［例 5-1］所示机床组的计算负荷。

解： 由附录 A 查得 $b=0.14$，$c=0.4$，$x=5$，$\cos\varphi=0.5$，$\tan\varphi=1.73$。设备总容量（见［例 5-1］）$P_e=120.5\text{kW}$。x 台最大容量的设备容量

$$P_x=P_5=7.5\times3+4\times2=30.5(\text{kW})$$

因此，按式（5-20）可求得其有功计算负荷为

$$P_{30}=0.14\times120.5+0.4\times30.5\approx29.1(\text{kW})$$

无功计算负荷为

$$Q_{30}=29.1\times1.73=50.3(\text{kvar})$$

视在计算负荷为

$$S_{30}=\frac{29.1}{0.5}=58.2(\text{kVA})$$

计算电流为

$$I_{30}=\frac{58.2}{\sqrt{3}\times0.38}\approx88.4(\text{A})$$

比较［例 5-1］和［例 5-3］的计算结果可以看出，按二项式法计算的结果比按需要系数法计算的结果稍大，特别是在设备台数较少的情况下。供电设计的经验说明，选择低压分支干线或分支线时，按需要系数法计算的结果往往偏小，以采用二项式法计算为宜。

2. 多组用电设备计算负荷的确定

采用二项式法确定多组用电设备总的计算负荷时，也应考虑各组用电设备的最大负荷不同时出现的因素，但不是计入一个同时系数，而是在各组设备中取其中一组最大的有功附加负荷 $(cP_x)_{\max}$，再加上各组的平均负荷 bP_e，由此求得其总的有功计算负荷为

$$P_{30}=\Sigma(bP_e)_i+(cP_x)_{\max} \tag{5-21}$$

总的无功计算负荷为

$$Q_{30}=\Sigma(bP_e\tan\varphi)_i+(cP_x)_{\max}\tan\varphi_{\max} \tag{5-22}$$

式中：$\tan\varphi_{\max}$ 为最大附加负荷 $(cP_x)_{\max}$ 的设备组的平均功率因数角的正切值。

总的视在计算负荷 S_{30} 和总的计算电流 I_{30}，仍按式（5-18）和式（5-19）计算。

为了简化和统一，按二项式法计算多组设备的计算负荷时，无论各组设备台数多少，各组的计算系数 b、c、x 和 $\cos\varphi$ 等，均按附录 A 所列数值。

【例 5-4】 试用二项式法确定［例 5-2］所述机修车间 380V 线路的计算负荷。

解： 先求各组的 bP_e 和 cP_x。

（1）金属切削机床组。查附录 A，取 $b=0.14$，$c=0.4$，$x=5$，$\cos\varphi=0.5$，$\tan\varphi=1.73$，故有

$$bP_{e(1)}=0.14\times50=7(\text{kW})$$

$$cP_{x(1)} = 0.4 \times (7.5 \times 1 + 4 \times 3 + 2.2 \times 1) = 8.68(\text{kW})$$

（2）通风机组。查附录 A，取 $b=0.65$，$c=0.25$，$\cos\varphi=0.8$，$\tan\varphi=0.75$，故有

$$bP_{e(2)} = 0.65 \times 3 = 1.95(\text{kW})$$

$$cP_{x(2)} = 0.25 \times 3 = 0.75(\text{kW})$$

（3）电阻炉。查附录 A，取 $b=0.7$，$c=0$，$\cos\varphi=1$，$\tan\varphi=0$，故有

$$bP_{e(3)} = 0.7 \times 2 = 1.4(\text{kW})$$

$$cP_{x(3)} = 0$$

以上各组设备中，附加负荷以 $cP_{x(1)}$ 为最大，因此总计算负荷为

$$P_{30} = 7 + 1.95 + 1.4 + 8.68 \approx 19(\text{kW})$$

$$Q_{30} = 7 \times 1.73 + 1.95 \times 0.75 + 0 + 8.68 \times 1.73 \approx 28.6(\text{kvar})$$

$$S_{30} = \sqrt{19^2 + 28.6^2} \approx 34.3(\text{kVA})$$

$$I_{30} = \frac{34.3}{\sqrt{3} \times 0.38} \approx 52.1(\text{A})$$

比较［例 5-2］和［例 5-4］的计算结果可以看出，按二项式法计算的结果较之按需要系数法计算的结果大得比较多，这也更加合理。

二、单相用电设备组计算负荷的确定

（一）概述

在工厂里，除了广泛应用的三相设备外，还有电焊机、电炉、电灯等各种单相设备。单相设备接在三相线路中，应尽可能均衡分配，使三相尽可能平衡。如果三相线路中单相设备的总容量不超过三相设备总容量的 15%，则无论单相设备如何分配，单相设备可与三相设备综合按三相负荷平衡计算。如果单相设备容量超过三相设备容量的 15%，则应将单相设备容量换算为等效三相设备容量，再与三相设备容量相加。

由于确定计算负荷的目的，主要是选择线路上的设备和导线（包括电缆），使线路上的设备和导线在通过计算电流时不致过热或烧毁。因此，在接有较多单相设备的三相线路中，无论单相设备接于相电压还是接于线电压，只要三相负荷不平衡，就应以最大负荷相有功负荷的 3 倍作为等效三相有功负荷，以满足安全运行的要求。

（二）单相设备组等效三相负荷的计算

1. 单相设备接于相电压时的等效三相负荷计算

其等效三相设备容量 P_e 应按最大负荷相所接单相设备容量 $P_{e.m\varphi}$ 的 3 倍计算，即

$$P_e = 3P_{e.m\varphi} \tag{5-23}$$

其等效三相计算负荷则按前述需要系数法计算。

2. 单相设备接于线电压时的三相负荷计算

由于容量为 $P_{e.\varphi}$ 的单相设备在线电压上产生的电流 $I=P_{e.\varphi}/(U\cos\varphi)$，此电流应与等效三相设备容量 P_e 产生的电流 $I'=P_e/(U\cos\varphi)$ 相等，因此其等效三相设备容量为

$$P_e = \sqrt{3}P_{e.\varphi} \tag{5-24}$$

3. 单相设备分别接于线电压和相电压时的负荷计算

首先应将接于线电压的单相设备容量换算为接于相电压的设备容量，然后分相计算各相的设备容量与计算负荷。总的等效三相有功计算负荷为其最大有功负荷相的有功计算负荷 $P_{30.m\varphi}$ 的 3 倍，即

$$P_{30} = 3P_{30.m\varphi} \tag{5-25}$$

总的等效三相无功计算负荷为最大负荷相的无功计算负荷 $Q_{30.m\varphi}$ 的 3 倍，即

$$Q_{30} = 3Q_{30.m\varphi} \tag{5-26}$$

关于将接于线电压的单相设备容量换算为接于相电压的设备容量的问题，可按下列换算公式进行换算：

A 相为 $$P_A = p_{AB-A}P_{AB} + p_{CA-A}P_{CA}$$

$$Q_A = q_{AB-A}P_{AB} + q_{CA-A}P_{CA}$$

B 相为 $$P_B = p_{BC-B}P_{BC} + p_{AB-B}P_{AB}$$

$$Q_B = q_{BC-B}P_{BC} + q_{AB-B}P_{AB}$$

C 相为 $$P_C = p_{CA-C}P_{CA} + p_{BC-C}P_{BC}$$

$$Q_C = q_{CA-C}P_{CA} + q_{BC-C}P_{BC}$$

式中：P_{AB}、P_{BC}、P_{CA}分别为接于 AB、BC、CA 相间的有功设备容量；P_A、P_B、P_C分别为换算为 A、B、C 相的有功设备容量；Q_A、Q_B、Q_C分别为换算为 A、B、C 相的无功设备容量；p_{AB-A}、q_{AB-A}…分别是接于 AB、…相间的设备容量换算为 A、…相设备容量的有功和无功功率换算系数，见表 5-1。

表 5-1　　相间负荷换算为相负荷的功率换算系数

功率换算系数	负荷功率因数								
	0.35	0.4	0.5	0.6	0.65	0.7	0.8	0.9	1.0
p_{AB-A}、p_{BC-B}、p_{CA-C}	1.27	1.17	1.0	0.89	0.84	0.8	0.72	0.64	0.5
p_{AB-B}、p_{BC-C}、p_{CA-A}	−0.27	−0.17	0	0.11	0.16	0.2	0.28	0.36	0.5
q_{AB-A}、q_{BC-B}、q_{CA-C}	1.05	0.86	0.58	0.38	0.3	0.22	0.09	−0.05	−0.29
q_{AB-B}、q_{BC-C}、q_{CA-A}	1.63	1.44	1.16	0.96	0.88	0.8	0.67	0.53	0.29

【例 5-5】 如图 5-7 所示，220/380V 三相四线制线路上，接有 220V 单相电热干燥箱 4 台，其中 2 台 10kW 接于 A 相，1 台 30kW 接于 B 相，1 台 20kW 接于 C 相。此外，接有 380V 单相对焊机 4 台，其中 2 台 14kW（ε=100%）接于 AB 相间，1 台 20kW（ε=100%）接于 BC 间，1 台 30kW（ε=60%）接于 CA 相间。试求此线路的计算负荷。

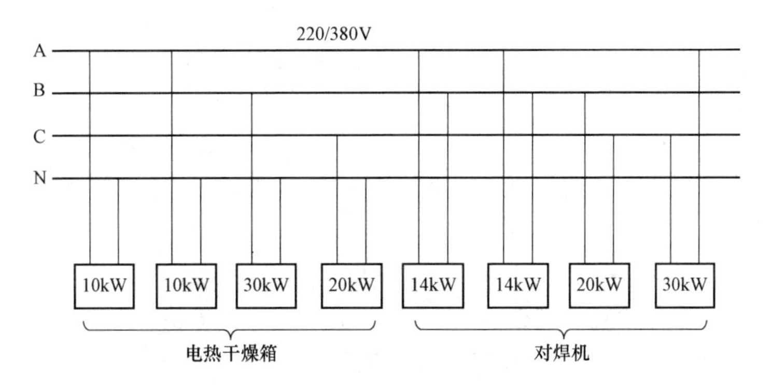

图 5-7 ［例 5-5］的电路

解：(1) 电热干燥箱的各相计算负荷。查附表 A 得 $K_d=0.7$，$\cos\varphi=1$，$\tan\varphi=0$，因此只需计算其有功计算负荷：

A 相为 $P_{30.A(1)}=K_dP_{e.A}=0.7\times2\times10=14(kW)$

B 相为 $P_{30.B(1)}=K_dP_{e.B}=0.7\times1\times30=21(kW)$

C 相为 $P_{30.C(1)}=K_dP_{e.C}=0.7\times1\times20=14(kW)$

(2) 对焊机的各相计算负荷。先将接于 CA 相间的 30kW（$\varepsilon=60\%$）换算至 $\varepsilon=100\%$ 的容量，即 $P_{CA}=\sqrt{0.6}\times30\approx23(kW)$。

查附表 A 得 $K_d=0.35$，$\cos\varphi=0.7$，$\tan\varphi=1.02$；再由表 5-1 查得 $\cos\varphi=0.7$ 时的功率换算系数为

$$p_{AB-A}=p_{BC-B}=p_{CA-C}=0.8,\ p_{AB-B}=p_{BC-C}=p_{CA-A}=0.2$$
$$q_{AB-A}=q_{BC-B}=q_{CA-C}=0.22,\ q_{AB-B}=q_{BC-C}=q_{CA-A}=0.8$$

因此，各相的有功和无功设备容量：

A 相为 $P_A=0.8\times2\times14+0.2\times23=27(kW)$

$Q_A=0.22\times2\times14+0.8\times23\approx24.6(kvar)$

B 相为 $P_B=0.8\times20+0.2\times2\times14=21.6(kW)$

$Q_B=0.22\times20+0.8\times2\times14=26.8(kvar)$

C 相为 $P_C=0.8\times23+0.2\times20=22.4(kW)$

$Q_C=0.22\times23+0.8\times20\approx21.1(kvar)$

各相总的有功和无功计算负荷：

A 相为 $P_{30.A(2)}=0.35\times27=9.45(kW)$

$Q_{30.A(2)}=0.35\times24.6=8.61(kvar)$

B 相为 $P_{30.B(2)}=0.35\times21.6=7.56(kW)$

$Q_{30.B(2)}=0.35\times26.8=9.38(kvar)$

C 相为 $P_{30.C(2)}=0.35\times22.4=7.84(kW)$

$Q_{30.C(2)}=0.35\times21.1\approx7.39(kvar)$

(3) 各相总的有功和无功计算负荷。

A 相为 $P_{30.A}=P_{30.A(1)}+P_{30.A(2)}=14+9.45=23.5(kW)$

$Q_{30.A}=Q_{30.A(A)}+Q_{30.A(2)}=0+8.61=8.61(kvar)$

B 相为 $P_{30.B}=P_{30.B(1)}+P_{30.B(2)}=21+7.56=28.6(kW)$

$Q_{30.B}=Q_{30.B(1)}+Q_{30.B(2)}=0+9.38=9.38(kvar)$

C 相为 $P_{30.C}=P_{30.C(1)}+P_{30.C(2)}=14+7.84=21.8(kW)$

$Q_{30.C}=Q_{30.C(1)}+Q_{30.C(2)}=0+7.39\approx7.39(kvar)$

(4) 总的等效三相计算负荷。因 B 相的有功计算负荷最大，故取 B 相计算其等效三相计算负荷，由此可得

$$P_{30}=3P_{30.B}=3\times28.6=85.8(kW)$$
$$Q_{30}=3Q_{30.B}=3\times9.38\approx28.1(kvar)$$
$$S_{30}=\sqrt{85.8^2+28.1^2}\approx90.3(kVA)$$
$$I_{30}=\frac{90.3}{\sqrt{3}\times0.38}\approx137(A)$$

第四节　功率损耗与电能损耗计算

一、功率损耗

当电流流过供配电线路和变压器时，就要引起功率损耗。因此，在确定总的计算负荷时，应将这部分功率损耗计入。

（一）线路的功率损耗

三相线路中的有功功率损耗 ΔP_{WL} 和无功功率损耗 ΔQ_{WL} 为

$$\left.\begin{aligned}\Delta P_{WL} &= 3I_{30}^2 R \times 10^{-3}\\ \Delta Q_{WL} &= 3I_{30}^2 X \times 10^{-3}\end{aligned}\right\} \tag{5-27}$$

式中：I_{30} 为线路的计算电流；R 为线路每相的电阻，$R=r_1 l$，l 为线路长度，r_1 为线路单位长度的电阻；X 为线路每相的电抗，$X=x_1 l$，x_1 为线路单位长度的电抗，而 x_1 与导线之间的几何均距有关。

几何均距是指三相线路各相导线之间距离的几何平均值，当三相导线之间的距离分别为 s_{ab}、s_{bc}、s_{ca} 时，其几何均距 s_{av} 为

$$s_{av} = \sqrt[3]{s_{ab} s_{bc} s_{ca}} \tag{5-28}$$

若三相导线按图 5-8（a）所示的等边三角形排列，则 $s_{av}=s$。若三相导线按图 5-8（b）所示的水平等距排列，则 $s_{av}=\sqrt[3]{2s^3}\approx 1.26s$。

（二）变压器的功率损耗

1. 有功功率损耗

变压器的有功功率损耗包含两部分：

（1）铁芯中的有功功率损耗，即铁损耗 ΔP_{Fe}（不变损耗）。当变压器一次绕组的外施电压和频率不变时，铁损耗是固定不变的，变压器的空载损耗 ΔP_0 可认为就是铁损耗，即 $\Delta P_{Fe}\approx\Delta P_0$，因为变压器的空载电流很小，其在一次绕组中产生的有功功率损耗，可以略去不计。

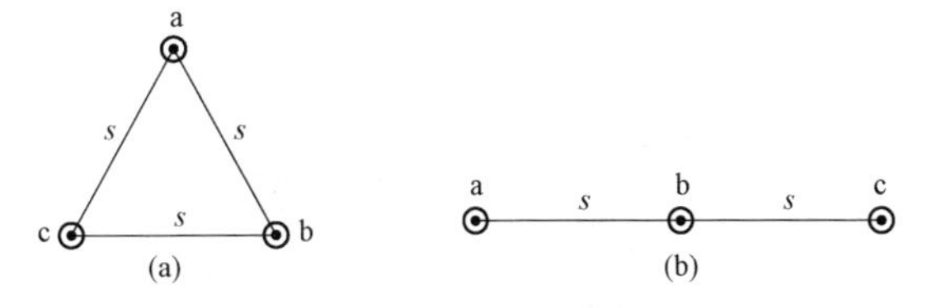

图 5-8　三相导线的布置方式

（a）等边三角形布置；（b）水平等距布置

（2）消耗在一、二次绕组电阻上的有功功率损耗，即铜损耗 ΔP_{Cu}。铜损耗与负荷电流（或功率）的平方成正比——可变损耗。

变压器的短路损耗 ΔP_k 可认为就是额定负荷下的铜损耗，因为在变压器短路实验时，一次侧施加的短路电压 U_k 很小，在铁芯中产生的有功功率损耗，可略去不计，则任意负荷下的铜损耗为 $\Delta P_{Cu}\approx\beta^2\Delta P_k$，因此变压器的有功功率损耗为

$$\Delta P_T = \Delta P_{Fe} + \Delta P_{Cu} \approx \Delta P_0 + \beta^2 \Delta P_k \tag{5-29}$$

式中：$\beta=S_{30}/S_N$ 为变压器的负荷率；S_{30} 为变压器的计算负荷，kVA；S_N 为变压器的额定容量，kVA。

2. 无功功率损耗

变压器的无功功率损耗也包含两部分：

（1）用来产生主磁通即产生励磁电流的无功功率损耗 ΔQ_0，其只与电网的电压有关，与

负荷大小无关，可用变压器空载电流 I_0 占额定电流 I_N 的百分值 $I_0\%$来表征。

$$I_0\% = \frac{I_0}{I_N}\times 100 = \frac{\sqrt{3}U_N I_0}{\sqrt{3}U_N I_N}\times 100 \approx \frac{\Delta Q_0}{S_N}\times 100$$

所以
$$\Delta Q_0 \approx \frac{I_0\%}{100}S_N \tag{5-30}$$

（2）消耗在一、二次绕组电阻上的无功功率损耗 ΔQ_L，其与负荷电流（或功率）的平方成正比，可用 $U_k\%$来表征。额定负荷下的这部分无功功率损耗用 ΔQ_N 表示，因变压器绕组的电抗远大于电阻。

因为
$$U_k\% = \frac{U_k}{U_N}\times 100 \approx \frac{\sqrt{3}I_N X_T}{U_N}\times 100 = \frac{3I_N^2 X_T}{\sqrt{3}U_N I_N}\times 100 = \frac{\Delta Q_N}{S_N}\times 100$$

所以
$$\Delta Q_N \approx \frac{U_k\%}{100}S_N \tag{5-31}$$

因此，变压器的无功功率损耗为

$$\Delta Q_T = \Delta Q_0 + \beta^2\Delta Q_N \approx \frac{S_N}{100}(I_0\% + \beta^2 U_k\%)$$

在负荷计算中，SL7、S9、SC9 等低损耗变压器的功率损耗，可按近似公式计算，即

$$\left.\begin{aligned}\Delta P_T &\approx 0.015S_{30}\\ \Delta Q_T &\approx 0.06S_{30}\end{aligned}\right\} \tag{5-32}$$

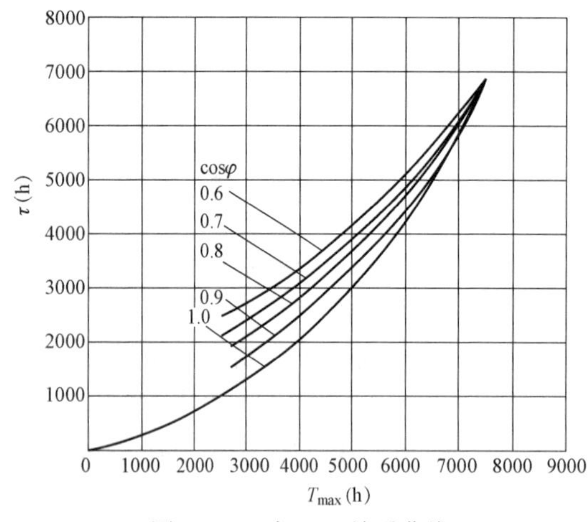

图 5-9 τ 与 T_{max} 关系曲线

二、电能损耗的计算

（一）线路的电能损耗

线路上的电能损耗 ΔW_a 为

$$\Delta W_a = 3I_{30}^2 R\tau = \Delta P_{WL}\tau \tag{5-33}$$

式中：I_{30} 为线路的计算电流；R 为线路每相电阻；ΔP_{WL} 为三相线路中的有功功率损耗；τ 为年最大负荷损耗小时数，它与 T_{max} 及 $\cos\varphi$ 有关，如图 5-9 所示。

τ 实际上也是一个假想时间。在此时间内，线路持续通过计算电流（I_{30}）所产生的电能损耗与实际负荷电流在全年内所产生的电能损耗相等。

（二）变压器的电能损耗

变压器的电能损耗包括两部分：

（1）由变压器铁损耗引起的电能损耗为

$$\Delta W_{a1} = \Delta P_{Fe}\times 8760 \approx \Delta P_0 \times 8760$$

（2）由变压器铜损耗引起的电能损耗为

$$\Delta W_{a2} = \Delta P_{Cu}\tau \approx \Delta P_k \beta^2 \tau$$

因此，变压器全年的电能损耗为

$$\Delta W_a = \Delta W_{a1} + \Delta W_{a2} \approx \Delta P_0 \times 8760 + \Delta P_k \beta^2 \tau \tag{5-34}$$

三、线损率的计算

（一）线损

发电厂发出来的电能，在电网输送、变压、配电各环节所造成的损耗，称为电网的电能损耗，简称为线损。线损包括理论线损和管理线损两部分。

（二）线损率

线损率指一定时间内，电网中的线损电量占电网供电量的百分数，即

$$\text{线损率} = \frac{\text{电网线损电量}}{\text{电网供电量}} \times 100\% \tag{5-35}$$

在实际工作中，线损电量有两个值，即实际线损电量与理论线损电量，因此，线损率也有实际线损率与理论线损率两个对应值。

$$\text{实际线损率} = \frac{\text{实际线损电量}}{\text{电网供电量}} \times 100\% = \frac{\text{供电量} - \text{售电量}}{\text{电网供电量}} \times 100\% \tag{5-36}$$

$$\text{理论线损率} = \frac{\text{理论线损电量}}{\text{电网供电量}} \times 100\% = \frac{\text{固定损耗} + \text{可变损耗}}{\text{电网供电量}} \times 100\% \tag{5-37}$$

正常情况下，电网的实际线损率略高于理论线损率。我国电网的实际线损率为7%～8.5%，而工业发达国家的线损率为5%～7%。因此，降低电能损耗是电网和电网经营企业的一项重要任务。

第五节　企业计算负荷的确定

企业计算负荷是选择企业电源进线及主要电气设备包括主变压器的基本依据，也是计算企业功率因数和无功补偿容量的基本依据。

一、按需要系数法确定企业计算负荷

将企业用电设备的总容量 P_e（不计备用设备容量）乘上一个需要系数 K_d，即得企业的有功计算负荷，即

$$P_{30} = K_d P_e \tag{5-38}$$

式中：K_d为企业的需要系数，可查附录表B

企业的无功计算负荷、视在计算负荷和计算电流，可分别按前面介绍的相关公式计算。

二、按年产量估算企业计算负荷

企业年产量 A 乘上单位产品耗电量，即可得到企业全年耗电量：

$$W_a = Aa \tag{5-39}$$

各类企业的单位产品耗电量可由有关设计手册或根据实测资料确定。

在求得企业的年耗电量 W_a 后，除以企业的年最大负荷利用小时 T_{max}，即可求出企业的有功计算负荷：

$$P_{30} = \frac{W_a}{T_{max}} \tag{5-40}$$

其他计算负荷 Q_{30}、S_{30}和 I_{30}的计算，与上述需要系数法相同。

三、按逐级计算法确定企业的计算负荷

逐级计算法是指从企业的用电端开始，逐级上推，直至求出电源进线端的计算负荷为止。例如，某工业企业的供电系统图如图5-10所示。

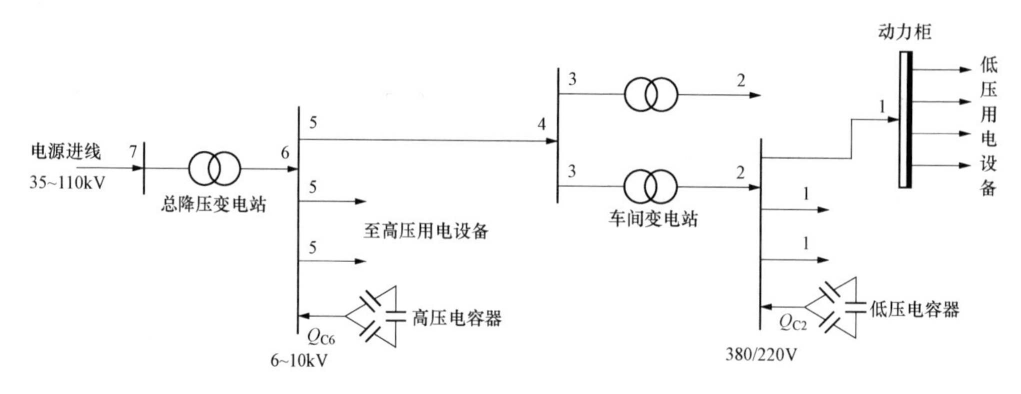

图 5-10 某工业企业的供电系统图

1. 用电设备组的计算负荷

先将车间用电设备按工作制不同分为若干组，求出各用电设备组的设备容量 P；再视具体情况用需要系数法或二项式法确定各用电设备组的计算负荷，如图 5-10 中的 1 点所示。

$$\left.\begin{aligned}P_{30.1} &= K_{d}P_{e}\\Q_{30.1} &= P_{30.1}\tan\varphi\\S_{30.1} &= \sqrt{P_{30.1}^{2}+Q_{30.1}^{2}}\end{aligned}\right\}\tag{5-41}$$

2. 车间变压器低压母线上的计算负荷

如图 5-10 中的 2 点所示，将各低压用电设备组计算负荷总和乘以同时系数 $K_{\Sigma1}$，可得各车间变压器低压母线上的计算负荷。

$$\left.\begin{aligned}P_{30.2} &= K_{\Sigma1}\sum P_{30.1}\\Q_{30.2} &= K_{\Sigma1}\sum Q_{30.1}\\S_{30.2} &= \sqrt{P_{30.2}^{2}+Q_{30.2}^{2}}\end{aligned}\right\}\tag{5-42}$$

注意：当变电站的低压母线上装有无功补偿用的静电电容器组，其容量为 Q_{C2}，则有

$$Q_{30.2} = K_{\Sigma1}\sum Q_{30.1} - Q_{C2}\tag{5-43}$$

计算负荷 $S_{30.2}$ 用于选择车间变压器的容量和低压导体截面。

3. 车间变压器高压侧的计算负荷

如图 5-10 中的 3 点所示，将变压器低压侧的计算负荷加上该变压器的功率损耗，可得变压器高压侧的计算负荷。

$$\left.\begin{aligned}P_{30.3} &= P_{30.2}+\Delta P_{T}\\Q_{30.3} &= Q_{30.2}+\Delta Q_{T}\\S_{30.3} &= \sqrt{P_{30.3}^{2}+Q_{30.3}^{2}}\end{aligned}\right\}\tag{5-44}$$

该负荷值用于选择车间变电站高压侧进线导线截面。注意：若求计算负荷时车间变压器的容量和型号尚未确定，变压器的功率损耗可按近似公式进行计算。

对 SL7、S9、SC9 等低损耗变压器有

$$\left.\begin{aligned}\Delta P_{T} &\approx 0.015S_{30.2}\\\Delta Q_{T} &\approx 0.06S_{30.2}\end{aligned}\right\}\tag{5-45}$$

对 SJL1 等变压器有

$$\left.\begin{aligned}\Delta P_T &\approx 0.02S_{30.2}\\ \Delta Q_T &\approx 0.08S_{30.2}\end{aligned}\right\} \tag{5-46}$$

4. 车间变电站高压母线上的计算负荷

如图 5-10 中的 4 点所示，当车间变电站的高压母线上接有多台电力变压器时，将车间变压器高压侧的计算负荷相加，可得车间变电站高压母线上的计算负荷。

$$\left.\begin{aligned}P_{30.4} &= \sum P_{30.3}\\ Q_{30.4} &= \sum Q_{30.3}\\ S_{30.4} &= \sqrt{P_{30.4}^2 + Q_{30.4}^2}\end{aligned}\right\} \tag{5-47}$$

5. 总降压变电站出线上的计算负荷

如图 5-10 中的 5 点所示，由于工业企业厂区范围不大，高压线路中的功率损耗较小，在负荷计算中可以忽略不计，因此有

$$\left.\begin{aligned}P_{30.5} &\approx P_{30.4}\\ Q_{30.5} &\approx Q_{30.4}\\ S_{30.5} &\approx S_{30.4}\end{aligned}\right\} \tag{5-48}$$

6. 总降压变电站低压母线上的计算负荷

如图 5-10 中的 6 点所示，将总降压变电站 6～10kV 各出线上的计算负荷 $P_{30.5}$、$Q_{30.5}$ 相加后乘以同时系数，就可求得总降压变压器低压母线上的计算负荷。

$$\left.\begin{aligned}P_{30.6} &= K_{\Sigma 2}\sum P_{30.5}\\ Q_{30.6} &= K_{\Sigma 2}\sum Q_{30.5}\\ S_{30.6} &= \sqrt{P_{30.6}^2 + Q_{30.6}^2}\end{aligned}\right\} \tag{5-49}$$

注意：如果在总降压变电站 6～10kV 二次母线侧采用高压电容器进行无功补偿，其容量为 $Q_{30.6}$，则有

$$Q_{30.6} = K_{\Sigma 2}\sum Q_{30.5} - Q_{C6} \tag{5-50}$$

7. 企业总计算负荷

如图 5-10 中的 7 点所示，将总降压变电站低压母线上的计算负荷，$P_{30.6}$、$Q_{30.6}$ 加上主变压器的功率损耗，则可求得企业总计算负荷。

$$\left.\begin{aligned}P_{30.7} &= P_{30.6} + \Delta P_T\\ Q_{30.7} &= Q_{30.6} + \Delta Q_T\\ S_{30.7} &= \sqrt{P_{30.7}^2 + Q_{30.7}^2}\end{aligned}\right\} \tag{5-51}$$

计算负荷 $P_{30.7}$ 是用户向供电部门提供的企业最大有功计算负荷，用于申请用电。

注意：以上 $K_{\Sigma i}$ 的取值一般为 0.85～0.95，但它们的连乘积建议不小于 0.8，由于越趋近电源端负荷越平稳，所以对应的 $K_{\Sigma i}$ 也越大。

第六节　无功功率补偿

在工业企业供电系统中，绝大部分用电设备（电动机、变压器、电抗器、电焊机等）为

感性负荷，这些设备不仅需要从电力系统吸收有功功率，还要吸收无功功率，以产生正常工作所必需的交变磁场，从而使功率因数降低。

一、功率因数低的不良影响

（1）使供电网络中的功率损耗和电能损耗增大。因为功率因数越低，在保证输送同样的有功功率时，系统中输送的总电流越大，从而使输电线路上的功率损耗和电能损耗增加。

（2）使供电网络的电压损失增大，影响负荷端的电压质量。由于 $\Delta U=\dfrac{PR+QX}{U_N}$，当 P、R、X 一定时，功率因数越低，Q 越大，ΔU 越大。

（3）使供配电设备的容量不能得到充分利用，降低了供电能力。由于发电机、变压器都有一定的额定电压和额定电流，在正常情况下不允许超过额定值，根据 $P=\sqrt{3}UI\cos\varphi$ 得，功率因数越低，输出的有功功率越小，使设备的容量不能得到充分利用，降低了供电能力。

（4）使发电机的输出功率下降，发电设备效率降低，发电成本提高。当有功功率保持不变时，功率因数越低，无功电流越大，对发电机转子的去磁效应越大，端电压越低，发电机就达不到预定的输出功率。

二、功率因数的计算

1. 瞬时功率因数

瞬时功率因数可由功率因数表（相位表）直接读出，或由电压表、电流表和功率表在同一时刻的读数按下式求出：

$$\cos\varphi=\frac{P}{\sqrt{3}UI} \tag{5-52}$$

瞬时功率因数值代表某一瞬间状态的无功功率的变化情况。

2. 均权功率因数

均权功率因数指某一规定时间内，功率因数的平均值。其计算公式为

$$\cos\varphi_{av}=\frac{W_P}{\sqrt{W_p^2+W_q^2}} \tag{5-53}$$

式中：W_p为某一时间内消耗的有功电能，kW·h；W_q为同一时间内消耗的无功电能，kvar·h。

我国供电部门每月向工业用户收取电费，就是按月均权功率因数的高低来调整的，并规定：高压供电的用户，其功率因数应不低于0.9，其他电力用户的功率因数应不低于0.85。若达不到以上要求，则应进行人工补偿，否则要加收电费。

3. 最大负荷时的功率因数

最大负荷时的功率因数指在年最大负荷（即计算负荷）时的功率因数。其计算公式为

$$\cos\varphi=\frac{P_{30}}{S_{30}} \tag{5-54}$$

注意：在供电设计中考虑无功补偿时，严格地讲，应按均权功率因数是否满足要求来计算，但为简便起见，常按最大负荷时的功率因数来计算补偿容量。

三、提高功率因数的方法

1. 提高自然功率因数的方法

不加任何补偿设备，采取措施减少供电系统中无功功率的需要量，称为提高自然功率因数。

（1）正确选用感应电动机的型号和容量。

1）用小容量的电动机代替负荷不足的大容量电动机。当电动机的负荷系数 $K_L>70\%$ 时，可以不换；当 $K_L<40\%$ 时，必须换小电动机；当 $40\%<K_L<70\%$ 时，则需经过技术经济比较后再进行更换。

2）对负荷不足的电动机可用降低外加电压的办法提高功率因数。降低感应电动机的端电压就降低了感应电动机的无功功率需要量，从而可提高系统的功率因数。

（2）限制感应电动机的空载运行。合理安排和调整生产工艺流程，改善电动机的运行状况，限制电焊机和机床电动机的空转运转（可采用空载自动延时断电装置），对减少无功功率消耗，提高功率因数有很大意义。

（3）提高感应电动机的检修质量。检修感应电动机时，应严格按照电动机的各项数据进行，否则，电动机可能因为检修质量不高，增加了无功功率的需要量，使功率因数降低，如减少定子绕组的匝数，增大定子与转子之间的气隙等，都会引起电动机的励磁电流增加，导致企业的自然功率因数降低。

（4）合理使用变压器。变压器的负荷率，一般应在75%～80%比较合适，为了充分利用设备和提高功率因数，变压器不宜做轻负荷运行，当变压器的负荷系数 $K_L<30\%$ 时，应考虑换小容量的变压器。

（5）感应电动机同步化运行。在条件允许的情况下，用同步电动机替代感应电动机。同步电动机过励磁下可向电网送入无功功率，从而改善功率因数。

2. 提高功率因数的补偿法

（1）稳态无功功率补偿设备。稳态无功功率补偿设备主要有同步补偿机和并联电容器。

1）同步补偿机。实质上是空载运行的同步电动机，通过调节其励磁电流可以起到补偿系统无功功率的作用。由于它为旋转机械，安装和运行维修都相当复杂，因此在企业供配电系统中很少应用。

2）并联电容器——无功自动补偿装置。并联电容器是一种专门用来无功补偿的电力电容器，与同步补偿机相比，因无旋转部分，具有安装简单、运行维护方便、有功功率损耗小及组装灵活、扩充方便等优点，因此是目前工业企业中应用最广泛的无功补偿设备。电容器补偿的缺点是只能有级调节。并联电容器一般采用自动调节控制方式，称为无功自动补偿装置，可分为以下四种控制方式：

a. 按昼夜时间划分进行控制。根据全天24h无功负荷的变化曲线，按时间程序投入或切除补偿电容器。其特点是控制设备简单、操作方便，并可以防止无功功率倒送向电网，适用于负荷比较稳定，无功负荷变化有规律的场合。

b. 按母线电压的高低进行控制。启动元件采用低电压和过电压两个继电器，当母线电压低于低电压继电器的整定值时，电容器自动投入；当母线电压高于过电压继电器的整定值时，电容器自动切除。

c. 按无功功率的大小进行控制。启动元件是一个无功功率检测器，当无功功率检测器测出的无功功率值大于上限给定值时，电容器自动投入；反之，当无功功率检测器测出的无功功率值小于下限给定值时，电容器自动切除。

d. 按功率因数的大小进行控制。启动元件是一个相位检测器，通过检测一个线电压和一个线电流的相位来得出系统当前的功率因数值，若此功率因数值小于下限给定值，则电容器自动投入；反之，若此功率因数值大于上限给定值，则电容器自动切除。

（2）动态无功功率补偿设备——静补装置（SVC）。动态无功功率补偿设备又称静止型无功功率自动补偿装置，简称静补装置（static var compensator，SVC），具有响应速度快，平滑调节性能好，补偿效率高，维修方便及谐波、噪声、损耗均小等优点，因此应用越来越广泛。

静止型无功功率自动补偿装置由可控的可调电抗器与电容器并联组成，电容器可发出无功功率，可控电抗器可吸收无功功率。它可以迅速地按照负荷的变动情况改变无功功率的大小和方向，调节或稳定系统的运行电压，尤其适用于冲击性负荷的无功补偿。

四、电容器并联补偿的工作原理

在工业企业中，绝大部分电气设备的等效电路可视为电阻 R 和电感 L 的串联电路，其功率因数可表示为

$$\cos\varphi=\frac{R}{\sqrt{R^2+X_L^2}}=\frac{P}{\sqrt{P^2+Q^2}}=\frac{P}{S} \tag{5-55}$$

当在 R、L 电路中并联接入电容器 C 后，如图 5-11（a）所示，回路电流为

$$\dot{I}=\dot{I}_C+\dot{I}_{RL} \tag{5-56}$$

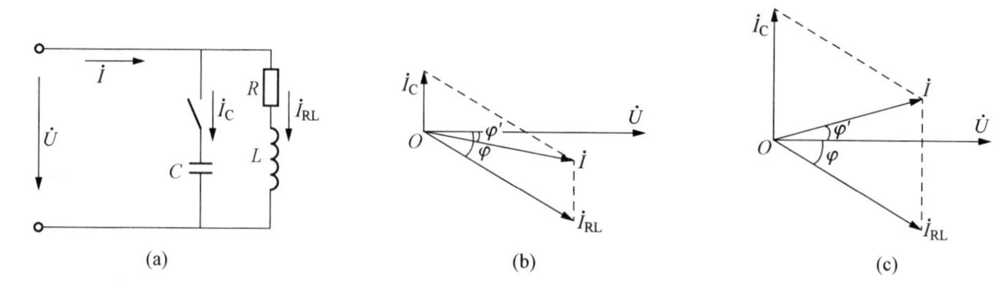

图 5-11 电容器无功补偿原理图

（a）电路图；（b）欠补偿相量图；（c）过补偿相量图

可见，并联电容器后 $\dot{U}$ 与 $\dot{I}$ 之间的夹角变小了，因此，供电回路的功率因数提高了。

补偿后电流 $\dot{I}$ 落后电压 $\dot{U}$，称为欠补偿，如图 5-11（b）所示。补偿后电流 $\dot{I}$ 超前电压 $\dot{U}$，称为过补偿，如图 5-11（c）所示。

一般不采用过补偿，因为这将引起变压器二次侧电压的升高，会增大电容器本身的损耗，使温升增大，电容器寿命降低，同时还会增加线路上的电能损耗。

五、电容器的接线方式与装设位置

1. 电容器的接线方式

低压电容器一般接成三角形。高压电容器组宜接成星形，但容量较小（450kvar 及以下）时可接成三角形。由于 $Q_C=\omega CU^2$，而 $U_\triangle=\sqrt{3}U_Y$，因此电容器接成三角形时的容量 Q_C 为采用星形接线时的 3 倍 。

若电容器采用三角形接线，一电容器断线时，三相线路仍能得到无功补偿；而采用星形接线时，一相电容器断线，该相将失去无功补偿，造成三相负荷不平衡。

但是，电容器采用三角形接线时，任一电容器击穿将造成两相短路，有可能发生电容器爆炸；而采用星形接线时，若一相电容器击穿，短路电流数值相对较小。因此，星形接线较

之三角形接线安全很多。

2. 电容器的装设位置（补偿方式）

根据并联电容器，在企业供配电系统中的装设位置不同，通常有高压集中补偿，低压成组补偿和分散就地补偿（个别补偿）三种补偿方式。并联电容器的装设位置与补偿区的分布如图 5-12 所示。

（1）高压集中补偿：将高压电容器组集中安装在企业或地方总降压变电站 6～10kV 母线上，如图 5-12 中的 C_1。高压集中补偿一般设有专门的电容器室，并要求通风良好及配有可靠的放电设备，它只能补偿 6～10kV 母线以前的线路上的无功功率，不能补偿工业企业内部配电线路的无功功率。但这种补偿方式的投资较少，电容器组的利用率较高，能够提高整个变电站的功率因数，使该变电站供电范围内的无功功率基本平衡，因此在大中型企业中被广泛采用。

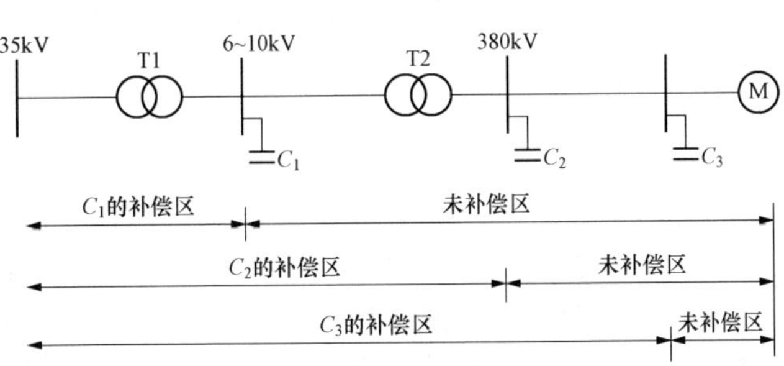

图 5-12　并联电容器的装设位置与补偿区的分布

（2）低压成组补偿：将低压电容器组分散安装在各车间变电站低压母线上，如图 5-12 中的 C_2。它能够补偿变电站低压母线前的变压器和所有有关高压系统的无功功率，因此其补偿区大于高压集中补偿，低压成组补偿投资不大，通常安装在低压配电室内，而且运行维护方便，能够减小车间变压器的容量，降低电能损耗，所以在中小型企业中应用比较普遍。

（3）分散就地补偿（个别补偿）：将电容器组直接安装在需要进行无功补偿的各个用电设备附近，如图 5-12 中的 C_3。它能够补偿安装地点以前的变压器和所有高低压线路的无功功率，因此其补偿范围最大，补偿效果最好。但是，这种补偿方式的投资较大，且电容器组在被补偿的设备停止工作时，也一并被切除，因此其利用率较低，只适用于负荷平稳，运行时间长的大容量用电设备。

在企业供配电设计中，通常采用综合补偿方式，即将这三种补偿方式统一考虑，合理布局，以取得较佳的技术经济效益。

注意：电容器从电网上切除后有残余电压，其最高可达电网电压的峰值。所以，电容器组应装设放电装置，且其放电回路中不得装设熔断器或开关设备，以免放电回路断开，危及人身安全。

对于高压电容器，通常利用母线上电压互感器的一次绕组来放电；对于分散补偿的低压电容器组，通常采用白炽灯的灯丝电阻来放电；对于就地补偿的低压电容器组，通常利用用电设备本身的绕组来放电。

六、补偿容量的计算

当有功功率 P_{30} 不变时，要使功率因数从 $\cos\varphi$ 提高到 $\cos\varphi'$，必须装设的无功补偿容量为

$$Q_C = Q_{30} - Q'_{30} = P_{30}(\tan\varphi - \tan\varphi') = \Delta q_C P_{30} \tag{5-57}$$

式中：P_{30} 为最大有功计算负荷，kW；$\tan\varphi$ 和 $\tan\varphi'$ 分别为补偿前、补偿后的功率因数角的正切值；Δq_C 称为补偿率或比补偿功率，$\Delta q_C = \tan\varphi - \tan\varphi'$，kvar/kW。

在计算补偿用电容器的容量和个数时，应考虑以下两个问题：

（1）当电容器的额定电压与实际运行电压不相符时，电容器的实际补偿容量的计算式为

$$Q'_N = Q_N \left(\frac{U}{U_N}\right)^2 \tag{5-58}$$

式中：Q_N为电容器的额定容量，kvar；Q'_N 为电容器在实际运行电压时的容量，kvar。

（2）在确定了总的补偿容量 Q_C时，就可根据所选电容器的单个容量 q_C来确定电容器的个数 n，即

$$n = \frac{Q_C}{q_C} \tag{5-59}$$

由式（5 - 59）计算所得的数值对于三相电容器，应取相近偏大的整数；对于单相电容器，应取 3 的整数倍，以便三相均衡分配。

【例 5 - 6】 某企业拟建一降压变电站，装设一台主变压器。已知变电站低压侧有功计算负荷为 650kW，无功计算负荷为 800kvar。为了使变电站高压侧的功率因数不低于 0.9，如在低压侧装设并联电容器进行补偿时，需装设多少补偿容量？补偿前、补偿后变电站站选主变压器容量有何变化？

解：（1）补偿前应选变压器的容量和功率因数。变压器低压侧的视在计算负荷为

$$S_{30(2)} = \sqrt{650^2 + 800^2} \approx 1031(\text{kVA})$$

主变压器容量的选择条件为 $S_{NT} > S_{30(2)}$，因此，在未进行无功补偿时，主变压器容量应选为 1250kVA（参看附录 C）。

这时变电站低压侧的功率因数为

$$\cos\varphi_{(2)} = 652/1031 \approx 0.63$$

（2）无功补偿容量。按规定变电站高压侧的 $\cos\varphi \geqslant 0.9$，考虑变压器的无功功率损耗 ΔQ_T远大于其有功损耗 ΔP_T，一般 $\Delta Q_T =$（4～5）ΔP_T，因此，在变压器低压侧进行无功补偿时，低压侧补偿后的功率因数应略高于 0.9，这里取 $\cos\varphi'_{(2)} = 0.92$。

要使低压侧功率因数由 0.63 提高到 0.92，低压侧需装设的并联电容器容量为

$$Q_C = 650 \times [\tan(\arccos 0.63) - \tan(\arccos 0.92)] \approx 525(\text{kvar})$$

取 $Q_C = 530$kvar。

（3）补偿后的变压器容量和功率因数。补偿后变电站低压侧的视在计算负荷为

$$S'_{30(2)} = \sqrt{650^2 + (800 - 530)^2} \approx 704(\text{kVA})$$

因此，补偿后变压器容量可改选为 800kVA，比补偿前容量减少 450kVA。

变压器的功率损耗为

$$\Delta P_T \approx 0.01 S'_{30(2)} = 0.01 \times 704 \approx 7(\text{kW})$$

$$\Delta Q_T \approx 0.05 S'_{30(2)} = 0.05 \times 704 \approx 35(\text{kvar})$$

变电站高压侧的计算负荷为 $P'_{30(1)} = 650 + 7 = 657(\text{kW})$

$$Q'_{30(1)} = (800 - 530) + 35 = 305(\text{kvar})$$

$$S'_{30(1)} = \sqrt{657^2 + 305^2} \approx 724(\text{kVA})$$

补偿后工厂的功率因数为

$$\cos\varphi' = P'_{30(1)} / S'_{30(1)} = 657/724 \approx 0.907$$

满足要求。

由此例可以看出，采用无功补偿来提高功率因数能使工厂取得可观的经济效果。

第七节　线损理论计算及降低线损的措施

一、线损理论计算

线损理论计算是电力系统降损节能和加强电力线损管理的一项重要的技术手段，是线损管理科学化、规范化、制度化的有效措施。

（一）线损理论计算的目的

（1）提供评价电力系统电网结构及运行方式经济性的依据。

（2）确定电网中损耗过大的元件与设备，并找出损耗大的原因。

（3）考核实际线损是否真实、准确、合理，根据实际线损与理论线损的差值确定管理线损的多少，以此衡量营业管理的水平，以便采取措施，把线损降低在一个比较合理的范围内。

（4）根据理论线损中导线的损失电量和变压器损失电量所占的比例，以及固定损耗和可变损耗所占的比例，可找出电网中的某些薄弱环节，确定技术降损的目标，以采取有效措施不断降低线损。

（5）为制定线损计划指标、采取降损措施、总结节能用电成果提供理论依据。

（6）为电网的发展规划、改进计划提供科学依据。

（二）线损理论计算的要求

（1）线损理论计算前要注意积累线路、设备参数和运行负荷变化情况等资料。技术数据和运行参数要准确、完备、符合计算要求。准备的资料越实际、越丰富，计算的结果也就越精确。

（2）线损理论计算方法的选择要与客观条件相适应，避免计算过于繁杂，符合取数容易、公式直观、计算简便、步序清晰、结论相对准确等相关方面的要求。

（3）线损理论计算工作复杂、烦琐、工作量大，为提高计算的工作效率，使计算成果在线损管理中发挥作用，要积极推行计算机线损理论计算工作。用计算机进行线损理论计算，误差值应控制在10%以内。

（4）线损理论计算工作要经常进行，由于电网是在不断发展变化的，根据《供电所线损管理办法》要求，每三年对高低压线路进行一次线损理论计算。在电网发生较大变化时，应及时进行计算，重新制定线损指标。在理论损失率超过一定数值时，应考虑对电网结构进行调整或改造，使电网处于一个经济的运行状态。

（三）线损理论计算的设备资料和运行资料

线损理论计算所需技术资料包括电网运行设备的技术参数及电网运行参数两部分。

1. 电网运行设备的技术参数资料

（1）发电厂和电网的主接线图。

（2）高压输电线路的阻抗图和高压配电线路接线图，图上标明导线型号、长度、线路阻抗（高压输电线路还应有电抗值）等技术参数。

（3）电气设备（台变压器、调相机、电抗器、电容器、互感器等）参数资料，原始记录，铭牌参数或实测功率（如没有铭牌或试验数据，可参照同类设备的参数资料）。

（4）用户三相和单相电能表的统计资料。

（5）电源接户线的长度、规格、型号等。

2. 电网运行参数资料

（1）代表日负荷完整的记录，一般应包括发电厂、变电站、线路等0～24h正点运行时发供电输入、输出的电压、电流、有功功率、功率因数及全天（月）有功与无功电量的记录。

（2）根据代表日正点抄录的负荷所绘制的日负荷曲线。

（3）运行方式，包括潮流、负荷等技术资料。

（4）测计期间，有关设备的实际运行小时数、首端抄见供电量及配电二次侧总表抄见电量或负荷测试记录。

（5）用电大户中的专用高压配电线路、专用配电变压器的高压侧或低压侧24h负荷电流、电压、电量、有功功率、功率因数及全天（月）有功与无功电量的抄表记录。

（四）线损理论计算的范围

1. 输变电损失

（1）35kV及以上输电线路。

（2）35kV及以上变电站变压器，包括发电厂升压变压器。

（3）调相机的实测值，电容器的估算值。电抗器及互感器数值可忽略不计。

2. 配电损失

（1）6～10kV配电线路。

（2）6～10kV配电变压器及变电站所用变压器。

（3）低压配电线路（可按估算值）。

（4）高低压电容器、接户线（可按估算值）。

（5）电能表（可按估算值）。互感器及其他仪表设备一般可忽略不计。

（五）线损理论计算的对象和方法

1. 线损理论计算的对象

线损理论计算的对象主要有输电线路损耗理论计算、配电网电能损耗理论计算、低压线路损耗计算、电压损失计算、线路电能的估算方法。

2. 线损理论计算的方法

线损理论计算的方法主要有损失因数法、平均电流法、最大负荷损耗小时数法、均方根电流法、等值功率法、分散系数法等。其中常用的为前三种方法。

二、降低线损的技术措施

降低线损的技术措施一般分为建设措施和运行措施两部分，还可通过调节线路电压的措施达到技术降损的目的。

降低线损的建设措施一般是指需要靠投资来改进系统网络结构的措施。降低线损的运行措施一般是指在日常运行中通过改进系统网络来降低线损的措施。降低线损的技术措施还可通过调节线路电压的方式进行。

在负荷功率不变的条件下，提高线路电压，线路电流会相应减少，线路损失会随之降低。如果将6kV升压到10kV，线路损失降低64%；将10kV升压到35kV，线路损失会降低 92%。在负荷容量较大，离电源点较远时，宜采用较高电压等级的供电方式。提高配电线路供电电压会增加配电变压器的损耗。因变压器空载损耗与所加电压的平方成正比，有时提高电压会使综合损失增加，所以要结合线损、变损综合考虑。线路负荷高峰期应提高电压，低谷时不宜提高电压；变压器空载损失功率大于线路损失功率时不宜提高电压，而应适当降压。低压线路提高供电电压也会增加机械电能表电压线圈的电能损失，但一般来说线路损失远大于电能表线圈损失，所以提高低压线路电压是减少低压线损的一项有效措施。

（一）降低线损的建设措施

1. 强化电网结构

健全合理的电网结构，简化电压等级，减少重复的变电容量，并根据需要和可能对电网进行升压改造工作。电网升压是降低线损的有效措施，这是因为在电力负荷不变的条件下，电压提高后电流将相应减少，可变损失将相应降低。电网升压改造后的降损效果见表 5-2。

表 5-2　电网升压改造后的降损效果

升压前电压等级（kV）	升压后电压等级（kV）	升压后可变损失降低百分数（%）	升压前电压等级（kV）	升压后电压等级（kV）	升压后可变损失降低百分数（%）
110	220	75	10	35	92
66	110	64	10	20	72
35	110	90			

2. 提高进入市区和工业负荷中心的配电电压等级

目前，10～35kV 为主的配电电压等级已不能满足需要。考虑线损电量中 70%左右的可变损失随负荷功率的平方变化而变化，如果不设法减小供电半径，不但电压质量得不到保证，线损电量也将大幅度增加。因此，很多大中城市已将 110kV 和 220kV 电压等级作为配电电压引入市区负荷中心或工业用电负荷中心，达到降损和合理、可靠供电的目的。

3. 设置合理的无功补偿装置

通过设置无功补偿装置，可提高功率因数水平，使电网无功功率平衡，减少无功电能输送。设置无功补偿装置降低线损，是基于在用电负荷的有功功率 P 保持不变的条件下，提高功率因数可减少负荷的无功功率 Q 和负荷电流 I，从而达到降低线损的目的。可变损失降低百分数为

$$\Delta P\% = (1 - \cos^2\varphi_1/\cos^2\varphi_2) \times 100\% \qquad (5-60)$$

式中：$\cos\varphi_1$ 为原有的功率因数；$\cos\varphi_2$ 为补偿后功率因数。

提高功率因数后的降损百分数见表 5-3。

表 5-3　提高功率因数后的降损的百分数（%）

原有的功率因数 $\cos\varphi_1$	功率因数提高到 0.9 可变损失降低	功率因数提高到 0.95 可变损失降低	原有的功率因数 $\cos\varphi_1$	功率因数提高到 0.9 可变损失降低	功率因数提高到 0.95 可变损失降低
0.6	56	60	0.80	21	29
0.65	48	53	0.85	11	20
0.70	40	46	0.90	0	10
0.75	31	38			

（二）降低线损的运行措施

（1）按有关规定，不断完善网络结构，降低技术线损，不断提高电网的经济运行水平。

（2）制订年度节能降损的技术措施计划，分别纳入大修、技改等工程项目安排实施。要采取各种行之有效的降损措施，重点抓好电网规划、升压改造等工作。要简化电压等级，缩短供电半径，减少迂回供电，合理选择导线截面积和变压器规格、容量，制定防窃电措施。淘汰高能耗变压器。

（3）根据DL/T 1773—2017《电力系统电压和无功电力技术导则》《电力系统电压质量和无功电力管理条例》及其他有关规定，按照电力系统无功优化计算结果，合理配置无功补偿设备，提高无功设备的运行水平，做到无功分压、分区就地平衡，改善电压质量，降低电能损耗。

（4）积极应用现代化科技手段，推广新技术、新工艺、新设备和新材料，依靠科技进步降低技术线损。例如，选择低损耗变压器等电气设备，并根据实情合理的按经济电流密度选择线路导线的截面。根据电网的负荷潮流变化及设备的技术状况及时调整运行方式，实现电网经济运行。

第八节 尖峰电流的计算

尖峰电流是指持续时间1～2s的短时最大电流。尖峰电流主要用来选择熔断器和低压断路器、整定继电保护装置及检验电动机自启动条件等。

一、单台用电设备尖峰电流的计算

单台用电设备的尖峰电流就是其启动电流，因此尖峰电流为

$$I_{pk}=I_{st}=K_{st}I_N \tag{5-61}$$

式中：I_N为用电设备的额定电流；I_{st}为用电设备的启动电流；K_{st}为用电设备的启动电流倍数，笼型电动机为$K_{st}=5\sim7$，绕线转子电动机$K_{st}=2\sim3$，直流电动机$K_{st}=1.7$，电焊变压器$K_{st}\geqslant3$。

二、多台用电设备尖峰电流的计算

多台用电设备的线路上的尖峰电流为

$$I_{pk}=K_{\sum}\sum_{i=1}^{n-1}I_{N.i}+I_{st.max} \tag{5-62}$$

或

$$I_{pk}=I_{30}+(I_{st}-I_N)_{max} \tag{5-63}$$

式中：$I_{st.max}$、$(I_{st}-I_N)_{max}$分别为用电设备中启动电流与额定电流之差为最大的那台设备的启动电流及其启动电流与额定电流之差；$\sum_{i=1}^{n-1}I_{N.i}$为将启动电流与额定电流之差为最大的那台设备除外的其他$n-1$台设备的额定电流之和；K_{Σ}为上述$n-1$台设备的同时系数，按台数多少选取，一般取0.7～1；I_{30}为全部设备投入运行时线路的计算电流。

【例5-7】 有一380V三相线路，供电给表5-4所示4台电动机。试计算该线路的尖峰电流。

表 5-4　[例 5-8] 的负荷资料

参数	电动机			
	M1	M2	M3	M4
额定电流 I_N (A)	5.8	5	35.8	27.6
启动电流 I_{st} (A)	40.6	35	197	193.2

解：由表 5-4 可知，电动机 M4 的 $I_{st}-I_N=193.2-27.6=165.6$(A) 为最大，因此按式 (5-62) 计算（取 $K_\Sigma=0.9$）得线路的尖峰电流为

$$I_{pk}=0.9\times(5.8+5+35.8)+193.2\approx235(\text{A})$$

5-1　电力负荷按重要程度分哪几级？各级负荷对供电电源有什么要求？

5-2　工厂用电设备按其工作制分哪几类？什么是负荷持续率？其表征哪类设备的工作特性？

5-3　什么是最大负荷利用小时？什么叫年最大负荷和年平均负荷？什么叫负荷系数？

5-4　什么是计算负荷？为什么计算负荷通常采用半小时最大负荷？正确确定计算负荷有何意义？

5-5　确定计算负荷的需要系数法和二项式法各有什么特点？各适用于哪些场合？

5-6　在确定多组用电设备总的视在计算负荷和计算电流时，可否将各组的视在计算负荷和计算电流分别相加来求得？为什么？若否，则应如何正确计算？

5-7　在接有单相用电设备的三相线路中，什么情况下可将单相设备与三相设备综合按三相负荷的计算方法来确定计算负荷？

5-8　什么是平均功率因数和最大功率因数？各如何计算？各有何用途？

5-9　为什么要进行无功功率补偿？如何确定其补偿容量？

5-10　什么是尖峰电流？如何计算单台和多台设备的尖峰电流？

5-11　已知某机修车间的金属切削机床组，有电压为 380V 的电动机 30 台，其总的设备容量为 120kW，试求其计算负荷。

5-12　已知某机修车间的金属切削机床组，拥有电压为 380V 的感应电动机 7.5kW3 台，4kW8 台，3kW7 台，1.5kW10 台。试用需要系数法求其计算负荷。已知小批生产的金属冷加工机床电动机的 $K_d=0.16\sim0.2$，$\cos\varphi=0.5$，$\tan\varphi=1.73$。

5-13　已知某机修车间的金属切削机床组，拥有电压为 380V 的感应电动机 7.5kW3 台，4kW8 台，3kW7 台，1.5kW10 台。试用二项式法求其计算负荷。已知小批生产的金属冷加工机床电动机的 $b=0.14$，$c=0.4$，$x=5$，$\cos\varphi=0.5$，$\tan\varphi=1.73$。

5-14　已知某一班电器开关制造工厂用电设备的总容量为 4500kW，线路电压为 380V，试估算该厂的计算负荷（需要系数 $K_d=0.35$、功率因数 $\cos\varphi=0.75$、$\tan\varphi=0.88$）。

5-15　已知某机修车间金属切削机床组，拥有 380V 的三相电动机 7.5kW3 台，4kW5 台，3kW10 台，1.5kW8 台（需要系数 $K_d=0.2$，功率因数 $\cos\varphi=0.5$，$\tan\varphi=1.73$）。试求计算负荷。

5-16 某机修车间380V线路上，接有金属切削机床电动机20台共50kW（其中较大容量电动机有7.5 kW1台，4 kW 3台，2.2kW7台；需要系数 $K_d=0.2$，功率因数 $\cos\varphi=0.5$，$\tan\varphi=1.73$），通风机2台3kW（需要系数 $K_d=0.8$，功率因数 $\cos\varphi=0.8$，$\tan\varphi=0.75$），电阻炉1台2kW（需要系数 $K_d=0.7$，功率因数 $\cos\varphi=1$，$\tan\varphi=0$），同时系数（$K_{\Sigma P}=0.95$，$K_{\Sigma q}=0.97$）。试计算该线路上的计算负荷。

5-17 某动力车间380V线路上，接有金属切削机床电动机20台共50kW，其中较大容量电动机有7.5kW1台，4kW3台（$b=0.14$、$c=0.4$、$x=3$、$\cos\varphi=0.5$、$\tan\varphi=1.73$）。试求计算负荷。

第六章　短路电流的计算

第一节　概　　述

短路是电力系统中出现最多的、情况最严重的一种故障，其故障形式是相与相之间的短接或在中性点直接接地系统中一相或多相接地。最常见的短路类型有三相短路、两相短路、单相接地短路、两相接地短路等，如图 6-1 所示。在中性点直接接地系统中，单相接地短路占短路故障的 65%～70%，两相短路占 10%～15%，三相短路约占 5%。

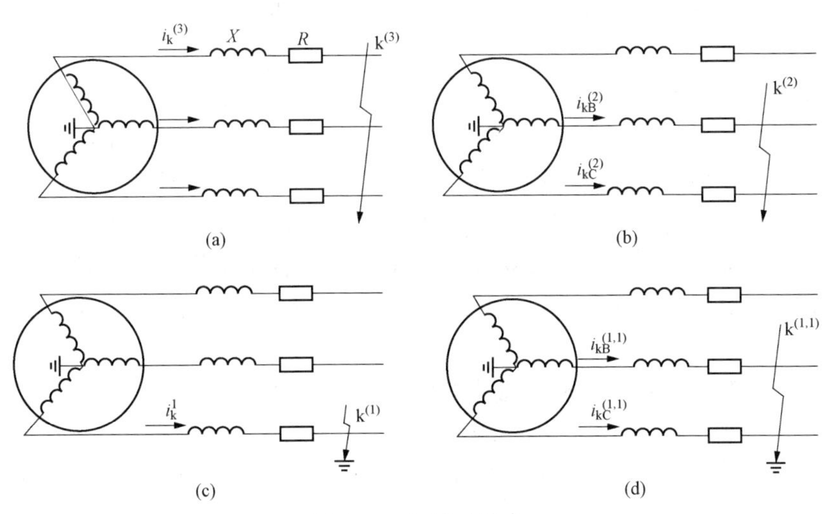

图 6-1　短路的种类

（a）三相短路；（b）两相短路；（c）单相接地短路；（d）两相接地短路

三相短路时，短路回路的三相阻抗基本相等，因此三相电流和电压仍是对称的，故又称三相对称短路。其他类型的短路，均称为不对称短路。

上述各种短路是指同时在同一地点发生的短路。实际运行的电网中，还可能在不同地点同时发生短路，例如，两相在不同地点接地短路。此外，在发电机和变压器中还可能发生一相绕组匝间短路等。

产生短路的主要原因是电气设备及载流部分的绝缘被损坏，如绝缘部分老化、遭受机械损伤，过电压、设备直接遭雷击，以及设计、安装和运行维护不良等。电力系统的一些其他故障也可能造成短路故障，如输电线路断线、倒杆事故等。此外，由于运行人员不严格遵守操作规程和安全技术规程，造成误操作或飞禽及小动物跨接裸导体时，都可能造成短路事故的发生。

发生短路故障时，网络的总阻抗突然减小，短路回路中的电流可能达到该回路额定电流的几倍到几十倍，短路电流和热效应可能使导体熔化，电气设备绝缘因过热而烧毁，巨大的短路电流将在电气设备中产生强大的电动力，可能使导体变形或支架损坏。

短路发生时还会引起网络电压急剧下降，特别是靠近短路点处电压降低的更多，其结果可能导致部分或全部用户的供电遭到破坏。例如，当网络正常工作电压降低 30%以上，时间达 1s 时，电动机可能因此停止运行或过热受损。

电力系统发生短路故障时，电流、电压和它们间的相位均发生了变化，严重时可能破坏各发电厂并联运行的稳定性，导致整个系统被互解为几个异步运行的部分。因此，短路发生时电压下降得越大，持续时间越长，整个系统稳定运行被破坏的可能性就越大。

为了减轻短路故障的危害，需要采取相应限制短路电流的措施，如装设电抗器，使多台变压器、多条供电线路分列运行，对大容量的机组采用单元制的发电机—变压器组接线方式等。另外，要正确选择电气设备、载流导体和继电保护装置，以防止故障的扩大，保证电力系统的安全运行。为此，选择主接线方案，选择电气设备和载流导体，选择和整定继电保护装置等，这些都必须事先进行短路电流的计算。

第二节 无限大容量系统三相短路电流的计算

一、无限大容量系统

实际电力系统的容量是有限的，它的容量和阻抗都有一定的数值。因此，在供电电路中的电流发生变化时，电源的端电压也相应地变动。无限大容量系统是指当电力系统的电源距短路点的电气距离较远时，由短路引起电源送出的功率变化 ΔS 远小于电源的容量 S，即可认为 $S=\infty$，称该系统为无限大容量系统。由于无限大容量系统具有足够的有功和无功功率，因此这样在短路过程中无限大容量系统电源的频率和其端电压可认为是恒定的，即认为无限大容量系统的内阻抗为零，即 $Z_S=0$。

由上述分析可知，无限大容量系统是相对概念，以系统（或称供电电源）的内阻抗（或电抗）与短路回路的总阻抗（或电抗）的相对大小来判断，若内阻抗（或电抗）为短路回路总阻抗（或电抗）的 5%～10%，就可以不考虑系统内阻抗而视作无限大容量系统处理。按照这个假设求得的短路电流虽然较实际值偏大一些，但不会引起显著的误差，以至影响所选电气设备的形式，在计算上却可以简化。在某些场合，当缺乏系统数据时也可以认为短路回路所接的系统为无限大容量系统，并以此进行简化计算。

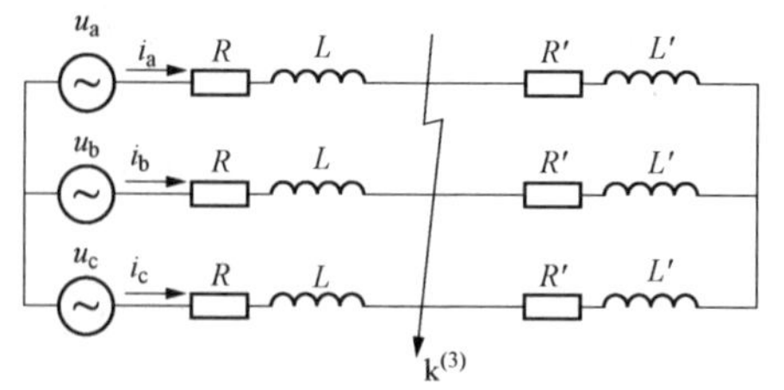

图 6-2 无限大容量系统的三相短路

二、三相短路电流的变化过程

图 6-2 为无限大容量系统的三相短路。短路发生前，电路处于某一稳定状态。由于三相电路是对称的，因此只需写出其中一相（如 u 相）的电压 u_u 和电流 i_u 的表达式，即

$$u_u = U_m\sin(\omega t+\psi_{0u}) \tag{6-1}$$

$$i_u = I_m\sin(\omega t+\psi_{0u}-\varphi) \tag{6-2}$$

$$I_m=\frac{U_m}{\sqrt{(R+R')^2+\omega^2\ (L+L')^2}}=\frac{U_m}{Z},\ \varphi=\arctan\frac{\omega(L+L')}{R+R'}$$

式中：ψ_{0u} 为短路时电压的相位角；$R+R'$ 和 $L+L'$ 分别为短路前每相电路的电阻和电感；Z 为短路前每相电路的阻抗；φ 为电压与电流的相位角。

当图 6-2 所示的三相电路在 k 点发生三相短路时，左边短路电路仍然是对称的，因此可以只研究其中一相。图 6-3 为三相短路时其中一相的等效电路。

根据电工基础理论知识，突然短路时电路的方程式为

$$Ri_{\mathrm{k}}+L\frac{\mathrm{d}i_{\mathrm{k}}}{\mathrm{d}t}=U_{\mathrm{m}}\sin(\omega t+\psi_{0\mathrm{u}}) \tag{6-3}$$

式中：i_{k}为突然短路电流的瞬时值。

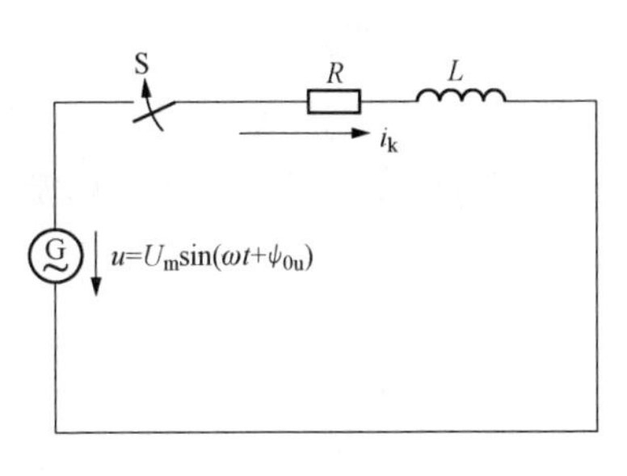

图 6-3　三相短路时其中一相的等效电路

式（6-3）是一个一阶常系数线性非齐次微分方程式，当发生短路前线路为空载时，其解为

$$\begin{aligned}i_{\mathrm{k}}&=\frac{U_{\mathrm{m}}}{Z}\sin(\omega t+\psi_{0\mathrm{u}}-\varphi)-\frac{U_{\mathrm{m}}}{Z}\sin(\psi_{0\mathrm{u}}-\varphi)\mathrm{e}^{-\frac{R}{L}t}\\&=i_{\mathrm{kp}}+i_{\mathrm{knp}}\end{aligned} \tag{6-4}$$

式中：φ为电流带后于电压的相位角；i_{kp}为短路电流的周期分量；i_{knp}为短路电流的非周期分量。

由式（6-4）可知，当短路发生在合闸相位角$\psi_{0\mathrm{u}}=\varphi-90°$时，也就是电源电压的瞬时值正好经过零值时，此时短路电流的非周期分量（又称直流分量）最大，当忽略短路回路中的电阻影响，取$\varphi=\frac{\pi}{2}$，可得

$$i_{\mathrm{k}}=\frac{U_{\mathrm{m}}}{X}\sin\left(\omega t-\frac{\pi}{2}\right)+\frac{U_{\mathrm{m}}}{X_{\Sigma}}\mathrm{e}^{-\frac{t}{T_{\mathrm{a}}}} \tag{6-5}$$

式中：X_{Σ}为短路回路中的电抗；$T_{\mathrm{a}}=\frac{L}{R}$为短路回路的时间常数，高压电网中其平均值约为0.05s。

按式（6-5）所得的短路电流瞬时值变化波形图如图 6-4 所示。

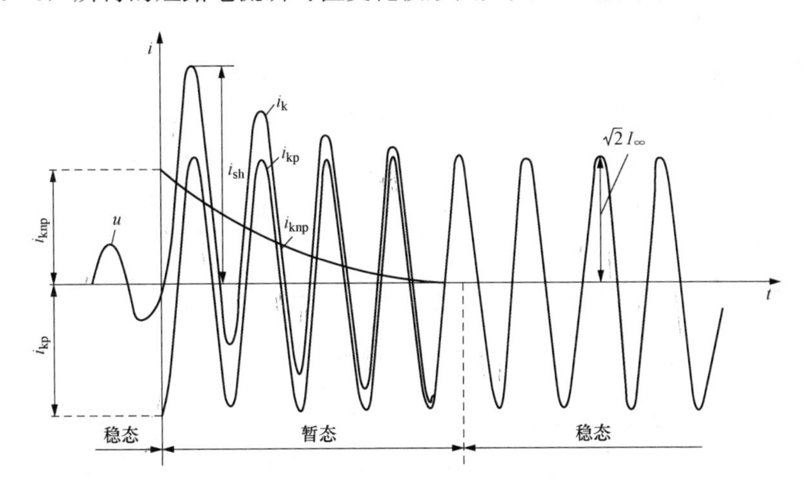

图 6-4　按式（6-5）所得的短路电流瞬时值变化波形图

可见，短路电流暂态变化过程中，短路电流i_{k}由周期分量i_{kp}和非周期分量i_{knp}的瞬时值相加而得。短路电流周期分量i_{kp}的大小取决于电源电压和短路回路的电抗（或阻抗的大小），其幅值在暂态过程中是不变的，有效值用$I_{\mathrm{kp}}^{(3)}$表示；短路电流非周期分量i_{knp}的产生是由于保持电感性短路回路中的磁链和电流不突变而出现的，短路瞬间其值最大，暂态过程中它是随时间按指数规律衰减的，其衰减快慢决定于短路回路中的时间常数T_{a}的大小。当i_{knp}

衰减到零时，短路即进入稳态过程。此时的短路电流称为稳态短路电流，其有效值用 $I_{\infty}^{(3)}$ 表示，显然 $I_{\infty}^{(3)}=I_{kp}^{(3)}$，这是无限大容量系统短路的显著特点。

由式（6-5）可知，短路电流周期分量有效值为

$$I_{kp}^{(3)}=\frac{U_{avk}}{\sqrt{3}X_{\Sigma}} \tag{6-6}$$

式中：U_{avk} 为短路点所在段的平均额定电压，kV。

如果用标幺值计算，并取 $U_B=U_{avk}=1$，则有

$$I_{\infty *}^{(3)}=I_{kp*}^{(3)}=\frac{I_{kp}^{(3)}}{I_B}=\frac{\dfrac{U_{avk}}{\sqrt{3}X_{\Sigma}}}{\dfrac{U_B}{\sqrt{3}X_B}}=\frac{1}{X_{\Sigma *}} \tag{6-7}$$

三、冲击短路电流

由图 6-4 可知，在三相短路发生后半个周期，即 0.01s 瞬间，总的短路电流 i_k 将达到最大数值，其值略小于周期分量幅值的 2 倍，这个短路电流的最大瞬时值称为冲击短路电流 i_{sh}。则三相短路的冲击短路电流为

$$\begin{aligned}i_{sh}^{(3)}&=\frac{U_m}{X_{\Sigma}}\sin\left(\omega t-\frac{\pi}{2}\right)+\frac{U_m}{X_{\Sigma}}e^{-\frac{0.01}{T_a}}\\&=\frac{U_m}{X_{\Sigma}}(1+e^{-\frac{0.01}{T_a}})\\&=\frac{\sqrt{2}U_{avk}}{\sqrt{3}X_{\Sigma}}k_{sh}\\&=\sqrt{2}k_{sh}I_{kp}^{(3)}\end{aligned} \tag{6-8}$$

式中：k_{sh} 为短路电流的冲击系数，$k_{sh}=1+e^{-\frac{0.01}{T_a}}$；$U_m$ 为电源电压的幅值。

冲击系数与 T_a 有关，即与短路回路中电抗和电阻的相对大小有关。当短路回路中只有电阻时，$X_{\Sigma}=0$，$T_a=0$，则 $k_{sh}=1$，说明发生短路时，根本不产生暂态分量短路电流；当短路回路中只有电抗时，$R_{\Sigma}=0$，$T_a=\infty$，则 $k_{sh}=2$。因此，冲击系数 k_{sh} 变动范围为 $1\leqslant k_{sh}\leqslant 2$。

对于一般高压电网，在近似计算中可取 $T_a=0.05$s，于是冲击系数为 $k_{sh}=1+e^{-\frac{0.01}{0.05}}=1.8$，则三相短路冲击短路电流为

$$i_{sh}^{(3)}=1.8\sqrt{2}I_{kp}^{(3)}=2.55\,I_{kp}^{(3)} \tag{6-9}$$

在电力系统中发生短路或发电机附近发生短路故障时，考虑取 $T_a=0.1$s 比较恰当，相应的冲击系数 $k_{sh}=1.9$；在低压电网中发生短路，考虑短路回路中电阻值较大，所以一般取 $T_a=0.08$s，这样冲击系数 $k_{sh}=1.3$。

在校验电气设备的断流能力和机械强度时，需要应用任一时刻总的短路电流有效值 I_t 和短路冲击电流有效值 I_{sh}。I_t 是指以该时刻为中心的一周期内各瞬时值电流的均方根值，即

$$I_t=\sqrt{\frac{1}{T}\int_{t-\frac{T}{2}}^{t+\frac{T}{2}}i_k^2\,dt} \tag{6-10}$$

式中：i_k 为总的短路电流瞬时值；T 为总的短路电流的周期。

根据发热的等值概念，可认为任一时刻总的短路电流有效值等于该时刻周期分量有效值

I_{kpt}与非周期分量瞬时值i_{knpt}的平方和再开平方，即

$$I_t = \sqrt{I_{kpt}^2 + i_{knpt}^2} \tag{6-11}$$

实用计算中，同样也认为在该周期内非周期分量不衰减，可得

$$I_t = \sqrt{I_{kpt}^2 + I_{knpt}^2} \tag{6-12}$$

所谓冲击短路电流有效值，就是短路后$t=0.01$s时刻总的短路电流有效值，即

$$I_{sh} = \sqrt{I_{kp}^2 + i_{knp(0.01)}^2} \tag{6-13}$$

由于$i_{sh}=\sqrt{2}k_{sh}I_{kp}$，因此有

$$i_{knp(0.01)} = i_{sh} - \sqrt{2}I_{kp} = \sqrt{2}(k_{sh}-1)I_{kp} \tag{6-14}$$

从而得三相冲击短路电流的有效值为

$$I_{sh}^{(3)} = I_{kp}^{(3)}\sqrt{1+2(k_{sh}-1)^2} \tag{6-15}$$

当取$k_{sh}=1.9$时，$I_{sh}^{(3)}\approx 1.62I_{kp}^{(3)}$；取$k_{sh}=1.8$时，$I_{sh}^{(3)}\approx 1.52I_{kp}^{(3)}$；取$k_{sh}=1.3$时，$I_{sh}^{(3)}\approx 1.09I_{kp}^{(3)}$。

四、无限大容量系统三相短路电流的计算程序

1. 搜集资料

在进行短路电流计算以前，应根据计算的目的搜集有关资料，如电力系统主接线图、运行方式和各元件的技术数据等。

2. 作计算电路图

计算短路电流的计算电路图是一种简化了的单线图，图中仅画出与计算短路电流有关的元件及它们之间的连接，并注明各元件的参数。为了便于计算，图中各元件按顺序编号。计算电路图中各元件的连接方式，应根据电气装置的运行方式和计算短路电流的目的决定。

3. 作等效电路图

由于短路电流是对各短路点分别进行计算的，因此计算电路的等效电路图，必须根据计算电路中指定的各短路点分别作出，也就是对应每一个短路点必须作出一个等效电路图。图中各元件用等值电抗（标幺值）表示，并注明元件的顺序编号和电抗标幺值，分子为元件编号，分母为电抗标幺值。发电机用电动势串接电动抗表示。

4. 求短路回路的总等效电抗

用标幺值计算。首先选取基准容量S_B和基准电压U_B，为计算方便，一般选$S_B=100$MVA，$U_B=U_{av}$，则基准电流为$I_B=\dfrac{S_B}{\sqrt{3}U_B}$，基准电抗为$X_B=\dfrac{U_B^2}{S_B}$。

各元件电抗的标幺值如下：

发电机：

$$X''_{d*} = X''_{d*N}\frac{S_B}{S_N} \tag{6-16}$$

式中：X''_{d*N}是发电机的次暂态电抗的标幺额定值。

变压器：

$$X_{T*} = \frac{U_k\%}{100}\frac{S_B}{S_N} \tag{6-17}$$

式中：$U_k\%$是变压器的短路电压百分数（阻抗电压）。

线路：

$$X_{L*}=\chi_0 l\frac{S_B}{U_B^2} \tag{6-18}$$

式中：χ_0 是线路的每千米电抗数；l 是线路长度。

电抗器：

$$X_{k*}=\frac{X_k\%}{100}\frac{U_{kN}}{\sqrt{3}I_{kN}}\frac{S_B}{U_B^2} \tag{6-19}$$

式中：$X_k\%$是电抗器的电抗百分数；U_{kN}是电抗器的额定电压；I_{kN}是电抗器的额定电流。

电力系统（未知容量）：

$$X_{S*}=\frac{S_B}{S_{oc}} \tag{6-20}$$

式中：S_{oc}是电力系统变电站馈电线出口断路器的断流容量。

然后根据等效电路的串并联关系求短路回路的总等效电抗 $X_{\Sigma*}$。

5. 求三相短路电流

用标幺值计算，即

$$I_{\infty*}^{(3)}=I_{kp*}^{(3)}=\frac{1}{X_{\Sigma*}} \tag{6-21}$$

$$I_{\infty}^{(3)}=I_{\infty*}^{(3)}\frac{S_B}{\sqrt{3}U_B} \tag{6-22}$$

6. 求母线残余电压

在继电保护整定计算中，通常要计算短路点前面某一母线的残余电压。用标幺值计算，即

$$U_{rem*}^{(3)}=I_{\infty*}^{(3)}X_* \tag{6-23}$$

$$U_{rem}^{(3)}=U_{rem*}^{(3)}U_B \tag{6-24}$$

7. 求短路功率

根据断路器的断路能力选择断路器，要计算短路功率。用标幺值计算，即

$$s_{k*}^{(3)}=I_{\infty*}^{(3)} \tag{6-25}$$

$$s_k^{(3)}=S_{k*}^{(3)}S_B \tag{6-26}$$

【例 6-1】 如图 6-5 所示电力系统中，计算 k 点三相短路时流过电抗器、架空线路的稳态短路电流和冲击短路电流值，6.3kV 母线达到稳定后的残余电压，以及通过断路器的短路功率。

解： 取 $S_B=100$MVA，$U_B=U_{av}$，做等效电路图，如图 6-5（b）所示。

$$X_{1*}=\chi_0 l\frac{S_B}{U_B^2}=0.4\times 40\times\frac{100}{115^2}\approx 0.121$$

$$X_{2*}=X_{3*}=X_{4*}=\frac{U_k\%}{100}\frac{S_B}{S_N}=\frac{9.1}{100}\times\frac{100}{20}=0.455$$

$$X_{5*}=\frac{X_k\%}{100}\frac{U_{kN}}{\sqrt{3}I_{kN}}\frac{S_B}{U_B^2}=\frac{4}{100}\times\frac{6}{\sqrt{3}\times 0.3}\times\frac{100}{6.3^2}\approx 1.164$$

$$\begin{aligned}X_{\Sigma*}&=X_{1*}+X_{2*}/\!/X_{3*}/\!/X_{4*}+X_{5*}\\&=0.121+\frac{0.455}{3}+1.164\approx 1.437\end{aligned}$$

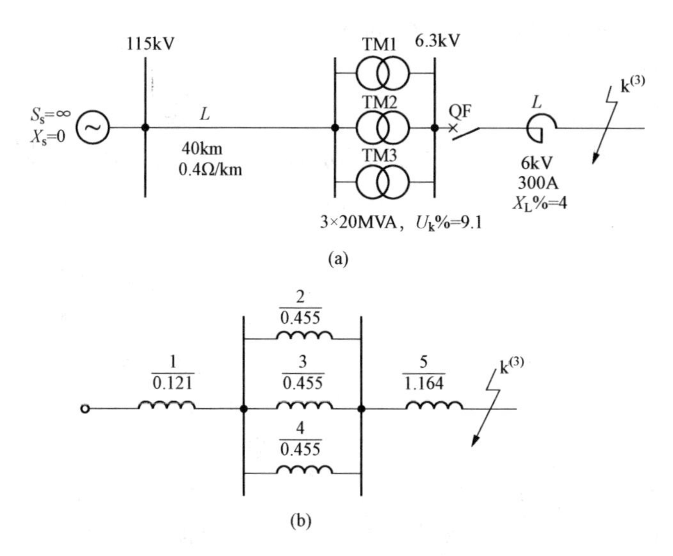

图 6-5　电力系统接线图

(a) 计算电路图；(b) 等效电路图

流过短路点的稳态短路电流标幺值为

$$I_{\infty *}^{(3)}=I_{\mathrm{kp}*}^{(3)}=\frac{1}{X_{\Sigma *}}=\frac{1}{1.437}\approx 0.696$$

流过电抗器的稳态短路电流和冲击短路电流值为

$$I_{\infty}^{(3)}=I_{\infty *}^{(3)}\frac{S_{\mathrm{B}}}{\sqrt{3}U_{\mathrm{B}}}=0.696\times\frac{100}{\sqrt{3}\times 6.3}\approx 6.37(\mathrm{kA})$$

$$i_{\mathrm{sh}}^{(3)}=2.55I_{\infty}^{(3)}=2.55\times 6.37\approx 16.24(\mathrm{kA})$$

流过架空线的稳态短路电流和冲击短路电流值为

$$I_{\infty}^{(3)}=I_{\infty *}^{(3)}\frac{S_{\mathrm{B}}}{\sqrt{3}U_{\mathrm{B}}}=0.696\times\frac{100}{\sqrt{3}\times 115}\approx 0.35(\mathrm{kA})$$

$$i_{\mathrm{sh}}^{(3)}=2.55I_{\infty}^{(3)}=2.55\times 0.35\approx 0.892(\mathrm{kA})$$

6.3kV 母线达到稳定后的残余电压为

$$U_{\mathrm{rem}}^{(3)}=I_{\infty *}^{(3)}X_{*}U_{\mathrm{B}}=0.696\times 1.164\times 6.3\approx 5.1(\mathrm{kV})$$

通过断路器的短路功率为

$$s_{\mathrm{k}}^{(3)}=S_{\mathrm{k}*}^{(3)}S_{\mathrm{B}}=I_{\infty *}^{(3)}S_{\mathrm{B}}=0.696\times 100=69.6(\mathrm{MVA})$$

第三节　有限容量系统三相短路电流的实用计算

电力系统中的短路，在很多情况下，供电系统的母线电压是下降的，所以在较为准确的实用计算中，不能将电力系统视为无限大容量系统，当向短路点输送短路电流的电源容量较小，或者短路点离电源很近时，这种情况称为有限容量系统供电的短路，可以把系统看成是一个等值发电机（发电机容量为系统总容量，阻抗为系统的总阻抗）。这样，当电力系统发生三相短路时，如同一个同步发电机发生三相短路一样，必须考虑其电磁暂态过程的影响。因此，短路后系统母线的端电压或等值发电机的电动势在整个短路的暂态过程中是一个变化值，由它所决定的短路电流周期分量幅值或有效值也随之变化。这是有限容量系统与无限大容量系统内发生短路的主要区别。

一、短路电流曲线

发电机供电时，三相短路电流周期分量幅值或有效值变化情况还与同步发电机是否装有自动调节装置有关。图 6-6 为无自动调节励磁装置的发电机供电电路三相短路电流变化曲线。

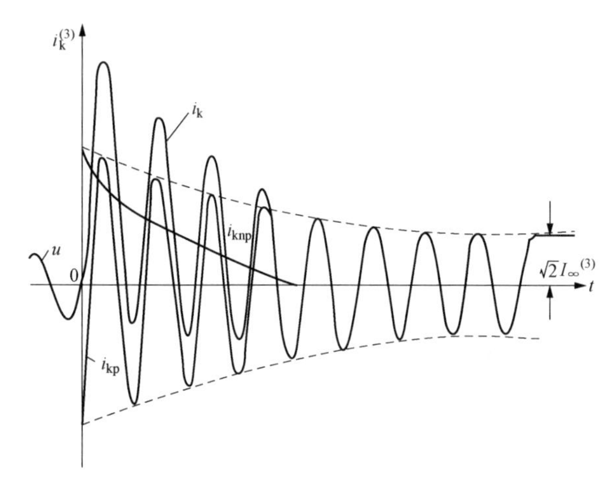

图 6-6 无自动调节励磁装置的发电机供电电路三相短路电流变化曲线

i_k—三相短路电流；i_{kp}—短路电流的周期分量；i_{knp}—短路电流的非周期分量；u—电源电压

二、三相短路电流的一般计算方法

实用计算需作如下假设：

（1）取发电机的次暂态电动势的标幺值 $E''_{G*}=1$ 或短路点 k 短路前瞬间发电机正常运行电压的标幺值 $U_*=1$。

（2）在一般情况下，由于正常的负荷电流较短路电流小得多，因此不考虑负荷电流的影响。当短路点附近有大容量电动机时，需考虑它们对短路电流的影响。

（3）按平均额定电压进行网络参数标幺值计算。

由此可求得短路点的起始周期分量电流有效值，即次暂态电流 I''_{k*} 为

$$I''_{k*}=\frac{1}{X_{\Sigma*}} \qquad (6-27)$$

式中：$X_{\Sigma*}$ 为从短路点到电源中性点之间的标幺电抗值。

发电机供电的电力系统冲击短路电流 i_{sh} 为

$$i_{sh}=\sqrt{2}k_{sh}I''_k \qquad (6-28)$$

式中：k_{sh} 为短路电流的冲击系数。

一般高压网络内发生短路时，取 $k_{sh}=1.8$，所以冲击短路电流为

$$i_{sh}=1.8\times\sqrt{2}I''_k=2.55I''_k \qquad (6-29)$$

目前，发电机一般都装有自动调节励磁装置，在发电机电压发生变动时，能自动调节励磁电流，维持发电机母线上的端电压在规定范畴内变化。发生短路时，发电机端电压下降，由于自动调节励磁装置有一定的电磁惯性，加上发电机励磁回路有较大的电感，励磁电流也不会立即增大，因此无论发电机是否装有自动调节装置，在短路瞬间及短路后的几个周期内，短路电流的变化情况相同。这样，装有自动调节励磁装置的发电机的次暂态短路电流和冲击短路电流的计算方法应当与不装自动调节励磁装置时完全相同。

三、应用运算曲线求任意时刻短路电流周期分量的有效值

1. 运算曲线

运算曲线是对于不同时刻 t，以计算电抗 X_{C*} 为横坐标，以该时刻的短路电流标幺值 I_{t*} 为纵坐标做成的曲线，如图 6-7 和图 6-8 所示。计算电抗是以发电机总容量作为基准容

量的短路回路总等效电抗的标幺值。由于各种类型发电机的参数不同，运算曲线只能按不同类型发电机的参数分别作出。对同一类型的发电机也区分为有自动调节励磁装置和无自动调节励磁装置的运算曲线。图 6-7 和图 6-8 分别表示为有自动调节励磁装置的标准型汽轮同步发电机和水轮同步发电机的运算曲线。

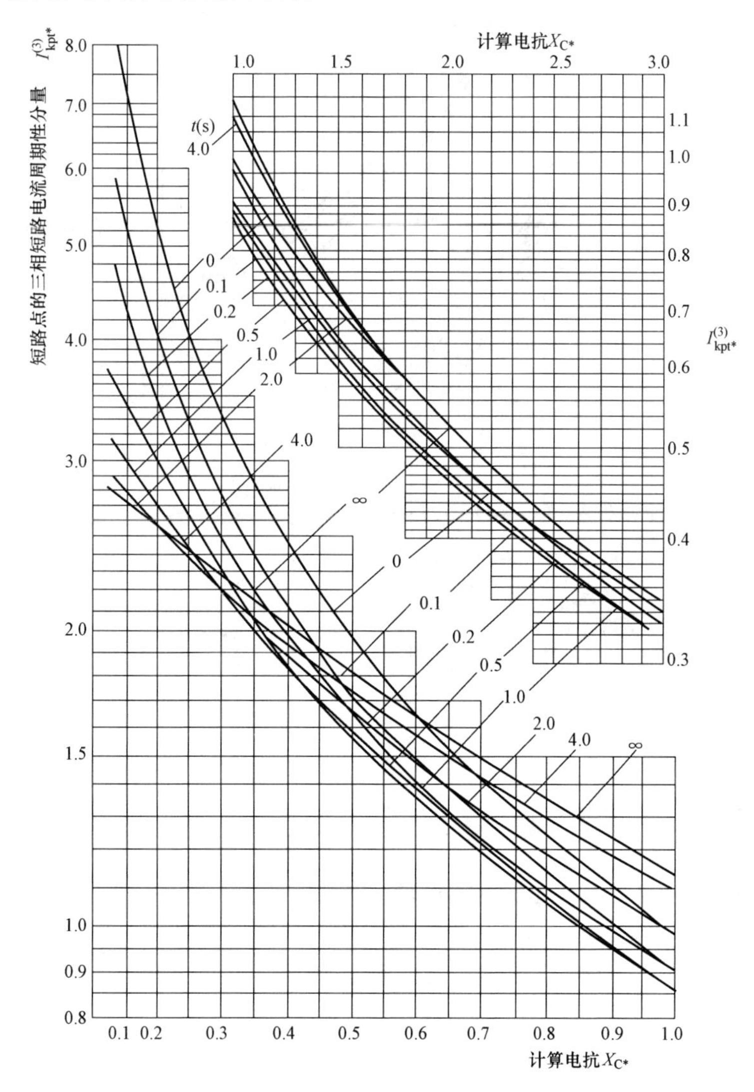

图 6-7 有自动调节励磁装置的标准型汽轮发电机的运算曲线

2. 运算曲线法的应用

电力系统中，发电机的台数是很多的，类型也不完全相同。因此，在实用计算是具体应用运算曲线来计算短路电流，一般有以下两种不同的方法。

（1）同一变化法。把系统中所有发电机视作同类型的，并合并为一个等值发电机，它的容量等于所有发电机的容量之和，进而求得它们对短路点的等效电抗 $X_{\Sigma*}$，并将 $X_{\Sigma*}$ 换算为以所有发电机的总容量作为基准的标幺电抗，即计算电抗为

$$X_{C*} = X_{\Sigma*}\frac{S_{\Sigma}}{S_{B}} \tag{6-30}$$

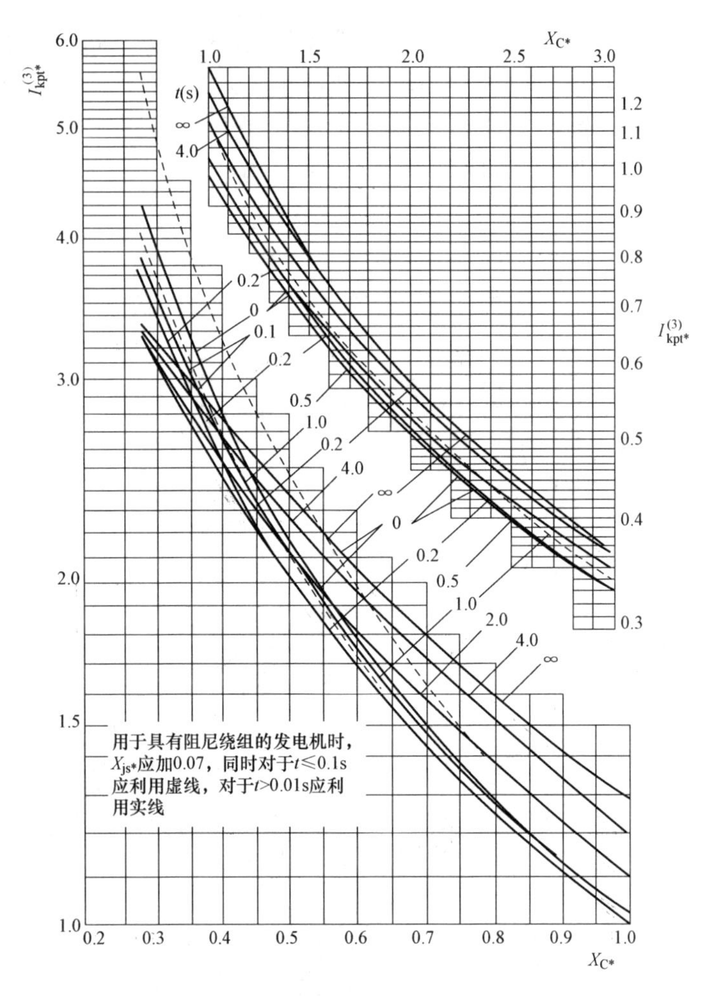

图 6 - 8　有自动调节励磁装置的标准水轮发电机的运算曲线

根据所求得的计算电抗 X_{C*} 值，从适当的运算曲线上查得指定时刻的三相短路电流周期分量有效值的标幺值电流 $I_{t*}^{(3)}$。如果曲线中没有所求的时刻，可用补插法求得。例如，计算次暂态电流 $I''^{(3)}_{t*}$，可查 $t=0s$ 的曲线；计算稳态短路电流，可查 $t=\infty$ 曲线。当 $X_{C*}>3$ 时，有

$$I_{t*}^{(3)}=\frac{1}{X_{C*}} \tag{6-31}$$

所以，指定时刻 t 的三相短路电流周期分量有效值为

$$I_{t}^{(3)}=I_{t*}^{(3)}\frac{S_{\Sigma}}{\sqrt{3}U_{av}} \tag{6-32}$$

由于在相同的基准值下，短路电流和短路功率的标幺值是相等的，因此三相短路功率为

$$S_{t}^{(3)}=I_{t*}^{(3)}S_{\Sigma} \tag{6-33}$$

（2）个别变化法。考虑电力系统中发电机的类型不同或各电源距短路点远近不同，发生短路时，向短路点供给的短路电流周期分量的变化情况也不同。尤其是当各电源距短路点较近时，短路点的短路电流周期分量的实际变化情况相差更大。在这种情况下，短路电流的变化情况主要决定于靠近短路点的大容量发电机。因此，如果按同一变化法计算短路电流，其

结果和实际情况出入就较大。为了得到准确的计算结果，应将各种类型的发电机分组，每组均用一个等值发电机，分别计算出各发电机组供给的短路电流，然后获得短路点的总的短路电流值。这种方法称为个别变化法。

应当指出，现代大型电力系统的短路电流计算一般采用专门的短路电流计算程序方法，通过计算机方便地计算出在系统运行方式变化的情况下，网络中任一点发生短路后的任意时刻的短路电流周期分量有效值。

第四节　不对称故障的分析计算

在不对称短路时，三相电路中各相电流的大小不相等，它们之间的相角也不相同，由它们造成的各相电压降也不对称。不对称短路的电流和电压，应用对称分量法计算。

一、对称分量法

对称分量法的基本原理：任何一组不对称三相系统的相量（电流、电压等）都可以分解为相序各不相同的三组对称的三相系统的相量，即正序、负序和零序。正序系统（加下标 1 表示）的相序为 U、V、W，负序系统（加下标 2 表示）的相序为 U、W、V。它们都是由大小相等、相位互差 120°的三个相量组成。零序系统（加下标 0 表示）为三相大小相等、相位相同的相量组成。

二、各序分量电流各自产生各序分量的电压降

如果三相电路本身是对称的，则此时电压的对称分量与相应相序的电流对称分量成正比。因此，正序、负序和零序对称系统，都能独立地满足欧姆定律和基尔霍夫定律。也就是说，正序、负序和零序电流，只能产生相应的正序、负序和零序的电压降。这是个很重要的性质，用对称分量法分析不对称短路时，就基于这个性质。

三、序阻抗和序网络图的拟制

（一）各元件各序电抗

在用对称分量法计算不对称短路的电流和电压时，必须知道网络中各元件的正序、负序和零序电抗。

1. 正序电抗

在计算三相短路电流时用到的各元件电抗，实际上就是元件的正序电抗。因为三相短路电流只有正序电流，所以没有特别提出正序电抗的名称。

2. 负序电抗

变压器、电抗器、架空线路及电缆的负序电抗与其正序电抗相等。

同步电机的负序电抗用标幺值计算为 $\chi_{2*}=\chi_{2*N}\frac{S_B}{S_N}$。$\chi_{2*N}$为同步电机负序电抗的标幺额定值，可从产品目录或手册中查出。当缺少这些数据时，可以采用下列平均数据。

对于汽轮发电机和具有阻尼绕组的水轮发电机，$\chi_{2*N}=1.22\chi''_{d*N}$；对于没有阻尼绕组的水轮发电机，$\chi_{2*N}=1.45\chi'_{d*N}$（$\chi''_{d*N}$和 χ'_{d*N}分别为发电机的次暂态电抗和暂态电抗的标幺额定值）。

在短路电流的实用近似计算中，对于汽轮发电机和有阻尼绕组的水轮发电机，可采用 $\chi_{2*N}=\chi''_{d*N}$；对于同步补偿器和大型同步电动机，可取 $\chi_{2*N}=0.24$。

3. 零序电抗

各元件的零序电抗与元件本身的构造和零序电流通过的路径有关。

（1）同步电机。同步电机的零序电抗较小，一般平均取 $\chi_{0*N}=(0.15\sim0.6)\chi''_{d*N}$；同步补偿机与大型同步电动机可取 $\chi_{0*N}=0.08$。

（2）电抗器。电抗器的零序电抗近似等于正序电抗。

（3）架空线路。架空线路的零序电抗可采用下列平均数值：

1）没有架空地线和架空地线为钢导线的线路：单回路，$X_0=1.4\Omega/km$；双回路，$X_0=2.2\Omega/km$。

2）架空地线为良导线的线路：单回路，$X_0=0.8\Omega/km$；双回路，$X_0=1.2\Omega/km$。

（4）电力电缆。电力电缆的零序电抗在短路电流的近似计算中，对于三芯电缆可取 $X_0=(3.5\sim4.6)X_1$。

（5）变压器。变压器的零序电抗与其型式、构造及绕组的接线组别有关。中性点不接地或没有中性线的星形及三角形连接的绕组，零序电抗为无限大（$X_0=\infty$）；

图 6-9 为几种常用的双绕组和三绕组变压器的绕组接线图和零序电流的等效电路图。图中 X_{I}、X_{II} 和 X_{III} 分别为变压器Ⅰ、Ⅱ和Ⅲ的漏磁电抗。$X_{\mu0}$ 为变压器的零序励磁电抗。

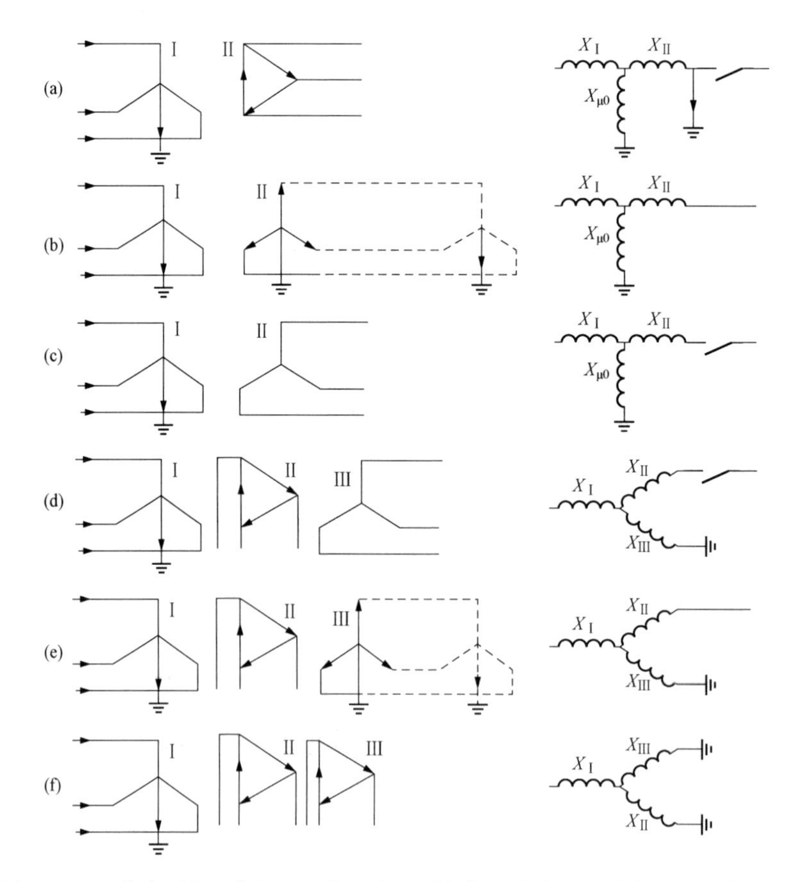

图 6-9 几种常用的双绕组和三绕组变压器的绕组接线图和零序电流的等效电路

根据等效电路图可得，如为 $Y_0/\triangle$ 接线时，变压器的零序电抗为

$$X_0 = X_{\mathrm{I}} + \frac{X_{\mathrm{II}} X_{\mu 0}}{X_{\mathrm{II}} + X_{\mu 0}} \tag{6-34}$$

当为 Y_0/Y_0 接线时，变压器的零序电抗为

$$X_0 = X_{\mathrm{I}} + X_{\mu 0} \tag{6-35}$$

双绕组变压器其各绕组的漏磁电抗折算到同一电压侧时几乎是相同的，它们的相对值为

$$X_{\mathrm{I}*} = X_{\mathrm{II}*} = \frac{U_{\mathrm{k}}\%}{200} \tag{6-36}$$

（二）序网络图

（1）正序网络图：与计算三相短路电流时的等效电路图相同，只不过在短路点处加正序电压，构成回路。

（2）负序网络图：在正序网络图的基础上，发电机电抗变为负序电抗，发电机的负序电动势为零，短路点处为负序电压。

（3）零序网络图：在拟制零序网络图时，首先必须查明零序电流可能流通的回路，然后从短路点开始，在短路点处施加零序电压，根据零序电流在各支路中可能流通的路径拟制。

现以图 6-10（a）为例，当 k 点发生不对称短路时的各序网络图如图 6-10（b）～（d）所示。

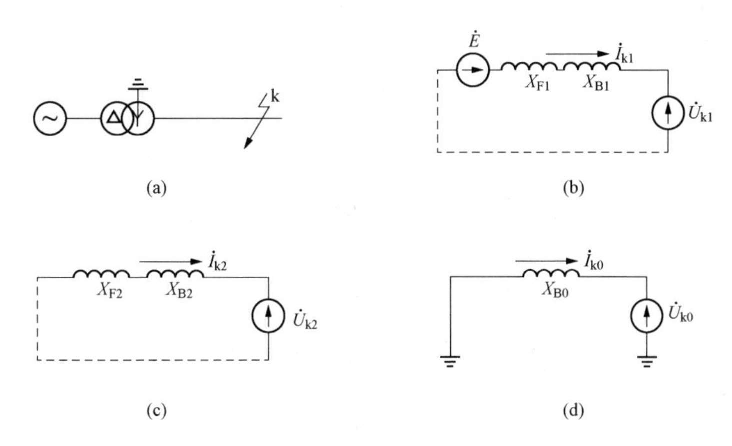

图 6-10　某系统序网络图

（a）接线图；（b）正序网络；（c）负序网络；（d）零序网络

四、不对称短路电流的计算（采用标幺值）

（一）绘制各序网图

针对短路点绘制正序、负序和零序网络图。

（二）求各序总等效电抗

根据各序网络图求各序的总等效电抗，即 $X_{1*\Sigma}$、$X_{2*\Sigma}$ 和 $X_{0*\Sigma}$。

（三）短路电流的计算

1. 单相短路

单相短路的特点是故障相的正序、负序和零序电流相等。其短路电流正序分量的标幺值为

$$I_{k1*}^{(1)} = \frac{1}{X_{1*\Sigma} + X_{2*\Sigma} + X_{0*\Sigma}} \tag{6-37}$$

则单相短路电流为

$$I_{k}^{(1)} = 3I_{k1*}^{(1)} \frac{S_B}{\sqrt{3}U_B} \tag{6-38}$$

2. 两相短路

两相短路的特点是没有零序分量。其短路电流正序分量的标幺值为

$$I_{k1*}^{(2)} = \frac{1}{X_{1*\Sigma} + X_{2*\Sigma}} \tag{6-39}$$

则两相短路电流为

$$I_{k}^{(2)} = \sqrt{3}I_{k1*}^{(2)} \frac{S_B}{\sqrt{3}U_B} \tag{6-40}$$

3. 两相接地短路

两相接地短路的特点是非故障相的正序、负序和零序电压相等。其短路电流正序分量的标幺值为

$$I_{k1*}^{(1.1)} = \frac{1}{X_{1*\Sigma} + \frac{X_{2*\Sigma}X_{0*\Sigma}}{X_{2*\Sigma} + X_{0*\Sigma}}} \tag{6-41}$$

则两相接地短路电流为

$$I_{k}^{(1.1)} = \sqrt{3}\sqrt{1 - \frac{X_{2*\Sigma}X_{0*\Sigma}}{(X_{2*\Sigma} + X_{0*\Sigma})^2}} I_{k1*}^{(1.1)} \frac{S_B}{\sqrt{3}U_B} \tag{6-42}$$

第五节 短路电流的效应

众所周知，通过导体的电流产生磁场，因此载流导体之间会受到电动力的作用，即力效应。正常工作情况下，导体通过的电流较小，因而电动力也不大，不会影响电气设备的正常工作。短路时，通过导体的冲击电流产生的电动力可达很大的数值，导体和电器可能因此而产生变形或损坏。闸刀式隔离开关可能自动断开而产生误动作，造成严重事故。开关电器触头压力明显减少，可能造成触头熔化或熔焊，影响触头的正常工作或引起重大事故。短路电流产生很高的温度即热效应。热效应可能会烧毁电气设备，因此，必须计算电动力和热效应，以便正确地选择和校验电气设备，保证有足够的电动力稳定性和热稳定性，使配电装置可靠地工作。

一、短路电流的力效应

(一) 两平行圆导体间的电动力

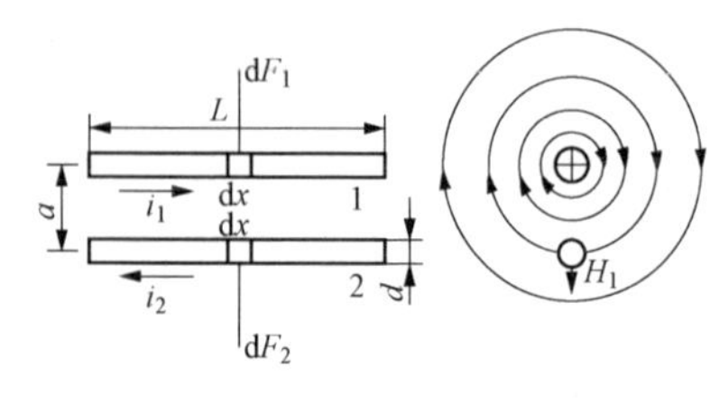

图 6-11 两平行圆导体间的电动力

图 6-11 为长度为 L 的两根平行圆导体，分别通过电流 i_1 和 i_2，并且 $i_1=i_2$。两导体的中心距离为 a，直径为 d。当导体的截面或直径 d 比 a 小得多，以及 a 比导体长度 L 小得多时，可认为导体中的电流 i_1 和 i_2 集中在各自的几何轴线上流过。

两导体间的电动力可根据比奥-沙瓦定律计算。计算导体 2 所受的电动力时，可以认为

导体 2 处在导体 1 所产生的磁场中，其磁感应强度有 B_1表示，B_1的方向与导体 2 垂直，其大小为

$$B_1 = \mu_0 H_1 = 4\pi \times 10^{-7} \frac{i_1}{2\pi a} = 2 \times 10^{-7} \frac{i_1}{a} \quad (\mathrm{T}) \tag{6-43}$$

式中：H_1为导体 1 中的电流 i_1所产生的磁场在导体 2 处的磁场强度；μ_0 为空气的导磁系数。

在长度 $\mathrm{d}x$ 一段导体上所受的电动力为

$$\mathrm{d}F_2 = i_2 B_1 \mathrm{d}x = 2 \times 10^{-7} \frac{i_1 i_2}{a} \mathrm{d}x \tag{6-44}$$

导体 2 全长 L 上所受的电动力为

$$F_2 = \int_0^L 2 \times 10^{-7} \frac{i_1 i_2}{a} \mathrm{d}x = 2 \times 10^{-7} \frac{i_1 i_2}{a} L \quad (\mathrm{N}) \tag{6-45}$$

式中：i_1和 i_2的单位为 A；a 和 L 的单位为 m。

同样，计算导体 1 所受的电动力时，可以认为导体 1 处在导体 2 所产生的磁场中，显然导体 1 所受到的电动力与导体 2 相等。

由式（6-45）可见，两平行圆导体间的电动力大小与两导体通过的电流和导体的长度成正比，与导体间中心距离成反比。

平行的管形导体间的电动力可以应用式（6-45）计算。

（二）两平行矩形截面导体间的电动力

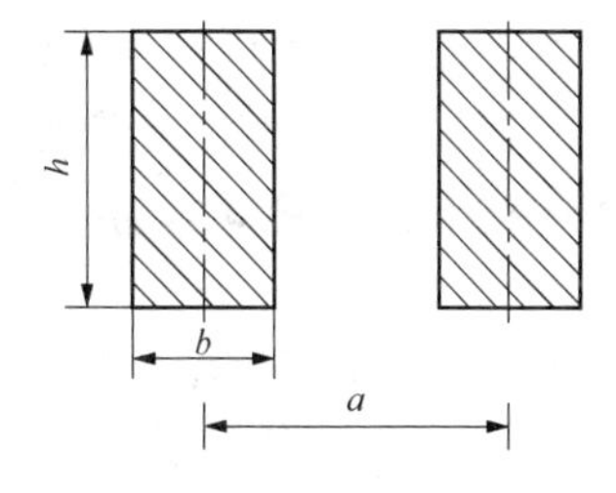

图 6-12　平行矩形截面导体

图 6-12 是两条平行矩形截面导体，其宽度为 h，厚度为 b，长度为 l，两导体中心的距离为 a，通过的电流为 i_1和 i_2。当 b 与 a 相比不能忽略或两导体之间布置比较近时，不能认为导体中的电流集中在几何轴线流过，因此，应用式（6-45）求这种导体间的电动力将引起较大的误差。实际应用中，在式（6-45）中引入一个截面形状系数，以计算截面对导体间电动力的影响，即得出两平行矩形截面导体间电动力的计算公式为

$$F = 2 \times 10^{-7} \frac{L}{a} i_1 i_2 k_x \tag{6-46}$$

式中：k_x 为截面形状系数。

截面形状系数的计算比较复杂，对于常用的矩形母线截面形状系数，已绘制成了曲线如图 6-13 所示，供设计时使用。从图 6-13 中可见，k_x 与导体截面尺寸及相互距离有关，当$\frac{a-b}{b+h}>2$时，$k_x \approx 1$，可不计截面形状对电动力的影响。

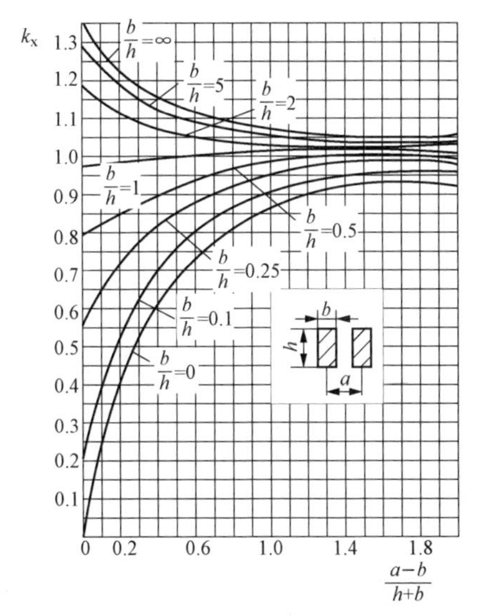

图 6-13　母线截面形状系数曲线

（三）三相母线短路时的电动力

三相母线布置在同一平面中，是实际中经常采用的一种布置形式。母线分别通过三相正弦交流电流 i_U、i_V、i_W，在同一时刻，各相电流是不相同的。发生对称三相短路时，作用于每相母线上的电动力大小是由该相母线的电流与其他两相电流的相互作用力所

决定的。在校验母线动稳定时，用可能出现的最大电动力作为校验的依据。经过证明，V相所受的电动力最大，比U相、W相大7%。由于电动力的最大瞬时值与冲击短路电流有关，因此最大电动力用冲击电流来表示，则V相所受到的电动力为

$$F_{max} = 1.73 \times 10^{-7} \frac{L}{a} i_{sh}^2 \quad (N) \tag{6-47}$$

式中：F_{max}为三相短路时的最大电动力，N；L为母线绝缘子跨距，m；a为相间距离，m；i_{sh}为三相冲击短路电流，A。

在同一地点两相短路时最大电动力比三相短路小，所以，采用三相短路来校验其动稳定。

二、校验电气设备动稳定的方法

动稳定是指电动力稳定，就是电气设备随短路电流引起的机械效应的能力。

（一）校验母线动稳定的方法

按下式校验母线动稳定：

$$\sigma_{al} \geqslant \sigma_{max} \tag{6-48}$$

式中：σ_{al}为母线材料的允许应力，Pa；σ_{max}为母线最大计算应力，Pa。

（二）校验电器动稳定的方法

按下式校验电器动稳定：

$$i_{al} \geqslant i_{sh} \quad (kA) \tag{6-49}$$

式中：i_{al}为电器极限通过电流的幅值，从电器技术数据表中查得；i_{sh}为三相冲击短路电流，一般高压电路中短路时，$i_{sh}=2.55I''$，直接由大容量发电机供电的母线上短路时，$i_{sh}=2.7I''$。

【例6-2】 已知发电机引出线截面积$S=2hb$，其中$h=100$mm，$b=8$mm，“2”表示一相母线有两条导线。三相母线水平布置平放，母线相间距离$a=0.7$m，母线绝缘子跨距$L=1.2$m。三相冲击短路电流为$i_{sh}=46$kA。求三相短路时的最大电动力F_{max}和三相短路时一相母线中两条导线间的电动力F_i。

解：（1）求F_{max}。根据式（6-47），母线三相短路时所受的最大电动力为

$$F_{max} = 1.73 \times 10^{-7} \frac{L}{a} i_{sh}^2 = 1.73 \times 10^{-7} \times \frac{1.2}{0.7} \times (46 \times 10^3)^2 = 627.6\ (N)$$

（2）求F_i。已知

$$a = 2b = 2 \times 8 \times 10^{-3}(m)$$

由于两条导线的截面积相等，通过相同的电流，所以

$$i_1 = i_2 = \frac{1}{2} i_{sh} = \frac{1}{2} \times 46 \times 10^3 = 23 \times 10^3 (A)$$

母线长度L等于绝缘子跨距L，故$L=1.2$m。根据

$$\frac{b}{h} = \frac{8}{100} = 0.08$$

$$\frac{a-b}{b+h} = \frac{2b-b}{b+h} = \frac{b}{b+h} = \frac{8}{8+100} \approx 0.07$$

从图6-13中查得$k_x=0.38$，所以有

$$F_i = 2 \times 10^{-7} \frac{L}{a} i_1 i_2 k_x = 2 \times 10^{-7} \times \frac{1.2}{2 \times 8 \times 10^{-3}} \times (23 \times 10^3)^2 \times 0.38 \approx 3015(N)$$

三、短路电流的热效应

运行中的电气设备在通过电流时，将产生各种功率损耗，包括载流导体和接触连接部分的电阻损耗及载流导体周围的金属构件在强大的交变磁场作用下所产生的电介质损耗等。所有这些损耗都将转变为热能，使电气设备的温度升高。

根据电气设备中通过电流的大小和时间的不同，其发热状态可分为两种：一是由正常工作电流引起的发热，称为长期发热；二是由短路电流引起的发热，称为短时发热。图 6-14 表示负荷电流及短路电流流过导体时的温度变化曲线。周围媒质温度为 θ_0，在零时刻到 t_1 时刻内设备未投入工作，温度是 θ_0。在 t_1 时刻到 t_2 时刻内设备投入工作，流过负荷电流 I_W，温度上升到 θ_W。t_2 时刻发生短路，温度上升到 θ_k，到 t_3 时刻短路被切除。t_3 时刻以后，假如设备退出工作，温度逐渐下降到 θ_0。

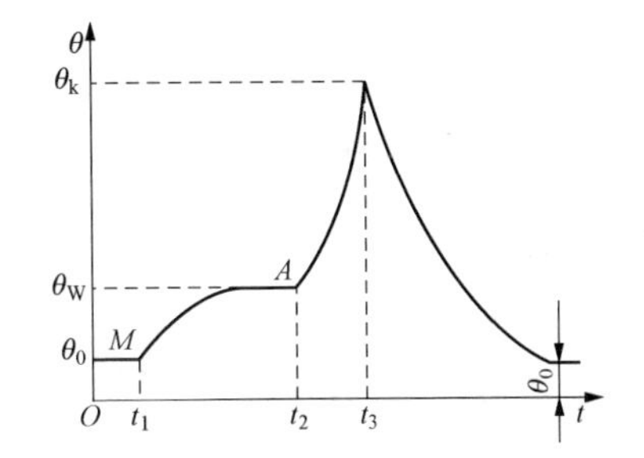

图 6-14　负荷电流及短路电流流过导体时的温度变化曲线

发热对电气设备产生的不良影响可以从下面三个方面来分析。

（1）对绝缘结构的影响。绝缘材料的电气性能和机械强度在温度和电场的作用下将逐渐下降，通常称此现象为绝缘材料的老化，其老化速度的快慢与使用的温度有密切关系。因此，对于不同等级的绝缘材料，根据其耐热的性能和使用年限的要求，相应规定出使用中的最高允许发热温度。使用中如超过这一规定值，绝缘材料将会加速老化，缩短其使用寿命。

（2）对导体接触部分的影响。当电气设备工作温度超过规定值时，将使接触部分的弹性连接元件压力降低，加速接触表面氧化，接触电阻增大，使接触部分的局部温度升高。当温度超过允许值后，将会使导体发热进一步增加而形成恶性循环，最后破坏了电气设备的正常工作。

（3）对电气设备结构件机械强度的影响。就金属材料而言，当温度超过允许值后，会出现退火软化现象，机械强度将显著下降。

为了限制发热对电气设备的有害影响，国家标准分别规定了载流导体与电器的长期和短时发热的允许温度，见表 6-1 所列允许值。对表 6-1 分析可知，电气设备的长期发热允许温度主要由绝缘材料的允许温度和接触部分的允许温度所决定；短路发热允许温度主要由机械强度或绝缘材料的特性所决定。

表 6-1　导体长期发热和短时发热的允许温度（℃）

导体种类和材料		长期发热		短时发热	
		允许温度	允许温升①	允许温度	允许温升②
裸母线	铜	70		300	230
	铝	70		200	130
	钢（不与电器直接连接时）	70		400	330
	钢（与电器直接连接时）	70		300	230

续表

导体种类和材料		长期发热		短时发热	
		允许温度	允许温升[1]	允许温度	允许温升[2]
油浸纸绝缘电缆	铜芯 10kV 及以下	60～80	45	250	190～170
	铝芯 10kV 及以下	60～80	45	200	140～120
	钢芯 20～35kV	50	45	175	125
充油纸绝缘电缆：60～330kV		70～75	45	160	90～85
橡皮绝缘电缆		50		150	100
聚氯乙烯绝缘电缆		60		130	70
交联聚氯乙烯绝缘电缆	铜芯	80		230	150
	铝芯	80		200	120
中间接头的电缆	锡焊接头			120	
	压接接头			150	

注　裸导体的长期允许工作温度一般不超过 70℃，当其接触面处具有锡的可靠覆盖层时，允许提高到 85℃；当有镀银的覆盖层时，允许提高到 95℃。

① 指导体温度对周围环境温度的升高，我国所采用的计算环境温度为电力变压器和电器（周围环境温度）40℃；发电机（利用空气冷却时进入的空气温度）35～40℃；装在空气中的导线、母线和电力电缆 25℃；埋入地下的电力电缆 15℃。

② 指导体温度较短路前的升高值，通常取导体短路前的温度等于它长期工作时的最高允许温度。

（一）导体的长期发热计算

当流过设备的最大长期工作电流为 I_W时，在规定的媒质温度下，长期工作电流发热的稳定温度 θ_W 可用下式计算：

$$\theta_W = \theta_0 + (\theta_N - \theta_0)\left(\frac{I_W}{I_N}\right)^2 \tag{6-50}$$

式中：θ_W 为长期正常工作时的负荷电流发热温度；θ_0 为周围媒质温度；θ_N 为允许的长期工作电流发热温度；I_W为流过设备的最大长期工作电流；I_N为设备的额定电流。

应用式（6 - 50）时，当媒质温度不是标准温度（空气为 25℃，土壤为 15℃）时，应将 I_N乘以修正系数。另外，并列敷设在地下的电力电缆也需要乘以修正系数，见表 6 - 2 和表 6 - 3。

表 6 - 2　　温度修正系数

标准温度（℃）	允许的长期负荷电流发热温度 θ_N（℃）	实际介质温度下的修正系数									
		−5	0	+5	+10	+15	+20	+25	+30	+35	+40
15	80	1.14	1.11	1.08	1.04	1.00	0.96	0.92	0.88	0.83	0.78
25	80	1.24	1.20	1.17	1.13	1.09	1.04	1.00	0.95	0.90	0.85
25	70	1.29	1.24	1.20	1.16	1.11	1.05	1.00	0.94	0.88	0.81
15	65	1.18	1.14	1.10	1.05	1.00	0.95	0.89	0.84	0.77	0.71
25	65	1.32	1.27	1.22	1.17	1.12	1.06	1.00	0.94	0.87	0.79

表 6-3　**并列敷设在地下的电力电缆额定电流修正系数**

电缆根数		1	2	3	4	5	6
净距（mm）	100	1	0.9	0.85	0.8	0.78	0.75
	200	1	0.92	0.87	0.84	0.82	0.81
	300	1	0.93	0.9	0.87	0.86	0.85

（二）导体短路时的发热计算

短路电流通过导体时，其发热温度很高，导体或电器都必须经受短路电流发热的考验，导体或电器承受短路电流热效应而不致损坏的能力为热稳定性。为了使导体或电器在短路时不致因为过热而损坏，必须要计算在短路时的最高发热温度 θ_k，并校验这个温度是否超过导体或电器短路时发热允许温度 θ_{al}，即校验其热稳定性，如果 $\theta_k \leqslant \theta_{al}$，则满足导体或电器的热稳定性；反之，需要增加导体截面积或限制短路电流。

1. 短路电流热脉冲 Q_k 的计算

工程一般采取简化的近似计算方法，即等效时间法来计算短路电流热脉冲 Q_k，即在短路时间 t 内电流 I_k 产生的热效应与等效时间 t_{eq} 内稳态电流 I_∞ 产生的热效应相同，如图 6-15 所示。

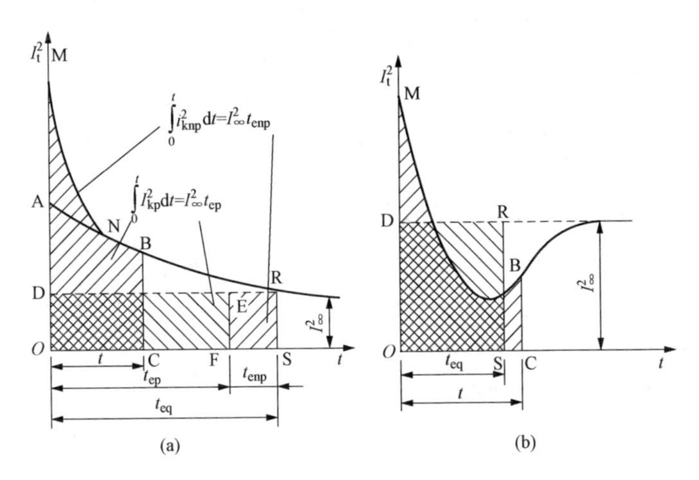

图 6-15　$I_t^2 = f(t)$ 曲线

（a）无自动电压调节器；（b）有自动电压调节器

$$Q_k = \int_0^t I_k^2 dt = I_\infty^2 t_{eq} \tag{6-51}$$

t_{eq} 称为短路发热等效时间，其值为

$$t_{eq} = t_{ep} + t_{enp} \tag{6-52}$$

式中：t_{ep} 为短路电流周期分量等效时间，s；t_{enp} 为短路电流非周期分量等效时间，s。

t_{ep} 可从图 6-16 周期分量等效时间曲线 $t_{ep} = f(t, \beta'')$ 上查得，图 6-16 中 $\beta'' = \frac{I''}{I_\infty}$ 为短路电流衰减特性，t 为短路持续时间（等于继电保护动作时间 t_0 加上断路器断开时间 t_t）。$t_{ep} = f(t, \beta'')$ 曲线的制作是假定短路过渡过程 5s 之内就进入稳态，因此，短路持续时间 $t > 5$s 时，周期分量等效时间应从 $t = 5$s 曲线所查得的等效时间 $t_{ep5''}$ 再加上（$t-5$）。

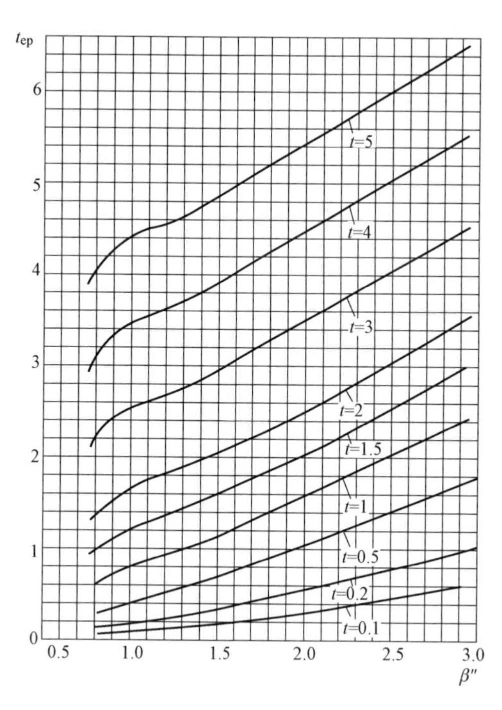

图 6-16　计及自动电压调节器时短路周期分量等效时间曲线 $t_{ep}=f(t, \beta'')$

由于短路电流非周期分量衰减很快，当短路电流持续时间 $t>1s$ 时，导体发热主要由周期分量短路电流所决定，可以不计非周期分量的发热效应。但是，当 $t<1s$ 时，必须考虑非周期分量的发热效应影响。

非周期分量等效时间可用下式求得

$$t_{enp}=0.05\beta''^2 \quad (6-53)$$

2. 短时发热的最高温度 θ_k 的计算

短路电流热脉冲 Q_k 可表示为

$$Q_k=S^2(A_k-A_W) \quad (6-54)$$

根据式（6-54），只要求出 Q_k 和 A_W，最高温度 θ_k 所对应的 A_k便可求出

$$A_k=A_W+\left(\frac{I_\infty}{S}\right)^2(t_{ep}+t_{enp}) \quad (6-55)$$

式中：A_W为 θ_W 对应的 A 值，可利用图 6-17 的 $\theta=f(A)$ 曲线查得，再将 A_k值，转化为 θ_k。

3. 校验电气设备的热稳定方法

（1）校验载流导体热稳定方法。

1）允许温度法。先求短路时导体最大发热温度 θ_k，当 θ_k 小于或等于导体短时发热允许温度 θ_{al}时，认为导体在短路时发热满足热稳定；否则，不满足热稳定。

2）最小截面法。最小截面积计算式为

$$S_{min}=\frac{I_\infty}{C}\sqrt{t_{eq}K_j} \quad (6-56)$$

式中：C 为热稳定系数，$C=\sqrt{A_{al}-A_N}$，A_{al}和 A_N分别为短时发热允许温度 θ_{al}和长期负荷电流发热的允许温度 θ_N 对应的 A 值，母线 C 值见表 6-4。K_j为集肤效应系数，矩形铝母线截面积在 100mm^2 以下、矩形铜母线截面积 60mm^2 以下、圆形铝与铜母线直径在 20mm 以下，$K_j=1$；截面积超过以上各数值时，K_j值可查设计手册。

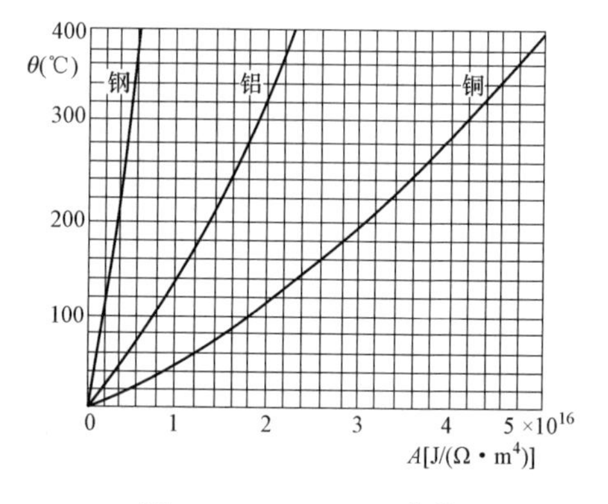

图 6-17　$\theta=f(A)$ 曲线

用最小截面积 S_{min} 来校验载流导体的热稳定性，当所选择的导体截面积 S 大于或等于 S_{min}时，导体满足热稳定；反之，不满足热稳定。

表 6-4　　不同工作温度下裸导体的母线 C 值

工作温度（℃）	40	45	50	55	60	65	70	75	80	85
硬铝及铝锰合金	99×10^6	97×10^6	95×10^6	93×10^6	91×10^6	89×10^6	87×10^6	85×10^6	83×10^6	81×10^6
硬铜	186×10^6	183×10^6	181×10^6	179×10^6	176×10^6	174×10^6	171×10^6	169×10^6	166×10^6	163×10^6

（2）校验电器热稳定的方法。电器的种类很多，结构复杂，其热稳定性通常由产品或电器制造厂给出的热稳定时间 t_s 内和热稳定电流 I_t 来表示。一般 t_s 的时间有 1、4、5 和 10s。t_s 和 I_t 可从产品技术数据表中查得。校验电器热稳定应满足

$$I_t^2 t \geqslant I_\infty^2 t_{eq} \tag{6-57}$$

如不满足式（6-57），则说明电器不满足热稳定，这样的电器不能选用。

（3）比较三相和两相短路的发热。短路时的发热计算一般都按三相短路计算，因为电网任一点三相短路电流 $I''^{(3)}$ 总比该点的两相短路电流大。因此，当计算出的三相稳态短路电流 $I_\infty^{(3)}$ 大于两相稳态短路电流 $I_\infty^{(2)}$ 时，三相短路发热比两相短路发热严重，这时应按三相短路校验电气设备的热稳定。

但在少数情况下，如独立运行的发电厂，可能出现 $I_\infty^{(3)} \leqslant I_\infty^{(2)}$，必须进行发热比较，如果 $I_\infty^{(2)2} t_{eq}^{(2)} > I_\infty^{(3)2} t_{eq}^{(3)}$，则两相短路发热大于三相短路发热，应按两相短路校验热稳定；反之，按三相短路校验热稳定。

计算 $t_{eq}^{(2)}$ 时，$\beta''^{(2)} = \dfrac{I''^{(2)}}{I_\infty^{(2)}} = \dfrac{\frac{\sqrt{3}}{2} I''^{(3)}}{I_\infty^{(2)}}$。利用图 6-16 曲线查出 $t_{ep}^{(2)}$，再利用式（6-53）求出 $t_{enp}^{(2)}$。两相短路发热等效时间 $t_{eq}^{(2)} = t_{ep}^{(2)} + t_{enp}^{(2)}$。

【例 6-3】 校验某发电厂铝母线的热稳定性。已知母线截面 $S = 50\text{mm} \times 5\text{mm}$，流过母线的最大短路电流 $I''^{(3)} = 25\text{kA}$，$I_\infty^{(3)} = 14\text{kA}$，$I_\infty^{(2)} = 19\text{kA}$。继电保护动作时间 $t_0 = 1.25\text{s}$，断路器全分闸时间 $t_t = 0.25\text{s}$，母线短路时的起始温度 $\theta_W = 60℃$。

解： 因为 $I_\infty^{(3)} \leqslant I_\infty^{(2)}$，所以要比较两相短路发热。短路电流持续时间为

$$t = t_0 + t_t = 1.25 + 0.25 = 1.5(\text{s}) > 1(\text{s})$$

故不考虑短路电流非周期分量的发热。

$$\beta''^{(3)} = \frac{I''^{(3)}}{I_\infty^{(3)}} = \frac{25}{14} \approx 1.79$$

根据 $t = 1.5\text{s}$ 和 $\beta''^{(3)} = 1.79$，在图 6-16 曲线查出 $t_{ep}^{(3)} = 1.82\text{s}$。

$$\beta''^{(2)} = \frac{I''^{(2)}}{I_\infty^{(2)}} = \frac{\frac{\sqrt{3}}{2} I''^{(3)}}{I_\infty^{(2)}} = \frac{0.866 \times 25}{19} \approx 1.14$$

根据 $t = 1.5\text{s}$ 和 $\beta''^{(2)} = 1.14$，在图 6-16 曲线查出 $t_{ep}^{(2)} = 1.3\text{s}$。三相短路的热脉冲为

$$I_\infty^{(3)^2} t_{eq}^{(3)} = I_\infty^{(3)^2} t_{ep}^{(3)} = 14^2 \times 1.82 \approx 356.7[(\text{kA})^2 \cdot \text{s}]$$

两相短路的热脉冲为

$$I_\infty^{(2)^2} t_{eq}^{(2)} = I_\infty^{(2)^2} t_{ep}^{(2)} = 19^2 \times 1.3 = 469.3[(\text{kA})^2 \cdot \text{s}]$$

因此，两相短路发热大于三相短路发热，应按两相短路进行校验。

（1）用允许温度法校验：由 $\theta_W = 60℃$，在图 6-17 $\theta = f(A)$ 曲线上查出 $A_W = 0.43 \times 10^4$ $[\text{J}/(\Omega \cdot \text{m}^4)]$。

$$\begin{aligned} A_k &= A_W + \left[\frac{I_\infty^{(2)}}{S}\right]^2 (t_{ep} + t_{enp}) = 0.43 \times 10^{16} + \left(\frac{19 \times 10^3}{50 \times 6 \times 10^{-6}}\right)^2 \times 1.3 \\ &= 0.95 \times 10^{16} [\text{J}/(\Omega \cdot \text{m}^4)] \end{aligned}$$

查 $\theta = f(A)$ 曲线得 $\theta_k = 138℃$，铝母线短路时的发热允许温度 $\theta_{al} = 200℃$，所以 $\theta_k \leqslant \theta_{al}$，满足热稳定。

（2）用最小截面法校验：母线的工作温度 $\theta_W=60℃$，由表 6-4 查得热稳定系数 $C=91\times10^6$。母线最小截面积为

$$S_{min}=\frac{I_{\infty}^{(2)}}{C}\sqrt{t_{eq}^{(2)}K_j}=\frac{19\times10^3}{91\times10^6}\times\sqrt{1.3\times1}\approx238(mm^2)$$

因此，$S=50\times5=250$（mm^2）$>S_{min}=238$（mm^2），满足热稳定要求。

复习思考题

6-1　什么是短路？电力系统中的短路故障如何分类？

6-2　产生短路的原因和危害各是什么？

6-3　什么是无限大容量系统？

6-4　什么是冲击短路电流？

6-5　某降压变电站由无限大容量系统供电，若变压器的额定参数为 $S_N=180kVA$，变比为 6/0.4kV，短路电压百分数为 4.5%，试求该变压器低压母线上发生三相短路时，短路点处的稳态短路电流和冲击短路电流。

6-6　如图 6-18 所示，求当 k 点发生三相短路时，通过架空线的稳态短路电流和冲击短路电流，10.5kV 母线达到稳定后的残余电压及通过断路器的短路功率。

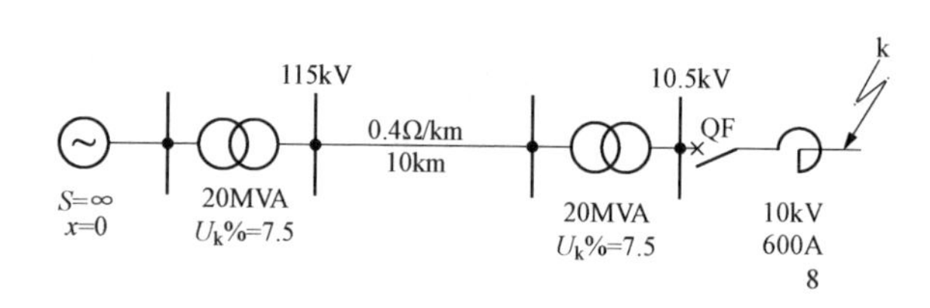

图 6-18　题 6-6 的图

6-7　如图 6-19 所示，求当 k 点发生三相短路时，通过电抗器的次暂态短路电流和冲击短路电流。

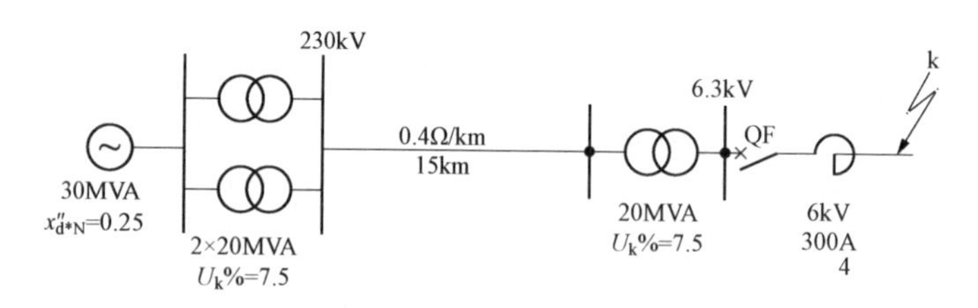

图 6-19　题 6-7 的图

第七章　电气设备及导线的选择

第一节　电气设备选择的一般条件

电气设备是按正常工作的额定电压和额定电流选择，按短路条件进行热稳定和动稳定校验。

(1) 按额定电压选择。电气设备的额定电压 U_N 必须不低于设备安装地点的电网额定电压 U_{WN}，即

$$U_N \geqslant U_{WN} \tag{7-1}$$

电气设备的额定电压是指标明在其铭牌上的线电压，由于线路供电端额定电压要比受电端额定电压高10～5%，因此，设备必须能在超过其额定电压10～15的电压下长期工作，此电压称为最高工作电压。例如，发电机母线额定电压是7.5kV，比直馈线受电端母线额定电压10kV高5%；但线路两端所装断路器的额定电压都是10kV，这是因为制造断路器已经考虑能在最高电压11.5kV工作。发电机母线电压虽是7.5kV，但这一级电网额定电压是10kV，因此，只要设备额定电压不小于这一级电网额定电压即可。

(2) 按额定电流选择。设备的额定电流 I_N 必须不低于流过设备的最大长期工作电流 $I_{W\max}$，即

$$I_N \geqslant I_{W\max} \tag{7-2}$$

电气设备使用在不同的回路中，其最大长期工作电流可按表7-1计算。当周围媒质温度不等于标准值时，设备的额定电流必须予以修正。

表7-1　最大长期工作电流的计算

回路名称	最大工作电流 $I_{W\max}$	备注
发电机或同步调相机	$1.05I_N=\dfrac{1.05P_N}{\sqrt{3}U_N\cos\varphi_N}$	当发电机冷却气体温度低于额定值时，允许每低1℃，电流增加0.5%
三相变压器	$1.05I_N=\dfrac{1.05S_N}{\sqrt{3}U_N}$	(1) 带负荷调压变压器应按可能的最低电压计算； (2) 当变压器允许过负荷时，必要时应按过负荷计算
母线分段断路器或母线联络断路器	一般为该母线上最大　台发电机或一组变压器的最大工作电流	
母线分段电抗器	按该母线上事故切除最大一台发电机时，可能通过电抗器的计算电流，一般取该发电机额定电流的50%～80%	
主母线	按潮流分布情况计算	

续表

回路名称	最大工作电流 I_{Wmax}	备注
馈电回路	$\frac{P}{\sqrt{3}U_N\cos\varphi_N}$	（1）P 应包括线路损耗和事故时转移过来的负荷； （2）当回路中装有电抗器时，按电抗器的 I_N 计算
电动机回路	$\frac{P}{\sqrt{3}U_N\cos\varphi_N\eta_N}$	

（3）校验短路热稳定。可用允许温度法（$\theta_k \leqslant \theta_{al}$）、最小截面法（$S > S_{min}$）校验载流导体的热稳定，用式（6－57）校验电器的热稳定。

（4）校验短路动稳定。用 $\sigma_{al} \geqslant \sigma_{Max}$ 校验母线的动稳定，用 $i_{al} \geqslant i_{sh}^{(3)}$ 校验电器的动稳定。

第二节 高压断路器、隔离开关和熔断器的选择

一、高压断路器的选择

1. 高压断路器形式选择

根据目前我国高压电器制造情况，电压等级在 6～220kV 的电网中，一般选用少油断路器；电压等级在 110～330kV 的电网中，当少油断路器技术条件不能满足要求时，可选用 SF_6 或空气断路器。电压等级为 500kV 的电网，一般采用 SF_6 断路器。对于大容量发电机组采用封闭母线时，如果需要装设断路器，宜选用发电机专用断路器。

根据断路器安装地点选择，有户内式和户外式两种。

2. 额定电压选择

高压断路器的额定电压 U_N 应等于或大于所在电网的额定电压 U_{WN}，即

$$U_N \geqslant U_{WN} \tag{7-3}$$

3. 额定电流选择

高压断路器的额定电流 I_N 应等于或大于所在回路的最大工作电流 I_{Wmax}，即

$$I_N \geqslant I_{Wmax} \tag{7-4}$$

4. 开断电流的校验

高压断路器在给定的额定电压下，额定开断电流 I_{Nbr} 应不小于断路器灭弧触头分开瞬间电路的短路电流有效值 I_{kt}，即

$$I_{Nbr} \geqslant I_{kt} \tag{7-5}$$

断路器在低于额定电压的线路中作用时，开断电流有可能提高，但由于灭弧装置机械强度的限制，开断电流必有一极限值，此值称为极限开断电流。

为了确定短路电流值 I_{kt}，应正确选择短路点、短路类型及断路器触头开断时的计算时间。

断路器从接到分闸命令至电弧熄灭为止的时间，称为断路器的全分闸时间 t_t，即

$$t_t = t_1 + t_2 \tag{7-6}$$

式中：t_1 为从断路器分闸机构接到分闸命令至断路器触头开始分离，这段时间称为断路器的

固有分闸时间；t_2为从断路器触头分离到电弧熄灭为止的时间，称为燃弧时间。

由此得到，短路电流持续时间t为继电保护动作时间t_0和断路器的全分闸时间t_t之和。

对于中、慢速断路器，由于开断时间较长（>0.1s），短路电流非周期分量衰减较多，能满足国家标准规定的非周期分量不超过周期分量幅值20%的要求，故式（7-5）中短路电流有效值可以近似采用周期分量次暂态短路电流I''进行选择，即$I_{Nbr} \geqslant I''$。

当采用快速保护和高速断路器时，其开断时间小于0.1s，若短路发生在电源附近，短路电流的非周期分量可能超过周期分量幅值的20%，断路器开断的短路电流应计及非周期分量的影响。因此，总的短路电流有效值应按下式计算：

$$I_{kt} = \sqrt{I_{kp}^2 + (\sqrt{2}I''e^{-\frac{t}{T_a}})^2} \tag{7-7}$$

$$T_a = \frac{X_\Sigma}{314R_\Sigma} \tag{7-8}$$

$$t = t_0 + t_t \tag{7-9}$$

式中：I_{kt}为回路开断瞬间短路电流周期分量有效值，当开断时间小于0.1s时，$I_{kt} \approx I''$，kA；T_a为短路电流非周期分量衰减时间常数，s；R_Σ、X_Σ为短路点至电源端各主要元件（发电机、变压器、线路、电抗器等）的等效总电阻和总电抗。

5. 短路关合电流的校验

在电力系统存在短路故障的情况下，合闸断路器十分容易发生触头熔焊和遭受电动力损坏的情况。为了保证在故障情况下合闸断路器的安全，断路器的额定关合电流i_{on}应不小于短路电流的最大冲击值i_{sh}，即

$$i_{on} \geqslant i_{sh} \tag{7-10}$$

6. 短路时动稳定的校验

高压断路器允许通过的动稳定极限电流i_{esm}应大于三相短路时通过断路器的冲击短路电流i_{sh}，即

$$i_{esm} \geqslant i_{sh} \tag{7-11}$$

7. 短路时热稳定的校验

高压断路器出厂时，制造厂提供短路持续时间t内（1、5、10s，新产品4s）允许通过的热稳定电流I_t，故断路器的热稳定条件为

$$I_\infty^2 t_{eq} \leqslant I_t^2 t \tag{7-12}$$

二、高压隔离开关的选择

高压隔离开关形式的选择，应根据配电装置的布置特点和使用要求等因素，进行综合的技术、经济比较后确定。隔离开关选择的技术条件与断路器选择相同，但不需要校验开断电流和关合电流。

三、熔断器的选择

1. 低压熔断器的选择

用于三相电路的380/220V低压熔断器，其熔管额定电压为500V，用于单相电路则为250V。熔管额定电流应大于熔体额定电流。熔体额定电流按下述原则选择：

（1）变压器400V侧总熔断器，按变压器400V侧额定电流的1.2倍选择。

（2）保护电动机的熔断器按额定电流的1.5～2.5倍选择。

（3）照明电路的熔丝按电灯总负荷电流选择。为了特性配合，要求前一级熔体额定电流

比后一级熔体额定电流大两级。

2. 高压熔断器的选择

（1）按额定电压选择。必须使熔断器的额定电压等于或大于所在电网的额定电压，即 $U_N \geqslant U_{WN}$。

但是，充填石英砂的熔断器，只能用在其额定电压的电网中，不能用在高于或低于其额定电压的电网中。这是因为这种熔断器是限流的，熔断时有过电压发生。如果熔断器用在低于其额定电压的电网中，过电压可能达到 3.5～4 倍电网相电压，将使电网产生电晕，甚至损坏电网中的电气设备；如果熔断器用在高于其额定电压的电网中，则熔断器产生的过电压将引起电弧重燃，并无法再度熄灭，使熔断器烧坏；如果用于与其额定电压相等的电网中，则无此种危险，熔断时的过电压仅为 2～2.5 倍电网相电压，仅比设备的线电压略高一些。

（2）按额定电流选择。

1）熔管额定电流的选择。高压熔断器的熔管额定电流 I_{NF1} 应大于或等于熔体的额定电流 I_{NF2}，即 $I_{NF1} \geqslant I_{NF2}$。

2）熔体额定电流的选择。熔体额定电流按高压熔断器的保护熔断特性选择，应满足保护的可靠性、选择性、快速性和灵敏度的要求。选择熔体时，应保证前后两级熔断器之间、熔断器与电源侧继电保护之间，以及熔断器与负荷侧继电保护之间动作的选择性。

保护 35kV 及以下电力变压器的高压熔断器熔体，其额定电流 I_{NF2} 按下式选择：

$$I_{NF2} = K I_{Wmax} \tag{7-13}$$

式中：K 为可靠系数，不计电动机自启动时系数取 1.1～1.3，考虑电动机自启动时系数取 1.5～2.0。

对于保护电力电容器的高压熔断器熔体，应保证在电网电压升高、波形畸变、电力电容器运行过程中产生涌流时不动作。其熔体的额定电流可按下式选择：

$$I_{NF2} = K I_{NC} \tag{7-14}$$

式中：K 为可靠系数，对于跌落式高压熔断器，取 1.2～1.3；对于限流式高压熔断器，一台电容器时取 1.5～2.0，一组电容器时，取 1.3～1.8。I_{NC} 为电力电容器回路的额定电流。

（3）按开断电流校验。高压熔断器开断短路电流能力的校验方法须满足下列条件：

$$I_{Nbr} \geqslant I_{sh}(\text{或 } I'') \tag{7-15}$$

对于没有限流作用的熔断器，需考虑短路电流非周期分量的影响，应采用短路冲击电流的有效值 I_{sh}；对于具有限流作用的熔断器，可以不考虑短路电流非周期分量的影响，应采用三相短路电流的次暂态值 I''。

对于保护电压互感器的熔断器，需按额定电压和开断电流选择，不必校验额定电流。

第三节 互感器的选择

一、电流互感器的选择

1. 电流互感器形式选择

电流互感器的形式应根据安装地点和安装方式来选择。6～10kV 户内用电流互感器，采用穿墙式和浇注式；35kV 及以上户外用电流互感器，采用支柱式和套管式。

2. 额定电压选择

电流互感器的额定电压不小于安装处的电网的额定电压，即

$$U_{N} \geqslant U_{WN} \tag{7-16}$$

3. 按一次额定电流选择

电流互感器的一次额定电流 I_{1N}应不小于流过它的最大长期工作电流，即

$$I_{1N} \geqslant I_{Wmax} \tag{7-17}$$

环境温度低于40℃时，每降低1℃可增加0.5%I_{1N}，但不得超过20%I_{1N}；当环境温度θ高于40℃时，其一次额定电流 I_{1N}应按下式来修正：

$$I_{1N\theta} = I_{1N}\sqrt{\frac{75-\theta}{75-40}} \tag{7-18}$$

4. 准确度等级选择

根据电流互感器二次回路所接测量仪表的类型及对准确度等级的要求，电流互感器的准确度等级不得低于所接测量仪表的最高等级。

5. 按二次负荷选择

电流互感器的误差与二次负荷阻抗有关，所以同一台电流互感器在不同的准确度等级时，会有不同的额定容量。当二次负荷容量过大时，其准确度等级会降低，因此，选择时必须满足：

$$S_{2N} \geqslant S_{2} = I_{2N}^{2}Z_{2} \tag{7-19}$$

式中：S_{2N}为电流互感器的额定容量，VA；S_{2}为电流互感器的二次负荷，VA。

由于电流互感器二次侧额定电流已标准化（5A或1A），因此二次负荷主要决定于二次阻抗 Z_{2}。其额定容量也就常用二次额定阻抗 Z_{2N}表示。

实际选择中，都按最大一相负荷来选择，即最大一相负荷容量（或负荷总欧姆数）小于或等于额定容量（或额定阻抗）。若不计负荷电抗，则最大一相负荷按下式计算：

$$Z_{2max} = R_{1} + R_{2} + R_{3} \tag{7-20}$$

式中：$Z_{2\,max}$为最大一相负荷阻抗，Ω；R_{1}为最大一相负荷测量仪表的总电阻，Ω；R_{2}为二次连接导线的电阻，Ω；R_{3}为导线接头的接触电阻，一般取0.1Ω。

电流互感器二次测量仪表确定后，式（7-20）中仅连接导线的电阻 R_{2}是未知量，为了使电流互感器的最大一相负荷 Z_{2max}在所要求的准确度等级下不大于其额定阻抗 Z_{2N}（或S_{2N}），即 $Z_{2max} \leqslant Z_{2N}$，则连接导线的电阻 R_{2}应满足下式：

$$R_{2} \leqslant Z_{2} - (R_{1} + R_{3}) \tag{7-21}$$

连接导线的长度确定后，其截面积为

$$S = \frac{\rho}{R_{2}}L \tag{7-22}$$

式中：S为二次连接导线的截面积（按机械强度要求，铜导体应不小于1.5mm²；铝导体应不小于2.5mm²），mm²；ρ为导体材料电阻率（铜导体为0.0175Ω·mm²/m，铝导体为0.0283Ω·mm²/m），Ω·mm²/m；L为连接导线的计算长度，m。L与电流互感器的连接方式有关，对于单相接线，有 $L=2L_{1}$；对于三相星形接线，有 $L=L_{1}$；对于两相星形接线，有 $L=\sqrt{3}L_{1}$，L_{1}为电流互感器安装地点到测量仪表之间连接导线路径的长度，m。

6. 校验热稳定

制造厂给出1s内允许通过一次额定电流 I_{1N}的热稳定倍数 K_{th}，满足热稳定的条件为

$$(K_{th}I_{1N})^2 \times 1 \geqslant I_{\infty}^2 t_{eq} \tag{7-23}$$

7. 校验动稳定

短路电流通过电流互感器内部绕组时，在其内部产生电动力，电流互感器能承受这种最大电动力的作用而不产生变形或损坏的能力，称为电流互感器的内部动稳定。

短路电流产生的电动力也将作用在电流互感器外部绝缘瓷帽上，电流互感器外部绝缘瓷帽能承受这种最大电动力的作用而不致损坏的能力，称为电流互感器的外部动稳定。

（1）校验内部动稳定。制造厂给出允许通过一次额定电流峰值（$\sqrt{2}I_{1N}$）的动稳定倍数 K_{es}，故满足动稳定的条件为

$$K_{es}\sqrt{2}I_{1N} \geqslant i_{sh} \tag{7-24}$$

（2）校验外部动稳定。校验外部动稳定就是计算电流互感器外部绝缘瓷帽所受的电动力，该力应不大于瓷绝缘帽的允许力。

1）当产品样本上标明电流互感器瓷帽端部或接地端的允许力 F_{al}时，按下式校验：

$$F_{al} \geqslant 0.5 \times 1.73 i_{sh}^2 \frac{L}{a} \times 10^{-7} \quad (\mathrm{N}) \tag{7-25}$$

式中：L 为电流互感器出线（瓷帽）端到最近一个支柱绝缘子的距离，m；a 为相间距离，m。

2）瓷套绝缘母线型电流互感器（LMC 系列），动稳定决定于互感器端部瓷套帽处的电动力，当产品样本上标明允许力 F_{al}时，其动稳定条件为

$$F_{al} \geqslant 1.73 i_{sh}^2 \frac{L_c}{a} \times 10^{-7} \quad (\mathrm{N}) \tag{7-26}$$

$$L_c = \frac{L_1 + L_2}{2} \tag{7-27}$$

式中：L_c为母线相互作用段的计算长度，m；L_1为互感器瓷帽端部到最近一个母线支柱绝缘子的距离，m；L_2为互感器两端瓷帽间的距离，m，如图 7-1 所示。

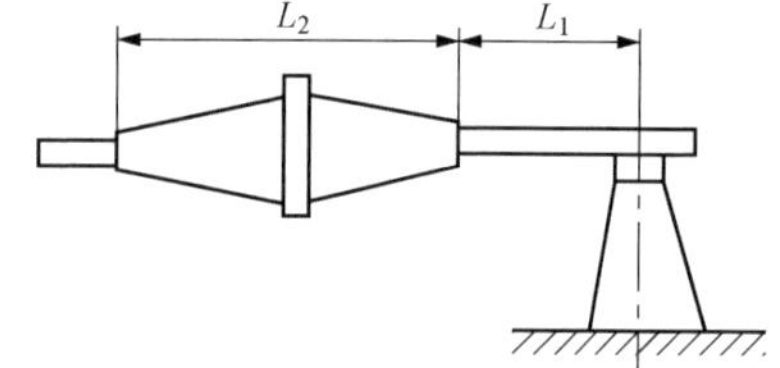

图 7-1 瓷套绝缘母线型电流互感器的布置方式

对于环氧树脂浇注的母线型电流互感器，如 LMZ 系列可以不必校验动稳定。

二、电压互感器的选择

1. 形式选择

电压互感器的形式应根据用途和使用条件来选择。干式电压互感器适用于 6kV 以下空气干燥的户内配电装置；浇注式电压互感器适用于 3～35kV 户内配电装置；油浸式电压互感器适用于 10kV 以上的户外配电装置，其中普通式油浸互感器适用于 3～35kV 配电装置，串级式油浸互感器适用于 110kV 以上的配电装置。

当接有绝缘监视装置时，可选用三相五柱式电压互感器或三台单相三绕组电压互感器；当供给三相功率表和瓦时计时，可选用接成 V/v 形的两台单相电压互感器。

2. 额定电压选择

电压互感器的一次侧额定电压必须与接入处电网的额定电压相符合，即

$$U_{1N} = U_{WN} \tag{7-28}$$

电压互感器二次侧额定电压必须与所采用的仪表和继电器电压线圈的额定值相符，通常采用 100V 或 $100/\sqrt{3}$V，弱电二次回路采用 50V 或 $50/\sqrt{3}$V。

电压互感器二次侧额定电压按表 7-2 所列数据选择。

表 7-2　电压互感器二次侧额定电压选择表

绕组	二次绕组		接成开口三角形的附加线圈	
高压侧接法	接于线电压上	接于相电压上	在中性点接地的系统中	在中性点不接地或经消弧线圈接地的系统中
二次电压（V）	100	$100/\sqrt{3}$	100	$100/\sqrt{3}$

3. 准确度等级选择

电压互感器准确度等级的选择原则基本与电流互感器相同。通常电压互感器工作的准确度等级需根据接入的测量仪表、继电器和自动装置等设备对准确度等级的要求而确定。

当同一回路中接有几种不同形式和用途的表计时，电压互感器的准确等级应根据表计最高准确等级确定。

4. 二次负荷选择

要求二次负荷不大于电压互感器的额定容量，即

$$S_2 \leqslant S_{2N} \tag{7-29}$$

式中：S_{2N} 为对应于测量仪表要求的最高准确度等级下的电压互感器的额定容量，VA；S_2 为二次总负荷，VA。

二次总负荷为

$$S_2 = \sqrt{(\sum P_N)^2 + (\sum Q_N)^2} \tag{7-30}$$

式中：$\sum P_N$ 为各负荷总有功功率，W；$\sum Q_N$ 为各负荷总无功功率，var。

由于电压互感器的三相负荷经常不相等，因此应按照最大一相负荷来选择，即最大一相负荷小于或等于电压互感器一相额定容量。

电压互感器不同接线方式中每相负荷的计算公式见表 7-3、表 7-4。

表 7-3　电压互感器不完全星形连接时每相负荷的计算公式

负荷接线方式					
电压互感器每相的负荷	AB	有功	$P_{AB}=S_{ab}\cos\varphi_{ab}$	$P_{AB}=\sqrt{3}S\cos(\varphi+30°)$	$P_{AB}=S_{ab}\cos\varphi_{ab}+S_{ca}\cos(\varphi_{ca}+60°)$
		无功	$Q_{AB}=S_{ab}\sin\varphi_{ab}$	$Q_{AB}=\sqrt{3}S\sin(\varphi+30°)$	$Q_{AB}=S_{ab}\sin\varphi_{ab}+S_{ca}\sin(\varphi_{ca}+60°)$
	BC	有功	$P_{BC}=S_{bc}\cos\varphi_{bc}$	$P_{BC}=\sqrt{3}S\cos(\varphi-30°)$	$P_{BC}=S_{bc}\cos\varphi_{bc}+S_{ca}\cos(\varphi_{ca}-60°)$
		无功	$Q_{BC}=S_{bc}\sin\varphi_{bc}$	$Q_{BC}=\sqrt{3}S\sin(\varphi-30°)$	$Q_{BC}=S_{bc}\sin\varphi_{bc}+S_{ca}\sin(\varphi_{ca}-60°)$

注　S 为表计的负荷，VA；φ 为相角差；P_{AB}、P_{BC} 为电压互感器每相的有功负荷，W；Q_{AB}、Q_{BC} 为电压互感器每相的无功负荷，var；电压互感器的总负荷，$S_{AB}=\sqrt{P_{AB}^2+Q_{AB}^2}$，$S_{BC}=\sqrt{P_{BC}^2+Q_{BC}^2}$。

表 7-4 电压互感器星形连接时每相负荷的计算公式

负荷接线方式		A a S_a S_c S_b C B c b $\dot{U}_A$ $\dot{U}_C$ $\dot{U}_B$	A a S_{ca} S_{ab} S_{bc} C B c b $\dot{U}_A$ $\dot{U}_{CA}$ $\dot{U}_{AB}$ $\dot{U}_C$ $\dot{U}_B$ $\dot{U}_{BC}$	A a S_{ab} b B S_{bc} C c $\dot{U}_A$ $\dot{U}_{AB}$ $\dot{U}_C$ $\dot{U}_B$ $\dot{U}_{BC}$
A 相	有功	$P_A=S_a\cos\varphi$	$P_A=\frac{1}{\sqrt{3}}[S_{ab}\cos(\varphi_{ab}-30°)+S_{ca}\cos(\varphi_{ca}+30°)]$	$P_A=\frac{1}{\sqrt{3}}S_{ab}\cos(\varphi_{ab}-30°)$
	无功	$Q_A=S_a\cos\varphi$	$Q_A=\frac{1}{\sqrt{3}}[S_{ab}\sin(\varphi_{ab}-30°)+S_{ca}\sin(\varphi_{ca}+30°)]$	$Q_A=\frac{1}{\sqrt{3}}S_{ab}\sin(\varphi_{ab}-30°)$
B 相	有功	$P_B=S_b\cos\varphi$	$P_B=\frac{1}{\sqrt{3}}[S_{ab}\cos(\varphi_{ab}+30°)+S_{bc}\sin(\varphi_{bc}-30°)]$	$P_B=\frac{1}{\sqrt{3}}[S_{ab}\cos(\varphi_{ab}+30°)+S_{bc}\cos(\varphi_{bc}-30°)]$
	无功	$Q_B=S_b\sin\varphi$	$Q_B=\frac{1}{\sqrt{3}}[S_{ab}\sin(\varphi_{ab}+30°)+S_{ab}\sin(\varphi_{bc}-30°)]$	$Q_B=\frac{1}{\sqrt{3}}[S_{ab}\sin(\varphi_{ab}+30°)+S_{bc}\sin(\varphi_{bc}-30°)]$
C 相	有功	$P_C=S_c\cos\varphi$	$P_C=\frac{1}{\sqrt{3}}[S_{bc}\cos(\varphi_{bc}+30°)+S_{ca}\cos(\varphi_{ca}-30°)]$	$P_C=\frac{1}{\sqrt{3}}S_{bc}\cos(\varphi_{bc}+30°)$
	无功	$Q_C=S_c\sin\varphi$	$Q_C=\frac{1}{\sqrt{3}}[S_{bc}\sin(\varphi_{bc}+30°)+S_{ca}\sin(\varphi_{ca}-30°)]$	$Q_C=\frac{1}{\sqrt{3}}S_{bc}\sin(\varphi_{bc}+30°)$

注 S 为表计的负荷，VA；φ 为相角差；P_A、P_B、P_C 为电压互感器每相的有功负荷，W；Q_A、Q_B、Q_C 为电压互感器每相的无功负荷，var；电压互感器的总负荷，$S=\sqrt{P_A^2+Q_A^2}$。

第四节 电 抗 器 的 选 择

电力系统中，往往采用电抗器来减小通过电气设备的短路电流，以便选用价格较便宜的轻型电器与截面较小的母线和电缆。电抗器还能保持安装处母线上一定的残压，改善配电系统的运行条件。

一、按额定电压选择

电抗器的额定电压 U_{Nk} 应等于或大于安装处电网的工作电压 U_{WN}，即

$$U_{Nk}\geqslant U_{WN} \tag{7-31}$$

电抗器能在比其额定电压高 10% 的电压下可靠地工作。

二、按额定电流选择

电抗器的额定电流 I_{Nk} 应等于或大于流过它的最大长期工作电流 I_{Wmax}，即

$$I_{Nk} \geqslant I_{Wmax} \tag{7-32}$$

对于分裂电抗器，当用于发电机回路时，式（7-32）中的 I_{Wmax} 一般按发电机额定电流的70%选择；而用于变电站主变压器回路时，式（7-32）中的 I_{Wmax} 到两臂中负荷电流较大的；当无负荷资料时，一般按主变压器额定电流的70%选择。

三、电抗百分值选择

1. 普通型电抗器的选择

（1）电抗器电抗百分值决定于限制短路电流的要求。假定要求将短路电流限制到 I''，则短路点到电源的总电抗标幺值 $X_{\Sigma *}$ 为

$$X_{\Sigma *} = \frac{I_B}{I''} \tag{7-33}$$

式中：I_B 为基准电流。

电抗器所需电抗标幺值为

$$X_{k*} = X_{\Sigma *} - X'_{\Sigma *} \tag{7-34}$$

式中：$X'_{\Sigma *}$ 为电流到电抗器前的系统电抗标幺值。

由此可得，电抗器在额定参数的电抗百分值为

$$X_k\% = X_{k*} \frac{\frac{U_B}{I_B}}{\frac{U_{Nk}}{I_{Nk}}} \times 100 \tag{7-35}$$

或

$$X_k\% = (X_{\Sigma *} - X'_{\Sigma *}) \frac{U_B I_{Nk}}{I_B U_{Nk}} \times 100 \tag{7-36}$$

根据所求得的电抗百分值，从产品目录中选取电抗值接近而偏大的电抗器型号。通常出线电抗器的百分值不超过3%～6%，母线分段电抗器的电抗百分值不超过8%～12%。

（2）电抗器的电压损失。正常运行时，应不超过额定电压的4%～6%。当负荷电流 I_W 流过电抗器时，根据相应的电压相量图，可推导得电抗器电压损失对装置额定电压的百分数为

$$\Delta U\% = X_k\% \frac{I_W}{I_{Nk}} \sin\varphi \leqslant 5 \tag{7-37}$$

式中：φ 为负荷功率因数角，一般取 $\cos\varphi = 0.8$。

（3）母线残余电压的校验。其目的是减轻对其他用户供电的影响，当电抗器后短路时，母线上残余电压应不低于电网额定电压值的60%～70%，即

$$\Delta U_{rem}\% = \sqrt{3} I'' \frac{X_k\%}{100} \frac{U_{Nk}}{\sqrt{3} I_{Nk}} \times \frac{1}{U_{Nk}} \times 100$$

$$= X_k\% \frac{I''}{I_{Nk}} \geqslant 60 \sim 70 \tag{7-38}$$

当母线上残压值不能满足式（7-38）的要求时，应采取在装有电抗器的出线上装设电流速断继电保护装置，或将电抗器电抗百分值适当加大等措施。

2. 分裂电抗器的选择

限制短路电流和维持母线残压，都要求电抗器的电抗值要大；但在正常工作中希望减小电抗器上的电压损失，此时要求电抗器取较小的电抗值，这是普通电抗器所不能解决的矛盾。采用分裂电抗器在一定的条件下有助于解决这一矛盾。

分裂电抗器的等效电抗百分值 $X_k\%$可按式（7-35）计算，并按正常运行时分裂电抗器两臂母线电压波动不大于母线额定电压的5%校验。图7-2为分裂电抗器的一相电路。图7-2中两臂的自感 L 相同，每一臂的自感抗 $X_L=\omega L$，这可以在另一臂断开的情况下测量得到。两臂间的互感为 M，两臂间的耦合系数 $f=\frac{M}{\sqrt{L_1L_2}}=\frac{M}{L}$，一般取0.4～0.6。极性如图7-2中的"*"号所示。

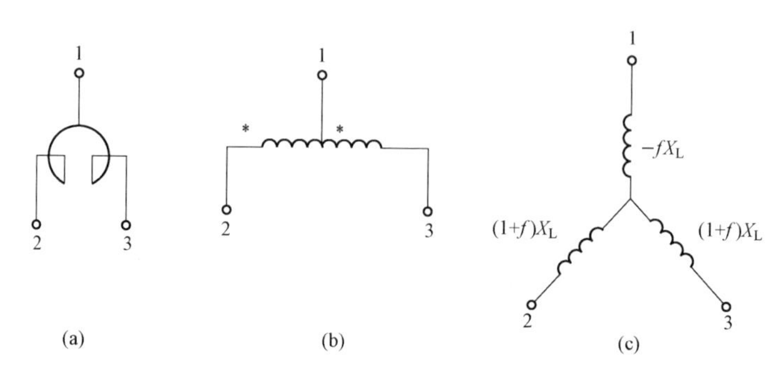

图7-2 分裂电抗器的一相电路

（a）符号；（b）一相电路；（c）等效电路

分裂电抗器的自感电抗 $X_L\%$是按一臂的额定电流为基准计算得到的，故按式（7-35）求得的等效电抗百分值 $X_k\%$需要进行换算。$X_k\%$和 $X_L\%$的关系还与电流连接方式和限制哪一侧短路电流有关。例如：

（1）当1侧接电源，2侧和3侧无电源，在2或3侧短路时，有

$$X_k\% = X_L\% \tag{7-39}$$

（2）当1侧无电源，2侧或3侧有电源，在2或3侧短路时，有

$$X_k\% = 2(1+f)X_L\% \tag{7-40}$$

当 $f=0.5$ 时，有

$$X_k\% = 3X_L\% \tag{7-41}$$

（3）当2和3侧接电源，1侧短路时，有

$$X_k\% = \frac{1-f}{2}X_L\% \tag{7-42}$$

当 $f=0.5$ 时，有

$$X_k\% = \frac{1}{4}X_L\% \tag{7-43}$$

四、热稳定和动稳定校验

电抗器满足热稳定条件是

$$I_t\sqrt{t} \geqslant I_\infty\sqrt{t_{eq}} \tag{7-44}$$

式中：$I_t\sqrt{t}$为制造厂提供的热稳定允许值，查产品目录可得；I_∞为通过电抗器的短路稳态电流；t_{eq}为短路电流等效时间。

电抗器的动稳定条件是

$$i_{esm} \geqslant i_{sh} \tag{7-45}$$

式中：i_{esm}为电抗器允许通过的动稳定极限电流；i_{sh}为冲击短路电流。

考虑分裂电抗器抵御两臂同时流过反向短路电流的动稳定能力较低，因此，除分别按单臂流过短路电流时的动稳定条件校验外，还须按两臂同时流过反向短路电流时的动稳定进行校验。

第五节　变压器的选择

一、变压器容量的选择

变压器容量必须满足网络中各种可能运行方式时的最大负荷的需要，考虑负荷的发展，变压器的容量应根据电力系统5～10年的发展规划进行选择，并考虑变压器允许的正常过负荷能力，使变压器容量选得符合实际需要。为此，首先要正确地估算变电站最大计算负荷，然后根据上述原则选择变压器的额定容量。

1. 变电站的计算负荷

变电站主接线的设计是根据计算负荷选择变压器的容量。负荷调查统计出的变电站供电范围内的所有用电设备的额定容量总和要比实际变动负荷大，因为用设备实际负荷一般小于其额定容量，而且各种用电设备并非同时运行，其中有些设备停运，有些可能在检修。考虑这些因素计算出来的负荷称为计算负荷。用计算负荷选择变压器容量，比较合理。变电站设计当年的计算负荷为

$$S_c = K_t \sum S_i (1 + X\%) \tag{7-46}$$

式中：S_c为变电站的计算负荷，kVA；S_i为各用户的计算负荷，kVA，$i=1, 2, 3, \cdots, n$；K_t为同时系数，一般取0.85～0.9；$X\%$为线损率，高低压电网的综合线损率为8%～12%，系统设计时取10%。

目前广泛采用需要系数法确定用户计算负荷，即

$$S_i = K_{xi} S_{Ni} \tag{7-47}$$

式中：S_{Ni}为各用电设备的额定容量，kVA；K_{xi}为各用电设备的需要系数，从有关设计手册查得。

5～10年负荷的增长，可按自然增长率估算，即认为负荷在一定阶段按某一指数关系增长。因此，计及负荷增长后的变电站最大计算负荷为

$$S_{cmax} = S_c e^{mn} \tag{7-48}$$

式中：S_{cmax}为n年后的最大计算负荷，kVA；n为年数；m为年均负荷增长率，根据历史资料确定。

2. 变压器的额定容量

(1) 单台变压器。根据我国变压器运行的实践经验，并参考国外的实践经验，我国农村变电站单台变压器的额定容量按下式选择：

$$S_N \geqslant (0.75 \sim 0.8) S_{cmax} \tag{7-49}$$

式中：S_N为变压器的额定容量，kVA。

按式（7-49）选出的变压器额定容量，可使变压器较长时间在接近满负荷状态下运行，变电站的高峰负荷由变压器的正常过负荷能力来承担。当变压器容量按$S_N \geqslant S_{cmax}$条件选出时，由于高峰负荷时间（0.5～1h）很短，变压器长时间将在欠负荷情况下工作，使变压器的安装容量得不到充分利用。

（2）两台等容量的变压器。每台变压器的额定容量 S_N 应满足 60%的最大负荷的需要，即

$$S_N \geqslant 0.6S_{cmax} \tag{7-50}$$

当一台变压器运行时，可保证对 60%负荷的供电，考虑变压器的事故过负荷能力为 40%，则供电的保证率达 84%。在事故运行方式下可以切除其余的三类负荷，确保对重要用户的供电。

（3）两台不等容量的变压器。两台变压器并联时，其额定容量在满足并列运行条件规定的容量比例关系。解列运行时，单台变压器额定容量应满足单台变压器经济运行容量大于最小负荷的条件。

二、变压器台数的选择

（1）电力负荷季节性很强，适合采用经济运行方式的变电站，可装设两台等容量或不等容量的变压器。

（2）变电站有重要负荷，应采用两台变压器。

（3）除上述两种情况外，一般变电站设置一台变压器。

三、变压器类型的选择

农村变电站一般多采用双绕组三相变压器。对于电压偏移大的变电站，可采用有载调压变压器。容量较大的 110kV 变电站，为满足不同电压等级用户的要求，可采用三绕组变压器。

第六节 母线、电缆及绝缘子的选择

一、母线的选择

1. 母线截面积的选择

多种电压等级的配电装置中，除主母线及较短的引下线、临时装设的母线按长期最大工作电流选择截面积外，其余导体的截面积一般按经济电流密度选择。

（1）按长期最大工作电流选择母线截面积。通过母线（或导体）的最大长期工作电流 I_{Wmax} 应不超过它的长期允许电流 I_{al}，即

$$K_\theta I_{al} \geqslant I_{Wmax} \tag{7-51}$$

式中：I_{al} 为相应于导体允许温度和额定环境条件下导体的长期允许电流值，其值可参照有关手册；K_θ 为温度修正系数，可查有关手册。

（2）按经济电流密度选择母线截面积。对于长度在 20m 以上的输送容量很大的回路母线，如主变压器回路的母线，为降低年运行费，须按经济电流密度选择。

当负荷电流通过导体时，将产生电能损耗，此电能损耗与负荷电流的大小、母线截面积有关，载流导体的年运行费主要由电能损耗费、设备维修费的折旧费组成，导线截面积越大，电能损耗费越小，而相应的修理费、折旧费则要增加。当导体具有某一截面积时，年运行费为最低，与此相应的截面积称为经济截面。对应于经济截面积的电流密度，称为经济电流密度。为了按经济条件选择母线或导线截面积，我国规定了母线和裸导体的经济电流密度值，见表 7-5。

表 7-5　　**经济电流密度（A/m^2）**

导线材料	最大负荷利用小时数（h/a）			导线材料	最大负荷利用小时数（h/a）		
	3000 以下	3000～5000	5000 以上		3000 以下	3000～5000	5000 以上
铝母线和裸导线	1.65×10^6	1.15×10^6	0.9×10^6	铝母线和裸导线	1.92×10^6	1.73×10^6	1.54×10^6
铜母线和裸导线	3.0×10^6	2.25×10^6	1.75×10^6	铜母线和裸导线	2.5×10^6	2.25×10^6	2.0×10^6

按经济电流密度选择母线截面积，先应计算经济截面积，即

$$S_{ec}=\frac{I_{Wmax}}{J_{ec}} \tag{7-52}$$

式中：S_{ec}为经济截面积，m^2；J_{ec}为经济电流密度，A/m^2；I_{Wmax}为正常工作情况下电路中的最大长期工作电流，A。

计算 S_{ec}后，按此选择母线标准截面积 S，使其尽量接近经济截面积 S_{ec}。

必须指出，按经济电流密度选择母线截面积后，还须按流过导体的最大长期工作电流校验它的发热温度。

2. 校验母线的热稳定

按上述条件选择的母线截面积 S，还必须按短路条件校验其热稳定，其方法通常采用最小截面法，即所选母线截面积 S 应等于或大于按照热稳定条件决定的导体的最小允许截面积，即

$$S\geqslant S_{min}=\frac{I_{\infty}}{C}\sqrt{t_{eq}K_j} \tag{7-53}$$

3. 校验母线的动稳定

冲击短路电流通过母线时，将产生电动力而使母线弯曲。所以，校验固定在支柱绝缘子上的母线，应以母线受电动力弯曲的情况进行应力计算。其材料应力若超过允许应力，母线将遭到损坏。因此，按短路条件校验母线动稳定时，应对母线进行应力计算，并满足下列条件：

$$\sigma_{al}\geqslant\sigma_{max} \tag{7-54}$$

式中：σ_{al}为母线材料允许应力（硬铝为 69×10^6 Pa，硬铜为 137×10^6 Pa，钢为 157×10^6 Pa），Pa；σ_{max}为母线最大计算应力，Pa。

（1）单条矩形母线应力计算。母线材料最大计算应力为

$$\sigma_{max}=\frac{M}{W} \tag{7-55}$$

式中：M 为母线所受的最大弯矩，N·m；W 为截面系数（见表 7-6），它是指母线对垂直于力作用方向的轴而言的抗弯矩，m^3。

表 7-6　　**母线截面系数 W 和惯性半径**

母线布置及其截面形状	W（m^3）	惯性半径 r_1（m）
（三条矩形母线平放，间距 a，宽 h，厚 b）	$0.167bh^2$	$0.289h$

续表

母线布置及其截面形状	W（m^3）	惯性半径 r_1（m）
	$0.167b^2h$	$0.289b$
b b b	$0.333bh^2$	$0.289h$
	$1.44b^2h$	$1.04b$
d	$0.1d^3$	$0.25d$

假定母线为一多跨距的梁，自由放在母线支柱上，受均匀负荷的作用。根据力学公式，母线在电动力作用下，所受的最大弯矩为

$$M=\frac{FL}{10} \tag{7-56}$$

式中：F 为母线所受的电动力，N；L 为支柱绝缘子间的跨距，m。

则

$$\sigma_{max}=\frac{FL}{10W} \tag{7-57}$$

在实际设计中，可以根据母线材料的允许应力 σ_{al} 确定最大允许跨距 L_{al}，使计算简单。

$$L_{al}=\sqrt{\frac{10W\sigma_{al}}{f}} \tag{7-58}$$

式中：L_{al} 为母线最大允许跨距，m；f 为母线单位长度上所受的电动力，$f=\frac{F}{L}=1.73\times 10^{-7}\frac{1}{a}i_{sh}^2$，N/m。

只要选择的跨距 L 小于 L_{al}，就能满足母线动稳定的要求。但是，如果 L_{al} 较大，为防止水平放置的母线因自重而过分弯曲，选取跨距时不得超过 1.5～2m。10kV 配电装置中的母线跨距一般取配电间隔，即 1.2m。

如果校验结果 $\sigma_{al}<\sigma_{max}$，则说明选择的母线不满足动稳定要求，应减小母线应力，其办法有采取限制短路电流的措施，增大相间距离，增大母线截面，减小绝缘子跨距。其中，减小跨距最为有效。

（2）双条矩形母线的应力计算。对每相由双条母线组成的母线组，其最大计算应力是由相间作用应力 σ_ϕ 和同相条间作用应力 σ_s 组成，即

$$\sigma_{max}=\sigma_\phi+\sigma_s \tag{7-59}$$

1）σ_ϕ 的计算。相间作用应力 σ_ϕ 的计算与单条母线相同，但公式中截面系数不同，见表 7-6。

2）σ_s 的计算。由于母线条间的距离很近，σ_s 通常很大，为了减少 σ_s，在同相各条母

线之间每隔30～50cm敷设一个衬垫，如图7-13所示。衬垫数目取决于母线机械应力的计算，衬垫不宜过多，因为多设将使母线散热不良，消耗金属材料，使安装复杂。同相条间应力为

$$\sigma_s = \frac{M_s}{W_s} \tag{7-60}$$

式中：M_s为同相条间弯矩，N·m；W_s为同相条间截面系数，m^3。

对于双条母线，竖放时，$W_s = \frac{1}{6}b^2h$；平放时，$W_s = \frac{1}{2}bh^2$。

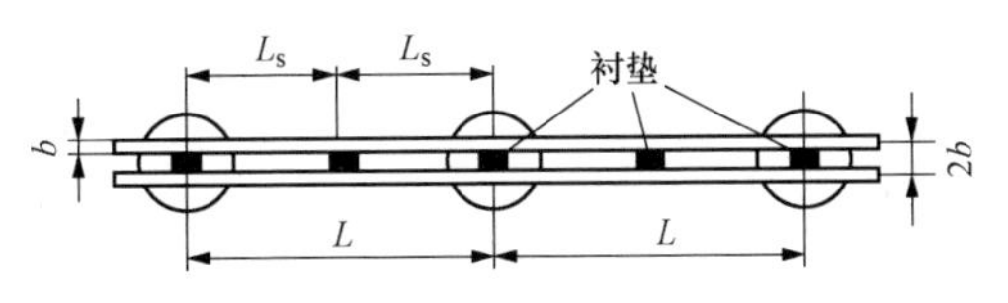

图7-3　双条矩形母线（竖放）的放置

假设母线条间电动力为F_s，衬垫间的跨距为L_s，母线条间所受的弯矩按两端固定的均匀荷载计算，即

$$M_s = \frac{F_sL_s}{12} = \frac{f_sL_s^2}{12} \tag{7-61}$$

则
$$\sigma_s = \frac{f_sL_s^2}{12W_s} \tag{7-62}$$

式中：f_s为单位长度上同相两条母线间的电动力，$f_s = 2.5\times10^{-8}\frac{1}{b}i_{sh}^2k_x$，其中，$k_x$为母线截面形状系数，N/m；$L_s$为衬垫间的跨距，$L_s = 0.3\sim0.5mm$。

在F_s的计算中，同相两条母线中的电流认为在两条中平均分配，每条中的电流为$0.5i_{sh}$。

3）最大允许的衬垫跨距：设计中为了简化计算，通常根据允许应力来决定最大允许的衬垫跨距，即

$$L_{smax} = \sqrt{\frac{12W_s\sqrt{\sigma_{al}^2 - \sigma_{\phi}^2}}{f_s}} \tag{7-63}$$

式中：$\sqrt{\sigma_{al}^2 - \sigma_{\phi}^2} = \sigma_{sal}$为条间允许应力。如果实际选取的$L_s < L_{smax}$，则母线就能满足动稳定的要求。

为了防止同相各条矩形母线在条间作用力下产生弯曲而互相接触，母线衬垫跨距L_s还必须小于临界跨距（当均匀荷载作用于其上时，母线条开始相碰时的跨距），即

$$L_s \leqslant \lambda b^4\sqrt{\frac{b}{f_s}} \tag{7-64}$$

式中：λ为系数，双条铝为1003，双条铜为1144。

（3）圆形母线应力计算。圆形母线应力计算与矩形母线相同，只是截面系数不一样，其中，$W = 0.1d^3$，d为母线直径。

【例7-1】　某10kV配电装置主母线长期最大负荷电流为280A，流过母线的最大短路电流$I''^{(3)} = 13.5kA$，$I_{\infty}^{(3)} = 10kA$，$I_{\infty}^{(2)} = 5kA$。继电保护动作时间为1.5s，断路器的全分闸时间为0.1s。三相母线水平布置平放，相间距离$a = 0.5m$，跨距$L = 1m$，周围空气实际温度为40℃，试选择矩形铝母线。

解：（1）根据题意，按最大长期工作电流选择母线截面积。根据$I_{Wmax} = 280A$，选择

30mm×4mm 的铝母线，查相关手册，$I_{al}=347A$，修正系数 K_θ 为 0.81，长期发热允许温度 $\theta_N=70℃$。$K_\theta I_{al}=0.81\times347\approx281(A)>I_{Wmax}=280(A)$，满足条件。

（2）校验母线短路时的热稳定。短路电流持续时间为

$$t=t_0+t_t=1.5+0.1=1.6(s)>1(s)$$

故不考虑短路电流非周期分量的影响，因 $I_\infty^{(3)}>I_\infty^{(2)}$，则按三相短路校验热稳定。

$$\beta''^{(3)}=\frac{I''^{(3)}}{I_\infty^{(3)}}=\frac{13.5}{10}=1.35$$

根据 $t=1.6s$ 和 $\beta''^{(3)}=1.35$，在图 6 - 16 曲线查出 $t_{ep}^{(3)}=1.43s$。

母线正常运行时的负荷电流发热温度为

$$\theta_W=\theta_0+(\theta_N-\theta_0)\left(\frac{I_W}{I_N}\right)^2=40+(70-40)\times\left(\frac{280}{347\times0.81}\right)^2\approx70(℃)$$

由表 6 - 4 查得热稳定系数 $C=87\times10^6$。

母线最小截面积为

$$S_{min}=\frac{I_\infty^{(3)}}{C}\sqrt{t_{eq}^{(3)}K_j}=\frac{10\times10^3}{87\times10^6}\times\sqrt{1.43\times1}\approx0.137\times10^{-3}(m^2)=137(mm^2)$$

因此，$S=30\times4=120\ (mm^2)<S_{min}=137\ (mm^2)$，不满足热稳定要求。

（3）校验母线短路时的动稳定。冲击短路电流为

$$i_{sh}^{(3)}=2.55I''^{(3)}=2.55\times13.5\approx34.4(kA)$$

母线所受的电动力为

$$F=1.73\times10^{-7}\frac{L}{a}i_{sh}^{(3)2}=1.73\times10^{-7}\times\frac{1}{0.5}\times(34.4\times10^3)^2\approx409.4(N)$$

母线所受的最大弯矩为

$$M=\frac{FL}{10}=\frac{409.4\times1}{10}=40.94(N\cdot m)$$

截面系数为

$$W=\frac{bh^2}{6}=\frac{4\times10^{-3}\times(40\times10^{-3})^2}{6}\approx1.067\times10^{-6}(m^3)$$

母线最大计算应力为

$$\sigma_{max}=\frac{M}{W}=\frac{40.94}{1.067\times10^{-6}}\approx38.4\times10^6(Pa)$$

小于铝母线的允许应力 69×10^6 Pa，故满足动稳定要求。

二、电缆的选择

电力电缆截面积的选择方法与裸母线基本相同，但短路时的动稳定可以不必校验。

1. 电力电缆型号的选择

电力电缆型号应根据其使用条件及敷设环境、电压等级等因素确定。例如，直埋电缆应用聚乙烯或聚氯乙烯护套的内铠装电缆；敷设在可能发生位移的土壤或其他可能受拉力处电缆，应选用细钢丝或粗钢丝铠装电缆。

2. 额定电压的选择

电力电缆的额定电压 U_N 应等于或大于所在电网的额定电压 U_{WN}，即

$$U_N\geqslant U_{WN} \tag{7-65}$$

电力电缆的最高工作电压不得超过其额定电压的 15%。

3. 电力电缆截面积的选择

电力电缆截面积的选择和校验条件见表 7-7。

表 7-7 电力电缆截面积的选择和校验条件

项目	选择条件	校验条件		
	按经济电流密度选择	长期发热允许电流	热稳定	电压降
发电机或变压器回路	$S_{ec}=\frac{I_{Wmax}}{J_{ec}}$	$KI_{al}=I_{Wmax}$	$S_{min}=\frac{I_{\infty}}{C}\sqrt{t_{eq}}\leqslant S_N$	
出线回路	$S_{ec}=\frac{I_{Wmax}}{J_{ec}}$	$KI_{al}=I_{Wmax}$	$S_{min}=\frac{I_{\infty}}{C}\sqrt{t_{eq}}\leqslant S_N$	$\Delta U\%\leqslant$规定值

注 I_{Wmax}为电缆电路中长期通过的最大工作电流；I_{al}为电缆允许电流；t_{eq}为短路电流等效时间；K 为考虑电缆在不同敷设条件下的校正系数，可查有关设计手册；S_{min}为短路热稳定的最小截面积；C 为电力电缆的热稳定系数，与材料、允许发热条件有关，可查有关设计手册；S_{ec}为按经济电流密度选择的电缆截面积；J_{ec}为经济电流密度，可查有关设计手册。

根据上述条件求得电缆的计算截面积后，再选择相近的电缆标准截面积。电缆截面积为 150～180mm²时，通常采用三芯电力电缆；当要求的电缆截面积更大时，可考虑几条电缆并联使用，并联的电缆根数、截面积大小，要在作技术经济比较后确定。

三、绝缘子的选择

配电装置中的支柱绝缘子和穿墙套管除了作为载流体之间或对地的绝缘外，还用以固定或连接各种带电体。因此，它应具有足够的机械强度和耐热性能。

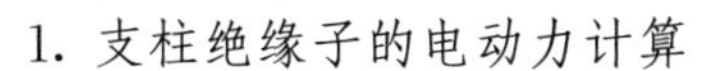

1. 支柱绝缘子的电动力计算

三相母线布置在同一平面内，如图 7-4 所示。当母线发生三相短路时，支柱绝缘子 1 所受的平均电动力 F_{max}为

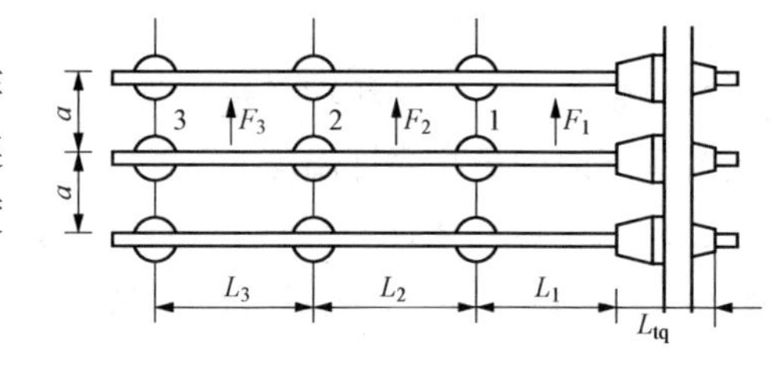

图 7-4 绝缘子所受的电动力

$$F_{max}=\frac{F_1+F_2}{2}=1.73\times10^{-7}i_{sh}^2\frac{L_1+L_2}{2a} \quad (7-66)$$

式中：L_1、L_2为相邻绝缘子间的跨距，m。

考虑电动力 F_{max}作用在母线截面的中心线上，而支柱绝缘子的允许抗弯破坏强度是按作用在绝缘子帽上计算的，如图 7-5 所示。所以绝缘子帽上的计算作用力 F_C应为

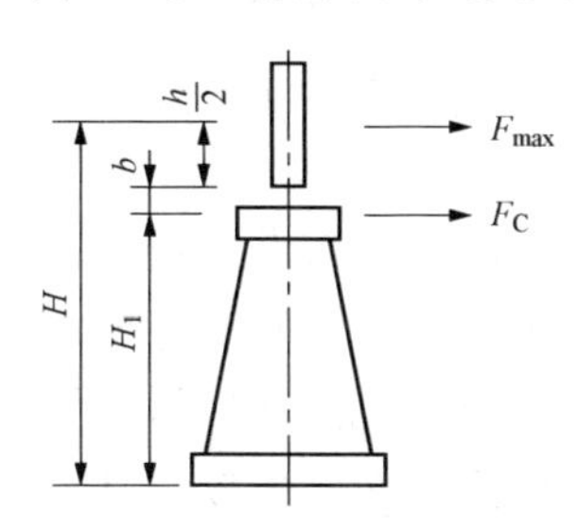

图 7-5 母线电动力归算至绝缘子所受的力

$$F_C=F_{max}\frac{H_1}{H} \quad (7-67)$$

式中：H_1为绝缘子高度，mm；H 为以绝缘子的底部到母线水平中心线的高度，通常取 $H=H_1+b+\frac{h}{2}$（b 为母线下端到绝缘子帽的距离），一般竖放矩形母线取 18mm，平放矩形或槽形母线取 12mm。

2. 穿墙套管的电动力计算

当母线发生三相短路时，套管帽上所受电动力如图 7 - 9 所示，故其电动力按下式计算：

$$F_C = 1.73 \times 10^{-7} i_{sh}^2 \frac{L_1 + L_{tq}}{2a} \tag{7 - 68}$$

式中：L_{tq}为穿墙套管长度，m。

由上所述，总结支柱绝缘子和穿墙套管的选择与校验条件列于表 7 - 8 中。

表 7 - 8　　支柱绝缘子和穿墙套管的选择与校验条件

项目 名称	安装地点	选择条件		校验条件	
		按额定电压选择	按额定电流选择	热稳定校验	动稳定校验
支柱绝缘子	户内或户外	$U_N \geqslant U_{WN}$	—	—	$F_C \leqslant 0.6F_{al}$
穿墙套管			$I_N \geqslant I_{Wmax}$	$I_\infty^2 t_{eq} \leqslant I_t^2 t$	$F_C \leqslant 0.6F_{al}$

注　F_{al}为元件允许作用力；I_{Wmax}为最大工作电流。

第七节　电力网导线截面积的选择与校验

一、概述

为保证供电系统安全、可靠、优质、经济地运行，选择导线和电缆截面积时必须满足下列条件：

（1）发热条件。导线在通过正常最大负荷电流，即计算电流时产生的发热温度应不超过其正常运行时的最高允许温度。

（2）电压损耗条件。导线在通过正常最大负荷电流，即计算电流时产生的电压损耗应不超过其正常运行时允许的电压损耗。对于工厂内较短的高压线路，可不进行电压损耗校验。

（3）经济电流密度。35kV 及以上的高压线路及 35kV 以下的长距离、大电流线路，如较长的电源进线和电弧炉的短网等线路，其导线截面积宜按经济电流密度选择，以使线路的年运行费用支出最小。按经济电流密度选择的导线截面积，称为经济截面。工厂内的 10kV 及以下线路，通常不按经济电流密度选择。

（4）机械强度。导线（含裸线和绝缘导线）截面积应不小于其最小允许截面积，见附录 G 和附录 H。对于电缆，不必校验其机械强度，但需校验其短路热稳定度。母线则应校验其短路的动稳定度和热稳定度。对于绝缘导线，还应满足工作电压的要求。

根据设计经验，一般 10kV 及以下的高压线路和低压动力线路，通常先按发热条件来选择导线和电缆截面积，再校验其电压损耗和机械强度。对于低压照明线路，因它对电压水平要求较高，通常先按允许电压损耗进行选择，再校验其发热条件和机械强度。对于长距离、大电流线路和 35kV 及以上的高压线路，可先按经济电流密度确定经济截面，再校验其他条件。按上述经验来选择计算，通常容易满足要求，较少返工。

下面分别介绍按发热条件、经济电流密度和电压损耗选择计算导线和电缆截面积的问题。关于机械强度，对于工厂电力线路，一般只需按其最小允许截面积校验就可以了，因此不再赘述。

二、按发热条件选择导线和电缆的截面积

1. 三相系统相线截面积的选择

电流通过导线（包括电缆、母线，下同）时，要产生电能损耗，使导线发热。裸导线的温度过高时，会使其接头处的氧化加剧，增大接触电阻，使之进一步氧化，如此恶性循环，最终可发展到断线。绝缘导线和电缆的温度过高时，还可使其绝缘加速老化甚至烧毁，或引发火灾事故。因此，导线的正常发热温度一般不得超过规定额定负荷时的最高允许温度。

按发热条件选择三相系统中的相线截面积时，应使其允许载流量 I_{al} 不小于通过相线的计算电流 I_{30}，即

$$I_{al} \geqslant I_{30} \tag{7-69}$$

导线的允许载流量就是在规定的环境温度条件下，导线能够连续承受而不致使其稳定温度超过允许值的最大电流。如果导线敷设地点的环境温度与导线允许载流量所采取的环境温度不同，则导线的允许载流量应乘以温度校正系数，即

$$K_{\theta} = \sqrt{\frac{\theta_{al} - \theta'_0}{\theta_{al} - \theta_0}} \tag{7-70}$$

式中：θ_{al} 为导线额定负荷时的最高允许温度；θ_0 为导线的允许载流量所采用的环境温度；θ'_0 为导线敷设地点实际的环境温度。

这里所说的环境温度，是按发热条件选择导线所采用的特定温度：在室外，环境温度一般取当地最热月平均最高气温；在室内，则取当地最热月平均最高气温加5℃。对于土壤中直埋的电缆，则取当地最热月地下0.8～1m的土壤平均温度，亦可近似地取为当地最热月平均气温。

附录I中列出了LJ型铝绞线和LGJ型钢芯铝绞线的允许载流量，附录J中列出了LMY型矩形硬铝母线的允许载流量，附表K中列出了10kV常用三芯电缆的允许载流量及校正系数，附录L中列出了绝缘导线明敷、穿钢管和穿塑料管时的允许载流量。

2. 中性线和保护线截面积的选择

（1）中性线（N线）截面积的选择。三相四线制中的中性线，要通过系统的不平衡电流和零序电流，因此，中性线的允许载流量应不小于三相系统的最大不平衡电流，同时应考虑系统中谐波电流的影响。

1）一般三相四线制系统中的中性线截面积 A_0 应不小于相线截面积 A_{φ} 的50%，即

$$A_0 \geqslant 0.5A_{\varphi} \tag{7-71}$$

2）两相三线线路及单相线路的中性线截面积 A_0 由于其中性线电流与相线电流相等，因此其中性线截面积 A_0 应与相线截面积 A_{φ} 相同，即

$$A_0 = A_{\varphi} \tag{7-72}$$

3）三次谐波电流突出的三相四线制线路的中性线截面积 A_0 由于各相的三次谐波电流都要通过中性线，使中性线电流可能甚至超过相线电流，因此中性线截面积 A_0 宜等于或大于相线截面积 A_{φ}，即

$$A_0 \geqslant A_{\varphi} \tag{7-73}$$

（2）保护线（PE线）截面积的选择。保护线要考虑三相系统发生单相短路故障时单相短路电流通过时的短路热稳定度。

根据短路热稳定度的要求，保护线（PE线）的截面积A_{PE}按GB 50054—2011《低压配电设计规范》规定：

1）当$A_{\varphi}\leqslant 16mm^2$时，有

$$A_{PE}\geqslant A_{\varphi} \tag{7-74}$$

2）当$16mm^2<A_{\varphi}\leqslant 35mm^2$时，有

$$A_{PE}\geqslant 16mm^2 \tag{7-75}$$

3）当$A_{\varphi}>35mm^2$时，有

$$A_{PE}\geqslant 0.5A_{\varphi} \tag{7-76}$$

注意：GB 50054—2011还规定：当PE线采用单芯绝缘导线时，按机械强度要求，有机械保护的PE线，应不小于$2.5mm^2$；无机械保护的PE线，应不小于$4mm^2$。

（3）保护中性线（PEN线）截面积的选择。保护中性线兼有保护线和中性线的双重功能。因此，保护中性线截面选择应同时满足上述保护线和中性线的要求，取其中的最大截面积。

注意：按GB 50054—2011规定，当采用单芯导线作PEN线干线时，铜芯截面应不小于$10mm^2$，铝芯截面应不小于$16mm^2$；采用多芯电缆芯线作PEN线干线时，其截面积应不小于$4mm^2$。

【例7-2】　有一条BLX-500型铝芯橡皮线明敷的220/380V的TN-S线路，线路计算电流为150A，当地最热月平均最高气温为+30℃。试按发热条件选择此线路的导线截面积。

解：（1）相线截面积的选择。查附录L得环境温度为30℃时明敷的BLX-500型截面积为$50mm^2$的铝芯橡皮线的$I_{al}=163A>I_{30}=150A$，满足发热条件。因此，相线截面积选为

$$A_{\varphi}=50mm^2$$

（2）中性线截面积的选择。按$A_0\geqslant 0.5A_{\varphi}$选择，则

$$A_0=25mm^2$$

（3）保护线截面积的选择。由于$A_{\varphi}>35mm^2$，故选为

$$A_{PE}\geqslant 0.5A_{\varphi}=25mm^2$$

所选导线型号为BLX-500-（3×50+1×25+PE25）。

【例7-3】　例［7-2］所示TN-S线路，如果采用BLV-500型铝芯塑料线穿硬塑料管埋地敷设，当地最热月平均气温为+25℃。试按发热条件选择此线路导线截面积及穿线管内径。

解：查附录L得，+25℃时5根单芯线穿硬塑料管（PC）的BLV-500型截面积为$120mm^2$，导线允许载流量$I_{al}=160A>I_{30}=150A$。

因此，按发热条件，相线截面积选为$120mm^2$；中性线截面积按$A_0\geqslant 0.5A_{\varphi}$，选为$70mm^2$；保护线截面积按$A_{PE}\geqslant 0.5A_{\varphi}$，选为$70mm^2$。

穿线的硬塑料管内径，查附录L中5根导线穿管管径为80mm。

所选导线型号为BLV-500-（3×120+1×70+PE70）-PC80。

三、按经济电流密度选择导线截面积和电缆的截面积

导线（包括电缆，下同）的截面积越大，电能损耗越小，但是线路投资、维修管理费用

和有色金属消耗量都要增加。因此，从经济方面考虑，可选择一个比较合理的导线截面积，即使电能损耗小，又不致过分增加线路投资、维修管理费用和有色金属消耗量。

图 7-6 是线路年运行费用 C 与导线截面积 A 的关系曲线。其中曲线 1 表示线路的年折旧费（即线路投资除以折旧年限之值）和线路的年维修管理费之和与导线截面积的关系曲线。曲线 2 表示线路的年电能损耗费与导线截面积的关系曲线。曲线 3 为曲线 1 与曲线 2 的叠加，表示线路的年运行费用（包括线路的年折旧费、维修管理费和电能损耗费）与导线截面积的关系曲线。由曲线 3 可以看出，与年运行费最小值 C_a（a 点）相对应的导线截面积 A_a 不一定是很经济合理的导线截面积，因为 a 点附近，曲线比较平坦，如果将导线再选小一些，如选为 A_b（b 点），年运行费 C_b 比 C_a 增加不多，但 A_b 却比 A_a 减小很多，从而使有色金属消耗量显著减少。因此，从全面的经济效益考虑，导线截面积选为 A_b 看来比选为 A_a 更为经济合理。这种从全面的经济效益考虑，即使线路的年运行费用接近最小又适当考虑有色金属节约的导线截面积，称为经济截面积，用 A_{ec} 表示。

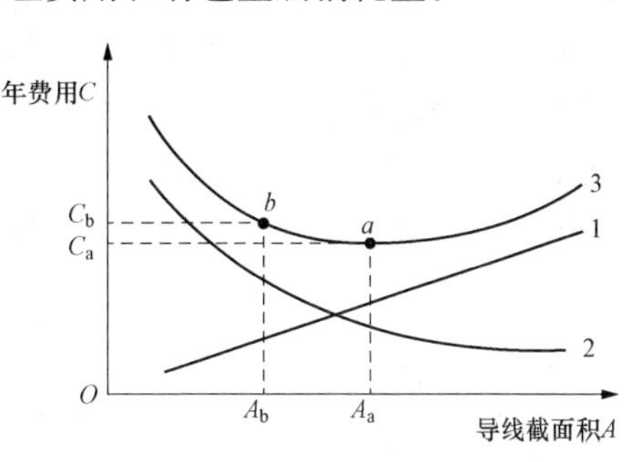

图 7-6　线路年运行费用与导线截面积的关系曲线

各国根据其具体国情特别是有色金属资源的情况，规定了导线和电缆的经济电流密度。我国现行的经济电流密度规定见表 7-9。

表 7-9　　我国现行的经济电流密度 J_{ec} 规定（A/mm^2）

线路类别	导线材质	年最大有功负荷利用小时		
		3000h 以下	3000～5000h	5000h 以上
架空线路	铜	3.00	2.25	1.75
	铝	1.65	1.15	0.90
电缆线路	铜	2.50	2.25	2.00
	铝	1.92	1.73	1.54

【例 7-4】　有一条用 LGJ 型铝绞线架设的 5km 长的 35kV 架空线路，计算负荷为 2500kW，$\cos\varphi=0.7$，$T_{max}=4800h$。试选择其经济截面，并校验其发热条件和机械强度。

解：（1）选择经济截面。计算电流为

$$I_{30}=\frac{P_{30}}{\sqrt{3}U_N\cos\varphi}=\frac{2500}{\sqrt{3}\times35\times0.7}\approx58.9(A)$$

由表 7-9 查得 $J_{ec}=1.15A/mm^2$，故有

$$A_{ec}=\frac{58.9}{1.15}=51.2(mm^2)$$

选标准截面积 $50mm^2$，即选 LGJ-50 型钢芯铝线。

（2）校验发热条件。查附表 I 得 LGJ-50 型钢芯铝线的允许载流量（室外温度为 40℃）$I_{al}=178A>I_{30}=58.9A$，因此满足发热条件。

(3) 校验机械强度。查附录G得35kV架空钢芯铝线的最小截面积 $A_{min}=35mm^2<A=50mm^2$。因此，所选LGJ-50满足机械强度要求。

四、线路电压损耗的计算

由于线路存在着阻抗，因此线路通过负荷电流时要产生电压损耗。一般线路的允许电压损耗不超过5%（对线路额定电压）。如果线路的电压损耗超过了允许值，则应适当加大导线截面，使之满足允许电压损耗的要求。

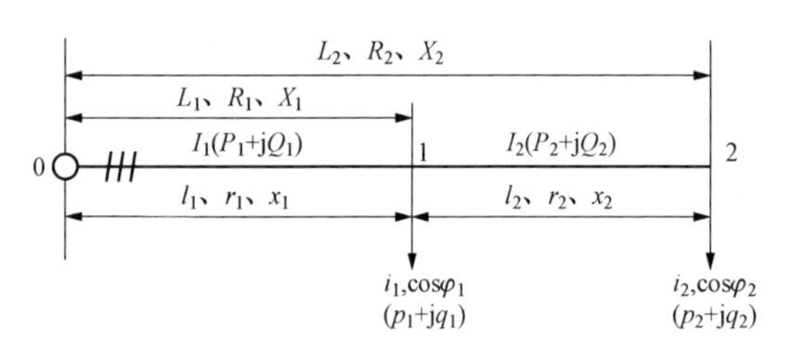

图7-7 带有两个集中负荷的三相线路

1. 集中负荷的三相线路电压损耗的计算

以图7-7所示带两个集中负荷的三相线路为例。线路图中的负荷电流都用小写 i 表示，各线段电流都用大写 I 表示；各线段的长度、每相电阻和电抗分别用小写 l 和 r 表示，线路首端至各负荷点的长度、每相电阻和电抗则分别用大写 L、R 和 X 表示。

以线路末端的相电压 $U_{\varphi 2}$ 作参考轴，绘制线路电压电流相量图，如图7-8所示。由于线路上的电压降相对于线路电压来说很小，$U_{\varphi 1}$ 与 $U_{\varphi 2}$ 间的相位差 θ 实际上小到可以忽略不计，因此负荷电流 i_1 与电压 $U_{\varphi 1}$ 间的相位差 φ_1 可以近似地绘成 i_1 与电压 $U_{\varphi 2}$ 间的相位差。

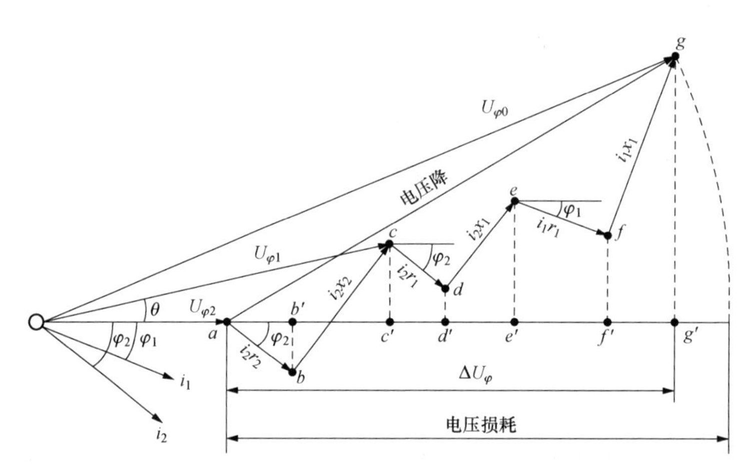

图7-8 带有两个集中负荷的三相线路电压降电流相量图

线路电压降是线路首端电压与末端电压的相量差。线路电压损耗是线路首端电压与末端电压的代数差。

电压降在参考轴（纵轴）上的投影（见图7-8上的 $\overline{ag'}$），称为电压降的纵分量，用 ΔU_φ 表示。相应地，电压降在参考轴的垂直方向（横轴）上的投影（见图7-8上的 $\overline{gg'}$），称为电压降的横分量，用 δU_φ 表示。

在地方电网和工厂供电系统中，由于线路的电压降相对于线路电压来说很小（图7-8的电压降相量图是大大放大了的），因此可近似地认为电压降纵分量 ΔU_φ 就是电压损耗。

图7-8所示线路的相电压损耗可按下式近似计算：

$$\begin{aligned}\Delta U_{\varphi} &= \overline{a'b'}+\overline{b'c'}+\overline{c'd'}+\overline{d'e'}+\overline{e'f'}+\overline{f'g'}\\ &= i_2r_2\cos\varphi_2+i_2x_2\sin\varphi_2+i_2r_1\cos\varphi_2+i_2x_1\sin\varphi_2+r_1r_1\cos\varphi_1+i_1x_1\sin\varphi_1\\ &= i_2(r_2+r_2)\cos\varphi_2+i_2(x_1+x_2)\sin\varphi_2+i_1r_1\cos\varphi_1+i_1x_1\sin\varphi_1\\ &= i_2R_2\cos\varphi_2+i_2X_2\sin\varphi_2+i_1R_1\cos\varphi_1+i_1X_1\sin\varphi_1\end{aligned}$$

将上式的相电压损耗 ΔU_{φ} 换算为线电压损耗 ΔU，并以带任意个集中负荷的一般式来表示，即得电压损耗计算公式为

$$\Delta U=\sqrt{3}\sum(iR\cos\varphi+iX\sin\varphi)=\sqrt{3}\sum(i_aR+i_rX) \tag{7-77}$$

式中：i_a 为负荷电流的有功分量；i_r 为负荷电流的无功分量。

如果用各线段中的负荷电流来计算，则电压损耗计算公式为

$$\Delta U=\sqrt{3}\sum(Ir\cos\varphi+Ix\sin\varphi)=\sqrt{3}\sum(I_ar+I_rx) \tag{7-78}$$

式中：I_a 为线段电流的有功分量；I_r 为线段电流的无功分量。

如果用负荷功率 p 、q 来计算，则利用 $i=\dfrac{p}{\sqrt{3}U_N\cos\varphi}=\dfrac{q}{\sqrt{3}U_N\sin\varphi}$，代入式（7-77），即可得电压损耗计算公式为

$$\Delta U=\frac{\sum(pR+qX)}{U_N} \tag{7-79}$$

如果用线段功率 P、Q 来计算，则利用 $I=\dfrac{P}{\sqrt{3}U_N\cos\varphi}=\dfrac{Q}{\sqrt{3}U_N\sin\varphi}$代入式（7-78），即可得电压损耗计算公式为

$$\Delta U=\frac{\sum(Pr+Qx)}{U_N} \tag{7-80}$$

对无感线路，即线路感抗可略去不计或负荷 $\cos\varphi\approx1$ 的线路，其电压损耗为

$$\Delta U=\sqrt{3}\sum(iR)=\sqrt{3}\sum(Ir)=\frac{\sum(pR)}{U_N}=\frac{\sum(Pr)}{U_N} \tag{7-81}$$

对于均一无感线路，即全线的导线型号规格一致，且可不计感抗或负荷 $\cos\varphi\approx1$ 的线路，其电压损耗为

$$\Delta U=\frac{\sum(pL)}{\gamma AU_N}=\frac{\sum(Pl)}{\gamma AU_N}=\frac{\sum M}{\gamma AU_N} \tag{7-82}$$

式中：γ 为导线的电导率；A 为导线的截面积；ΣM 为线路的所有功率矩之和；U_N为线路的额定电压。

线路电压损耗的百分值为

$$\Delta U\%=\frac{\Delta U}{U_N}\times100 \tag{7-83}$$

均一无感的三相线路电压损耗百分值为

$$\Delta U\%=\frac{100\sum M}{\gamma AU_N^2}=\frac{\sum M}{CA} \tag{7-84}$$

式中：C 为计算系数，见表 7-10。

表 7-10　公式 $\Delta U\%=\frac{\sum M}{CA}$ 中的计算系数 C 值

线路额定电压（V）	线路类别	计算系数 C（kW·m·mm²）	
		铜线	铝线
220/380	三相四线	76.5	46.2
	两相三线	34.0	20.5
220	单相及直流	12.8	7.75
110		3.21	1.94

注　表中 C 值是导线工作温度为 50℃，功率矩 M 的单位为 kW·m，导线截面积 A 的单位为 mm²时的数值。

对于均一无感的单相交流线路和直流线路，由于其负荷电流（或功率）要通过来回两根导线，因此总的电压损耗应为一根导线上电压损耗的 2 倍；而三相线路的电压损耗实际上是一相（即一根相线）导线上的电压损耗，所以这种单相和直流线路的电压损耗百分值为

$$\Delta U\% = \frac{200\sum M}{\gamma A U_{\mathrm{N}}^2} = \frac{\sum M}{CA} \tag{7-85}$$

对于均一无感的两相三线线路［见图 7-9（a）］，由其相量图［见图 7-9（b）］可知，$I_{\mathrm{A}}=I_{\mathrm{B}}=I_0=\frac{0.5P}{U_\varphi}$，其中 P 为线路负荷，假设其平均分配于 A-N 和 B-N 之间。该线路总的电压降应为相线与中性线电压降的相量和，而该线路总的电压损耗，则可认为是此电压降在以相线电压降或中性线电压降为参考轴上的投影。由图 7-9（b）的相量图可知，其线路电压降为

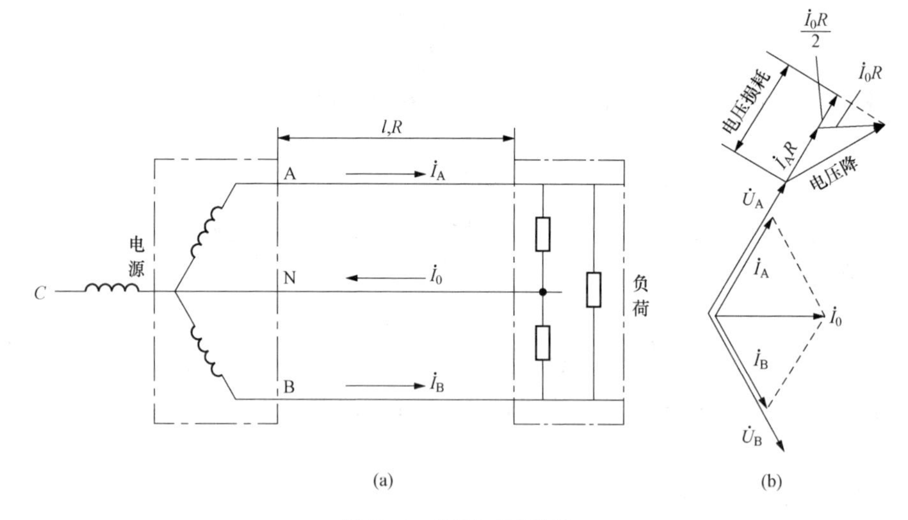

图 7-9　两相三线线路

（a）电路图；（b）线路电压降相量图

$$\Delta U = I_{\mathrm{A}}R + 0.5I_0R = 1.5IR = 1.5\times\frac{0.5P}{U_\varphi}\times\frac{l}{\gamma A} = \frac{0.75Pl}{U_\varphi\gamma A} \tag{7-86}$$

式中：R、l 分别为一根导线的电阻和长度。

因此，两相三线线路的电压损耗百分值为

$$\Delta U\% = \frac{75Pl}{\gamma AU_{\varphi}^{2}} = \frac{75Pl}{\gamma A(U_{\mathrm{N}}/\sqrt{3})^{2}} = \frac{225M}{\gamma AU_{\mathrm{N}}^{2}} \tag{7-87}$$

改写为一般式，即为

$$\Delta U\% = \frac{225\sum M}{\gamma AU_{\mathrm{N}}^{2}} = \frac{\sum M}{CA} \tag{7-88}$$

均一无感线路按允许电压损耗选择导线截面积的公式为

$$A = \frac{\sum M}{C\Delta U_{\mathrm{al}}\%} \tag{7-89}$$

式（7-89）常用于照明线路导线截面积的选择。

【例7-5】　试验算［例7-4］所选LGJ-50型钢芯铝线是否满足允许电压损耗5%的要求。已知该线路导线为水平等距排列，相邻线距为1.6m。

解：由［例7-4］知，$P_{30}=2500\mathrm{kW}$，$\cos\varphi=0.7$，因此$\tan\varphi=1$，$Q_{30}=2500\mathrm{kvar}$，又利用$A=50\mathrm{mm}^2$（LGJ截面积）和$a_{\mathrm{av}}=1.26\times1.6\approx2\mathrm{m}$，查附录D得

$$R_0 = 0.68\Omega/\mathrm{km},\ X_0 = 0.39\Omega/\mathrm{km}$$

故线路的电压损耗为

$$\Delta U = \frac{2500\mathrm{kW}\times(5\times0.68)\Omega + 2500\mathrm{kvar}\times(5\times0.39)\Omega}{35\mathrm{kV}} \approx 382\mathrm{V}$$

线路的电压损耗百分值为

$$\Delta U\% = \frac{100\times382}{35\ 000} \approx 1.09\% < \Delta U_{\mathrm{al}}\% = 5\%$$

因此，所选LGJ-50型钢芯铝线满足电压损耗要求。

【例7-6】　某220/380V线路，采用BLX-500-（3×25+1×16）mm²的四根导线明敷，在距首端50m处，接有7kW电阻性负荷，在线路末端（线路全长75m）接有28kW电阻性负荷。试计算该线路的电压损耗百分值。

解：查表7-10得$C=46.2$，则

$$\sum M = 7\times50 + 28\times78 = 2450(\mathrm{kW\cdot m})$$

$$\Delta U\% = \frac{\sum M}{CA} = \frac{2450}{46.2\times25} \approx 2.12\%$$

2. 均匀分布负荷的三相线路电压损耗计算

设线路有一段均匀分布负荷，如图7-10所示。单位长度上的负荷电流为i_0，则微小线段$\mathrm{d}l$的负荷电流为$i_0\mathrm{d}l$。这一负荷电流$i_0\mathrm{d}l$流过线路（长度为l，电阻为R_0l）产生的电压损耗为

$$\mathrm{d}(\Delta U) = \sqrt{3}i_0\mathrm{d}lR_0l \tag{7-90}$$

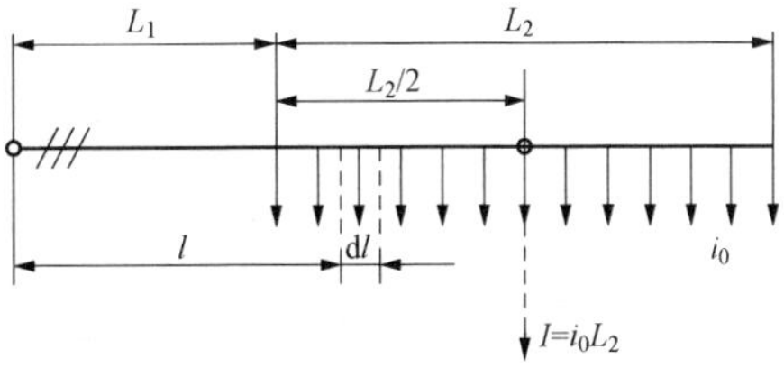

图7-10　有一段均匀分布负荷的线路

因此，整个线路由分布负荷产生的电压损耗为

$$\Delta U = \sqrt{3}i_0R_0\left(\frac{l^2}{2}\right)_{L_1}^{L_1+L_2} = \sqrt{3}i_0R_0\frac{L_2(2L_1+L_2)}{2} = \sqrt{3}i_0R_0L_2\left(L_1+\frac{L_2}{2}\right) \tag{7-91}$$

令$i_0L_2=I$为与均匀分布负荷等效的集中负荷，则得

$$\Delta U=\sqrt{3}IR_0\left(L_1+\frac{L_2}{2}\right) \tag{7-92}$$

式（7-92）说明，带有均匀分布负荷的线路，在计算其电压损耗时，可将分布负荷集中于分布线段的中点，按集中负荷来计算。

【例 7-7】 某 220/380V 的 TN-C 线路，如图 7-11（a）所示。线路拟采用 BX-500 型铜芯橡皮绝缘线明敷，环境温度为 30℃，允许电压损耗为 5%。试选择该线路的导线截面积。

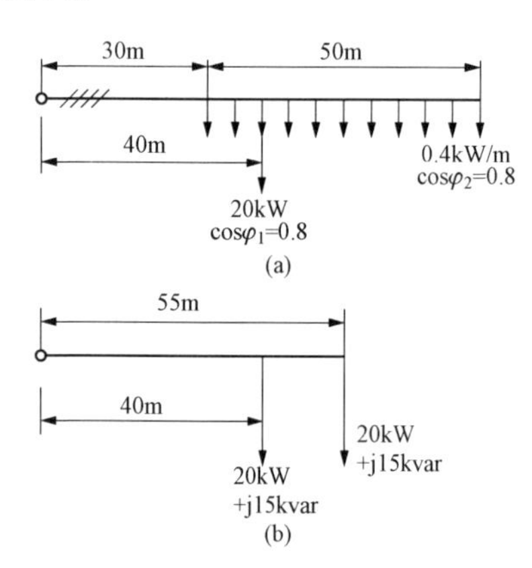

图 7-11 ［例 7-7］的线路
（a）带有均匀分布负荷的线路；
（b）等效为集中负荷的线路

解：（1）线路的等效变换。将图 7-11（a）所示带均匀分布负荷的线路，等效变换为图 7-11（b）所示集中负荷的线路。

原集中负荷 $p_1=20\text{kW}$，$\cos\varphi_1=0.8$，因此 $\tan\varphi_1=0.75$，故

$$q_1=20\times0.75=15(\text{kvar})$$

原分别负荷 $p_2=0.4\ (\text{kW/m})\times50\text{m}=20\text{kW}$，$\cos\varphi_2=0.8$，因此 $\tan\varphi_2=0.75$，故

$$q_2=20\times0.75=15(\text{kW})$$

（2）按发热条件选择导线截面积。线路中的最大负荷（计算负荷）为

$$P=p_1+p_2=20+20=40(\text{kW})$$

$$Q=q_1+q_2=15+15=30(\text{kvar})$$

$$S=\sqrt{P^2+Q^2}=\sqrt{40^2+30^2}=50(\text{kVA})$$

$$I=\frac{S}{\sqrt{3}U_N}=\frac{50}{\sqrt{3}\times0.38}\approx76(\text{A})$$

查附录 L，得 BX-500 型导线 $A=10\text{mm}^2$ 在 30℃ 明敷时的 $I_{al}=77\text{A}>I=76\text{A}$。因此，可选 3 根 BX-500-1×10 导线作相线，另选 1 根 BX-500-1×10 导线作 PEN 线。

（3）校验机械强度。查附录 H 知，按明敷在户外绝缘支持件上，且支持件间距为最大时，铜芯线的最小截面积为 6mm^2，因此以上所选 BX-500-1×10 导线完全满足机械强度要求。

（4）校验电压损耗。查附录 D 知，BX-500-1×10 型导线的电阻（工作温度按 65℃计）$R_0=2.19\Omega/\text{km}$，电抗（线距按 150mm 计）$X_0=0.31\Omega/\text{km}$。因此，线路的电压损耗为

$$\begin{aligned}\Delta U&=[(p_1L_1+p_2L_2)R_0+(q_1L_1+q_2L_2)X_0]/U_N\\&=[(20\times0.04+20\times0.055)\times2.19+(15\times0.04+15\times0.055)\times0.31]/0.38\\&\approx12(\text{V})\end{aligned}$$

$$\Delta U\%=\frac{100\Delta U}{U_N}=\frac{100\times12}{380}=3.2<\Delta U_{al}\%=5$$

因此，所选 BX-500-1×10 型铜芯橡皮绝缘线也满足允许电压损耗要求。

7-1 引起电气设备发热的原因是什么？发热对设备有何影响？

7-2　引起电气设备电动力的原因是什么？电动力对电气设备的机械强度有何影响？电力系统中发生三相短路时，哪一相出现的电动力最大？如何计算？

7-3　概括说明如何选择电气设备。

7-4　如何校验动稳定？

7-5　如何校验热稳定？

7-6　试校验某发电厂铝母线的热稳定性。已知母线截面积 $S=50\text{mm}\times6\text{mm}$，流过母线的最大短路电流 $I''^{(3)}=25\text{kA}$，$I_{\infty}^{(3)}=14\text{kA}$，$I_{\infty}^{(2)}=19\text{kA}$，继电保护动作时间为 1.25s，断路器断开时间为 0.25s，母线短路时的起始温度 $\theta_{\text{W}}=60℃$。

7-7　某 10kV 配电装置矩形母线，最大负荷电流为 334A。母线发生短路时的 $I''^{(3)}=26\text{kA}$，$I_{\infty}^{(3)}=19.5\ \text{kA}$，$I_{\infty}^{(2)}=12\ \text{kA}$，继电保护动作时间为 1.5s，断路器断开时间为 0.2s，三相母线按水平平放布置，相间距离为 25cm，跨距为 100cm，空气温度为 25℃。试选择铝母线截面积。

第八章　变电站的总体布置

变电站的总体布置，既要考虑电气设备有足够的安全距离，又要考虑国家土地政策、环保政策和国家的经济政策等。它是一项综合性的技术，具有较强的政策性、科学性，在进行发电厂及变电站电气设备总体布置设计时，必须根据具体情况，经过深入细致的技术经济比较，才能设计出合理的布置方案，以保证变电站安全可靠、技术先进、经济适用、符合国情。

第一节　变电站选址与结构布置原则

变电站选址是一项很重要的工作，主要着眼于提高供电的可靠程度，减少运行中的电能损失，降低运行和投资的费用，同时还要考虑工作人员的运行操作安全，养护维修的方便等。所以，必须从技术上和经济上做慎重选择。

一、变电站的选址

变电站位置的确定应遵循以下原则：

（1）接近负荷中心。接近负荷中心主要从节约一次投资和减少运行时电能损耗的角度出发。

（2）使地区电源布局合理。应考虑地区原有电源、新建电源及计划建设电源情况，尽量使电源布局分散，既可减少二次网的投资和网损，又能达到安全供电的目的。

（3）进出线方便。要有足够的进出线走廊，提供给架空进线、电缆沟或电缆隧道。

（4）满足供电半径的要求。由于电压等级决定了线路最大的输送功率和输送距离，供电半径过大导致线路上电压损失太大，使末端用电设备处的电压不能满足要求，因此变电站的位置应保证所有用电负荷均处于该站的有效供电半径内，否则应增加变电站或采取其他措施。

（5）运输设备方便。

（6）所址地形、地貌、土地面积及地质条件应适宜。所址选择不仅要贯彻节约土地、不占或少占农田的精神，而且要结合具体工程条件，因地制宜选择地形、地势。所址应不能被洪水淹没及受山洪冲刷，应避开断层、滑坡、塌陷区、溶洞等地质条件地带。

（7）所址周围环境应适宜。避免设在有剧烈震动和高温的场所，避免设在多尘或有腐蚀性气体的场所，避免设在潮湿或易积水场所。

（8）确定所址时，应考虑与邻近设施的影响。避免设在有爆炸危险的区域或有火灾危险区域的正上面或正下面，注意对公共通信设施的干扰问题。

二、结构布置

变电站的布置有户内式、户外式和混合式三种。户内变电站将变压器、配电装置安装于室内，工作条件好，运行管理方便；户外变电站将变压器、配电装置全部安装于室外；混合式变电站则部分安装于室内、部分安装于室外。户内变电站又分单层布置和双层布置，具体视投资和土地情况而定。35kV户内变电站宜采用双层布置，6～10kV户内变配电站宜采用单层布置。变电站主要由变压器室、高压配电室、低压配电室、电容器室、控制室、值班室、休息室、工具间等组成。对变电站布置的要求主要如下：

（1）室内布置应紧凑合理，便于值班人员操作、检修、试验、巡视和搬运，配电装置安放位置应保证所要求的最小允许通道宽度，考虑今后发展和扩建的可能。

（2）合理布置变电站各室位置。高压电容器室与高压配电室、低压配电室与变压器室应相邻近，高压配电室、低压配电室的位置应便于进出线，控制室和值班室的位置应便于运行人员工作和管理。

（3）变压器室和高压电容器室，应避免日晒。控制室和值班室应尽量朝南方，尽可能利用自然采光和通风。

（4）配电室的设置应符合安全和防火要求。对电气设备载流部分应采用金属网板隔离。

（5）高压配电室、低压配电室、变压器室、电容器室的门应向外开，相邻的配电室的门应双向开启。

（6）变电站内不允许采用可燃材料装修，不允许管道从变电站内经过。

第二节 配 电 装 置

配电装置是变电站电气主接线的具体实现，按主接线要求由开关设备、保护设备、测量设备、母线和必要的辅助设备等组成。正常运行时，配电装置用来接受和分配电能；发生故障时，利用配电装置通过自动或手动操作，迅速切除故障部分，恢复系统正常运行。

一、分类及特点

按电气设备安装地点不同，配电装置可分为屋内式和屋外式；按其组装方式，又可分为装配式配电装置和成套配电装置。装配式配电装置是指在现场组装配电装置的电气设备；成套配电装置是指在制造厂把属于同一回路的开关电器、互感器等电气设备装配在封闭或不封闭的金属柜中，构成一个独立的单元，成套供应，如高压开关柜、低压配电盘和配电箱等。

屋内配电装置的特点：占地面积小，不受气候影响，外界污秽空气对电气设备影响小，房屋建筑投资较大。

屋外配电装置的特点：土建量和费用小，建设周期短；扩建方便；相邻设备间距较大，便于带电作业；占地面积大；受外界气候影响，设备运行条件差；外界气候变化影响设备的维修和操作。

大中型变电站中35kV及以下的配电装置，多采用屋内配电装置；110kV及以上的配电装置，多采用屋外配电装置。在特殊的情况下，如当大气中含有腐蚀性气体或处于严重污秽地区的35～110kV也可采用屋内配电装置。在农村或城市郊区的小容量6～10kV也广泛采用屋外配电装置。

二、基本要求

配电装置是变电站的重要组成部分，为了保证电力系统安全经济的运行，配电装置应满足以下基本要求：

（1）配电装置的设计必须贯彻执行国家基本建设方针和技术经济政策。

（2）保证运行的可靠性。

（3）满足电气安全净距要求，保证工作人员和设备的安全。

（4）便于检修、巡视和操作。

（5）节约土地，降低造价，做到经济上合理。

（6）安装和扩建方便。

三、屋内外配电装置的安全净距

安全净距是从保证电气设备和工作人员的安全出发，考虑气象条件及其他因素的影响所规定的各电气设备之间、电气设备各带电部分之间、带电部分与接地部分之间应该保持的最小空气间隙。

配电装置的整个结构尺寸是综合考虑设备外形尺寸、检修和运输的安全距离等因素而决定的。对于敞露在空气中的配电装置，在各种间隔距离中，最基本的是带电部分对接地部分之间和不同相的带电部分之间的空间最小安全净距，即 A_1 和 A_2 值。在这一间距下，无论在正常工作电压或出现内外过电压时，都不致使空气间隙击穿。A 值可根据电气设备标准试验电压和相应电压与最小放电距离试验曲线确定，其他电气距离是根据 A 值并结合一些实际因素确定的。

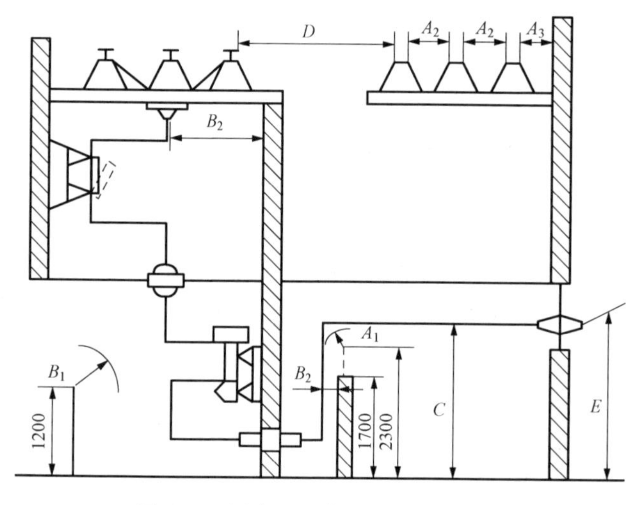

图 8-1 屋内配电装置安全净距校验

安全净距可分为 A、B、C、D、E 五类。屋内配电装置的安全净距应不小于表 8-1 所列数值。屋内电气设备外绝缘体最低部位距地小于 2.3m，应装设固定遮栏。屋内配电装置的安全净距校验如图 8-1 所示。

表 8-1 屋内配电装置安全净距（mm）

符号	适用范围	额定电压（kV）									
		3	6	10	15	20	35	60	110J	110	220J
A_1	（1）带电部分至接地部分之间； （2）网状遮栏向上延伸线距地 2.3m 处，与遮拦上方带电部分之间	75	100	125	150	180	300	550	850	950	1800
A_2	（1）不同相的带电部分之间； （2）断路器和隔离开关的断口两侧带电部分之间	75	100	125	150	180	300	550	900	1000	2000

续表

符号	适用范围	额定电压（kV）									
		3	6	10	15	20	35	60	110J	110	220J
B_1	（1）栅状遮栏至带电部分之间；（2）交叉的不同时停电检修的无遮栏带电部分之间	825	850	875	900	930	1050	1300	1600	1700	2550
B_2	网状遮栏至带电部分之间	175	200	225	250	280	400	650	950	1050	1900
C	无遮栏裸导体至地（楼）面之间	2375	2400	2425	2425	2480	2600	2850	3150	3250	4100
D	平行的不同时停电检修的无遮栏裸导体之间	1875	1900	1925	1950	1980	2100	2350	2650	2750	3600
E	通向屋外的出线套管至屋外通道的路面	4000	4000	4000	4000	4000	4000	4500	5000	5000	5500

注　J系指中性点直接接地系统。

屋外配电装置的安全净距应不小于表8-2所列数据。屋外配电装置使用软导线时，还要考虑软导线在短路电动力、风摆、温度等因素作用下使相间及对地距离的减小。

表8-2　屋外配电装置的安全净距（mm）

符号	适用范围	额定电压（kV）								
		3～10	15～20	35	60	110J	110	220J	330J	500J
A_1	（1）带电部分至接地部分之间；（2）网状遮栏向上延伸线距地2.5m处，与遮栏上方带电部分之间	200	300	400	650	900	1000	1800	2500	3800
A_2	（1）不同相的带电部分之间；（2）断路器和隔离开关的断口两侧引线带电部分之间	200	300	400	650	1000	1100	2000	2800	4300
B_1	（1）设备运输时，其外廓至无遮栏带电部分之间；（2）交叉的不同时停电检修的无遮栏带电部分之间；（3）栅状遮栏至带电部分之间；（4）带电作业时的带电部分至接地部分之间	950	1050	1150	1400	1650	1750	2550	3250	4550
B_2	网状遮栏至带电部分之间	300	400	500	750	1000	1100	1900	2600	3900

续表

符号	适用范围	额定电压（kV）								
		3～10	15～20	35	60	110J	110	220J	330J	500J
C	（1）无遮栏裸导体至地面之间； （2）无遮栏裸导体至建筑物、构筑物顶部之间	2700	2800	2900	3100	3400	3500	4300	500	7500
D	（1）平行的不同时停电检修的无遮栏带电部分之间； （2）带电部分与建筑物、构筑物边沿部分之间	2200	2300	2400	2600	2900	3000	3800	4500	5800

注　J系指中性点直接接地系统。

屋外电气设备外绝缘体距地小于2.5m时，应装设固定遮栏。屋外配电装置的安全净距校验如图8-2所示。

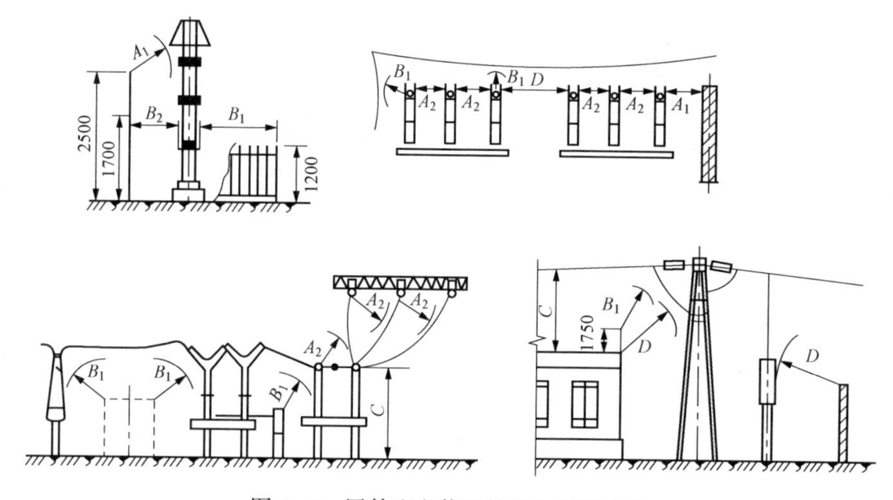

图8-2　屋外配电装置的安全净距校验

四、屋内配电装置

屋内配电装置的特点是将母线、隔离开关、断路器等电气设备上下重叠布置在屋内。这样可以改善运行和检修条件，也可以大大缩小占地面积。

下面以6～10kV的屋内配电装置为例，说明它的一般结构和布置。

当出线不带电抗器时，一般采用成套开关柜单层布置。当出线带电抗器时，一般采用三层式或两层式布置。三层式是将所有电气设备依其轻重分别布置在三层中，具有安全、可靠性高、占地面积小等特点，但结构复杂、施工时间长、造价较高、检修运行不太方便。二层式是在三层式基础上改进而来的，所有电器布置在二层中，造价较低，运行和检修方便，占地面积较三层式有所增加。35～220kV的屋内配电装置，只有二层式和单层式。

屋内配电装置的布置原则如下：

（1）既要考虑设备的重量，把最重的设备（如电抗器）放在底层，以减轻楼板负重和方便安装，又要按照主接线图的顺序来考虑设备的连接，做到进出方便。

（2）同一回路的电器和导体应布置在同一间隔内，而各回路的间隔则相互隔离以保证检修时的安全及限制故障范围。

（3）在母线分段处要用墙把各母线隔开，以防止母线事故的蔓延并保证检修安全。

（4）布置尽量对称，以便于操作。

（5）利于扩建。

（一）屋内配电装置的若干问题

1. 母线及隔离开关

母线通常布置在配电装置的顶部，一般呈水平、垂直和直角三角形布置。水平布置可降低建筑物的高度，因此，在中小容量变电站的配电装置中采用较多。垂直布置时，相间距离可以取得较大，支柱绝缘子装在水平隔板上绝缘子间的距离可取较小值，因此，母线结构可获得较高的机械强度，但结构复杂，增加建筑物高度，可用于20kV以下、短路电流很大的装置中。直角三角形布置方式结构紧凑，可充分利用间隔的高度和深度，但三相为非对称布置，外部短路时，各相母线和绝缘子机械强度均不相同，这种布置方式常用于6～35kV大中容量的配电装置中。

母线相间距离 a 决定于相间电压，并考虑短路时母线和绝缘子的机械强度与安装条件。在6～10kV小容量装置中，母线水平布置时，相间距离为250～350mm；垂直布置时，相间距离为700～800mm；35kV水平布置时，相间距离为500mm。

双母线（或分段母线）布置中的两组母线应以垂直的隔墙（或板）分开，这样在一组母线故障时，不会影响另一组母线，并可以安全检修。

在负荷变动或温度变化时，硬母线会胀缩，如母线很长，又是固定连接，则在母线、绝缘子和套管中可能产生危险的应力。为了将它消除，必须按规定加装母线补偿器。不同材料的导体连接时，应采取措施，防止产生电腐蚀。

母线隔离开关通常设在母线的下方，为了防止带负荷误拉隔离开关引起飞弧现象造成母线短路，在3～35kV双母线的布置中，母线与母线隔离开关之间宜装设耐火隔板。两层以上的配电装置中，母线隔离开关宜单独布置在一个小室内。

为了确保设备及工作人员的安全，屋内配电装置应设置：防止误拉合隔离开关、带接地线合闸、带电合接地开关、误拉合断路器、误入带电间隔等（常称“五防”）电气误操作事故的闭锁装置。

2. 断路器及其操动机构

断路器通常设在单独的小室内。油断路器小室的形式，按照油量多少及防爆结构的要求可分为敞开式、封闭式及防爆式。

为了防火安全，屋内35kV以下的断路器和油浸式互感器，一般安装在两侧有隔墙（板）的间隔内；35kV及以上，则应安装在有防爆隔墙的间隔内。

断路器的操动机构设在操作通道内。手动操动机构和轻型远距离控制的操动机构均装在壁上，重型远距离控制的操动机构则落地装在混凝土基础上。

3. 互感器和避雷器

电流互感器无论是干式或油浸式，都可和断路器放在同一小室内，穿墙式电流互感器应尽可能作为穿墙套管使用。

电压互感器经隔离开关和熔断器（110kV以上只用隔离开关）接到母线上，它需占用专用的间隔，但同一个间隔内可以装设几个不同用途的电压互感器。

当母线接有架空线路时，母线上应装设避雷器，由于其体积不大，通常与电压互感器共占一个间隔（以隔层隔开），并可共用一组隔离开关。

4. 电抗器

电抗器按其容量不同有三种不同的布置方式：三相垂直重叠布置，三相水平布置，三相“品”字形布置。通常线路电抗器采用三相垂直布置或三相“品”字形布置。

安装电抗器必须注意：垂直布置时，B相应放在上下两相之间；“品”字形布置不应将A、C相重叠在一起，其原因是B相电抗器线圈的缠绕方向与A、C相线圈相反，这样，在外部短路时，电抗器相间的最大作用力是吸力，而不是排斥力，以便利用瓷绝缘子抗压强度比抗拉强度大的特点。

5. 配电装置的通道和出口

配电装置的布置应便于设备操作、检修和搬运，故需设必要的通道。凡用来维护和搬运各种电器的通道，称为维护通道。通道内设有断路器（或隔离开关）的操动机构、就地控制屏等，这种通道称为操作通道。仅和防爆小室相通的通道称为防爆通道。

为了保证工作人员的安全及工作便利，配电装置室长度大于7m时，应有两个出口（最好设在两端）；当长度大于60m时，在中部适当的地方增加一个出口。

6. 电缆隧道及电缆沟

电缆隧道及电缆沟是用来放置电缆的。电缆隧道为封闭狭长的建筑物，高1.8m以上，两层设有数层敷设电缆的支架，可放置较多的电缆，便于敷设和维修，但造价太高，一般用于大型电厂。电缆沟为有盖板的沟道，沟宽与深不足1m，敷设与维修不方便，但土建施工简单，造价低，常为变电站和中小型发电厂所采用。

7. 配电装置室的采光和通风

配电装置室可以采用开窗采光和通风，但应采取防止雨雪、风沙、污秽和小动物进入室内的措施。按事故排烟要求，装设足够的事故通风装置。

（二）屋内配电装置实例

图8-3为66kV全户内两层布置配电装置断面图，它适用于城镇或沿海等污秽比较严重的地区。

66kV电源通过穿墙套管引入第二层66kV侧，通过SF_6手车组合式开关后送到变压器室。若为两台主变压器，通过上母线送至另一台主变压器。66kV侧设置单面操作通道，考虑66kV手车柜的操作维护的方便性，操作通道宽为3500mm。电流互感器采用穿墙式兼作穿墙套管。

变压器室设在第一层，落地式布置采用穿墙套管进出线方式，10kV配电室也设在第一层，采用手车式开关柜。对面布置方式中间为操作通道，操作通道考虑两面有开关设备，其操作通道宽度为3000mm，维护通道宽度为1540mm，两面柜之间通过封闭母线桥连接。

五、屋外配电装置

根据电气设备和母线的布置高度，屋外配电装置可分为低型、中型、半高型和高型等。

在低型和中型屋外配电装置中，所有电气设备都装在地面设备支架上。低型屋外配电装置的主母线一般由硬母线组成，而母线与隔离开关基本布置在同一水平面上。中型屋外配电

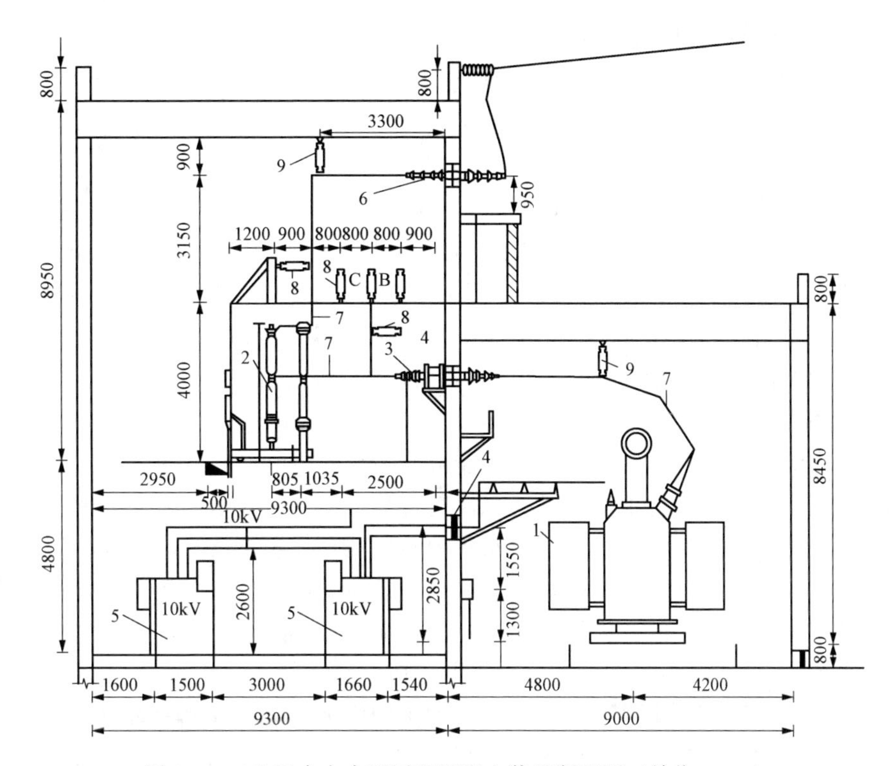

图 8-3　66kV 全户内两层配置配电装置断面图（单位：mm）

1—电力变压器；2—SF_6 手车组合式开关；3—穿墙套管；4—套管式电流互感器；
5—10kV 手车式开关柜；6—户外式穿墙套管；7—母线；8—棒式支柱绝缘子；9—悬式支柱绝缘子

装置大多采用悬挂式软母线，母线所在水平面高于电气设备所在水平面，但近年来硬母线采用日益增多。在半高型和高型屋外配电装置中，电气设备分别装在几个水平面内，并重叠布置。凡是将一组母线与另一组母线重叠布置的，称为高型配电装置。如果仅将母线与断路器、电流互感器等重叠布置，则称为半高型配电装置。高型布置中母线、隔离开关位于断路器之上，主母线又在母线隔离开关之上，整个配电装置的电气设备形成了三层布置，而半高型布置的高度则处于中型和高型之间。

我国目前采用较多的是中型配电装置，近年来高型配电装置的采用也有所增加，但是，高型配电装置由于运行、维护、检修都不方便，只在山区及丘陵地带，当布置受到地形条件限制时才采用。

（一）屋外高压配电装置的若干问题

1. 母线及构架

屋外配电装置的母线有软母线和硬母线两种。软母线为钢芯铝绞线，扩径软管母线和分裂导线，三相呈水平布置，用悬式绝缘子悬挂在母线构架上。硬母线常用的有矩形、管形和组合管形。矩形用于 35kV 及以下的配电装置中，管形则用于 66kV 及以上的配电装置中。管形母线一般安装在支柱绝缘子上，母线不会摇摆，相间距离可缩小，与剪刀式隔离开关配合可节省占地面积；管形母线直径大，表面光滑，可提高电晕起始电压。

屋外配电装置的构架可由型钢或钢筋混凝土制成。钢构架强度大，可以按任何负荷和尺寸制造，便于固定设备，抗震能力强，运输方便，但金属消耗量大，需要经常维护。钢筋混凝土构架可以节约大量钢材，也可以满足各种强度和尺寸的要求，经久耐用，维护简单。以钢筋混凝土环形和镀锌钢梁组成的构架，兼有二者的优点，已在我国220kV以下的各种配电装置中广泛使用。

2. 电力变压器

变压器基础一般做成双梁形并辅以铁轨，轨距等于变压器的滚轮中心距。单个油箱油量超过1000kg以上的变压器，按照防火要求，在设备下面需设置储油池或挡油墙，其尺寸应比设备外廓大1m，储油池内一般铺设厚度不小于0.25m的卵石层。

主变压器与建筑物的距离应不小于1.25m。当变压器油量超过2500kg以上时，两台变压器之间的防火距离应不小于5～10m，如布置有困难，应设防火墙。

3. 电器的布置

按照在配电装置中所占据的位置，断路器可分为单列、双列和三列布置。断路器的排列方式，必须根据主接线、场地地形条件、总体布置和出线方向等多种因素合理选择。

断路器有低式和高式两种布置。低式布置的断路器安装在0.5～1m的混凝土的基础上，其优点是检修比较方便，抗震性能好，但低式布置必须设置围栏，因而影响通道的畅通。高式布置断路器安装在高约2m的混凝土基础上，基础高度应满足：①电气支柱绝缘子最低裙边的对地距离为2.5m；②电气间的连线对地距离应符合C值要求。

避雷器也有高式和低式两种布置。110kV以上的阀形避雷器由于器身细长，多落地安装在0.4m的基础上。110kV及以下的氧化锌避雷器形体矮小，稳定度好，一般采用高式布置。

4. 电缆和通道

屋外配电装置中电缆沟的布置，应使电缆所走的路径最短。一般横向电缆沟布置在断路器和隔离开关之间。大型变电站的纵向电缆沟，因电缆量多，一般分为两路。采用弱电控制和晶体管继电保护时，为了抗干扰，要求电缆沟采用辐射形布置。

（二）屋外配电装置实例

屋外配电装置的结构型式与主接线、电压等级、容量、重要性，以及母线、构架、断路器和隔离开关的类型都有密切关系。和屋内配电装置一样，必须注意合理布置，并保证电气安全净距，同时还应考虑带电检修的可能性。

图8-4为66kV外桥接线全屋外式中型布置的配电装置。除变压器之外所有电器都布置在2～2.7m的基础上。

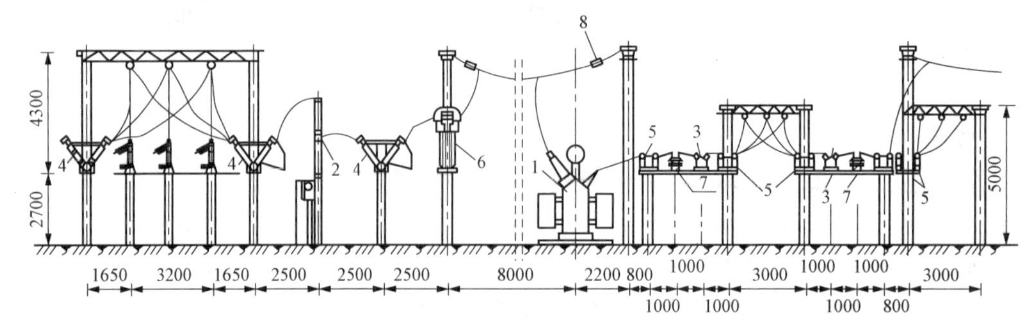

图8-4　66kV外桥接线全屋外式中型布置的配电装置（单位：mm）

1—电力变压器；2—SF_6断路器；3—真空断路器；4、5—隔离开关；
6、7—电流互感器；8—棒型悬式绝缘子

图 8-5 为 35～66kV 全屋外式高型布置的配电装置，其特点是将不同电压等级的两组母线及其隔离开关上下层叠布置，电源可从两侧进线。因此，可大大缩小占地面积，从而使投资减少。但是，检修条件较中型布置稍差，特别是带电检修有一定困难。高型布置在地少人多地区及场地面积受限制的工程得到广泛应用。

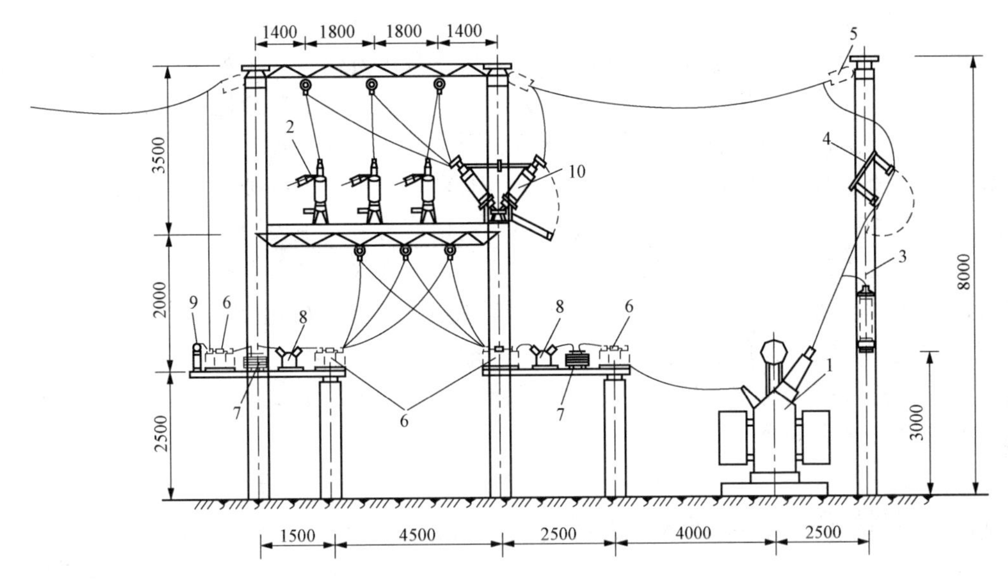

图 8-5　35～66kV 全屋外式高型布置的配电装置（单位：mm）

1—电力变压器；2、10—高压隔离开关；3—避雷器；4—熔断器；5—棒型悬式绝缘子；6—隔离开关；7—电流互感器；8—真空断路器；9—避雷器

第三节　防雷与接地技术

变电站电力设施大多直接暴露在户外，为了确保其安全可靠运行，必须采取有效的防雷与接地措施。

一、过电压与防雷

电力系统在运行过程中，由于某种原因会出现超过正常工作要求的高电压，从而对电气设备的绝缘造成损害，这种电压称为过电压。按产生的原因不同，过电压可分为内部过电压和外部过电压。

内部过电压是由于电力系统本身的开关操作、发生故障或其他原因，使系统的工作状态突然改变，从而在系统内部出现电磁能量振荡而引起的过电压。内部过电压又分为操作过电压和谐振过电压等形式。内部过电压一般不会超过系统正常运行时相对地额定电压的 3～4 倍，因此，对电压线路及电气设备的威胁不是很大。

外部过电压是由雷击引起的，所以又称雷电过电压或大气过电压。雷电过电压有两种基本形式：

（1）直接雷击过电压。它是雷电直接击中电气设备、线路或建筑物，其过电压引起强大的雷电流通过这些物体放电入地，从而产生破坏性极大的热效应和机械效应，这称为直接雷击过电压。

(2) 感应雷过电压。它是雷电未直接击中电力系统中的任何部分，而由雷击对设备、线路或其他物体的静电感应或电磁感应所产生的过电压，这称为感应雷过电压。

雷击过电压的形式除了上述直击雷和感应雷外，还有一种是沿着架空线路侵入变配电站的高电位雷击波，这称为雷电波侵入。据统计，由于雷电波侵入而造成的雷害事故占总雷害事故的50%以上。

雷电过电压产生的雷电冲击波，其电压幅值可达数十万伏，甚至数兆伏，其电流幅值可高达几十万安，因此，对供电系统的危害极大，必须采取一定的措施加以防护。

一个完整的防雷装置包括接闪器或避雷器、引下线和接地装置。

避雷针、避雷线、避雷网、避雷带均是接闪器，而避雷器是一种专门的防雷设备；避雷针主要用来保护露天变配电设备及保护建（构）筑物；避雷线主要用来保护输电线路；避雷网和避雷带主要用来保护建（构）筑物；避雷器主要用来保护电力设备。

接闪器的功能实质为引雷作用。它们利用其高出被保护物的突出地位，把雷电引向自身，然后通过引下线和接地装置把雷电流导入大地，使被保护物免受雷击。

引下线指连接接闪器与接地装置的金属导体，一般采用圆钢或扁钢制作，应满足机械强度、耐腐蚀和热稳定的要求。

接地装置包括接地体和接地线。防雷接地装置与一般电气设备接地装置大体相同，所不同的是所用材料规格比一般接地装置要大。

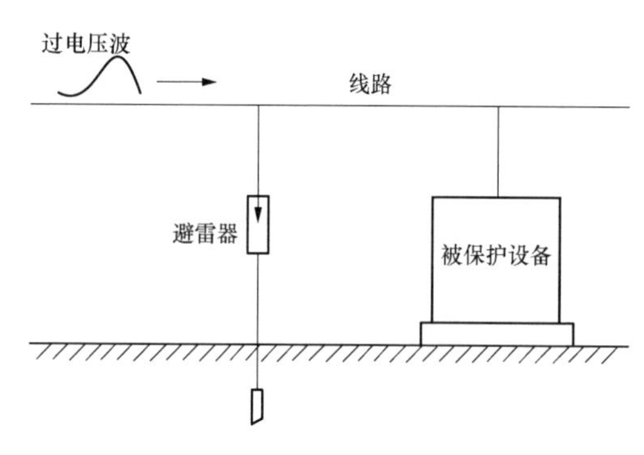

图8-6 避雷器的连接

避雷器是用来防止雷电产生的过电压波沿线路侵入变配电站或其他建筑物内，以免危及被保护设备的绝缘。避雷器应与被保护设备并联，装在被保护设备的电源侧，如图8-6所示。正常时，避雷器的间隙保持绝缘状态，不影响系统的运行。当因雷击，有高压冲击波沿线路袭来时，避雷器间隙击穿而接地，从而强行切断冲击波。这时，能够进入被保护物的电压，仅为雷电流通过避雷器及其引下线和接地装置产生的残压。雷电流通过以后，避雷器间隙又恢复绝缘状态，以使系统正常运行。

二、接地与接地装置

电气设备的任何部分与土壤间作良好的电气连接，称为接地。与土壤直接接触的金属体或金属体组，称为接地体或接地极。接地体按结构可分为自然接地体和人工接地体，按形状可分为管形接地体和带形接地体等。连接接地体与电气设备之间的金属导线，称为接地线。接地线可分为接地干线和接地支线。接地体和接地线合称为接地装置。

（一）接地装置的作用

变电站中的接地装置按工作性质可分为工作接地和保护接地。工作接地是指为了保证电力系统正常情况和事故情况下能可靠工作，而将电力系统中的某一点，通常是中性点，直接或经特殊设备与地作金属连接。保护接地是指为了保护人身安全，防止触电，而将在正常情况下不带电的电气设备外壳或金属结构与接地体之间作良好的金属连接。

1. 保护接地的作用原理

图 8-7（a）为无保护接地措施的情况下，人接触漏电设备的情况。电动机的外壳平时是不带电的，但当某一相的绝缘击穿时，外壳就带电了，并且外壳与地之间的电压接近于相电压，同时由于线路与大地之间存在电容，或者线路上某处绝缘不好，此时若有人接触到这台电动机的外壳，人体中就会有电流通过，发生触电事故。

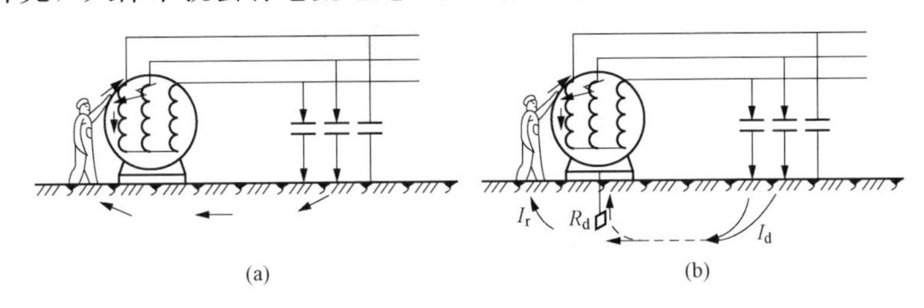

图 8-7 说明保护接地作用的示意图
（a）无保护接地措施；（b）有保护接地措施

图 8-7（b）为采取了保护接地后的情况。在电动机外壳带电的情况下，如果有人触及电动机外壳，则接地短路电流将同时沿着接地体和人体两条路径通过，即流过人体的电流为

$$I_r = \frac{R_d}{R_d + R_r} I_d \tag{8-1}$$

式中：R_r 为人体支路电阻；R_d 为接地装置的接地电阻；I_d 为单相接地电流。

从式（8-1）中可以看出，接地装置的电阻越小，通过人体的电流也就越小。因为通常人体电阻是接地电阻的几百倍，所以当选择接地电阻值使其小于规定值时，通过人体的电流就可以保证在安全值以下，从而保证人身的安全。

2. 接触电压和跨步电压

当电气设备一相绝缘损坏与外壳相碰发生接地短路时，电流通过接地体向大地作半球形散开，形成电流场，如图 8-8 所示。在半球形的球面上，距接地体越远的地方，面积越大，电阻越小，电位越低。试验证明：在距接地体或碰地处 15～20m 的地方，实际上电阻接近于零，几乎不再有电压降。也就是说，该处的电压已接近于零。电位等于零的地方，就称为电气上的“地”。通常所说的对地电压，就是指带电体与电气上所指的“地”之间的电位差。其在数值上等于接地电流与接地电阻的乘积。

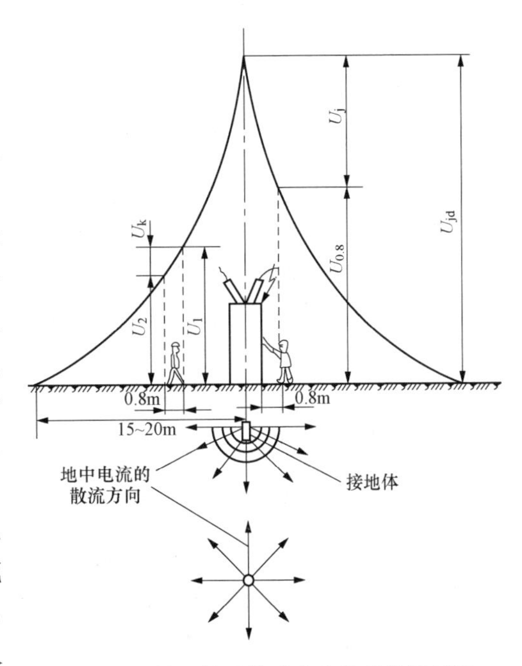

图 8-8 单一接地体地中电流的散流情况

当接地装置有接地电流通过时，如进入电位分布区并接触接地短路故障的设备外壳（或构架），人体手和脚之间便具有不同的电位差，此电位差便称为接触电压。接触电压一般按人站在距离接地设备 0.8m 的地方，手触及电气

设备距地面 1.8m 高的地方时，作用在人体手与脚之间的电压来计算。

跨步电压是指沿着地中电流的散流方向行走，两脚之间的电压，通常指步距为 0.8m 时两脚间的电压。

人体所承受的接触电压或跨步电压，与通过人体电流的大小、持续时间的长短等多种因素有关，在接地装置的设计和施工时，应将其控制在允许值之下。发电厂、变电站或其他电力设备的接地网，如果是以水平敷设的接地体为主的接地装置，则其最大接触电压和跨步电压可用下式计算：

$$\begin{aligned} U_j &= K_m K_i \rho \frac{I}{L} \\ U_k &= K_s K_i \rho \frac{I}{L} \end{aligned} \tag{8-2}$$

式中：ρ 为平均土壤电阻率，Ω·m；I 为流经接地装置的最大单相短路电流，A；L 为接地网中接地体的总长度，m；K_m、K_s 为与接地网布置方式有关的系数（在一般计算中取 $K_m=1$、$K_s=0.1\sim0.2$）；K_i 为流入接地装置的电流不均匀修正系数（在计算中取 $K_i=1.25$）。

接触电压和跨步电压的最大允许值可用下式计算：

在小接地短路电流系统中，有

$$\left.\begin{aligned} U_j &= 50+0.05\rho \\ U_k &= 50+0.2\rho \end{aligned}\right\} \tag{8-3}$$

在大接地短路电流系统中，有

$$\left.\begin{aligned} U_j &= \frac{250+0.25\rho}{\sqrt{t}} \\ U_k &= \frac{250+\rho}{\sqrt{t}} \end{aligned}\right\} \tag{8-4}$$

式中：ρ 为人脚站立处地面的土壤电阻率，Ω·m；t 为接地短路电流持续时间（即接地短路电流持续时间），s。

上述电力设备接地装置上的最大允许接触电压 U_j 和跨步电压 U_k 的计算式，是按人体通过电流允许值为 $165/\sqrt{t}$(mA) 和人体电阻为 15 000Ω 时导出的。在条件特别恶劣的场所，如矿山井下和水田中，最大允许接触电压值和跨步电压值要适当降低。

（二）接地装置的接地电阻允许值

电气设备中任何带电部分，凡对地电压大于 250V 时，称为高压电气设备。反之，对地电压在 250V 及以下时，称为低压电气设备。例如，接于 380/220V 三相四线制系统的电气设备，当系统中性点接地时，为低压设备；中性点不接地时，为高压设备。

接地电阻是指接地装置对大地的电位（U_e）与接地电流（I_d）的比值，可表示为

$$R_d = \frac{U_e}{I_d} \tag{8-5}$$

1. 1000V 以上高压设备的接地电阻

(1) 大接地短路电流接地系统（$I\geqslant 500$A）。一般情况下，在这种系统中虽然电压很高，接地电流大，但当电气设备绝缘损坏发生单相短路时，继电保护动作迅速，切除故障时间短，所以人员在此时正好接触电气设备外壳的概率很小。对于这种设备，运行维护人员进行

维护操作时，均采用绝缘靴、绝缘台和绝缘手套等保护工具，产生的危险性更小。因此，相关规程规定，单相接地时，接地电位不得超过2000V，相应的接地电阻为

$$R_d = \frac{2000}{I_d}(\Omega) \tag{8-6}$$

式中：I_d 为系统发生单相接地短路时，经大地流过接地体的电流，A。

当 $I_d>4000$A时，接地装置的接地电阻在一年内任何季节应不超过0.5Ω；即 $R_d \leqslant 0.5\Omega$。对于高土壤电阻系数地区，接地电阻允许提高，但不应该超过5Ω，并且必须对可能将接地网的高电位引向厂、站外的或将低电位引向厂、站内的设施采取电的绝缘措施。

（2）小接地短路电流系统（$I<500$A）。由于在小电流接地系统发生单相接地短路时，并不要求继电保护动作跳闸切除故障，而是允许继续运行一段时间（一般为2h）。因此，工作人员接触故障设备外壳的概率较大。所以，将接地电压规定得较低。相关规程规定，接地电位和接地电阻在一年内任何季节不允许超过以下数值：

1）高低压设备共用的接地装置由于考虑接地的并联回路较多，因此对地电压只要不超过安全电压的一倍就可以了。一般规定接地电压不得超过120V，即

$$R_d \leqslant \frac{120}{I_d}(\Omega) \tag{8-7}$$

一般接地电阻应不大于10Ω。

2）高压设备单独的接地装置，规定接地电压不得超过250V，即

$$R_d \leqslant \frac{250}{I_d}(\Omega) \tag{8-8}$$

一般接地电阻应不大于10Ω。

高土壤电阻系数地区，R_d 允许提高，发电厂、变电站 $R_d \leqslant 15\Omega$，其余 $R_d \leqslant 30\Omega$。

2.1000V以下低压设备的接地电阻

（1）中性点直接接地系统。对于发电机或变压器的工作接地，要求 $R_d \leqslant 4\Omega$；中性线上的重复接地，要求 $R_d \leqslant 10\Omega$。

（2）中性点不直接接地系统。当发生单相接地短路时，通常不会产生很大的短路电流。经验证明，产生的短路电流最大不超过15A。如将电阻限制在 $R_d \leqslant 4\Omega$ 以内，则对地电压就可限制在4×15＝60（V）。所以，一般情况下要求 $R_d \leqslant 4\Omega$。当发电机或变压器容量小于100kVA时，由于发电机及变压器的内阻较大，产生的接地短路电流也不可能很大，因此接地电阻可取 $R_d \leqslant 10\Omega$。

对于1000V以下的低压设备，在高土壤电阻系数地区，R_d 允许提高，但应不超过30Ω。

（三）接地装置的布置

发电厂和变电站的接地装置按结构可分为人工接地体和自然接地体。

在布置发电厂与变电站接地装置时，首先应保证无论施工或运行，在一年中的任何季节，接地电阻都应不大于允许值；同时，保证工作区域内电位分布较均匀，以使接触电压和跨步电压在安全值以下；其次应充分利用自然接地体，以便降低工程造价。

人工接地体由水平接地体和垂直接地体所组成。垂直接地体一般由长度为2～3m的钢管或角钢制成，优点是接地电阻值随季节变化小，缺点是当垂直接地体相距较近时，互相的屏蔽作用使其每个接地体的散流作用降低。水平接地体一般为圆钢或扁钢，特点是散流作用大，但受季节影响也大。

为了降低工程造价，应充分利用自然接地体。用来作为自然接地体的有上下水的金属管道；与大地有可靠连接的建筑物的金属结构；敷设于地下而其数量不少于二根的电缆金属包皮及敷设于地下的各种金属管道（输送易燃易爆气体或液体除外），将其与人工接地体相连。自然接地体的接地电阻值可由实测得出。

敷设了接地装置的电气设备比没敷设接地装置的电气设备要安全，但是如果接地装置布置不当，仍将有触电危险。

例如，在图 8-9 所示的单根接地体或外引式接地体中，电位的分布明显是不均匀的，人体处在电位分布区内的时候，仍不免有触电的危险。因此，必须要合理地布置接地体。

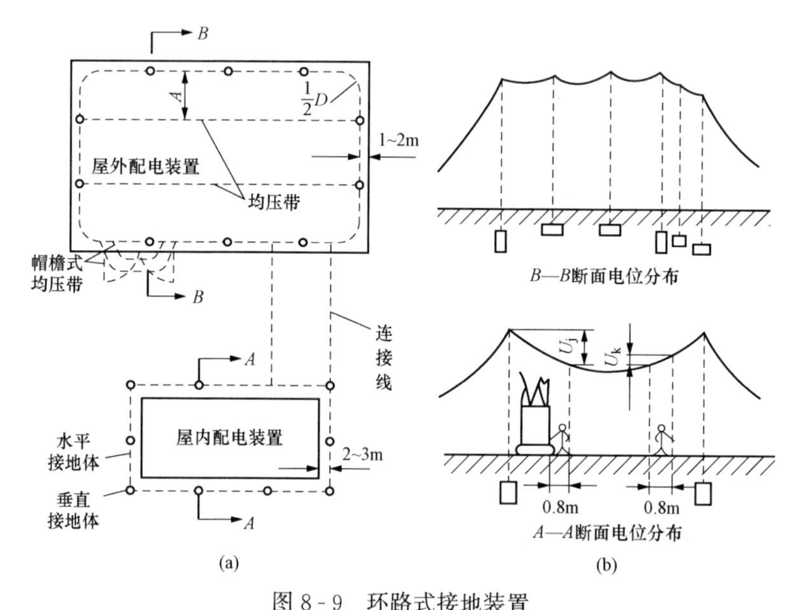

图 8-9　环路式接地装置

（a）环路式接地网的平面布置图；（b）接地网地面电位分布断面图

U_j—最大接触电压；U_k—跨步电压

为了克服单根接地体或外引式接地体的缺点，发电厂和变电站的接地装置均布置成环路式接地体。如图 8-9 所示，外线各角圆弧的半径一般应不小于均压带间距的一半。对于经常有人走动的配电区域入口处，可以进一步采取措施，降低跨步电压，通常在该处地下不同深度埋设两条与接地网相连的帽檐式均压带或铺设砾石、沥青路面。在图 8-9 中可以看出，接地体内部电位的分布是比较均匀的，但是接地体外部的电位分布仍不均匀，为了使接地体外部的电位分布也比较均匀，可以在环路式接地体外敷设一些与接地体没有连接关系的扁钢，这样，接地体外的电位分布就比较均匀了，如图 8-10 所示。

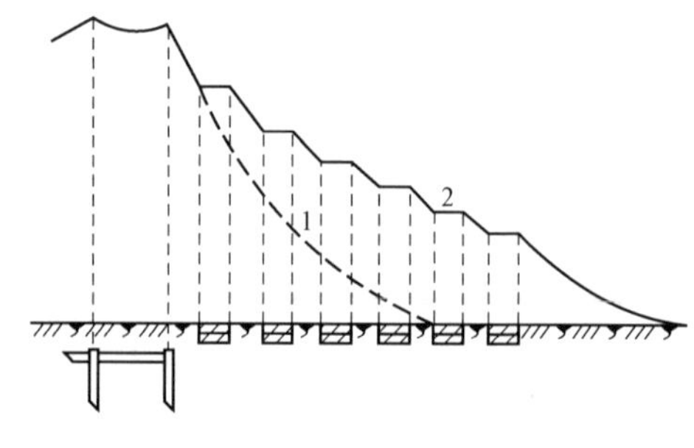

图 8-10　环路式接地体附近的电位分布

1—地面电位降；2—沿汇流钢条的电位降

接地线与接地体的连接宜用焊接，接地线与设备外壳的连接，可用螺栓连接或焊接。用螺栓连接时，应设防松螺母或防松垫片。

电气设备应采用单独的接地线，不允许一个接地线上串联数个电气设备。

复习思考题

8-1　什么是最小安全净距？它是怎样确定的？

8-2　屋内配电装置的元件布置有哪些具体规定？

8-3　屋外配电装置的哪几种形式？它们的特点和适用场合如何？

8-4　说明接地、接地体、接地线、接地装置的含义。

8-5　电力系统接地的目的是什么？

8-6　保护接地的原理是什么？

8-7　什么是跨步电压和接触电压？

8-8　接地装置如何布置？

第三部分　发电厂和变电站二次系统

第九章　变电站的二次回路与自动装置

二次接线又称二次回路，是指用来对一次接线的运行进行控制、监测、指示和保护的电路。其任务是通过二次设备对一次设备的监察测量来反映一次回路的工作状态，并控制一次回路，保证其安全、可靠、经济、合理地运行。二次回路按电源性质可分为直流回路和交流回路（包括交流电流回路和交流电压回路）。二次回路按功能可分为操作电源回路、电气测量回路与绝缘监察装置、高压断路器的控制和信号回路、中央信号装置、继电保护回路及自动化装置等。

为了掌握二次回路的工作原理和整套设备的安装情况，必须用国家规定的电气系统图形符号和相应的文字符号，表示出测量仪表、控制开关、信号装置等二次设备的互相连接、安装布置，称为二次接线图。

第一节　二次接线的图纸

图纸是工程的语言，二次接线图是用来详细表示二次设备及其连接的原理性电路图。它的用途是详细解释二次电路和设备的作用原理，为测试和寻找故障提供信息，是发电厂及变电站的重要技术资料。二次接线图可分为原理接线图、展开接线图、安装接线图几种。

一、原理接线图

原理接线图是表示二次接线构成原理的基本图纸，如图 9-1 所示。图中所有二次设备均以整体图形表示，并和有关一次设备绘制在一起，使整套装置构成一个完整的整体概念，可比较直观而清楚说明各设备之间的电气联系和动作原理。

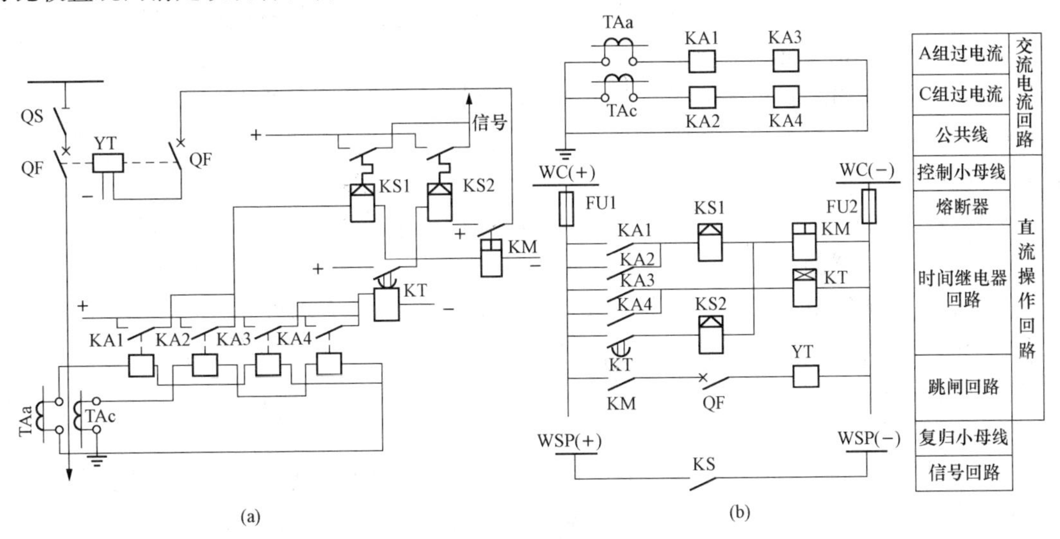

图 9-1　35kV 输电线路保护

（a）原理接线图；（b）展开接线图

原理接线图的特点如下：

（1）二次接线和一次接线的相关部分画在一起，且电气元件以整体形式表示（线圈与触点画在一起），能表明各二次设备的构成、数量及电气连接情况，图形直观形象，便于设计构思和记忆。

（2）用统一的图形和文字符号表示，按动作顺序画出，便于分析整套装置的动作原理，是绘制展开接线图等其他工程图的原始依据。

（3）其缺点是不能表明元件的内部接线、端子标号及导线连接方法等，因此不能作为施工图纸。

图 9 - 1 是按照国家标准绘制的输电线路速断和定时限过电流保护装置的原理图。整个保护装置采用不完全星形接线方式，第一段电流速断保护由电流继电器 KA1、KA2，中间继电器 KM 和信号继电器 KS1 组成；第二段过电流保护由电流继电器 KA3、KA4，时间继电器 KT 和信号继电器 KS2 组成。其中，任一段保护动作均能使断路器跳闸。相应的信号继电器 KS1、KS2 有掉牌装置指示，并发出声音和灯光信号。当系统发生相间短路时，短路电流流过 TAa 或 TAc，若短路电流大于速断保护的动作电流值，则电流速断和定时限过电流两套保护装置均启动，但后者有继电器 KT 延时。

原理接线图绘出的仅仅是二次回路中主要元件的工作概况，对简单的二次回路可以一目了然。但在线路设备比较复杂时，图中线条较多，绘图、读图都很麻烦，也不便于施工，所以在实际工作中使用较多的是展开接线图。

二、展开接线图

展开接线图是根据原理接线图绘制的。展开接线图是将二次设备按其线圈触点的接线回路展开分别画出，组成多个独立回路，是安装、调试和检修的重要技术图纸，也是绘制安装接线图的主要依据。

（一）展开接线图的特点

（1）按不同电源回路划分为多个独立回路。例如，交流回路又分为电流回路和电压回路，都是按照 A、B、C、N 相序分别排列。直流回路又按其用途分为测量仪表回路、控制回路、合闸回路、信号回路、保护回路等。

（2）将同一继电器或设备的线圈、触点分别绘制在所属不同回路中。属于同一回路的线圈和触点，按电流通过的先后顺序从左到右排列成行，行与行之间也按动作的先后顺序自上而下排列。

（3）在图形的上方有对应的文字说明（回路名称、用途等），便于读图和分析。展开接线图中各设备分成线圈和触点等部件，凡属于同一个二次设备的所有部件都标注同一个文字符号。例如，电流继电器 KA1，其线圈标以 KA1，触点也标以 KA1。当展开图上同样设备多于一个时，在文字符号后用顺序号加以区别，如 KA1、KA2、…。若同一设备具有多对触点时可用右侧标注数字区别开来，如 KM1、KM2、…；或者用接线端子加以区别，如 KM17 - 8、KM15 - 6、…。

（4）各导线、端子都有统一规定的回路编号和标号，便于分类、查找、施工和维修。

（5）展开接线图上所有设备的触点位置，均按正常状态绘出，即按设备不带电又无外力作用时的位置绘出。

（二）展开接线图上二次回路编号

为了便于安装施工和运行维护，在展开接线图中对回路应进行编号，在展开接线图中，根据编号能了解该回路的用途，回路编号的原则如下。

（1）一般回路编号用两位或三位数字组成，见表9-1。

表9-1　　电力系统图上的回路编号

（一）直流回路的编号

回路名称	回路编号			
	Ⅰ	Ⅱ	Ⅲ	Ⅳ
“+”电源回路	1	101	201	301
“−”电源回路	2	102	202	302
合闸回路	3～31	103～131	203～231	303～331
跳闸回路	33～49	133～149	233～249	333～349
备用电源自动合闸回路	50～69	150～169	250～269	350～369
开关器具的信号回路	70～89	170～189	270～289	370～389
事故跳闸音响回路	90～99	190～199	290～299	390～399
保护及自动重合闸回路	01～099			
信号及其他回路	701～999			

（二）交流回路的编号

回路名称	互感器的文字符号	回路编号				
		A相	B相	C相	中性线	零序
保护装置及测量回路	TA	A401～A409	B401～B409	C401～C409	N401～N409	L401～L409
表计的电流回路	TA1	A411～A419	B411～B419	C411～C419	N411～N419	L411～L419
	TA2	A421～A429	B421～B429	C421～C429	N421～N429	L421～L429
保护装置及测量表计的电压回路	TV	A601～A609	B601～B609	C601～C609	N601～N609	L601～L609
	TV1	A611～A619	B611～B619	C611～C619	N611～N619	L611～L619
	TV2	A621～A629	B621～B629	C621～C629	N621～N629	L621～L629
控制、保护、信号回路		A1～A399	B1～B399	C1～C399	N1～N399	

（2）编号方法，如图9-2所示。

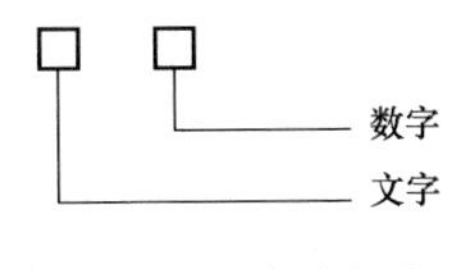

图9-2　编号方法

（3）小母线编号方法，如图9-3所示。

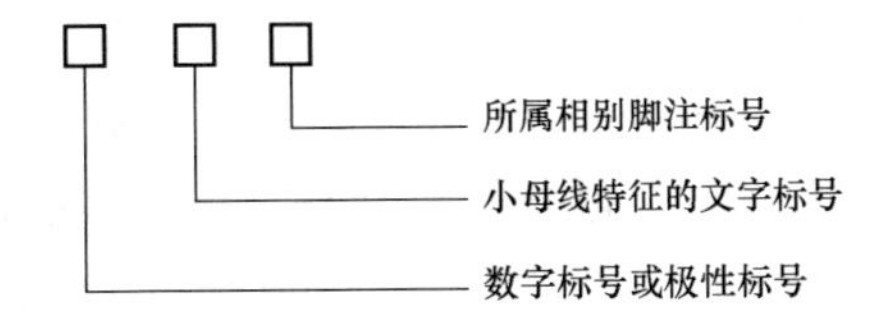

图9-3　小母线编号方法

（4）对某些回路标以固定数字标号。例如，合闸回路 03、103、203，跳闸回路 33、133、233 等。

（5）在同一回路中，若有几个电器型号相同，则相互间以十位数或百位数加以区别，一般交流回路：TA1 用 A411、B411、C411、N411，TA2 用 A421、B421、C421、N421。两者间以十位数区别。

（6）按等电位原则进行编号，即连于一点上的所有导线标以相同编号。

（7）一条回路中若需标号，都以主要降压元件分界，可由左向右标以不同的标号。但一般习惯只在控制电缆引出屏外时，才对回路进行编号。

工程上，除绘出各安装单位安装接线图外，还需标出各安装单位之间电缆联系图，如图 9 - 2 所示。

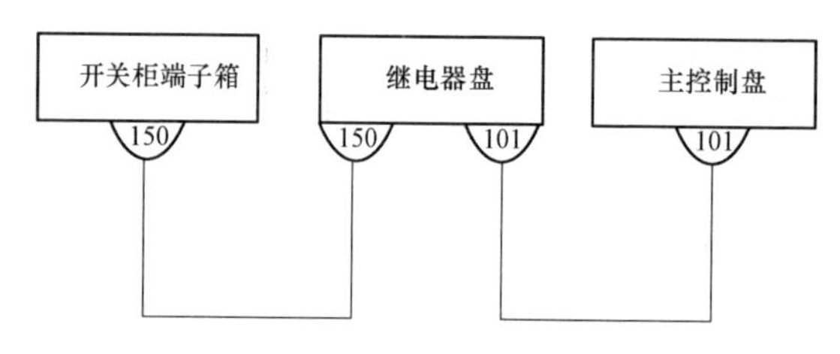

图 9 - 4 各安装单位电缆联系图

电缆编号方法如图 9 - 5 所示。

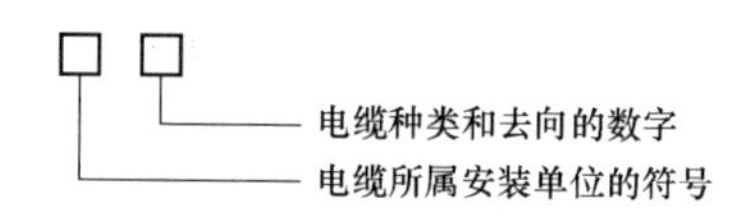

图 9 - 5 电缆编号方法

电缆去向的数字部分划分如下：数字组 01～099 为电力电缆，100～109 为控制电缆，111～115 为主控制室到 6～10kV 配电装置间联络电缆，116～90 为主控制室到 35kV 配电装置间联络电缆，91～95 为主控制室到 110kV 配电装置间联络电缆，96～99 为主控制室到变压器间联络电缆，130～1149 为主控制屏间联络电缆，150～199 为其他各处的控制电缆。

若同一回路的多条并联电缆采用同一标号，则在每根的标号后加脚注符号如 a、b、c 等。

（三）展开接线图的阅读

阅读展开接线图的顺序：先读交流电路后读直流电路；直流电流的流通方向是从左到右，即从正电流经触点到线圈再回到负电源。元件的动作顺序是：从上到下，从左到右。

（1）了解控制电器和继电器保护简单结构及动作原理。在 35kV 线路继电保护展开接线图各电流互感器二次线圈的电流回路中，接入相应的电流继电器 KA1、KA2、KA3、KA4 的线圈。直流回路由控制电源小母线经熔断器引下，所有回路的接线在控制电源的正、负极间分成一系列独立的水平段。其动作顺序是从左到右，从上到下，如 KA3 和 KA4 动作，它们的动合触点闭合，接通了跳闸线圈 YR 的回路，使断路器 QF 跳闸。在信号回路中由“掉牌未复归”的光字牌小母线引下，在 KS2 或 KS1 动作后，其相应触点闭合，发出“掉牌未复归”信号。

（2）展开接线图中各设备都用国家规定的标准图形符号和文字符号，应熟练记牢。

（3）图上所有继电器和电气设备的辅助触点的位置采用“正常”状态，即继电器线圈内没有电流、断路器没有动作时所处的状态。

三、安装接线图

安装接线图是控制、保护等屏（台）制造厂生产加工和现场安装施工用的图纸，也是运行试验、检修等的主要参考图纸，是根据展开接线图绘制的。安装接线图是最具体、最详细的施工图，是照图施工（接线）的工程图。安装接线图包括屏面布置图、端子排图、屏背面接线图几种。

（一）屏面布置图

屏面布置图是指从屏的正面看，将各安装设备和仪表的实际安装位置按比例画出的正视图。是屏背面接线图的依据，也是制造厂用来作屏面布置设计、开孔及安装的依据，施工现场则用这种图纸来核对屏内设备的名称、用途及拆装维修等，如图 9-6 所示。

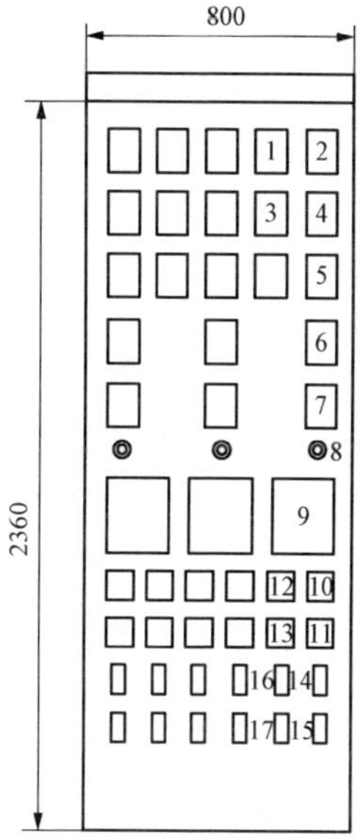

屏面布置图的设计应达到便于观察、操作、调试安全，安装、检修简易，整体美观、清晰，用屏数量较少的要求。

图 9-6　屏面布置图

（二）端子排图

屏内的二次设备与屏外二次回路的连接，同一屏上各安装单位之间的连接、屏面设备与屏顶设备的连接需按需要通过各种形式的接线端子实现。许多端子组合在一起构成端子排。

端子排图是指从屏背后看，表明屏内设备连接和屏内设备与屏外设备连接关系的图。端子排需表明端子类型、数量及排列顺序。

在安装接线图上，端子排一般采用四格的表示方法。图 9-7 为屏的右侧端子排的表示方法（如为左侧的端子排可将图 9-7 翻转 180°表示）。

从左至右每格表示的含义如下：

第一格：表示屏内设备的文字符号及其接线标号。

第二格：表示接线端子的序号和形式。

第三格：表示安装单位的回路编号。

第四格：表示屏外或屏顶引入设备的符号及其接线标号。

端子排的排列和位置与屏内设备相对应。端子形式的选用：若为一般交流电流回路应采用试验端子。每侧装设的端子数目不得超过 135 个，端子排按交流电流、交流电压、信号、控制等回路从上到下的顺序成组地分开，每组预留一定数量的备用端子，每个端子的接线螺钉只接一根导线。当导线较多时，用连接型端子并头或分头；正、负电源之间需用一个端子隔开，以免正、负电源间误碰发生短路。

（三）屏背面接线图

屏背面接线图是指从屏的背面看的、表明屏内设备在屏背面的引出端子之间的连接情况及端子与端子排连接关系的图。屏背面接线图是以屏面布置图为基础，以展开接线图为依据绘制的接线图。由于二次设备都安装在屏的正面，而其接线都在屏的背面，因此在实际生产中，一般说安装接线图指的就是屏背面接线图。

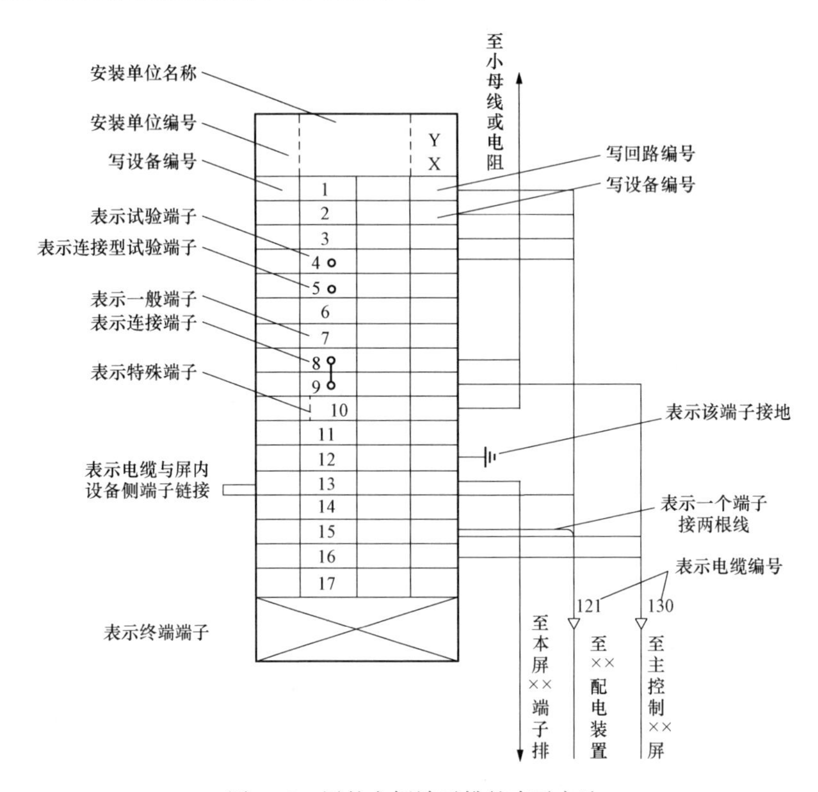

图 9-7 屏的右侧端子排的表示方法

1. 屏背面接线图的特点

(1) 屏背面接线图上各二次设备的尺寸和位置，不要求按比例绘出，但都应和实际的安装位置相同。

(2) 屏背面接线图上设备的外形都与实际形状相符。对于复杂的二次设备必须画出其内部接线。简单的设备，则不必画出，但必须画出其接线柱和接线柱的编号。背视看见的设备轮廓线用实线表示，看不见的轮廓线用虚线表示。

2. 屏背面接线图二次回路编号

二次回路的编号，根据等电位的原则进行，即连接在一点的全部导线都用同一个数码来表示。当回路经过开关或继电器触点隔开后，应给予不同的编号，因为触点断开后，其两端已不是等电位。

屏背面接线图上对二次设备、端子排等进行标志的内容如下：

(1) 与屏面布置图相一致的安装单位编号及设备顺序号。

(2) 与展开接线图相一致的设备文字符号。

(3) 与设备表相一致的设备型号。

在屏背面接线图中，根据编号能进行正确的连接。阅读屏背面接线图的依据是展开接线图和屏面布置图（主要是展开接线图），因此，屏背面接线图的设备符号和标号应与展开接线图和屏面布置图上的一致。图 9-8 为屏背面接线图上的设备符号图。

（1）设备安装单位标号。在同一屏上若有属于不同的一次回路的二次设备，标以罗马数字Ⅰ、Ⅱ、Ⅲ、…、来区别不同的安装单位。

（2）同型号设备的顺序号。二次设备中若有几只相同型号的设备，在设备符号后用阿拉伯数字作为序号来区别，如 KA1、KA2 等。

（3）设备顺序号。用阿拉伯数字对同一安装单位的所有二次设备，按其在屏上的位置，从左到右、从上到下的次序给每一个设备编号。

在屏背面接线图上，设备编号以圆圈表示在设备图形的左上角。在设备图形的上方，写明设备的型号。

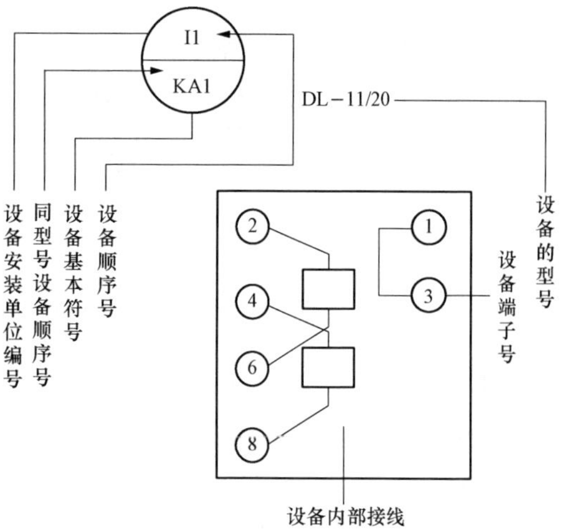

图 9-8　屏背面接线图上的设备符号图

3. 连接导线的编号

屏背面接线图中各种设备、仪表、继电器、开关、指示灯等元件及连接线，都是按照它们的实际位置和连接关系绘制的，为了施工和运行检修的方便，所有设备的端子和连线都按“相对编号法”的原则标注编号。

如图 9-9 中有功功率表 I5 的接线柱 5，应通过连接线与无功功率表 I6 的接线柱 4 连接，于是 I5 接线柱 5 处标以对方 I6 的接头标号 I6-4，而在 I6 接线柱 4 处标以对方 I5 的接头标号 I5-5，因此，安装接线图中，由编写的标号，可以清楚地找到需连接的接线端子。在屏上实际安装时，相对编号的数字写在特制的塑料套箍上，套在连接线的两端，以便在运行和检修时查找设备。

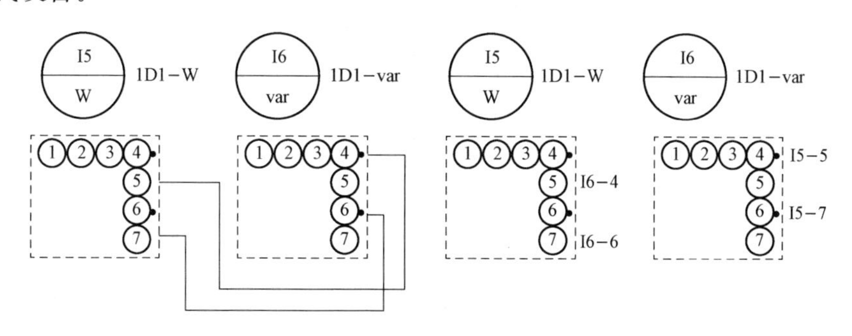

图 9-9　屏内元件间接线方法

在端子排上所标示的回路标号应与展开接线图上的回路标号完全一致，否则，会造成混乱，发生事故。

4. 安装接线图的阅读方法和步骤

在掌握了二次展开接线图的阅读方法和安装接线图的绘制原则后，就可以进行安装接线图的阅读了。如图 9-10 所示的 10kV 输电线路定时限过电流保护安装接线图的阅读方法如下：

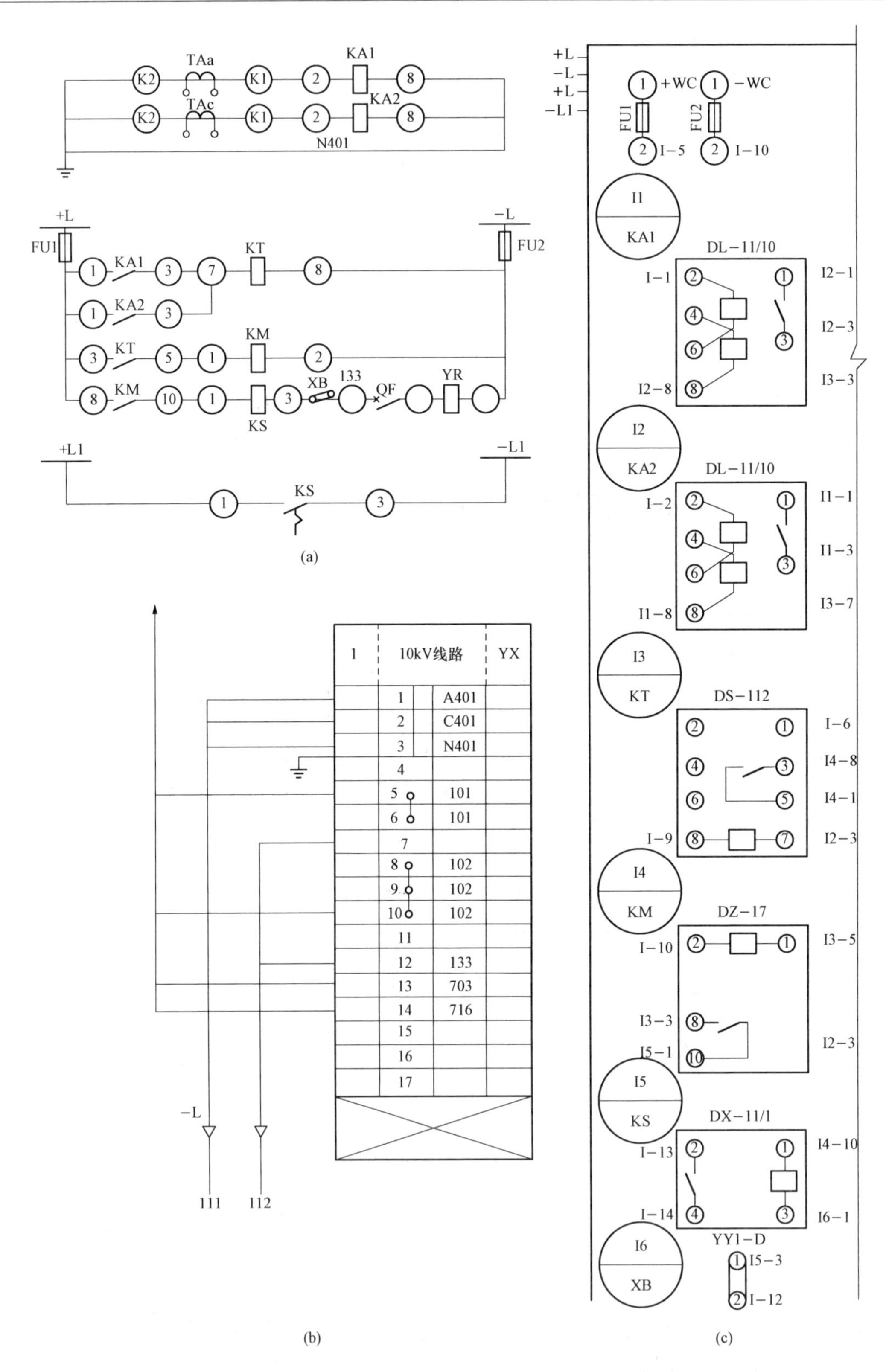

图 9-10 10kV 输电线路定时限过电流保护接线图

(a) 展开接线图；(b) 端子排图；(c) 安装接线图

阅读安装接线图时，应对照展开接线图，根据展开接线图阅读顺序，全图从上到下，每行从左到右进行，导线的连接应用相对标号法来表示。

第一步：对照展开接线图了解由哪些设备组成。从安装接线图中左上方设备符号可了解到，此图为1号安装单位，屏上装有六个设备，即KA1、KA2、KT、KM、KS、XB，屏顶装有四条小母线。即+L、−L、+L1、−L1和两个熔断器FU1、FU2。

第二步：看交流回路。在图中电流互感器TAa、TAc，通过控制电缆19号三根芯线连到端子排1号、2号、3号试验端子，其回路编号分别为A401、C401、N401，分别接到屏上的KA1的接线螺钉②和KA2的接线螺钉②，通过公共回线构成保护的交流电流回路。

第三步：看直流回路。控制电源从屏顶直流小母线+L、−L，经熔断器FU1、FU2，分别引到端子排5号、10号连接端子，其回路编号为101、102，端子5号与屏上KA1的螺钉①连接，在屏上通过KA1的螺钉①与KA2的螺钉①连接。从图中可以看到，KA1的螺钉①标以I2-1（即KA2的螺钉①的编号），KA2的螺钉①标以I1-1（即KA1的螺钉①的编号）。展开接线图上，电流继电器KA2、KA1的接线螺钉③并联后与KT连接，即KA2、KA1的接线螺钉③相并联（在KA1接线螺钉③标以I2-3，在KA2接线螺钉③标以I1-3），然后由KA2的接线螺钉③标以I3-7与KT的接线螺钉⑦相接，KT的接线螺钉⑧与端子排的9号端子连接，8号、9号、10号为连接型端子，所以KT的⑧接线螺钉接通了−L。

端子排的5号、6号端子为连接型端子，由6号端子与屏上的KT的螺钉③连接，并通过此螺钉与KM的接线螺钉⑧连接，KM的接线螺钉②与端子排的10号端子相连，使KM线圈接通了负电源。

KM的螺钉⑧与KT的螺钉③相连得正电源，KM的螺钉⑩与KS的螺钉①相连。

KS的螺钉③与连接片①，连接片的螺钉②与端子排的9号端子，回路编号为133，经111号电缆引到断路器辅助触点QF、8号端子，经111号电缆引至跳闸线圈YR，使YR得负电源。以上接线构成了继电保护的直流回路。

第四步：看信号回路。从屏顶小母线+L1和−L1引到端子排13号、14号端子，其回路编号为703、716，该两端子分别与屏上KS的螺钉②、④连接，构成信号回路。

第二节　操　作　电　源

发电厂及变电站的操作电源，是指作为高压断路器直流操动机构的分合闸、继电保护、自动装置、信号装置等供电的电源及事故照明和控制用直流电源的总称。

一、直流负荷的分类

发电厂及变电站的直流负荷，按其用电特性的不同分为经常负荷、事故负荷和冲击负荷三类。

（一）经常负荷

经常负荷指在各种运行状态下，由直流电源不间断供电的负荷。其主要包括经常带电的直流继电器、信号灯、位置指示器，经常点亮的直流照明灯，经常投入运行的逆变电源等。

（二）事故负荷

事故负荷指正常运行时由交流电源供电，当发电厂和变电站的自用交流电源消失后由直流电源供电的负荷。它一般包括事故照明、汽轮机润滑油泵、发电机氢冷密封油泵及载波通信备用电源等。

（三）冲击负荷

冲击负荷是指直流电源承受的短时最大电流。它包括断路器合闸时的冲击电流和此时直流母线上所承受的其他负荷电流（经常负荷与事故负荷）。

由上述发电厂及变电站的直流负荷可知，这些负荷非常重要，一旦出现故障将会造成严重后果，因此，操作电源必须满足在任何情况下都能保证可靠的不间断地向用电负荷供电。

二、操作电源的基本要求及分类

（一）操作电源的基本要求

操作电源为电力系统一次回路开关设备的操作提供动力，是电力系统二次回路的动力，操作电源应完全独立于电力系统之外。

（1）保证供电的可靠性，最好装设独立的直流操作电源，如蓄电池操作电源，以免交流系统故障时，影响操作电源的正常供电。

（2）具有足够的容量，能满足各种工况对功率的要求。

（3）具有良好的供电质量。正常运行时，操作电源母线电压波动范围小于5%额定值；事故时，母线电压不低于90%额定值；失去浮充电源后，在最大负荷下的直流电压不低于80%额定值；波纹系数小于5%。

（4）使用寿命长，运行、维护方便。

（5）投资少，布置面积小。

（二）操作电源的分类

发电厂及变电站的操作电源可分为直流操作电源和交流操作电源两大类。

直流操作电源按发展历程为柴油发电机直流电源、电容储能直流电源、蓄电池组直流电源系统、硅整流式直流电源系统（蓄电池为后备电源）、高频开关直流电源系统（蓄电池为后备电源）等。

交流操作电源就是直接使用交流电源作为二次回路的工作电源。采用交流操作电源时，一般由电流互感器供电反映给短路故障的继电器和断路器的跳闸线圈；由自用电变压器供电给断路器合闸线圈；由电压互感器（或自用电变压器）供电给控制与信号设备。这种操作电源接线简单、维护方便、投资少，但其技术性能尚不能完全满足大中型发电厂及变电站的要求，主要用于小型变电站。

操作电源按照电压等级可分为220V、110V（用于强电回路），以及48V、24V（用于弱电回路）。

三、直流操作电源系统

目前，发电厂及中大型变电站的控制回路、继电保护装置及其出口回路、信号回路，皆采用直流电源供电。重要发电厂及变电站的照明也采用直流供电方式。另外，为确保发电机等主设备的安全，某些动力设备（如电机油泵等）也由直流电源供电。完成对上述回路、装置及动力设备供电的系统称为直流系统。

直流系统是发电厂和变电站的重要系统。在发电厂及大中型变电站，被操作和被保护的主设备较多，直流系统分布面广，它遍布厂或站的各个角落。因此，为确保发电厂和变电站的安全、经济运行，有完善而可靠的直流系统是非常必要的。

（一）直流操作电源

1. 蓄电池组直流电源

蓄电池组是一种与电力系统运行方式无关的独立电源系统。发电厂及变电站故障甚至交流电源完全消失的情况下，仍能在一定的时间内（通常为2h）可靠供电。因此，它具有很高的供电可靠性。

蓄电池是一种既能把电能转换为化学能储存起来，又能把化学能转变为电能供给负荷的化学电源设备。蓄电池主要由容器、电解液，以及正、负电极板构成。

蓄电池一般按电解液不同分为酸性蓄电池和碱性蓄电池两种。酸性蓄电池端电压较高，冲击放电电流大，适合于断路器跳、合闸的冲击负荷，但酸性蓄电池寿命短，运行维护比较复杂；碱性蓄电池体积小，寿命长，运行维护简便，但事故放电时电流较小。目前，发电厂及变电站中广泛使用酸性蓄电池。

蓄电池的工作原理：蓄电池的正极板和负极板插入电解液中时，发生化学反应，由于正、负极板材料不同，正、负极板电位不同，正、负极板间便产生电位差。在外电路没有接通时，正、负极板之间的电位差就是蓄电池的电动势，在外电路与负荷接通时，就有电流流过负荷，即蓄电池向负荷放电（蓄电池把化学能转变为电能）。当蓄电池放电后将负荷断开，使其与直流电源相连，当电源电压高于蓄电池的端电压时，化学反应向相反方向进行，把电能转换为化学能储存起来。如此循环进行，实现为直流负荷供电的目的。由此可见，蓄电池的作用就是向直流负荷提供电能。

由于单个蓄电池电压较低，因此需若干个连接成蓄电池组，作为发电厂及变电站的操作电源。蓄电池组作为操作电源，不受电网运行方式变化的影响，在故障状态下仍能保证一段时间的供电，具有很高的可靠性。

蓄电池组供电的负荷主要有：

（1）主控制室、就地操作的配电装置、各电压等级的厂用配电装置控制屏的控制信号回路，以及各级电压配电装置的断路器跳、合闸线圈等。

（2）汽机和锅炉控制屏的控制信号回路，各汽机直流润滑油泵及氢冷直流密封油泵的电动机。

（3）事故照明网络，即主控制室的专用事故照明屏。对于只装一组蓄电池的发电厂及变电站，设置一块事故照明屏；装有两组蓄电池的发电厂，则设置两块事故照明屏。

（4）其他直流用电设备，如通信备用电源、主控制室经常照明灯及电气试验室等直流负荷。

但是，蓄电池存在自放电现象，需要长期或定期充电。

蓄电池组直流电源的运行方式主要采用充电—放电式和浮充电式两种。充电—放电运行方式，就是对运行中的蓄电池组进行定期的充电，以保持蓄电池的良好状态。按浮充电方式工作的蓄电池组，经常处于充满电状态，只有当交流电源消失或浮充整流器故障时，才转为长时间放电状态。浮充电工作方式在实际中广泛应用。

实际中，1组蓄电池直流电源系统推荐采用单母线或单母线分段接线，使系统接线更加简单，运行也更加可靠。1组蓄电池的直流电源系统允许从相同电压的另一直流电源系统接入一应急电源回路供短时使用，解决紧急情况下的需要，主要针对不同机组之间的直流电源系统应急联络回路。由于本机蓄电池容量选择时没有考虑另一组蓄电池的负荷，因此该联络回路应按直流馈线考虑，装设直流断路器。正常运行时，该回路应为断开状态。1组蓄电池、1套充电装置典型接线示意图如图9-11所示，1组蓄电池、2套充电装置典型接线示意图如图9-12所示。

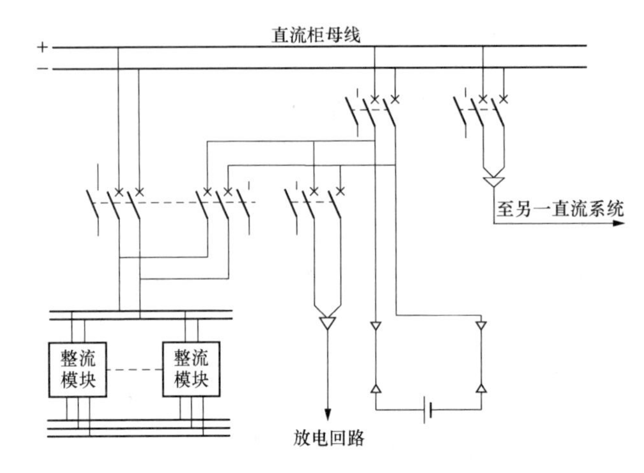

图9-11 1组蓄电池、1套充电装置典型接线示意图

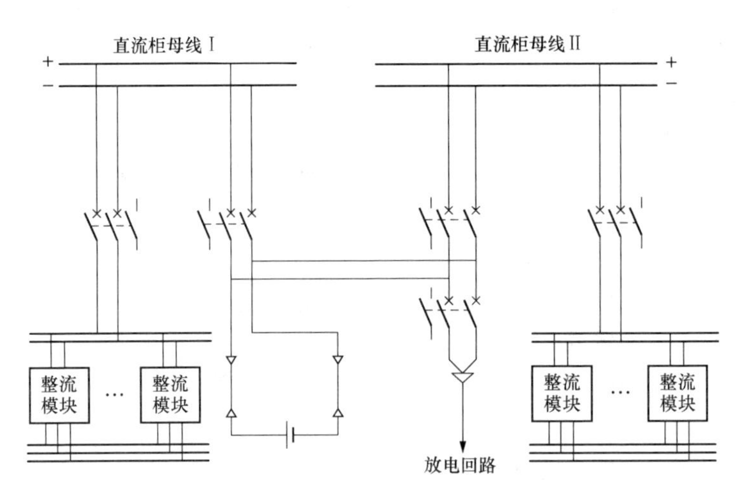

图9-12 1组蓄电池、2套充电装置典型接线示意图

2组蓄电池正常运行时，应分别独立运行。考虑定期充、放电实验要求，为了转移直流负荷，对同一电压等级的2组蓄电池，当电压相差不大，即不超过直流电源系统标称电压的2%，且2组蓄电池型号相同、投运时间和运行环境类似时，其老化速度及特性比较接近，短时并联不会对蓄电池组造成伤害。此外，2组蓄电池切换过程还应避免直流电源系统电压波动过大，或某个直流电源系统存在接地故障而影响两个直流电源系统的安全运行。当两个直流电源系统间设有联络线时，对发电厂控制专用直流电源系统和变电站直流电源系统，联络开关可采用隔离开关；对发电厂动力专用直流电源系统和动力控制合并供电的直流电源系统，联络开关应选用直流断路器。2组蓄电池、2套充电装置典型接线示意图如图9-13所示，2组蓄电池、3套充电装置典型接线示意图如图9-14所示。

此外，由于蓄电池组电压平稳，容量较大，可以提供断路器合闸时所需要的较大的短时

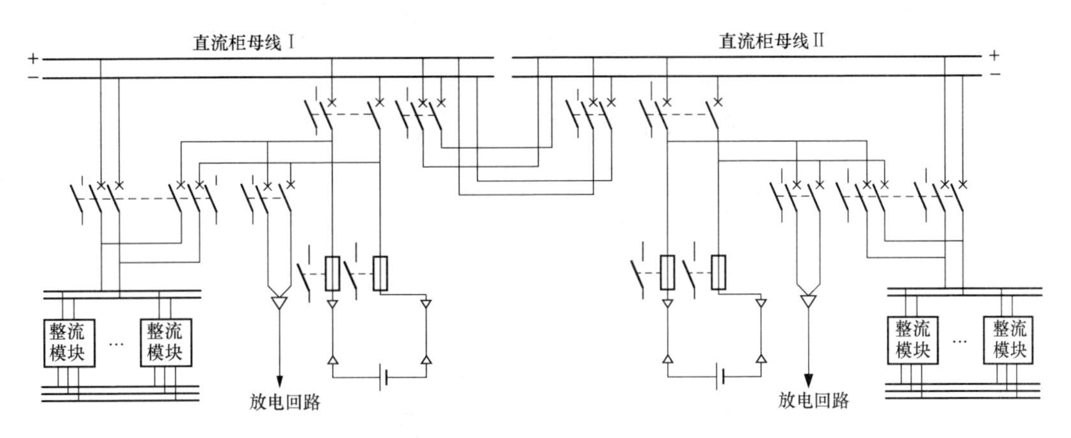

图 9-13　2 组蓄电池、2 套充电装置典型接线示意图

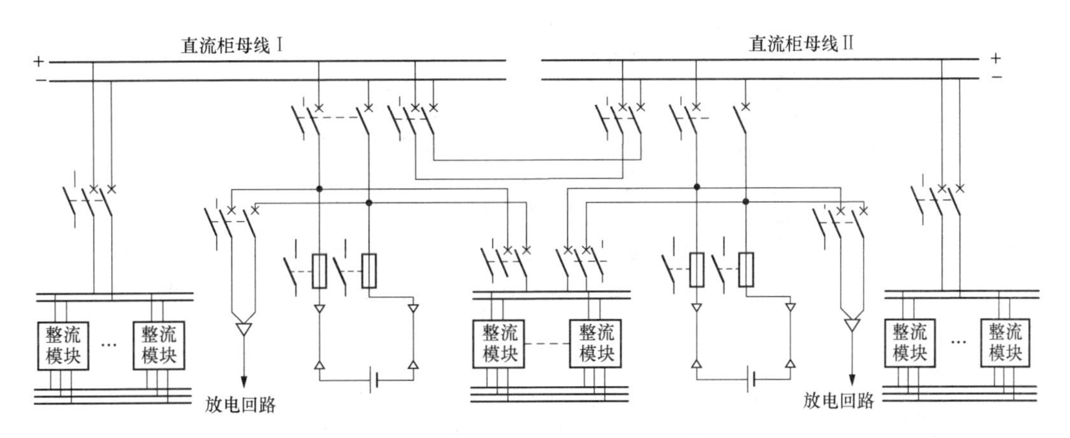

图 9-14　2 组蓄电池、3 套充电装置典型接线示意图

冲击电流，满足较复杂的继电保护和自动装置要求，并可作为事故保安负荷的备用电源。蓄电池组的主要缺点是运行维护工作量较大，寿命较短，价格昂贵，并需要许多辅助设备和专用的房间。但是，由于发电厂及变电站的对操作电源的可靠性有较高的要求，因此蓄电池组仍然是发电厂及大中型变电站不可缺少的电源设备。

2. 硅整流电容器储能的直流电源

硅整流电容器储能的直流电源装置，是一种非独立式的直流电源，由硅整流设备和储能电容器组构成，如图 9-15 所示。

如果单独采用硅整流器作为直流操作电源，则当交流供电系统电压降低或电压消失时，将严重影响直流系统的正常工作。因此，宜采用有电容储能的硅整流电源。在供电系统正常运行时，通过硅整流器供给直流操作电源，同时，通过电容器储能，在交流供电系统电压降低或电压消失时，由储能电容器对继电器和跳闸回路放电，使其正常动作。

为了保证直流操作电源的可能性，采用两个交流电源和两台硅整流器。硅整流器 U1 主要用作断路器合闸电源，并向控制、信号和保护回路供电。硅整流器 U2 的容量较小，仅向控制、信号和保护回路供电。

逆止元件 VD1 和 VD2 的主要功能：一是当直流电源电压因交流电源供电系统电压降低而降低时，使储能电容器 C1、C2 所储能量仅用于补偿自身所在的保护电路，而不向其他元

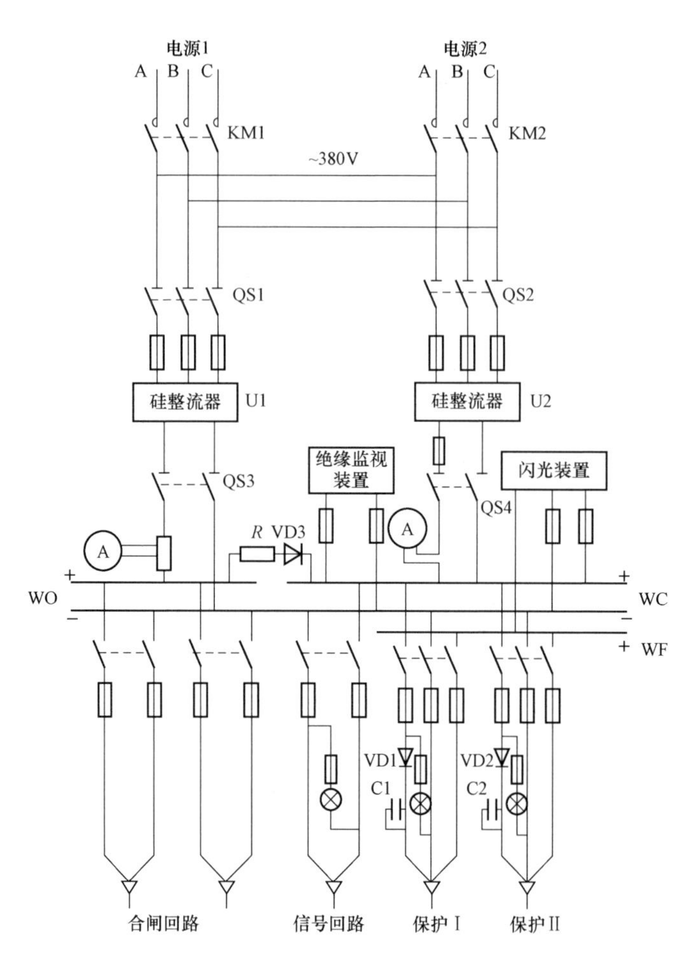

图 9-15 硅整流电容储能式直流操作电源系统接线

C1、C2—储能电容器；WC—控制小母线

WF—闪光信号小母线；WO—合闸小母线

件放电；二是限制 C1、C2 向各断路器控制回路中的信号灯和重合闸继电器等放电，以保证其所供电的继电保护和跳闸线圈可靠动作。逆止元件 VD3 和限流电阻 R 接在两组直流母线之间，使直流合闸母线只向控制小母线 WC 供电，防止断路器合闸时硅整流器 U2 向合闸母线供电。

限流电阻 R 用来限制控制回路短路时通过 VD3 的电流，以免 VD3 烧毁。

储能电容器 C1 用于对高压线路的继电保护和跳闸回路供电，而储能电容器 C2 用于对其他元件的继电保护和跳闸回路供电。储能电容器多采用容量大的电解电容器，其容量应能保证继电保护和跳闸回路可靠地动作。

硅整流设备将厂（站）用的交流电源变为直流作操作电源。为了在交流系统发生短路故障时，仍能使继电保护及断路器可靠动作，装设了储能电容器。正常情况下，由硅整流设备向直流母线上的直流负荷供电的同时给储能电容器充电，当直流母线电压下降到很低时，电容器的放电释放出能量供继电保护装置和断路器跳闸使用，保护装置动作切除故障后，所用电源和直流电压恢复正常，电容器又充电储能。由于受到储能电容器容量的限制，这种操作电源在交流电源消失后，只能在短时间内向继电保护与自动装置，以及断路器跳闸回路供电。硅整流直流电源具有电压质量高、输出容量大、速度快、运行稳定可靠、维护方便、投资省等优点，故被广泛使用在小型发电厂及中小型变电站。

3. 复式整流直流电源

复式整流直流电源，是一种以厂（站）自用交流电源、电压互感器二次电压、电流互感器二次电流等为输入量的复合式整流设备。复式整流是指提供直流操作电压的整流电源有以下两种。

（1）电压源。由变配电站的所用变压器或电压互感器供电，经铁磁谐振稳压器（当稳压要求较高时装设）和硅整流器供电给控制回路、信号和保护等二次回路。

（2）电流源。由电流互感器供电，同样经铁磁谐振稳压器和硅整流器供电给控制、信号和保护等二次回路。

图 9-16 为复式整流装置的原理图。由于复式整流装置既有电压源又有电流源，因此能保证交流供电系统在正常或故障情况下，直流系统均能可靠地供电。与上述电容器储能式相比，其结构简单、运行维护工作量小，并能在故障状态下输出较大的直流电流，电压的稳定性也更好，广泛用于具有单电源的中小型变电站。

4. 高频开关直流电源

直流稳压电源经历了以下几个发展过程：

（1）线性稳压电源：交流电源经过工频变压器变压、整流、滤波，再经过晶体调整管整定输出直流电压。

（2）晶闸管相控电源：交流电源通过工频变压器变压隔离，经过晶闸管转换成 50Hz 脉冲电压，再经过电抗器及输出滤波器滤波，将输入转换成稳定的直流输出电压。

（3）开关型稳压电源：交流电源通过整流、滤波变为直流，再经过高频变压器及高频开关管，将直流电转换成高频脉冲输出，高频脉冲信号经过快恢复整流管整流、电抗器及输出滤波器滤波变成稳定的直流输出电压。

直流电源技术目前向着节能、省电、低噪声、低污染、低辐射方向发展。

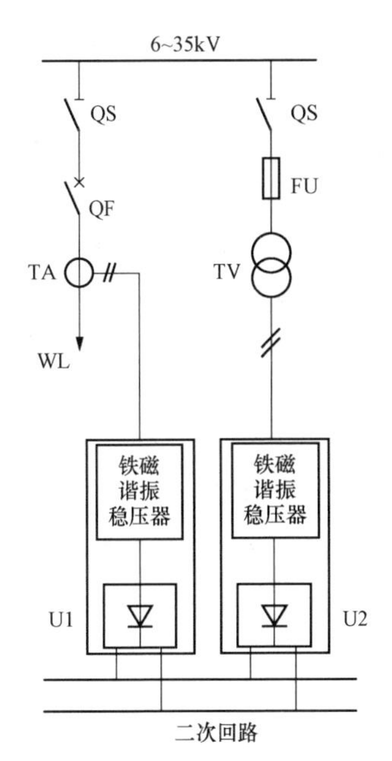

图 9-16　复式整流装置的原理图
TA—电流互感器；TV—电压互感器；
U1、U2—硅整流器

理论分析和实践经验表明，电气产品的变压器、电感和电容的体积质量与供电频率的平方根成反比。当我们把频率从工频 50Hz 提高到 20kHz，即提高 400 倍的话，用电设备的体积质量大体下降至工频设计的 5%～10%。

从发展过程看，直流稳压电源一代比一代体积更小，效率更高，充电机的主要参数、稳压精度、稳流精度、纹波系数、功率因数、噪声、智能程度、供电可靠性等技术指标更高。

高频开关电源（又称开关型整流器，SMR）通过 MOSFET 或 IGBT 的高频工作，开关频率一般控制在 50～100kHz 范围内，实现高效率和小型化。

高频开关电源的基本电路框图如图 9 - 17 所示。开关电源的基本电路包括两部分：一是主电路，是指从交流电网输入直流输出的全过程，完成功率转换任务；二是控制电路，通过为主电路变换器提供的激励信号控制主电路工作，实现稳压。

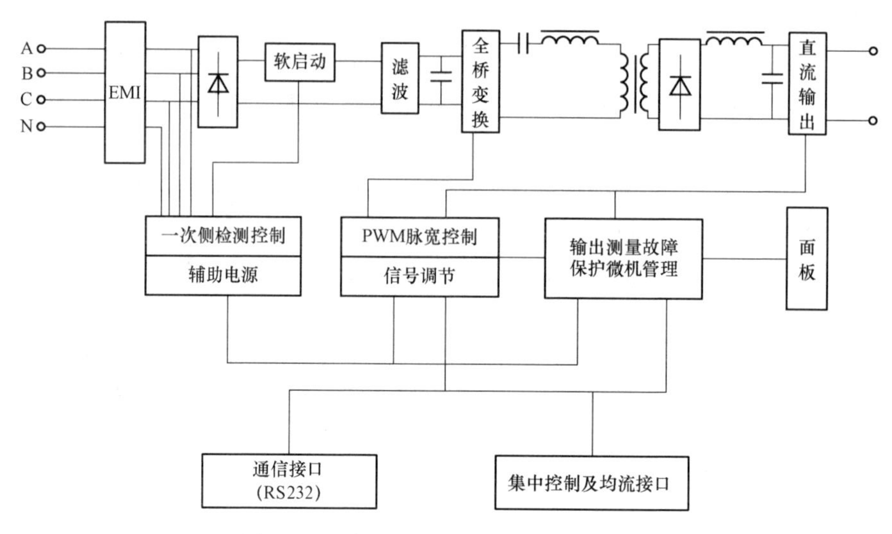

图 9 - 17 高频开关电源的基本电路框图

高频开关电源由以下几个部分组成：

（1）主电路。从交流电网输入、直流输出的全过程，包括以下几个部分。

1）一次侧检测控制电路：监视交流输入电网的电压，实现输入过电压、欠电压、断相保护功能及软启动的控制。

2）EMI：其作用是将电网存在的杂波过滤，同时也阻碍本机产生的杂波反馈到公共电网。

3）软启动：消除开机浪涌电流。

4）整流与滤波：将电网交流电源直接整流为较平滑的直流电，以供下一级变换。

5）全桥变换：将整流后的直流电变为高频交流电，这是高频开关电源的核心部分，频率越高，体积、质量与输出功率之比越小。

6）输出整流与滤波：根据负荷需要，提供稳定可靠的直流电源。

（2）控制电路。一方面，从输出端取样，经与设定标准进行比较，控制逆变器，改变其频率或脉宽，达到输出稳定；另一方面，根据测试电路提供的数据，经保护电路鉴别，提供控制电路对整机进行各种保护措施。

（3）检测电路。除了提供保护电路中正在运行中各种参数外，还提供各种显示仪表数据。

（4）辅助电源。提供所有单一电路的不同要求电源。

（二）直流母线及输出馈线

直流电源的输出并接在直流母线上。直流母线汇集直流电源输出的电能，并通过各直流馈线输送到各直流回路及其他直流负荷（如事故照明、直流电动机等）。

直流母线的接线方式，取决于直流电源的数量、对直流负荷的供电方式及充电设备的配置方式。在中大型发电厂及变电站，直流母线的接线方式多为单母线分段或者双母线。根据需要，可以从每段或每条直流母线上引出多路直流馈线，将直流电源引到全厂或全站的配电室及控制室的直流小母线上，或引到直流动力设备的输入母线上。

从各直流小母线上又分别引出多路出路出线，分别接到保护盘、控制盘、事故照明盘或其他直流负荷盘。

（三）直流监控装置

为测量、监视及调整直流系统运行状况，以及发出异常报警信号，对直流系统应设置监控装置。直流监控装置应包括测量基表计、参数越限和回路异常报警系统等。现主要介绍直流系统的绝缘监测。

前面已介绍过，发电厂及变电站的直流系统分布面广，回路繁多，很容易发生故障或异常，其中最常见的不正常状态是直流系统接地。

1. 直流系统接地的危害

运行实践表明，直流系统一点接地，容易导致断路器偷跳。此外，当直流系统中发生一点接地之后，若再发生另外一处接地，将可能造成直流系统短路，致使直流电源中断供电，或造成断路器误跳或拒跳的事故发生。

当控制回路中发生两点接地时，可能造成断路器误跳或拒跳。断路器的简化跳闸回路如图 9 - 18 所示。由图可看出，当 A、B 两点接地或 A、C 两点接地或 A、D 两点接地时，断路器的跳闸线圈 TQ 将有电流通过，致使断路器跳闸；当 C、E 两点接地、或 B、E 两点接地、或 D、E 两点接地时，可致使断路器拒跳，或由于跳闸中间继电器不能启动而在继电保护动作后，断路器不能跳闸现象的发生。

此外，当图 9 - 18 中的 A、E 两点同时发生接地时，将造成直流电源的正极和负极之间的短路故障，致使熔断器（或快速开关）1FU、2FU 熔断（或快速开关跳闸），导致控制回路直流电源消失。

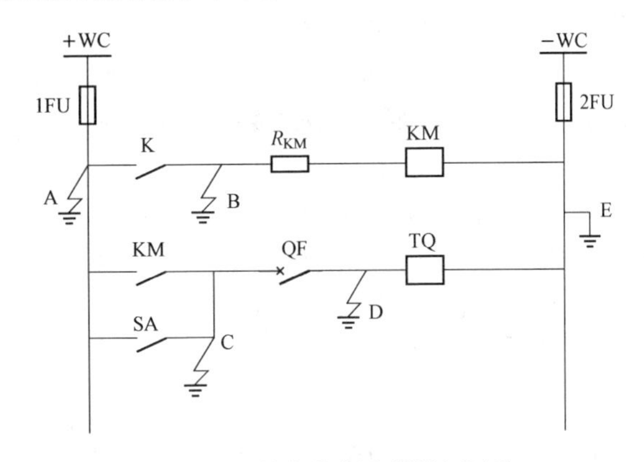

图 9 - 18　简化的断路器跳闸回路

K—继电保护出口继电器的动合触点；A、B、C、D、E—接地点装置；KM—跳闸中间继电器；SA—断路器操作开关的辅助触点；TQ—断路器的跳闸线圈；R_{KM}—电阻；1FU、2FU—熔断器；QF—断路器辅助触点，断路器在合位时闭合；+WC、−WC—控制回路直流正、负小母线

由于断路器线圈的动作电压较低，当站内直流系统的对地电容较大时，断路器的跳合闸线圈前的回路一点接地，也会造成断路器的误跳或误合。

2. 直流绝缘监测装置的构成及工作原理

当直流系统方式一点接地之后，应立即进行检查和处理，以避免发生两点接地故障。这就需要设置直流系统对地绝缘的监测装置，当直流系统对地绝缘严重降低或出现一点接地之后，立即发出告警信号。

直流绝缘监测装置是根据电桥平衡原理构成的，其检测原理的示意图如图 9 - 19 所示。

正常工况下，直流系统正、负两极对地的绝缘电阻 $R_3=R_4$，由于装置内电阻 $R_1=R_2$，因此在 R_1、R_2、R_3、R_4 构成的四臂电桥中 $R_1R_2=R_3R_4$，满足电桥平衡条件。A 点的电位

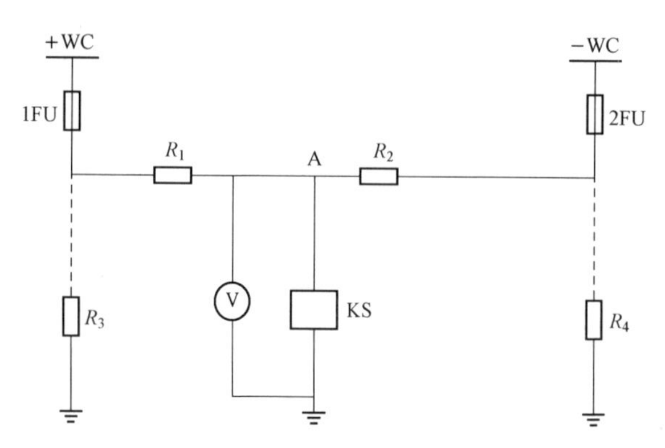

图 9-19　直流绝缘监测装置检测原理的示意图

R_1、R_2—监测装置内 P 的辅助电阻；R_3、R_4—监测装置内 P 的辅助电阻；KS—电压信号继电器；V—直流电压表；＋WC、－WC—直流电源的正、负小母线

与地电位相等，电流电压表的指示等于零。信号继电器 KS 两端无电压，不动作。

当某一极对地的绝缘电阻下降或直接接地时，R_3 不再等于 R_4，故 $R_1R_2 \neq R_3R_4$ 电桥平衡被破坏，A 点对地产生电压，信号继电器 KS 动作，发出告警信号。

图 9-19 中直流电压表的刻度为电压和电阻的双刻度，电压的刻度应与直流系统的额定电压相对应。

直流系统的绝缘监测装置的种类很多。但是，无论哪种装置，其构成原理都为电桥平衡原理，不同的是构成元件不同，功能多少不同。早期多采用的继电器构成的绝缘监测装置目前已不常用，现主要采用微机型绝缘监测装置。

微机型直流电源监测装置不但可以监测全直流系统对地绝缘状况，而且可以判断出接地的极性，并能检测出具体发生接地的直流馈线。该装置的原理接线如图 9-20 所示。

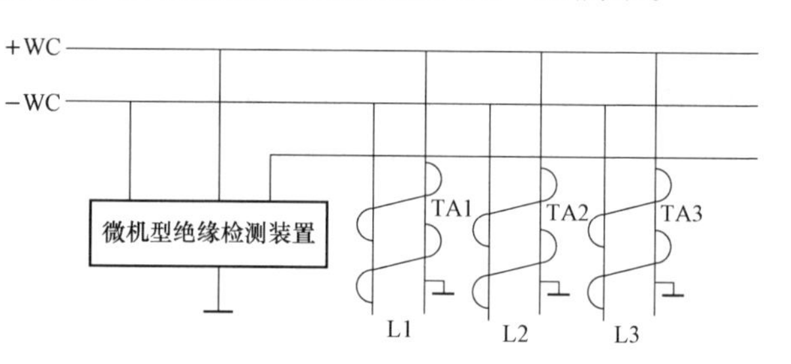

图 9-20　微机型绝缘监测装置的原理接线图

＋WC、－WC—直流电源的正、负小母线；L1、L2、L3—直流馈线；TA1、TA2、TA3—直流绝缘监测回路辅助电流互感器

图 9-20 中所示的微机型绝缘监测装置的检测原理也是电桥平衡原理，不同的是装置内有一低频电压信号发生器，该信号发生器产生的低频电压加在直流母线与地之间。当直流系统中的某一馈线回路出现接地故障时，该馈线上将流过一低频电流信号。该低频电流信号经辅助电流互感器传递给检测装置，经计算判断出接地馈线及接地电阻的大小。由于叠加低频信号对直流系统的电压质量有一定的影响，因此其幅值不宜过大，一般应不大于额定电压的 5%，并且应检验叠加信号后对继电保护等设备有无不良影响。

另外，也有采用霍尔传感器来替代图 9-20 中辅助电流互感器的，霍尔传感器能检测各馈线上正、负两根馈线的电流之差。因此，不必叠加低频信号。

3. 对直流绝缘监测装置的要求

直流系统是不接地系统，直流系统的两极（正极和负极）对地应没有电压，大地也应没有直流电位。但是，由于绝缘监测装置的电压表及信号继电器的一端是接地的，因此直流系统通过该仪表及信号继电器与大地连接。实际上，发电厂及变电站的直流系统是经高阻接地的接地系统。又由于图 9-19 中的 R_1 等于 R_2，因此在正常的工况下，地的直流电位应等于直流系统的 1/2。对于直流电压为 220V 的直流系统，其所在的大地的地电位应为 110V 左右。

对直流绝缘监测装置的要求，除了动作可靠之外，还要求其内测量电压表计的内阻要足够大，否则将可能造成继电保护器误动、拒动机断路器的拒跳和误跳。这是因为如果绝缘监测装置中测量电压表的内阻过小（极限情况下为零），将使直流系统在正常工况下已有一点接地，当再发生另一点接地时，就像两点接地一样，使断路器拒跳或误跳。

对直流系统绝缘监测装置用直流表计内阻的要求是用于测量220V回路的电压表，其内阻不得低于20kΩ；测量110V回路的电压表，其内阻不得低于10kΩ。

继电保护及控制回路等对直流馈线的要求：

（1）对大容量发电机组及额定电压为220V级以上的主设备、输电线路等，应根据继电保护与控制回路双重化的要求保护电源与控制电源分开的原则，使控制回路同保护回路由不同的直流馈线供电。两套双重化的保护及控制回路也需由不同的直流母线供电。对于具有双跳闸线圈的断路器，要求每个跳闸回路由不同的直流小母线供电，变压器各侧的控制回路也由不同的直流小母线供电。

（2）事故照明系统需有两套，分别由不同的母线供电。

（3）对于微机型保护装置，非电量保护应与电气量保护的直流电源分开。

（4）交、直流系统不能共用一根电缆，更不能有任何的电气连接。

直流系统和交流系统为两个相互独立的系统。直流系统为不接地系统，交流系统为接地系统。如果直流回路与交流回路共用一根电缆，当电缆中的直流芯线与交流芯线之间的绝缘损坏时，交流系统便串入直流系统，使直流系统接地。在电缆内部由于交、直流系统互串引起的直流接地很难检查及处理。

另外，交流回路与直流回路同用一根电缆，也容易相互干扰。若交流信号进入直流回路，则将影响继电保护及控制回路的正常运行，相互之间的扰动可能致使继电保护误动、断路器偷跳等事件的发生。

第三节　断路器的控制回路

电力系统的控制对象主要包括断路器、隔离开关等。其中，断路器是用来连接电网，控制电网设备与线路的通断，送出或断开负荷电流，切除故障的重要设备。其控制回路尤为重要。

一、断路器的控制方式及基本要求

（一）断路器的控制方式

由于断路器的种类和型号多种多样，因此控制回路的接线方式也很多，但其基本原理与控制要求基本相似。断路器的控制方式有多种，分述如下。

1. 按控制地点分类

断路器的控制方式按控制地点可分为集中控制和就地（分散）控制两种。

（1）集中控制。在主控室的控制台上，用控制开关或按钮通过控制电缆去接通或断开断路器的跳、合闸线圈，对断路器进行控制。一般发电机、主变压器、母线、断路器、厂用变压器35kV以上线路等主要设备都采用集中控制。

（2）就地（分散）控制。在断路器安装地点（配电现场）就地对断路器进行跳、合闸操作（可电动或手动）。一般对10kV线路及厂用电动机等采用就地控制，可大大减少主控制室的占地面积和控制电缆数。

2. 按控制电源电压

断路器的控制方式按控制电源电压可分为强电控制和弱电控制两种。

(1) 强电控制。从断路器的控制开关到其操动机构的工作电压均为直流 110V 或 220V。

(2) 弱电控制。控制开关的工作电压是弱电(直流 48V),而断路器的操动机构的电压是 220V。目前,在 500kV 变电站二次设备分散布置时,主控室常采用弱电一对一控制。

3. 按控制电源的性质

断路器的控制方式按控制电源的性质可分为直流操作和交流操作(包括整流操作)两种。

4. 按控制回路监视方式

断路器的控制方式按控制回路监视方式可分为灯光监视和音响监视。

(二) 断路器控制回路的基本要求

断路器的控制回路必须完整、可靠,因此应满足下面的要求:

(1) 应有对控制电源的监视回路。断路器的控制电源最为重要,一旦失去电源断路器便无法操作。因此,无论何种原因,当断路器控制电源消失时,应发出声、光信号,提示值班人员及时处理。对于遥控变电站,断路器控制电源消失时,应发出遥信。

(2) 应有防止断路器"跳跃"的电气闭锁装置,发生"跳跃"对断路器是非常危险的,容易引起机构损伤,甚至引起断路器的爆炸,故必须采取闭锁措施。断路器的"跳跃"现象一般是在跳、合闸回路同时接通时才发生。"防跳"回路的设计应使断路器在出现"跳跃"时,将断路器闭锁到跳闸位置。

(3) 应经常监视断路器跳、合闸回路的完好性。当跳闸或合闸回路故障时,应发出断路器控制回路断路信号。

(4) 对于断路器的跳、合闸状态,应有明显的位置信号,故障自动跳闸、自动合闸时,应有明显的动作信号。

(5) 跳、合闸命令应保持足够长的时间,并且当跳闸或合闸完成后,命令脉冲应能自动解除。因断路器的机构动作需要有一定的时间,跳、合闸时主触点到达规定位置也要有一定的行程,这些加起来就是断路器的固有动作时间,以及灭弧时间。命令保持足够长的时间就是保障断路器能可靠地跳、合闸。为了加快断路器的动作,增加跳、合闸线圈中电流的增长速度,要尽可能减小跳、合闸线圈的电感量。为此,跳、合闸线圈都是按短时带电设计的。因此,跳、合闸操作完成后,必须自动断开跳、合闸回路,否则,跳闸或合闸线圈会烧坏。通常由断路器的辅助触点自动断开跳合闸回路。

(6) 断路器的操作动力消失或不足时,如弹簧机构的弹簧未拉紧,液压或气压机构的压力降低等,应闭锁断路器的动作,并发出信号。SF_6 气体绝缘的断路器,当 SF_6 气体压力降低而断路器不能可靠运行时,也应闭锁断路器的动作并发出信号。

(7) 控制回路的接线力求简单可靠,使用电缆最少。

二、基本断路器控制回路

(一) 控制开关

控制开关又称万能转换开关,是由运行人员手动操作,发出控制命令使断路器进行跳、合闸的装置。发电厂和变电站常用的控制开关为 LW 系列自动复位的控制开关。

LW 系列自动复位的控制开关有三种类型：①LW2 系列控制开关，是跳、合闸操作都分两步进行，手柄和触点盒有两个固定位置和两个操作位置的封闭式控制开关。此种开关常用于火电厂和有人值班的变电站中。②LW1 系列控制开关，是跳、合闸操作只用一步，其手柄和触点只有一个固定位置和两个操作位置的控制开关。此种开关常用于无人值班的变电站和水电站中。③LWX 系列强电小型控制开关，跳、合闸为一步进行，近年来在各种集控台的控制和 300MW 以上机组的分控室中已被广泛应用。

下面以 LW2 型控制开关为例说明控制开关的结构及作用。

图 9－21 是发电厂和变电站普遍应用的 LW2－Z 型控制开关的结构图。其左端是操作手柄，装于屏前；与手柄固定连接的方轴上装有 5～8 节触点盒，用螺杆相连装于屏后，如图 9－21（a）所示。图 9－21（b）是控制开关的左视图，由图可见，控制开关的手柄有两个固定位置和两个操作位置。固定位置：垂直位置是预备合闸和合闸后，水平位置是预备跳闸和跳闸后。操作位置：右上方为合闸位置，左下方为跳闸位置。

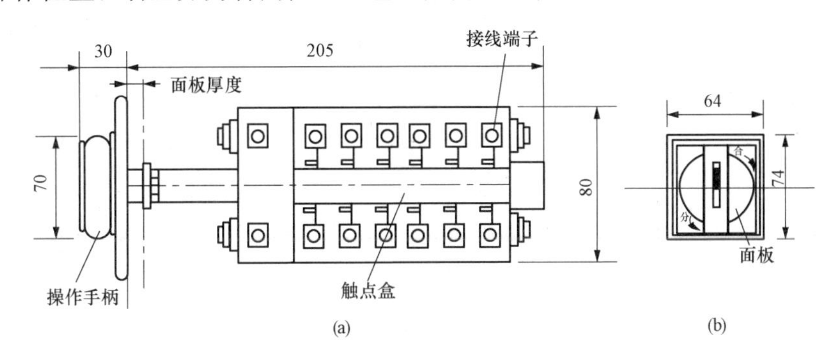

图 9－21　LW2－Z 型控制开关的结构图

（a）左端结构；（b）控制开关的左视图

控制开关的操作过程说明如下。

合闸操作：图 9－21（b）所示手柄为预备合闸状态，将手柄右旋 30°为合闸位置，手放开后在自复弹簧的作用下，手柄复位于垂直位置，成为合闸后位置。

跳闸操作：先将手柄左旋至水平位置，即预备合闸位置，再左旋 30°即为跳闸位置，手放开后在自复弹簧的作用下，手柄复位于水平位置，成跳闸后位置。

控制开关右端的数节触点盒，其四角均匀固定着四个静触点，其触点外端伸出盒外接外电路，而内端与固定于方轴上的动触点簧片相配合。

由表 9－2 可见，LW2－Z 手柄（Z 表示带自动复位及定位，手柄内带有信号灯，1a、4、6a、40、20、20 为触点盒代号，F 表示方形面板）都有六个位置，其合闸和分闸的操作都分两部完成，可以防止误操作。表 9－2 中“×”表示手柄在该位置时，对应的静触点是连通的，“—”表示断开。

在断路器的控制回路中表示触点通断状况的图形符号也可采用如图 9－22 所示的形式。其中，水平线是开关的接线端子引线，六条垂直虚线表示手柄六个不同的操作挡位，即 PC（预备合闸）、C（合闸）、CD（合闸后）、PT（预备跳闸）、T（跳闸）和 TD（跳闸后），水平线下方的黑点表示该对触点在此位置时是闭合的。

表 9 - 2　　**LW2 - Z - 1a. 4. 6a. 40. 20. 20/F8 触点配置**

在跳闸后位置的手把的样式和触点盒接线图	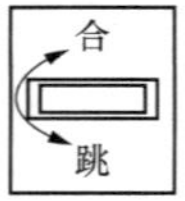 合 跳	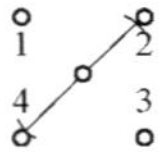 1 2 4 3		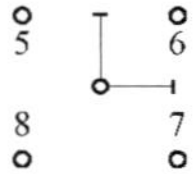 5 6 8 7		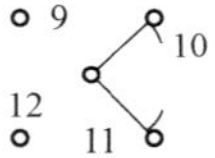 9 10 12 11			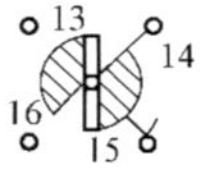 13 14 16 15			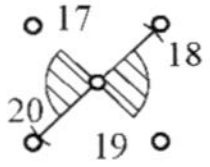 17 18 20 19		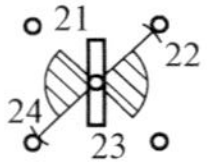 21 22 24 23		
手柄和触点盒的型式	F8	1a		4		6a			40			20		20		
触点号／位置	—	1—3	2—4	5—8	6—7	9—10	9—12	10—11	13—14	14—15	13—16	17—19	18—20	21—23	21—22	22—24
跳闸后		—	×	—	—	—	—	×	—	×	—	—	×	—	—	×
预备合闸		×	—	—	—	×	—	—	×	—	—	—	—	—	—	×
合闸		—	—	×	—	—	×	—	—	—	×	×	—	×	—	—
合闸后		×	—	—	—	×	—	—	—	—	×	×	—	×	—	—
预备跳闸		—	×	—	—	—	—	×	×	—	—	—	—	—	×	—
跳闸		—	—	—	×	—	—	×	—	×	—	—	×	—	—	×

（二）断路器操作回路

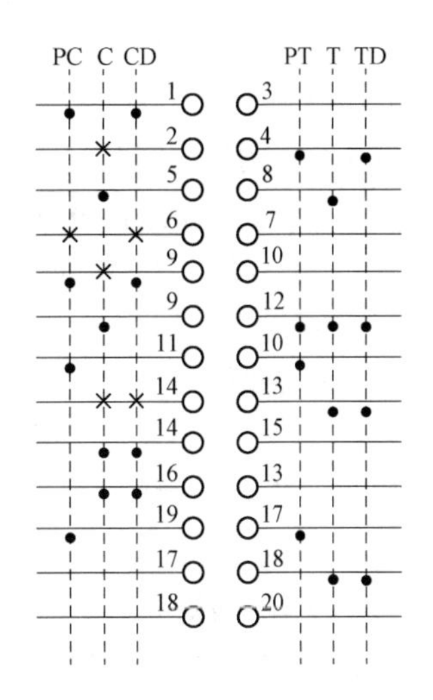

图 9-22　LW2-Z-1a.4.6a.40.20.20/F8 触点通断图形符号

弹簧储能操动机构是目前常用的断路器机构，通过储能电动机压缩或拉伸弹簧存储能量，作为断路器分合闸时的动力。在操动机构中装有分别独立的合闸弹簧和跳闸弹簧，储能机构一般只给合闸弹簧储能，而跳闸弹簧一般靠断路器合闸动作储能。储能电动机给合闸弹簧储能，合闸时合闸弹簧的能量一部分用来合闸，另一部分用来给分闸弹簧储能。合闸弹簧一释放，储能电动机立刻给其储能，储能时间一般不超过15s。采用这种控制方式，对操作电源容量要求不高，跳、合闸电流一般不大，在220kV及以下系统中得到广泛应用。

弹簧储能操作除考虑对控制回路的基本要求外，还应满足以下要求：①合闸弹簧的储能要自动完成；②合闸弹簧拉紧不到位时不允许合闸，并发出预告信号。

图 9-23 为某配弹簧储能操动机构的断路器控制回路。

合闸弹簧释放（及断路器合闸后），行程开关触点（弹簧储能闭锁触点）SQ3-4、SQ5-6 闭合，储能回路接通，储能电动机 M 工作，通过减速装置使弹簧拉紧（储能），当合闸弹簧储能到位后，行程开关触点 SQ3-4、SQ5-6 断开，合闸回路中 SQ1-2 闭合，电动机 M 停止转动。此时，进行手动合闸操作。

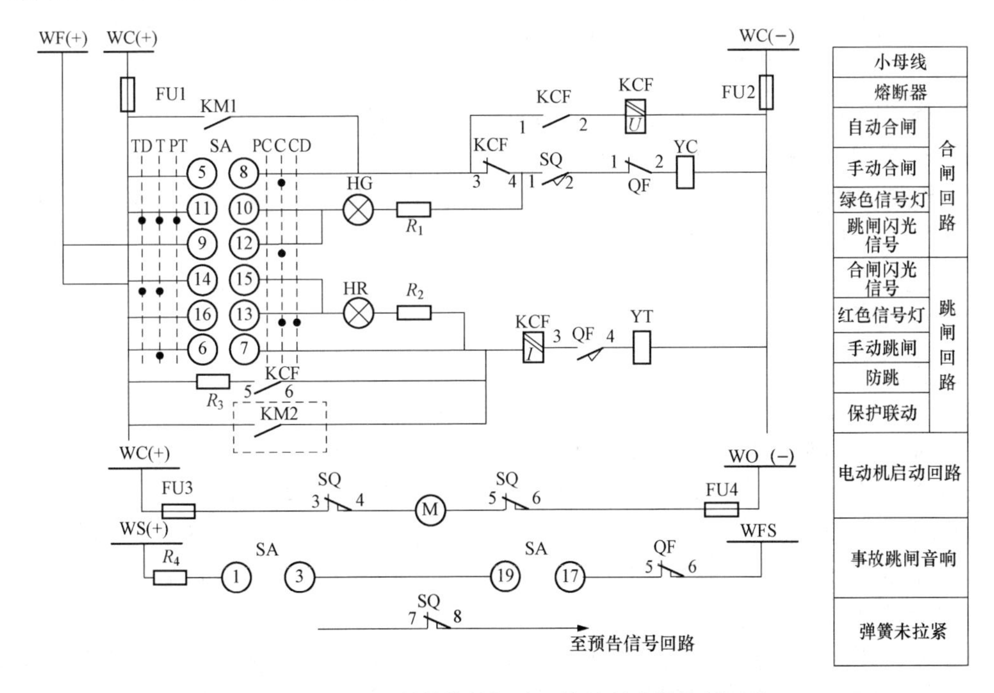

图 9-23　某配弹簧储能操动机构的断路器控制回路

VC—控制小母线；WF—闪光信号小母线；FU1、FU2—熔断器；SA—控制开关，LW2-1a.4.6a.40.20.20/F8 型；HG—绿色信号灯；KCF—跳跃闭锁继电器；SQ—行程开关；QF—断路器辅助开关；YC—断路器合闸线圈；HR—红色信号灯；KM1—自动合闸装置出口继电器；KM2—继电保护出口继电器

1. 手动合闸

（1）跳闸后位置。手动合闸前，SA 的操作手柄在跳闸后位置（←），SA11-10 闭合，断路器在跳闸位置，此时分闸弹簧尚未储能，而合闸弹簧拉紧（储能），行程开关 SQ3-4 断开，SQ1-2 闭合。断路器常闭触点 QF1-2 闭合。绿色信号灯 HG 回路接通，绿色信号灯亮，它表示断路器正处于跳闸后位置，同时表示电源、熔断器、辅助触点及合闸回路完好，可以进行合闸操作。

（2）预备合闸位置。将控制开关 SA 手柄由跳闸后位置（←）的手柄顺时针方向旋转 90°到预备合闸位置（↑），其触点 SA11-10 断开，SA9-10 接通，绿色信号灯 HG 回路接到闪光小母线上，绿色信号灯闪光，发出预备合闸信号。

（3）合闸位置。当 SA 的手柄再顺时针方向旋转 45°至合闸位置（↗）时，SA5-8 触点接通，HG 及 R_1 被短接，合闸线圈 YC 通电动作，绿色信号灯 HG 灭，操动机构中连杆触发合闸弹簧脱扣释放，断路器 QF 实现合闸。合闸弹簧释放的同时对分闸弹簧机构储能。当合闸弹簧释放后，行程开关触点 SQ3-4、SQ5-6 闭合，合闸弹簧再次储能，同时 SQ1-2 断开，QF1-2 断开，QF3-4 闭合，合闸回路断开。

（4）合闸后位置。松手后，SA 的手柄自动反时针方向转动 45°，复归至垂直（即合闸后）位置，SA16-13 触点接通，SA5-8 触点断开。此时，跳闸回路导通（跳闸线圈通电但不动作），红色信号灯 HR 亮，指示断路器处于合闸位置，同时表示跳闸回路完好，为跳闸做好准备（分闸弹簧机构已储能）。

2. 手动跳闸

断路器处于合闸状态，操作手柄 SA 处于合闸后位置。

（1）预备跳闸位置。先将 SA 手柄由合闸后位置（↑）旋转到预备跳闸位置（←），SA13-14 导通，跳闸回路接到闪光小母线上，红色信号灯 HR 闪光，发出预备跳闸信号。

（2）跳闸位置。将 SA 手柄逆时针方向转 45°至跳闸位置（↙），SA6-7 导通，红色信号灯 HR 及 R_2 被短接，红色信号灯 HR 灭，使跳闸线圈 YT 动作，操动机构中连杆触发分闸弹簧机构脱扣释放，实现分闸，断路器跳闸。断路器跳闸后，其动合触点断开，动断触点闭合，绿色信号灯 HG 亮，指示断路器在跳闸完毕。SA 手柄松开后，返回跳闸后位置（←），其触点 SA11-10 闭合，绿色信号灯 HG 亮，指示断路器在跳闸位置，并监视合闸回路的完好性。

3. 自动合闸

断路器在跳闸位置，而自动合闸装置的出口继电器 KM1 的触点闭合时，合闸线圈 YC 动作，使断路器合闸。但是，此时控制开关 SA 手柄还在跳闸后位置，其触点 SA14-15 接通。断路器自动合闸后，其触点 QF3-4 也接通，因此红色信号灯 HR 闪光，红色信号灯闪光表示断路器已合闸，但断路器的状态和操作手柄的位置不对应。由于 QF1-2 断开，因此绿色信号灯 HG 灭。要使红色信号灯 HR 不闪光，可将 SA 手柄转到合闸后位置。

4. 自动跳闸

当一次线路发生短路故障时，继电保护装置动作，KM2 的触点闭合，接通跳闸线圈 YT 回路，使断路器跳闸。由于控制开关 SA 手柄在合闸后位置，其触点 9-12 接通，而 QF1-2 触点在断路器自动跳闸后也接通，因此绿色信号灯 HG 闪光，绿色信号灯闪光表示断路器已跳闸，但断路器的状态和操作手柄的位置不对应。要使绿色信号灯 HG 不闪光，可将 SA 手柄转到跳闸后位置。

5.“防跳”措施

当断路器手动或自动重合在故障线路上时，保护装置将动作跳闸，此时如果运行人员仍将控制开关放在“合闸”位置（SA5-8 触点接通），或自动装置触点 KM1 未复归，断路器 SA5-8 将再合闸。因为线路有故障，保护又动作跳闸，从而出现多次“跳-合”现象。此种现象称为跳跃。断路器若发生跳跃不仅会引起断路器毁坏，而且将扩大事故。所谓“防跳”措施，就是利用操动机构本身机械上具有的“防跳”闭锁装置或控制回路中所具有的电气“防跳”接线，来防止断路器发生“防跳”的措施。

对于弹簧储能操动机构的断路器合闸线圈回路中串有弹簧储能闭锁触点 SQ1-2，只有弹簧储能后，才能合闸；在断路器断开时，分闸弹簧是还没储能的，而合闸弹簧已储能。合闸时，合闸弹簧释放能量，合闸同时给分闸弹簧储能，以确保断路器在合上的时候能跳开。合闸弹簧释放完能量时（断路器刚合闸），电动机开始给合闸弹簧储能，这个大概需要 10s，此时就算合闸故障，因为分闸弹簧已储能，所以能跳开。这也说明在手动合闸故障时，断路器能马上跳闸，但这种跳闸之后不能马上再次重合（需要区别于重合闸），因为合闸还没储能，要等储能结束后才能再次送电。如果开关本来是合上的，则此时开关的合闸弹簧和分闸弹簧都已储能。

因此，当装有自动重合闸装置时，由于合闸弹簧正常运行处于储能状态，因此能可靠地完成一次重合闸的动作。如果重合不成功不跳闸，将不能进行二次重合，为了保证可靠“防跳”，电路中装有防跳闭锁继电器 KCF。KCF 为跳跃闭锁继电器，它有两个线圈，一个为电流启动线圈，串于跳闸回路中；另一个为电压自保持线圈，经过自身动合触点 KCF1-2 与合闸线圈并联。此外，在合闸回路中还串有动断触点 KCF3-4，其工作原理如下：

当利用控制开关 SA 或自动装置 KM1 进行合闸时，若合在故障线上，保护将动作，KM2 触点闭合，使断路器跳闸。跳闸回路接通的同时，KCF 电流线圈带电，KCF 动作，其动断触点 KCF3-4 断开合闸回路，动合触点 KCF1-2 闭合接通 KCF 的电压自保持线圈。对于弹簧储能动作机构断路器来说，重合于永久性故障后（如 SA 未复归或 KM1 卡住等），弹簧储能释放，SQ1-2 断开，YT 失电，断开 KCF 的启动回路，只有待弹簧重新储能后，SQ1-2 闭合，YC 线圈带电，KCF 启动，又进行一次重合闸。此种情况，如不及时断开控制开关，还会反复进行多次。若此时控制回路里有 KCF 的话，KCF 电压自保持线圈通过触点 SA5-8 或 KM1 的触点实现自保持，使 KCF1-2 长期打开，可靠地断开合闸回路，使断路器不能再次合闸。只有当合闸脉冲解除（即 KM1 断开或 SA5-8 切断），KCF 的电压自保持线圈断电后，回路才能恢复至正常状态。

图 9-23 中 KCF5-6 的作用是用来保护出口继电器触点 KM2 的，防止 KM2 先于 QF 打开而被烧坏。电阻 R_3 的作用是保证保护出口回路中有串接的信号继电器时，信号继电器能可靠动作。

6. 闪光装置电路

变电站的闪光电源通常由 DX-3 型闪光继电器构成。DX-3 型闪光继电器的内部结构与接线简单可靠，如图 9-24 所示。当断路器发生事故跳闸时，由于控制开关 SA 仍保留在合闸后位置，两者呈现不对应状态，触点 SA11-10 与断路器的辅助触点 QF1-2 接通，电容 C 开始充电，其两端电压逐渐升高，待电压升高到闪光继电器 KF 的动作值时，继电器动作，其动断触点断开通电回路；同时电容 C 对继电器 KF 的线圈放电，当电容 C 两端电压下降到继电器的返回值时，继电器释放，触点返回原位置又接通充电回路。上述循环不断重复，闪光继电器的触点也时开时闭，闪光母线＋WF 上呈现断续的正电压，使绿色信号灯闪光。

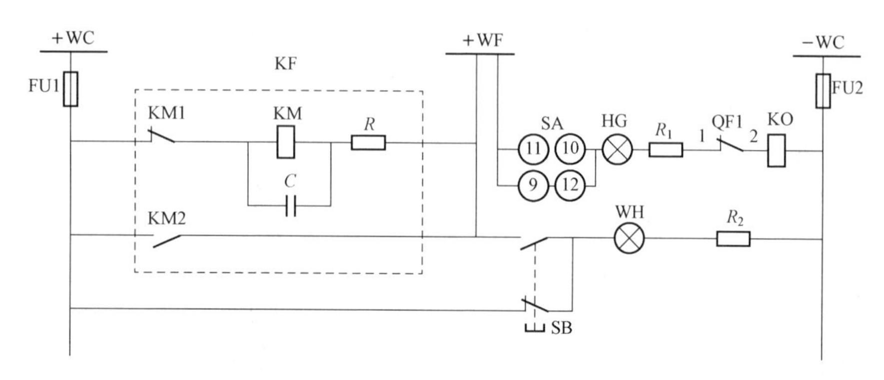

图 9-24 由闪光继电器构成的直流闪光装置电路

WC—信号小母线；WF—闪光小母线；KF—闪光继电器（DX-3，直流 220V）；SB—实验按钮（A18-22，白色）；WH—白色指示灯（XD5，220V）

（三）监控系统对断路器的控制

使用监控系统断路器的控制回路的基本要求未变，但实现方法有所不同。图 9-25 为使用监控系统时的断路器控制回路图，该控制回路在增加了远方控制功能的同时，仍然保留了就地控制的功能。图 9-25 中 2SA 即是控制开关，也是远方与就地控制的切换开关。在现场无运行人员值班时，该开关放在远方操作位置，2SA 的 17-18 触点、19-20 触点接通。通过远方合闸控制该断路器时，可以将控制开关 2SA 置于就地操作位置，这时 2SA 的 17-18 触点、19-20 触点不通，即使有远方控制信号也无法操作断路器，确保了现场工作的安全。

图 9-25 中的 KDP 是一只双位置继电器，它的一个线圈得电后即使该动作电压消失，继电器还是保持在原来状态，直到另外一个线圈得到动作电压才能使继电器转换到另外一种状态。在远方操作时，由于没有就地操作时控制开关 2SA 的变位来判断是正常分、合闸，还是故障时保护装置的分、合闸，用以正确驱动事故信号及提供给重合闸等自动装置正确的变位信息，因此要加装该双位置继电器。对该位置继电器的动作要求是，当正常的远方或就地分、合闸时，应相应变位；当保护跳闸及自动重合闸时，该继电器不变位。从图 9-25 中可以看出，KDP 的两个线圈分别接在手动分闸与手动跳闸回路，由于有二极管 VD 的隔离，在重合闸触点 KC-2 动作时，KDP 不会动作，同样在保护装置的跳闸触点 KC-1 动作时，与 KDP 间无连接，所以 KDP 也不会动作。

监控系统发出的分、合闸信号都是一个短时接通信号，一般的接通时间在 0.2～0.8s，为保证分、合闸的可靠性，确保分、合闸继电器的触点不切断分、合闸电流，所以不仅有防跳继电器 KCF-1，还有合闸保持继电器 KCF-2。当有合闸信号时，KCF-2 动作并自保持，直到合闸成功由继电器辅助触点 QF 切断合闸电流后 KCF-2 才返回。

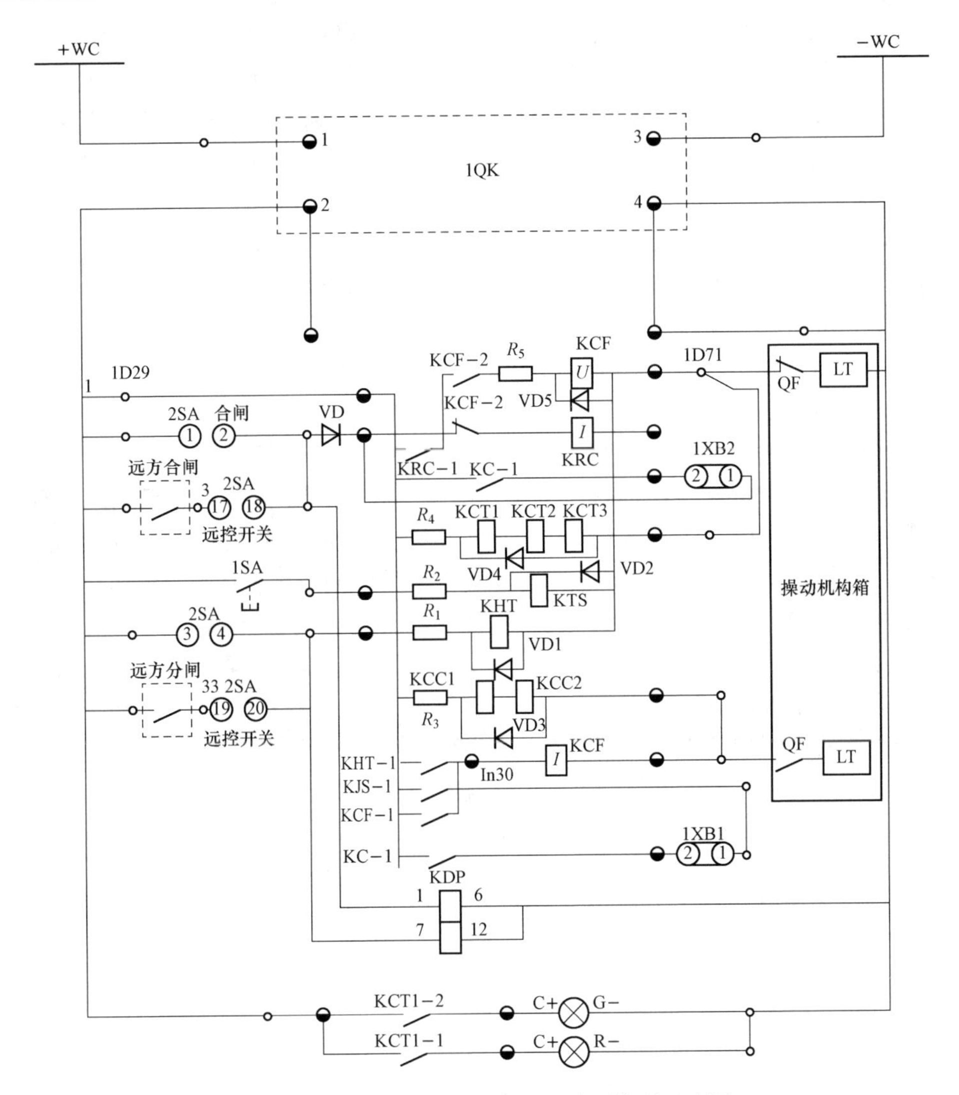

图 9-25　使用监控系统时的断路器控制回路图

第四节　信　号　回　路

一、信号回路的分类

变电站中必须安装有完善而可靠的信号装置，以供运行人员经常监视各种电气设备和系统的运行状态。这些信号装置按照其告警的性质一般可以分为以下几种。

（1）事故信号：设备或系统发生故障，造成断路器事故跳闸的信号。

（2）预告信号：系统或一、二次设备偏离正常运行状态的信号。

（3）位置信号：断路器、隔离开关、变压器的有载调压开关等设备触点位置的信号。

（4）继电保护及自动装置的启动、动作、呼唤等信号。

为了方便现场人员分析判断，不同的信号一般有不同的表示方式。例如，事故信号一般用电笛声表示，并伴有相应的断路器变位的绿色信号灯闪光信号；预告信号一般用继电保护及自动装置的启动、动作、呼唤等信号来表示，并伴有警铃声；断路器位置常以红绿灯信号表示，隔离开关位置常以自动、手动变位的十字等或机械位置变化来表示；主变压器的有载调压开关位置常以相应的数字显示。随着计算机监控系统的应用，信号系统变得越来越完善，它的分类更细，信息量更全，可以语言报警，并记录报警时间，这样对事故的追忆、分析更为方便。

变电站中正常的操作和事故处理，均由变电站的运行人员根据调动指令及对信号设备动作情况的分析判断来进行控制操作。其中，信号装置的作用是把电气设备和电力系统的运行状况变换为运行人员可以觉察的声光信号。所以，虽然与控制装置相比信号装置不能直接作用并改变设备的运行状态，但其对变电站的安全运行同样重要。

二、对信号装置的要求

1. 信号装置的动作要准确、可靠

信号装置作为一个信息变换设备，它输入的信息是电气设备和电力系统的各种运行状态，输出是运行人员可以感受的声光信号。这种变换是根据人事先约定的对应关系进行的。例如，表示断路器正常合闸时用红色信号灯点亮；事故跳闸的声音信号是电笛声，而灯光信号是绿色信号灯闪光；直流系统接地时为警铃声，并有光字牌指示等。信号装置这种变换信号的功能一定要准确、可靠，既不能误变换，又不允许不变换。否则，运行人员就不能准确地掌握电气设备和系统的运行工况，因而也不能作出正确的判断和操作，甚至可能导致操作的延误或严重事故。例如，当小接地电流系统发生单相接地时，如果信号装置失灵而不能及时发出告警信号，运行人员就不能作出电容器及拉路查找接地点的决定和操作，结果系统发生长时间接地，造成设备绝缘损坏和故障停电事故。

2. 声光信号要便于运行人员注意

运行人员感受各种信号主要靠视觉和听觉，光线的不同颜色、亮度，声音的不同频率及强度被人感觉的灵敏度不同。信号装置采用的声光信号必须适应人的要求，明显、清晰的声光信号，最有利于人的感官接受与判断，有利于对发生事件的判断。具体解释如下：

（1）对不同性质的信号，要有明显的区别。例如，事故跳闸的声响是电笛声，预告信号的声响是警铃声，运行人员从声音信号就能判断出发生事件的性质。

（2）信号装置是否动作要有明显的区别，便于运行人员查找具体的动作信号内容，防止多读或少读信号，以防止造成对发生事件的错误判断。最好还能做到：在几个动作的信号中，已经动作并被运行人员确认的信号与没有被确认的之间有明显的区别，如未确认的闪光、已确认的不闪光；动作后又自动消失与没有动作的信号之间有明显的区别，如自动消失的闪光但可复位、未动作的没有任何信号等。随着微机型信号系统及计算机监控系统的应用，这一点已不难实现。

（3）变电站信息量很大，在大量的信号中，动作的信号属于哪个设备单元，应有明显的指示。这样，在出现不正常运行状态或发生事故时，通过信号装置的动作指示，运行人员能迅速知道，在哪个回路中，在什么设备上，发生了什么性质和什么内容的故障，便于快速反应与正确处理。

3. 信号装置对事件的反应要及时

当电气设备或系统发生事故或出现异常运行状态时，运行人员必须及时知道，并尽快进行处理，减少事故造成设备损坏的程度及对电网的影响。这样，就要求信号装置有较高的反应速度，否则可能延误事故的处理，而使事故扩大。在信号系统中，常常根据信号的重要性将其划分为瞬时预告信号和延时预告信号，这样既可以获取一些重要信号，又可以减少一些次要信号对运行人员的精神压力，如一些在系统波动或操作中的瞬间干扰可能触发的信号。

三、事故信号

事故信号的级别高于预告信号，它只有当系统或变电站内设备发生故障，引起断路器跳闸时才动作。断路器跳闸具体可能由以下原因引起。

（1）线路或电气设备发生事故，由继电保护装置动作跳闸。

（2）自动无功优化、备用电源自投等自动装置跳闸。

（3）继电保护或自动装置误动作、二次回路故障误跳闸或断路器自动脱扣等非正常跳闸。

以上断路器跳闸无论是何种原因引起的，运行人员都应当立即知道，并迅速采取措施处理，所以事故信号装置应具有以下功能。

（1）发生断路器跳闸时应无延时发出事故声音信号，同时有相应的灯光信号（一般为相应断路器绿色信号灯闪光）指出发生跳闸的断路器位置。

（2）应立即通过远动装置，向调度系统及远方的监控发出遥信信号。

（3）能手动或自动复位声音信号，能进行定期切换对声光信号进行试验，但在试验时不发遥信。

（4）事故时应有光信号或机械掉牌、机械变位等指示信号，指明继电保护和自动装置的动作情况。

（5）能重复动作，当一台断路器事故跳闸后，在运行人员还没来得及确认及复位之前又发生了新的跳闸时，事故信号装置还能发出声音和灯光信号。

（6）能手动对事故信号装置进行定期切换试验。

四、预告信号

预告信号是系统或变电站中电气设备运行状态发生变化或不正常的信号，在一般变电站中，预告信号应包括以下内容。

（1）系统中发生各种参数的越限，如系统过电压、欠电压，系统频率异常，各种电力设备的过负荷等。

（2）系统出现异常的运行方式，如交流小电流接地系统的接地故障。

（3）设备损坏但还不致造成故障跳闸，如电流互感器一次熔丝熔断造成二次电压异常，轻瓦斯动作警告等。

（4）各种设备的运行参数报警值还不至于造成故障时，如带油设备的油温升高超过极限，各种液压或气压机构的压力异常，用 SF_6 气体绝缘设备的 SF_6 气体密度或压力异常等。

（5）各种设备的回路、压力等状态与运行要求不符合，可能存在缺陷会危及设备安全运行时，如弹簧机构的弹簧没有拉紧，三相断路器的三相没有一致，有载调压变压器的三相分接头位置不一致，断路器的控制回路断线等。

（6）继电保护装置或回路发生异常，可能影响其正常运行的，继电保护和自动装置的交、直流电源消失，装置故障信号等。

（7）电流或电压互感器的二次回路断线、失压，产生差流、零流、差压、低压等越限告警或闭锁保护的。

（8）变电站中有继电保护或其他信号继电器动作没有复位的。

（9）变电站公用设备发生故障或异常，如直流系统的接地或电压异常，所用电压断相或失压等。

（10）动作于信号的继电保护和自动装置的动作。

（11）一些设备的切换或动作，如断路器油泵启动，变压器辅助冷却器启动等。

其他一些运行人员需要了解的运行状态，也可以发出预告信号。

当预告信号动作时，即发生了电气设备或系统运行状态的不正常，这时运行人员应该立即通过预告信号装置掌握异常情况，及时处理并做好记录，防止事故发生。因此，对预告信号装置提出以下要求。

（1）预告信号出现时，应有能与事故信号有区别的声音信号，同时有灯光信号指出预告信号的内容。

（2）能手动或自动的复位声音信号，在预告信号消除以前，应能保留相应的灯光或机械掉牌信号。

（3）能重复动作，即在一个预告信号没有消除前，再出现新的预告信号时，仍能发出声音和灯光信号。

（4）当保护装置或信号装置的直流电源因故消失待重新恢复后，信号装置应保证其动作状态不变，便于运行人员查找。

（5）预告信号可以选择地通过远动装置发给调度或集控中心。

（6）能手动对预告信号进行定期切换试验。

第五节　变电站的自动装置

一、备用电源自动投入装置

电力系统许多重要场合对供电可靠性要求很高，采用备用电源自动投入装置（APD）是提高供电可靠性的重要方法。所谓备用电源自动投入装置，就是当工作电源因故障被断开后，能自动而迅速地将备用电源投入工作或将用户切换到备用电源中，从而使用户不至于被停电的一种自动装置，简称 APD 装置。

在下列情况下，应安装 APD 装置。

（1）装有备用电源的发电厂厂用电源和变电站所用电源。

（2）由双电源供电，其中一个电源经常断开作为备用的变电站。

（3）降压变电站内有备用变压器或互为备用的母线。

（4）有备用机组的某些重要辅机。

对 APD 装置的要求：

（1）只要有备用电源进线母线上失去电压，备用电源便自动投入工作。

（2）备用电源必须在工作电源已断开，且备用电源为正常工作电压时，方可投入，前者为了避免备用电源自动投入故障上，后者则是为了保证有关电动机的自启动。

（3）备用电源投入的时间应尽量小，以减少供电所影响范围。

（4）APD 装置只允许工作一次。

（5）应消除由于电压互感器控制回路熔丝熔断而引起装置误动作的可能性。

（一）APD 装置的基本原理

在实际应用中，APD 装置形式多样，按照备用方式可分为明备用和暗备用两种。

（1）明备用：在正常情况下有明显断开的备用电源或备用设备，装设有专用的备用电源或备用设备，如图 9-26 所示。

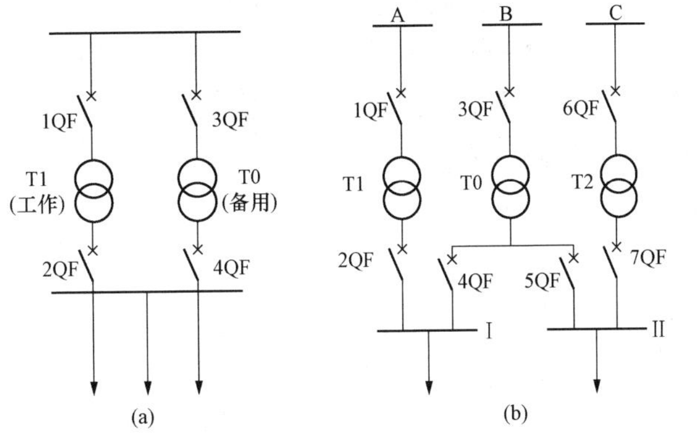

图 9-26　明备用方式

（a）正常运行时，T1 投入，T0 备用，3QF、4QF；

（b）正常运行时，T1、T2 投入，T0 备用，3QF、4QF、5QF 断开

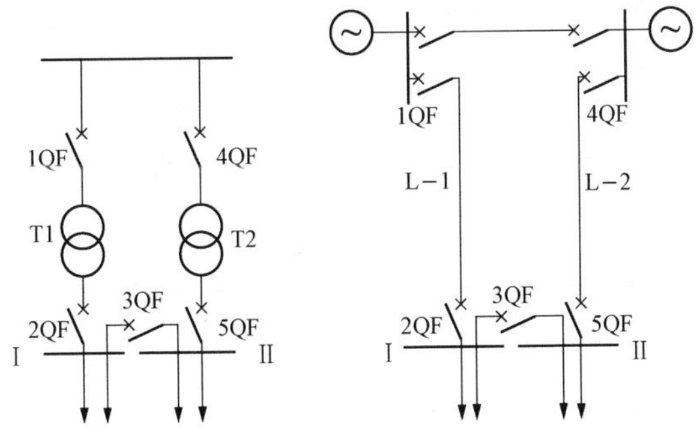

（2）暗备用：在正常情况下没有明显断开的备用电源或备用设备，而分段母线间利用分段断路器取得相互备用，如图 9-27 所示。

图 9-27　暗备用方式

图 9-28 是说明 APD 装置原理的电路图。

假设电源进线 WL1 在工作，WL2 为备用，其断路器 QF2 断开，但其两侧隔离开关是闭合的（图中未画出）。当工作电源 WL1 断电引起失压保护动作使 QF1 跳闸时，QF1 的动合连锁触点 3-4 断开，原通电的时间继电器 KT 断电，但其延时断开触点尚未断开。这时 QF1 的另一动断连锁触点 1-2 闭合，使合闸接触器 KO 通电动作，使 QF2 的合闸线圈 YO 通电动作（QF2 的连锁触点 1-2 在 WL2 为备用状态时是闭合的），使 QF2 合闸，从而自动投入了备用电源 WL2，恢复对变电站的供电。WL2 投入后 KT 的延时断开触点打开，切断 KO 回路，同时 QF2 的连锁触点 1-2 断开，防止 YO 长期通电（YO 是按短时大功率设计的）。由此可见，双电源进线又配以 APD 装置时，供电可靠性是相当高的。但是，当母线发生故障时，整个变电站仍要停电，因此对某些重要负荷，可由两段母线同时供电。

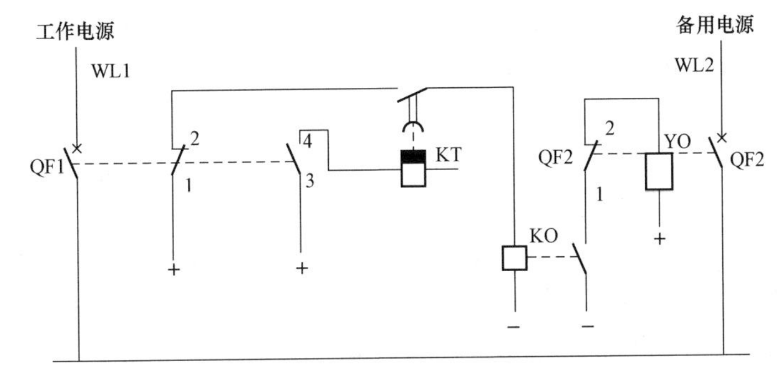

图 9-28　说明 APD 装置原理的电路图

QF1—工作电源进线 WL1 上的断路器；QF2—备用电源进线 WL2 上的断路器；

KT—时间继电器；KO—合闸接触器；YO—合闸线圈

（二）两路低电压电源互为备用的 APD 装置电路

图 9-29 是两路低压电源互为备用的 APD 装置展开接线图。这一互投电路采用电磁操动的 DW-10 型低压断路器（自动空气开关）。

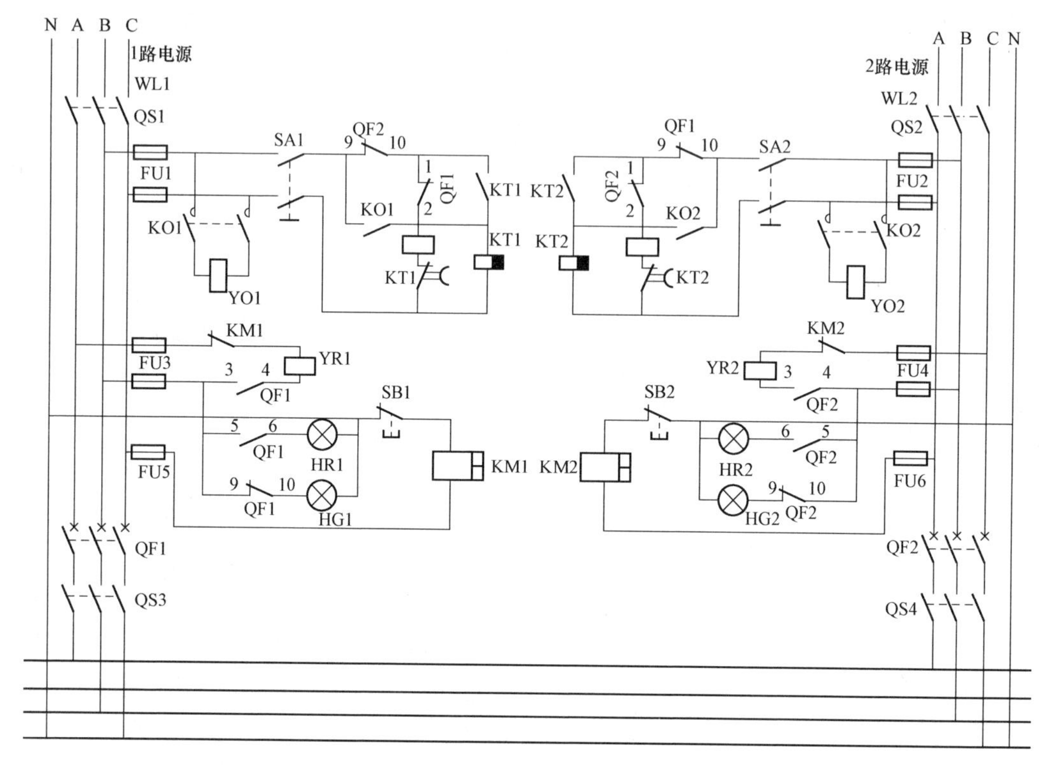

图 9-29 两路低压电源互为备用的 APD 装置展开接线图

QS1～QS4—低压刀开关；QF1、QF2—低压断路器；FU1～FU6—低压熔断器；
SA1、SA2—手控开关；SB1、SB2—跳闸按钮；KT1、KT2—时间继电器；
KO1、KO2—合闸接触器；YO1、YO2—合闸线圈；YR1、YR2—跳闸线圈；
KM1、KM2—中间继电器；HR1、HR2—红色信号灯；HG1、HG2—绿色信号灯

图 9-29 中熔断器 FU1 和 FU2 后面的二次回路，分别是低压断路器 QF1、QF2 的合闸回路；FU3 和 FU4 后面的二次回路，分别是低压断路器 QF1、QF2 的跳闸回路；FU5 和 FU6 后面的二次回路，分别是低压断路器 QF1、QF2 的失压保护和跳、合闸批示电路。

如果要 WL1 电源供电，WL2 电源作为备用，可先将 QS1～QS4 合上，再合 SA1，这时低压断路器 OF1 合闸线圈 YO1 靠合闸接触器 KO1 而接通，QF1 合闸，使 WL1 电源投入运行。这时中间继电器 KM1 线圈得电而动作，其动断触点断开，使跳闸线圈 YR1 回路断开；同时红色信号灯 HR1 亮，绿色信号灯 HG1 灭。接着合上 SA2，做好 WL2 电源自动投入的准备。这时红色信号灯 HR2 灭，绿色信号灯 HG2 亮。

如果 WL1 电源突然断电，则中间继电器 KM1 返回，其动断触点闭合，接通跳闸线圈 YR1 回路，使断路器 QF1 跳闸，同时 QF1 的动断触点 9-10 闭合，使断路器 QF2 合闸，投入备用电源 WL2，这时红色信号灯 HR1 灭，HR2 亮，绿色信号灯 HG1 亮，HG2 灭。

如果要 WL2 电源供电，WL1 电源作为备用，则可在合上 QS1～QS4 之后，再合 SA2，这时低压断路器 QF2 合闸线圈 YO2 靠合闸接触器 KO2 而接通，QF2 合闸，使 WL2 电源投

入运行。这时中间继电器 KM2 线圈得电而动作，其动断触点断开，使跳闸线圈 YR2 回路断开；同时红色信号灯 HR2 亮，绿色信号灯 HG2 灭。接着合上 SA1，做好 WL1 电源自动投入的准备。此时红色信号灯 HR1 灭，绿色信号灯 HG1 亮。

如果 WL2 电源突然断电，则中间继电器 KM2 返回，其动断触点闭合，接通跳闸线圈 YR2 回路，使断路器 QF2 跳闸，同时 QF2 的动断触点 9-10 闭合，使断路器 QF1 合闸，投入备用电源 WL1，这时红色信号灯 HR2 灭，HR1 亮，绿色信号灯 HG2 亮，HG1 灭。

按钮 SB1 和 SB2 是用来分别控制断路器 QF1 和 QF2 跳闸的。

上述两路低压电源互投的电路，不仅适用于变电站低压母线，而且对于重要的低压用电设备（包括事故照明）也是适用的。

二、自动重合闸装置

运行经验证明，电力系统的故障大部分有自行消除的可能，特别是架空线路的故障多数是瞬时性短路，如雷电放电、闪络或鸟兽造成的线路短路故障，这些故障可引起断路器跳闸，当故障消除以后，若断路器重新合闸，如能将断开的线路重新合上，则供电可迅速恢复；如故障是持久的，则借用继电保护使供电线路重新切除。自动重合闸装置（automatic reclosing devices，ARD）就是利用这一点。ARD 就是将因故障跳开后的断路器按需要自动投入的一种自动装置。ARD 按动作方式可分为机械式和电气式，按重合次数可分为一次重合闸、二次或三次重合闸，据统计一次重合闸的成功率可达 80%左右，二次重合闸成功率为 15%左右，可以看出，如果二次重合闸不能成功，则三次重合闸的成功率很小，因此，供电系统中多数采用三相一次重合闸。

（一）对自动重合闸的要求

（1）除遥控变电站外，优先采用控制开关位置与断路器位置“不对应”原则启动重合闸，从而保证由于继电保护动作或某些原因使断路器跳闸后都能进行重合，同时也能防止因保护动作太快，自动重合闸来不及启动而拒动的后果。

（2）在保证短路点空气去游离的要求和断路器及操动机构来得及准备的条件下，重合闸时间应尽量缩短。

（3）重合闸次数应严格按照规定进行。

（4）手动断开断路器时，或将断路器投入故障线路而被继电保护装置断开时，重合闸不应动作。

（5）除有值班人员的 10kV 以下线路可采用手动恢复外，一般采用自动恢复，以准备重合闸的下一次动作。

（二）电气式一次 ARD

图 9-30 是采用 DH-2 型重合闸继电器的电气式一次 ARD 展开接线图（图中仅绘出了与 ARD 有关的部分）。这种 ARD 属于电气式一次重合闸。它采用 DH-2 型重合闸继电器，控制开关 SA1 采用 LW2-Z-1a. 4. 6a. 40. 20. 20/F8 型，它的合闸（ON）和跳闸（OFF）操作各具有三个位置：预备（合、跳闸）、正在（合、跳闸）、已经（合、跳闸）。选择开关 SA2 采用 LW2-1. 1/F4-X 型，只有合闸（ON）和跳闸（OFF）两个位置，用来投入和解除 ARD。

1. ARD 的工作原理

线路正常运行时，SA1 和 SA2 都置于合闸（ON）位置，ARD 投入工作。这时 ARD 中

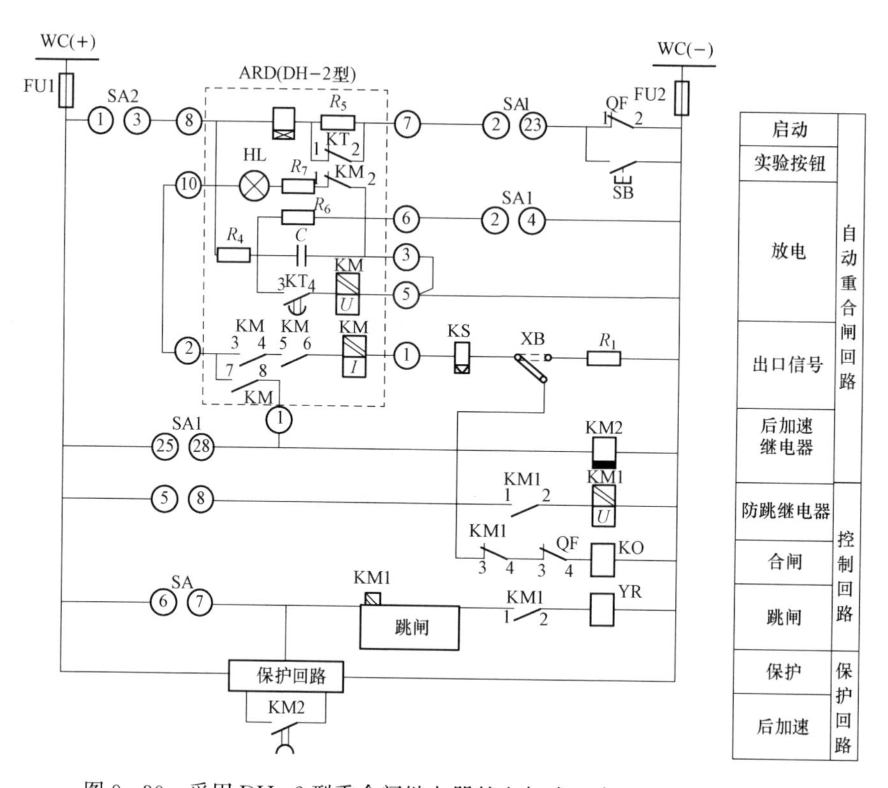

图 9 - 30 采用 DH - 2 型重合闸继电器的电气式一次 ARD 展开接线图

WC—控制小母线；SA1—控制开关；SA2—选择开关；ARD -（DH - 2 型）—重合闸继电器（内含 KT 时间继电器、KM 中间继电器、HL 指示灯及电阻 R、电容 C 等）；KM1—防跳继电器（DZB - 115 型中间继电器）；KM2—后加速继电器（DZS - 145 型中间继电器）；KS—DX - 11 型信号继电器；KO—合闸接触器；YR—跳闸线圈；XB—切换片；QF—断路器辅助触点

的电容 C 经 R_4 充电；同时指示灯 HL 亮，表示控制母线 WC 的电压正常，C 已在充电状态。

当断路器 QF 因一次电路故障跳闸时，其辅助触点 QF1 - 2 闭合而 SA1 仍处在合闸位置，从而接通了 ARD 的启动回路，使 ARD 的时间继电器 KT 经它本身的动断触点 KT1 - 2 断开，串入电阻 R_5，使 KT 保持动作状态。串入 R_5 的目的是限制流入 KT 线圈的电流，避免线圈过热，因 KT 线圈是按短时通电设计的。

时间继电器 KT 动作后，经一定延时，其延时闭合的动合触点 KT3 - 4 闭合。这时电容 C 就对 ARD 的中间继电器 KM 的电压线圈放电，使 KM 动作。

中间继电器 KM 动作后，其串联在指示灯 HL 回路中的动断触点 KM1 - 2 断开，使 HL 熄灭，这表示 ARD 已经动作，其出口回路已经接通。合闸接触器 KO 由控制母线 WC 经 AS2、ARD 的 KM 两对串联的动合触点 KM3 - 4、KM5 - 6、KM 的电流线圈、KS 线圈、连接片 XB、KM1 的动断触点 3 - 4 和断路器动断辅助触点 QF3 - 4 获得电源，从而使断路器 QF 重新合闸。

由于中间继电器 KM 是由电容 C 放电而动作的，但 C 的放电时间短，因此为了使 KM 能够自保持，在 ARD 的出口回路中串入了 KM 的电流线圈，借 KM 本身的动合触点 KM3 - 4、KM5 - 6 闭合使之接通，以保持 KM 处于动作状态。在断路器合闸后，断路器的辅助触点 QF3 - 4 断开而使 KM 的自保持解除。

在ARD的出口回路中串联信号继电器KS，是为了记录ARD的动作，并为ARD动作发出灯光信号和声音信号。

断路器重合成功以后，所有继电器自动返回，电容C恢复充电。

要使ARD退出工作，可将选择开关SA2置于断开（OFF）位置，同时将出口回路的连接片XB断开。

2. 一次ARD的基本要求

（1）一次ARD只能重合一次，如果一次电路的故障为永久性的，则断路器在ARD作用下重合后，继电保护动作又会使断路器自动跳闸。断路器第二次跳闸后，ARD又要启动，使其时间继电器KT动作。但是，由于电容器来不及充好电（充电时间需要15～20s），因此C的放电电流很小，不能使中间继电器KM动作，从而ARD的出口回路不会接通，这就保证了ARD只能重合一次。

（2）用控制开关断开断路器时，ARD不应动作，如图9-30所示，通常在停电操作时，先操作选择开关SA2，使ARD退出工作。SA2的触点1-3断开后，ARD也就不可能动作了。为了更可靠起见，控制开关SA1手柄置于预备跳闸及已经跳闸位置时，其触点2-4闭合，使C先对电阻R6放电，从而使中间继电器KM失去动作电源。因此，即使事先选择开关SA2没有置于ARD退出的位置（OFF），在用SA1操作跳闸时，断路器也不会自行重合闸。

（3）ARD所必须的“防跳”措施当ARD的出口回路中的中间继电器KM的触点被粘住时，应防止断路器多次重合于发生永久性的一次电路故障上。图9-30所示电路中，采取了两种“防跳”措施：

1）在ARD的中间继电器KM的电流线圈回路（即自锁回路）中，串接了它本身的两对动合触点KM3-4、KM5-6，万一其中一对动合触点被粘住，另一对触点仍能正常工作，不致发生断路器跳闸的现象。

2）为了进一步防止在KM的两对触点KM3-4、KM5-6被粘住时，断路器仍有可能“跳动”的情况，在断路器的跳闸线圈YR回路中，又串接了防跳继电器（即跳闸保持继电器）KM1的电流线圈。在断路器跳闸时，KM1的电流线圈同时通电，使KM1动作。当KM的两对串联的动合触点KM3-4、KM5-6被粘住时，KM1的电压线圈经它自身的动合触点1-2、XB、KS、KM的电流线圈及其两对动合触点KM3-4、KM5-6而带电自保持，KM1在合闸接触器KO回路中的动断触点3-4也同时保持断开，使合闸接触器KO不会接通，从而达到“防跳”的目的。

在采用防跳继电器以后，即使用控制开关SA1操作断路器合闸，只要一次电路存在故障，断路器自动跳闸以后，就不会再次合闸。当SA1的手柄在合闸的位置时，其触点5-8闭合，KO接通，断路器合闸。但是，因一次电路存在有故障，所以继电保护动作，扳在正在合闸位置的控制开关，由于KO回路中KM1的动断触点断开，因此SA1的触点5-8不会再次接通KO，而是接通KM1的电压线圈使KM1自保持，从而避免断路器再次合闸，达到“防跳”的要求。当手松开时，SA1弹回已经合闸的位置，其触点5-8断开，使KM1的自保持也随之解除。

应该指出，上述防跳继电器KM1在6～10kV线路上是用得较少的，它主要用在更高电压的线路上。

3. ARD与继电保护装置的配合

假设线路上装设带有时限的过电流保护和电流速断保护，则在该线路末端短路时，应该是带时限的过电流保护动作使断路器跳闸，而电流速断保护是不会动作的。这是因为末端属于速断保护的“死区”。过电流保护使断路器跳闸后，ARD动作，使断路器再次合闸。但是，由于过电流保护带有时限，因此使故障的时间延长，危害加剧。为了减轻危害，缩短故障时间，要求采取措施来缩短保护装置的动作时间，在供电系统中多采用重合闸后加速保护装置动作的方案。

由图9-30可知，在ARD动作后，KM的动合触点7-8闭合，使加速继电器KM2动作，其延时断开的动合触点KM2立即闭合，使保护装置的启动元件在启动后，不经时限元件，而经触点KM2直接接通保护装置出口元件，使断路器快速跳闸。ARD与保护装置的这种配合方式，称为ARD后加速。

由图9-30还可以看出，控制开关SA1还有一对触点25-28，它在SA1手柄处于正在合闸位置时接通，因此当一次电路存在着故障而SA1手柄扳在正在合闸位置时，直接接通加速继电器KM2，也能加速故障电路的切除。

复习思考题

9-1　什么是二次接线？
9-2　二次接线图的作用是什么？
9-3　二次接线图分为哪几种？
9-4　原理接线图的特点是什么？
9-5　展开接线图的特点是什么？如何阅读？
9-6　什么是屏面布置图？
9-7　安装接线图的特点是什么？如何阅读？
9-8　什么是相对编号法？有什么用途？
9-9　备用电源自动投入装置有什么作用？
9-10　对备用电源自动投入装置的要求有哪些？
9-11　自动重合闸装置有什么作用？
9-12　对自动重合闸的要求有哪些？

第十章　电力系统继电保护

继电保护属电气安全工程领域，其基本任务是，当电力系统或设备发生故障时，能快速、自动、有选择性地将故障部分从供电系统中切除（断电），将事故限制在允许的范围之内。本章主要讨论工矿企业 60kV 及以下供电系统的各种继电保护装置，并对保护系统的设置与整定给予必要的重视。

第一节　概　　述

继电保护装置是由测量部分（传感器）、逻辑部分（继电器）、执行部分（断路器）所组成的电气自动装置。本节主要介绍继电保护装置的组成与原理、对继电保护的基本要求、各种继电器的特点及不同接线方式对保护性能的影响等内容。

一、继电保护的组成与原理

供电系统发生故障时，会引起电流的增加和电压的降低，以及电流、电压间相位角的变化，利用故障时参数与正常运行时的差别，可以构成不同原理和类型的继电保护。例如，利用短路时电流增大的特征，可构成过电流保护；利用电压降低的特征，可构成低电压保护；利用电压和电流比值的变化，可构成距离保护；利用电流和功率相位关系的变化，可构成方向保护；利用比较被保护设备各端电流大小和相位的差别，可构成差动保护等。此外，也可根据电气设备的特点实现反应非电量的保护，如反应变压器油箱内故障的气体保护，反应电动机绕组温度升高的过负荷保护等。

继电保护的种类较多，但一般由测量部分、逻辑部分和执行部分所组成。继电保护装置的原理框图如图 10-1 所示。测量部分从被保护对象输入有关信号，再与给定的整定值相比较，决定是否动作。根据测量部分各输出量的大小、性质、出现的顺序或它们的组合，使保护装置按一定的逻辑关系工作，最后确定保护应有的动作行为，由执行部分立即或延时发出警报信号或跳闸信号。

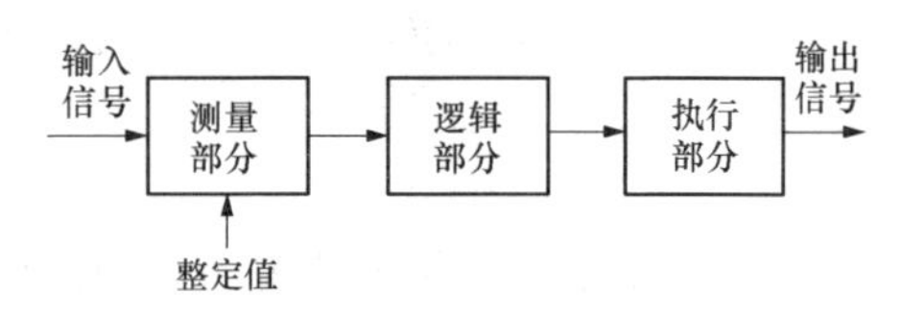

图 10-1　继电保护装置的原理框图

二、对继电保护的基本要求

（一）选择性

继电保护的选择性是指当系统发生故障时，保护装置仅将故障元件切除，使停电范围尽量缩小，从而保证非故障部分继续运行。如图 10-2 所示的电网，各断路器都装有保护装置。例如，当 k1 点短路时，保护只应跳开断路器 QF1 和 QF2，使其余部分继续供电。又如，k3 点短路，断路器 QF1～QF6 均有短

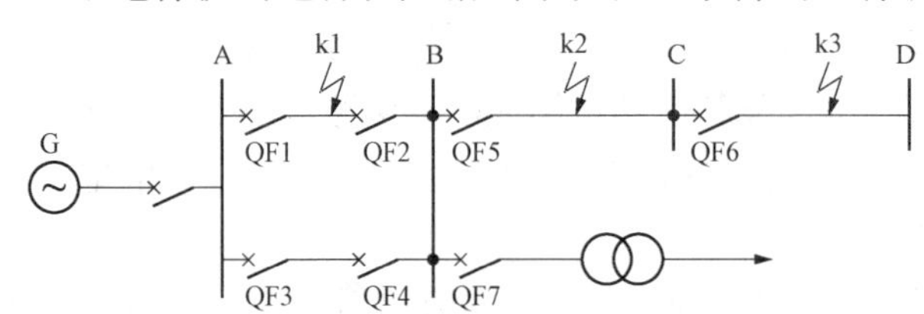

图 10-2　单侧电源网络继电保护动作的选择性

路电流，保护只应跳 QF6，除变电站 D 停电外，其余部分继续供电。

当 k3 点短路时，若断路器 QF6 因本身失灵或保护拒动而不能跳开，此时断路器 QF5 的保护应使 QF5 跳闸，这显然符合选择性的要求，这种作用称为远后备保护。

（二）快速性

快速切除故障可以减轻故障的危害程度，加速系统电压的恢复，为电动机自启动创造条件等。故障切除时间等于继电保护动作时间与断路器跳闸时间（包括熄弧时间）之和。对于反应不正常运行状态的继电保护，一般不要求快速反应，而是按照选择性的条件，带延时发出信号。

（三）灵敏性

灵敏性是指保护装置对保护范围内故障的反应能力，通常用灵敏系数 K_s 来衡量。

在进行继电保护整定计算时，常用到最大运行方式和最小运行方式。所谓的最大运行方式和最小运行方式是指在同一点发生同一类型短路，流过某一保护装置的电流达到最大值和最小值的运行方式。

反应故障参数增加的保护装置，其灵敏系数为

$$K_s = \frac{I_{k.min}}{I_{op}}$$

式中：$I_{k.min}$ 为保护区末端发生金属性短路时故障电流的最小计算值；I_{op} 为保护装置的动作电流。

反应故障参数降低的保护装置，其灵敏系数为

$$K_s = \frac{U_{op}}{U_{k.max}}$$

式中：U_{op} 为保护装置的动作电压；$U_{k.max}$ 为保护区末端发生金属性短路时故障时电压的最大计算值。

各种保护装置灵敏系数的最小值，在《继电保护和安全自动装置技术规程》中都做了具体规定。

（四）可靠性

可靠性是指在该保护装置规定的保护范围内发生了它应该动作的故障时，应正确动作，不应拒动，而在任何其他该保护不应该动作的情况下，则不应误动作。保护装置动作的可靠性是非常重要的，任何拒动或误动都将使事故扩大，造成严重后果。

对继电保护的基本要求是选择设计继电保护的依据，它们既相互联系又有一定的矛盾，故在选用、设计继电保护装置时，应从全局出发，统一考虑。

三、常用继电器

（一）电磁型继电器

电磁型继电器主要由电磁铁、可动衔铁、线圈、触点、反作用弹簧等元件组成。当在继电器的线圈中通入电流 I 时，它经由铁芯、空气隙和衔铁所构成闭合磁路产生电磁力矩，当其足以克服弹簧的反作用力矩时，衔铁被吸向电磁铁，带动动合触点闭合，称为继电器动作，这就是电磁型继电器的基本工作原理。

对于电磁型电流继电器，能使其动作的最小电流称为动作电流，用 I_{op} 表示。能使动作状态下的继电器返回的最大电流称为返回电流，用 I_{re} 表示。通常把返回电流与动作电流的比

值称为继电器的返回系数K_{re}，即

$$K_{re}=\frac{I_{re}}{I_{op}}$$

返回系数是继电器的一项重要质量指标。对于反应参数增加的继电器，如过电流继电器，K_{re}总小于1。对于反应参数减小的继电器，如低电压继电器，其返回系数总大于1。继电保护规程规定：过电流继电器的K_{re}应不低于0.85，低电压继电器的K_{re}应不大于1.25。

对于电磁型电压继电器，它与电流继电器的不同之处是线圈所用导线细且匝数多，阻抗大，以适应接入电压回路的需要。电压继电器分为过电压和低电压两种。过电压继电器与过电流继电器的动作、返回概念相同。低电压继电器是电压降低到一定程度而动作的继电器，故与过电流继电器的动作与返回概念相反。能使低电压继电器动作的最大电压，称为动作电压，能使动作后的低电压继电器返回的最小电压，称为返回电压。

（二）感应型电流继电器

感应型电流继电器的动作机构主要由部分套有铜制短路环的主电磁铁、瞬动衔铁和可动铝盘等元件组成。

当电磁铁线圈电流在一定范围内时，铝盘因两个不同相位交变磁通所产生的涡流而转动，经延时带动触点系统动作，由于电流越大，铝盘转动越快，因此其动作具有反时限特性。

当线圈内电流达到一定数值时，主电磁铁直接吸持瞬动衔铁，使继电器不经延时带动触点系统动作，故继电器具有瞬动特性。

图10-3为GL-10型过电流继电器动作时限特性曲线。图10-3中，曲线1对应于定时限部分动作时限为2s、速断电流倍数为8的动作时限特性曲线；曲线2对应于定时限部分动作时限为4s、速断动作电流倍数大于10（瞬动电流整定旋钮拧到最大位置）的动作时限特性曲线。

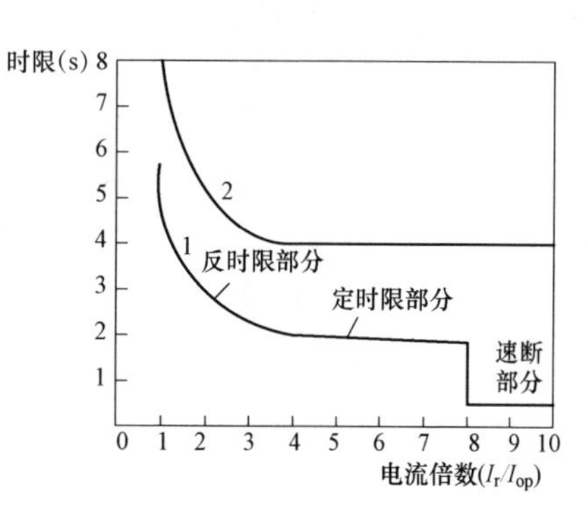

图10-3　GL-10型过电流继电器动作时限特性曲线

I_r—通过继电器的电流；I_{op}—继电器动作电流

继电器动作电流的整定用改变线圈抽头的方法实现。调整瞬动衔铁气隙大小，可改变瞬动电流倍数，调整范围为2～8倍。该型继电器触点容量较大，能实现直接跳闸。

（三）静态型继电器

1. 整流型继电器

LL-10系列整流型继电器具有反时限特性，可以取代感应型继电器使用。图10-4是整流型电流继电器的原理框图。图10-4中电压形成回路，整流滤波电路为测量元件，逻辑元件分为反时限部分（由启动元件和反比延时元件组成）和速断部分，它们共用一个执行元件。电压形

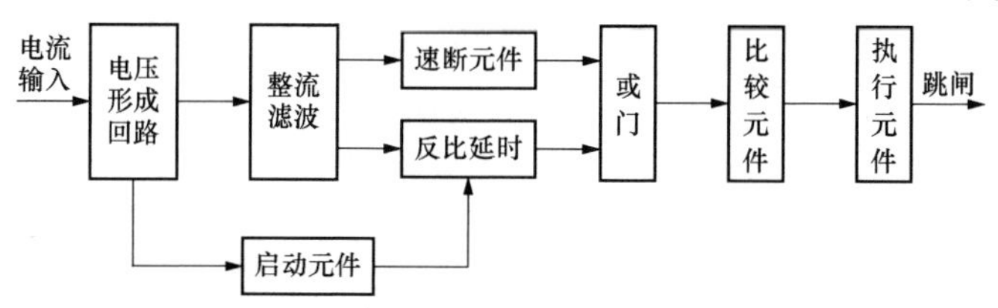

图10-4　整流型电流继电器的原理框图

成回路作用有两个：一是进行信号转换，把从一次回路传来的交流信号进行变换和综合，变为测量所需要的电压信号；二是起隔离作用，用它将交流强电系统与半导体电路系统隔离开。电压形成回路采用电抗变换器，它的结构特点是磁路带有气隙，不易饱和，可保证二次绕组的输出电压与输入一次绕组的电流成正比关系。

2. 晶体管型继电器

晶体管型继电器与电磁型、感应型继电器相比具有灵敏度高、动作速度快、可靠性高、功耗少、体积小、耐振动及易构成复杂的继电保护等特点。

晶体管型继电器与整流型继电器在保护测量原理上类似。

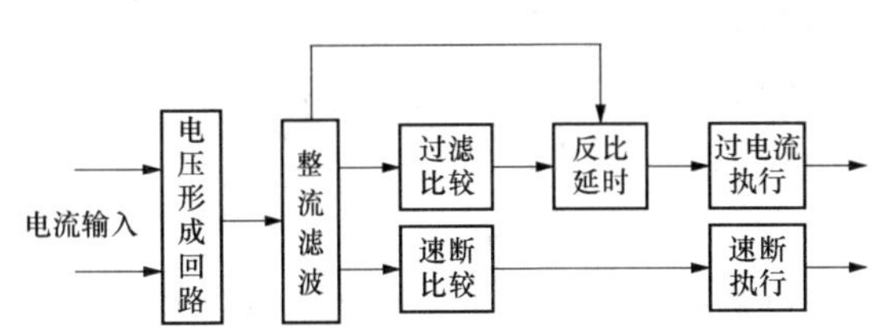

图 10-5　晶体管反时限过电流继电器的原理框图

图 10-5 为晶体管反时限过电流继电器的原理框图。该继电器一般由电压形成回路、比较电路（反时限和速断两部分）、延时电路和执行元件等组成。

现代的晶体管保护已为集成电路保护所取代，集成电路保护已成为第二代静态型保护，称为模拟式保护装置。

3. 微机保护

微型计算机和微处理器的出现，使继电保护进入数字化时代，目前微机继电保护已日趋成熟并得到广泛的应用。

微机保护的硬件系统框图如图 10-6 所示。其中，S/H 表示采样/保持，A/D 表示模/数转换。其保护原理不再详述。

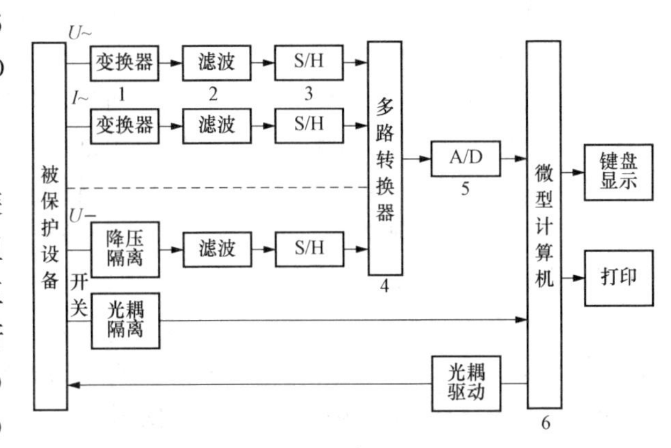

图 10-6　微机保护的硬件系统框图

四、电流保护的接线方式

电流保护的接线方式，是指保护装置中电流继电器与电流互感器二次绕组之间的连接方式。常用的接线方式有三种：完全星形接线，如图 10-7（a）所示；不完全星形接线，如图 10-7（b）所示；两相电流差接线，如图 10-7（c）所示。

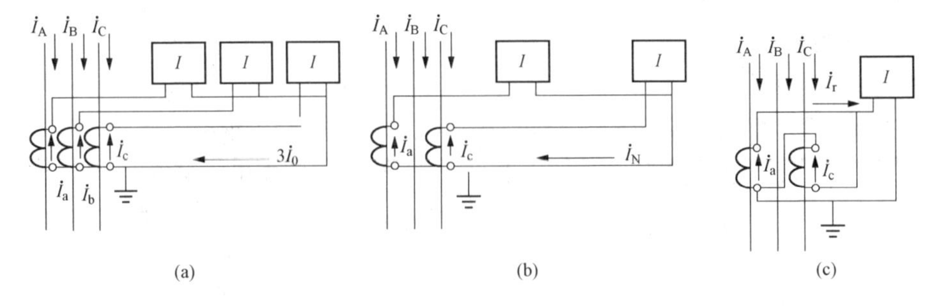

图 10-7　电流保护的接线方式

（a）完全星形接线；（b）不完全星形接线；（c）两相电流差接线

（一）接线系数

对于图 10-7（a）、（b）所示的接线方式，通过继电器的电流是互感器的二次电流。对于图 10-7（c）所示的接线方式，通过继电器的电流是两相电流之差，即 $\dot{I}_r=\dot{I}_a-\dot{I}_c$。

图 10-8 为在不同类型的短路情况下两相电流差接线的电流相量图。在三相短路时，$I_r=\sqrt{3}I_a=\sqrt{3}I_c$。在 AC 两相短路时，$I_r=2I_a$，在 AB 或 BC 两相短路时，$I_{r.ab}=I_a$ 或$I_{r.bc}=I_c$。

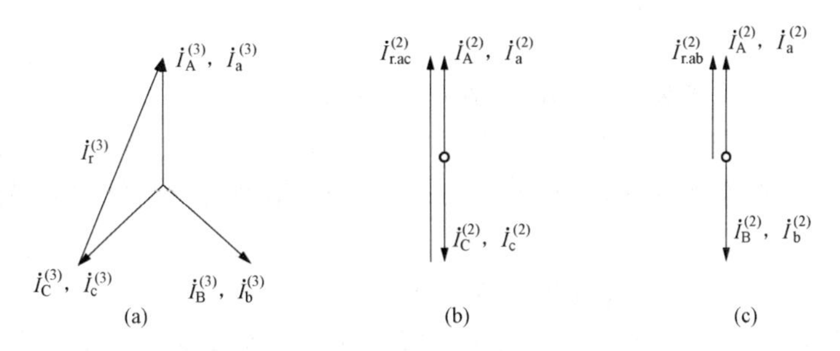

图 10-8 在不同类型的短路情况下两相电流差接线的电流相量图
（a）三相短路；（b）AC 两相短路；（c）AB 两相短路

可见，接线方式不同，通过继电器的电流与互感器的二次电流也不相同。因此，在保护装置的整定计算中，必须引入一个接线系数K_{WC}，其定义为

$$K_{WC}=\frac{I_r}{I_2} \tag{10-1}$$

式中：I_r为通过继电器的电流；I_2为电流互感器的二次电流。

由式（10-1）可知，对于星形接线有$K_{WC}=1$，而对于两相电流差接线在不同短路形式下，K_{WC}是不同的，对称短路时$K_{WC}=\sqrt{3}$，两相短路时 K_{WC}为 2 或 1，单相短路时 K_{WC}为 1 或 0。

（二）各种接线方式的性能与应用

完全星形接线方式能保护任何相间短路和单相接地短路。不完全星形和两相电流差接线方式能保护各种相间短路，但在没有装设电流互感器的一相（B 相）发生单相接地短路时，保护装置不会动作。

从上述分析看出，三种接线方式都能反应任何相间短路，因此，这里以几种特殊故障下的保护性能为例对它们进行评价。

1. 两点接地短路故障的保护接线方式选择

在小接地电流电网中，单相接地时允许继续短时运行，并查找接地点。故不同相的两点接地时，只需切除一个接地点，以减小停电范围。如图 10-9 所示的供电网络中，假设在线路l_1的 B 相和线路l_2的 C 相发生两相接地短路，并设线路l_1、l_2上的保护具有相同的动作时限。如果用完全星形接线方式，则线路l_1、l_2将被同时切除。

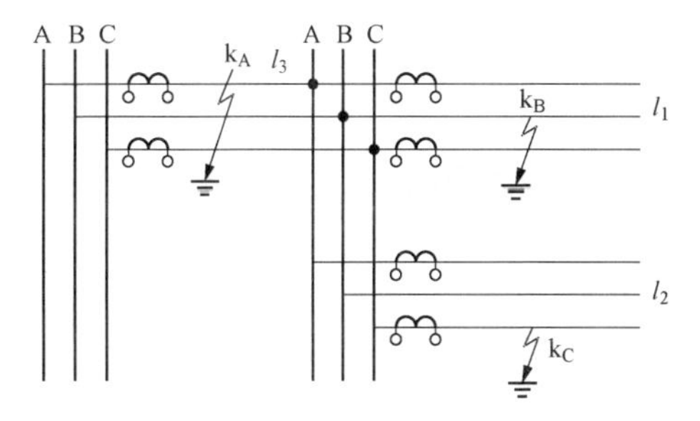

图 10-9 两点接地短路

如果采用两相两继电器不完全星形接线方式，并且两条线路的保护都装在同名相上，如

A 和 C 相上，则线路l_2将被切除，l_2切除后，l_1可以继续运行。对于各种两点接地故障，两相两继电器方式可以有 2/3 的机会只切除一条故障线路，仅有 1/3 机会切除两条故障线路。从保护两点接地故障来看，不完全星形接线方式是比较好的。此外，它用的电流互感器和继电器也较少，节约投资。

如果在两相两继电器接线方式中，电流保护不是按同名相装设，则在发生两点接地故障时，有 1/2 机会要同时切除两条故障线路，有 1/6 机会保护装置不动作，只有 1/3 机会切除一条故障线路。因此，用不完全星形接线方式时，必须注意将保护装置安放在同名的两相上。

当在辐射式供电线路上发生纵向两点接地短路时，如图 10 - 9 中l_1的 B 相和l_3的 A 相，这时由于没有短路电流流过线路l_1的保护装置，因此线路l_1不能切除，而由l_3切除，造成无选择性动作。如果此时采用完全星形接线方式，由于上下两级可用延时来保证选择性，则无此缺点。

2. Yd 变压器后两相短路故障的接线方式选择

在 Yd11 接线的变压器 d 侧发生 a、b 两相短路时，Y 侧短路电流的分布情况如图 10 - 10 所示。为简化讨论，假设变压器一、二次绕组匝数之比为$K_r=1$，则有一、二次电流的变换关系为

$$\dot{I}_A=\frac{1}{\sqrt{3}}(\dot{I}_a-\dot{I}_c)$$

$$\dot{I}_B=\frac{1}{\sqrt{3}}(\dot{I}_b-\dot{I}_a)$$

$$\dot{I}_C=\frac{1}{\sqrt{3}}(\dot{I}_c-\dot{I}_b)$$

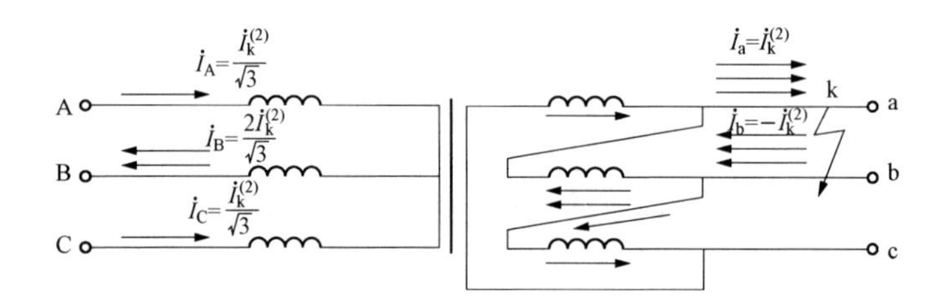

图 10 - 10　Yd11 接线的变压器发生两相短路时的 Y 侧短路电流的分布情况

当变压器 d 侧 a、b 两相短路时，各线电流为

$$\dot{I}_a=-\dot{I}_b=\dot{I}_k^{(2)}$$

$$\dot{I}_c=0$$

反映到 Y 侧的短路电流为

$$\left.\begin{aligned}\dot{I}_A&=\frac{1}{\sqrt{3}}\dot{I}_k^{(2)}\\\dot{I}_B&=-\frac{2}{\sqrt{3}}\dot{I}_k^{(2)}\\\dot{I}_C&=\frac{1}{\sqrt{3}}\dot{I}_k^{(2)}\end{aligned}\right\}\tag{10 - 2}$$

对于 Dy 接线的变压器，在 y 侧发生两相短路时，D 侧各线电流分布也有类似情况。

从上述分析可知，A、C 两相短路电流相等且同相位，但只等于 B 相的一半。如果 y 侧的保护装置采用不完全星形接线，反应 A、C 两相短路电流，则它的保护灵敏度只有完全星形接线的一半。如果按两相电流差接线，在上述故障情况下，保护装置则根本不会动作，因为通过继电器的电流正比于 A、C 两相电流之差，恰好为零。

据上面分析可知，对于小接地电流电网，采用完全星形和不完全星形两种接线方式时，各有利弊，但考虑不完全星形接线方式，节省设备和平行线路上不同相两点接地的概率较高，故多采用不完全星形接线方式。

当保护范围内接有 Yd 接线的变压器时，为提高对两相短路保护的灵敏度，可以采用两相三继电器的接线方式，如图 10－11 所示。接在公共线上的继电器反应 B 相电流。

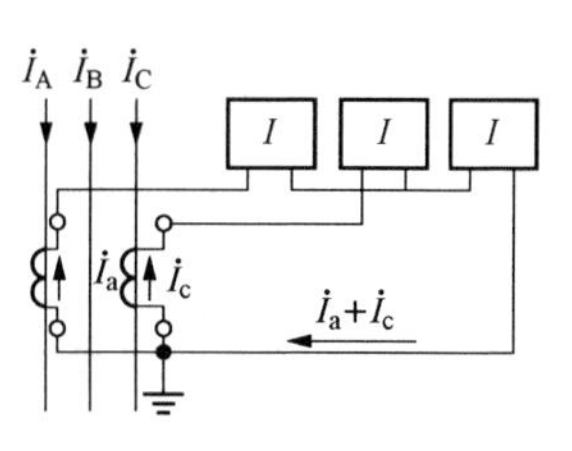

图 10－11　两相三继电器的接线方式

对于大接地电流电网，为适应单相接地短路保护的需要，应采用完全星形接线。

第二节　电网相间短路的电流电压保护

输配电线路发生相间短路故障时的主要特点是线路上电流突然增大，同时故障相间的电压降低。利用这些特点可以构成电流电压保护。这种保护方式分为有时限（定时限或反时限）的过电流保护、无时限或有时限的电流速断保护、三断式电流保护、电流电压连锁速断保护等。

一、有时限的过电流保护

（一）工作原理

在单侧电源的辐射式电网中，过电流保护装置均装设在每一线路的电源侧，如图 10－12（a）所示。每一套保护装置除保护本线段内的相同短路外，还要对下一段线路起后备保护作用（称为远后备）。因此，在线路的远端（图 10－12 中 k 点）发生短路故障时，短路电流从电源流过保护装置 1、3、5 所在的线段，并使各保护装置均启动。但是，根据保护的选择性要求，只应由保护装置 1 动作，切除故障，其他保护装置在故障切除后均应返回。所以，应对保护装置 1、3、5 规定不同的动作时间，从用户到电源方向逐级增加，构成阶梯形时限特性，如图 10－12（b）所示，相邻两级的时限级差为 Δt，则有 $t_5>t_3>t_1$。

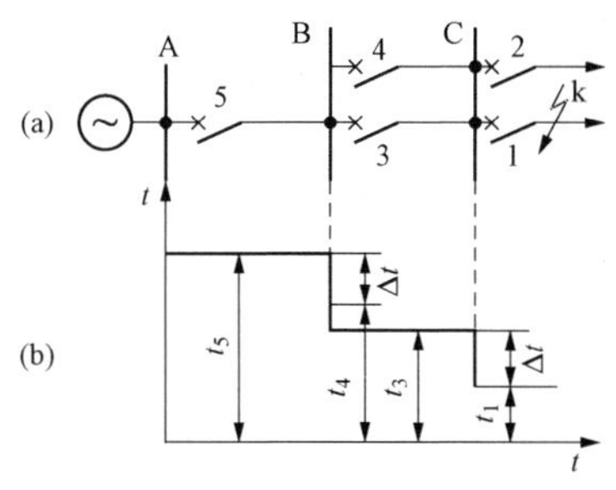

图 10－12　单侧电源辐射线路过电流保护

过电流保护按所用继电器的时限特性不同，分为定时限和反时限两种，电路接线如图 10－13 所示。时限级差 Δt 的大小，根据断路器的固有跳闸时间和时间元件的动作误差确定，一般定时限保护取 $\Delta t=0.5$s，反时限保护取 $\Delta t=0.7$s。

（二）整定计算

1. 动作电流的计算

过电流保护装置的动作电流应按以下两个条件进行整定。

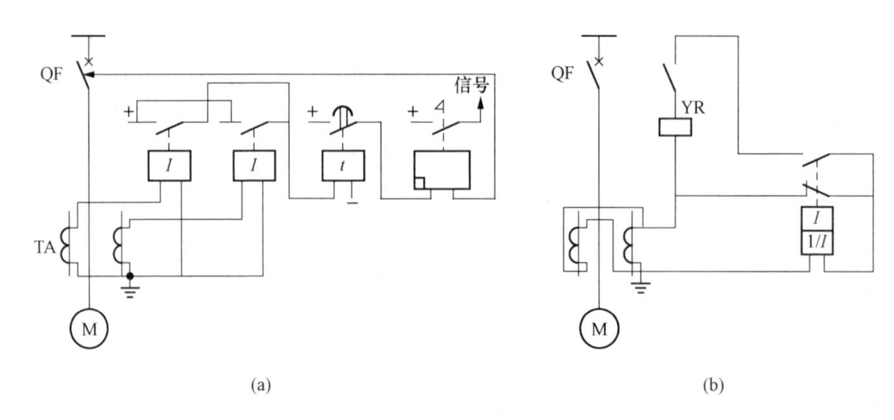

图 10-13 过电流保护接线图

(a) 定时限保护；(b) 反时限保护

(1) 应能躲过正常最大工作电流$I_{l.max}$，其中包括考虑电动机启动和自启动等因素造成的影响，这时保护装置不应动作，即满足：

$$I_{op} \geqslant I_{l.max}$$

$$I_{l.max} = K_{ol} I_{ca}$$

式中：I_{op}为保护装置的动作电流；$I_{l.max}$为线路最大工作电流；I_{ca}为线路最大计算负荷电流；K_{ol}为电动机自启动系数，由试验或实际运行经验确定，可取为 1.5～3。

(2) 对于还要起后备保护作用的继电器，在外部短路被切除后，已启动的继电器应能可靠地返回，故应考虑短路被切除后系统电压将恢复，一些电动机会自启动，此时有很大的负荷电流流过继电器。因此，应保证电流继电器的返回电流I_{re}大于线路最大工作电流，即

$$I_{re} > I_{l.max}$$

或表示为

$$I_{re} = K_{co} I_{l.max} = K_{co} K_{ol} I_{ca}$$

式中：K_{co}为可靠系数，即考虑继电器动作电流的误差及最大工作电流计算上的不准确而取的系数，一般取为 1.15～1.25。

由继电器的返回系数定义可知，$K_{re}=I_{re}/I_{op}$，则保护装置的动作电流为

$$I_{op} = \frac{I_{re}}{K_{re}} = \frac{K_{co} K_{ol}}{K_{re}} I_{ca} \tag{10-3}$$

如果保护装置的接线系数为K_{WC}，电流互感器的变比为K_{TA}，则继电器的动作电流$I_{op.r}$为

$$I_{op.r} = \frac{K_{co} K_{ol} K_{WC}}{K_{re} K_{TA}} I_{ca} \tag{10-4}$$

式中：K_{re}为继电器的返回系数，DL 型继电器取 0.85，GL 型继电器取 0.8，晶体管型继电器取 0.85～0.9。

2. 灵敏系数校验

按躲过最大工作电流整定的过电流保护装置，还必须校验在短路故障时保护装置的灵敏系数，即在它的保护区内发生短路时，能否可靠地动作。根据灵敏系数的定义，有

$$K_s = \frac{I_{k.min}^{(2)}}{I_{op}} \tag{10-5}$$

式中：$I_{k.min}^{(2)}$为被保护线段末端最小两相短路电流，A；I_{op}为保护装置的整定电流，A。

灵敏系数也可用继电器的动作电流$I_{op.r}$进行计算，这时需将短路电流换算到继电器回路，即

$$K_s = \frac{K_{wc}\ I_{k.min}^{(2)}}{K_{TA}\ I_{op.r}} \tag{10-6}$$

在计算灵敏系数时，最小短路电流的计算应在系统可能出现的最小运行方式下，取被保护线段末端的两相短路电流作为最小短路电流。

灵敏系数的最小允许值，对于主保护区要求$K_s \geqslant 1.5$，作为后备保护时要求$K_s > 1.2$。

当计算的灵敏系数不满足要求时，必须采取措施提高灵敏系数，如改变接线方式、降低继电器动作电流等。如仍达不到灵敏系数要求，则应改变保护方案。

（三）动作时限的配合

1. 定时限保护的配合

为了保护动作的选择性，过电流保护的动作时间沿线路的纵向按阶梯原则整定。对于定时限过电流保护，各级之间的时限配合如图 10-12 所示。时限整定一般从距电源最远的保护开始，如设变电站 C 的出线保护中，以保护 1 的动作时限最大为 t_1，则变电站 B 的保护 3 动作时限 t_3应比 t_1大一个时间级差 Δt，即$t_3 = t_1 + \Delta t$。同样，变电站 A 的保护 5 应比变电站 B 中时限最大的（如设$t_4 > t_3$）大一个 Δt，即$t_3 = t_1 + \Delta t$。同样，变电站 A 的保护 5 应比变电站 B 中时限最大的（如设$t_4 > t_3$）大一个 Δt，即$t_5 = t_4 + \Delta t$。

2. 反时限保护的配合

反时限保护的动作时间与故障电流的大小成反比。因此，在保护范围内的不同地点短路时，由于短路电流不同，保护具有不同的动作时间。在靠近电源端短路时，电流较大，动作时间较短，如图 10-14 所示。

为此，多级反时限过电流保护动作时限的配合应首先选择配合点，使之在配合点上两级保护的时限级差为 Δt。

如图 10-14 所示线路，保护装置 1、2 均为反时限，配合点应选在l_2的始端 k1 点。因为此点短路时，流过保护 1 和 2 的短路电流最大，两级保护动作时间之差最小，在此点上如能满足配合要求$t_1 = t_2 + \Delta t$，则其他各点的时限级差均能满足选择性要求。

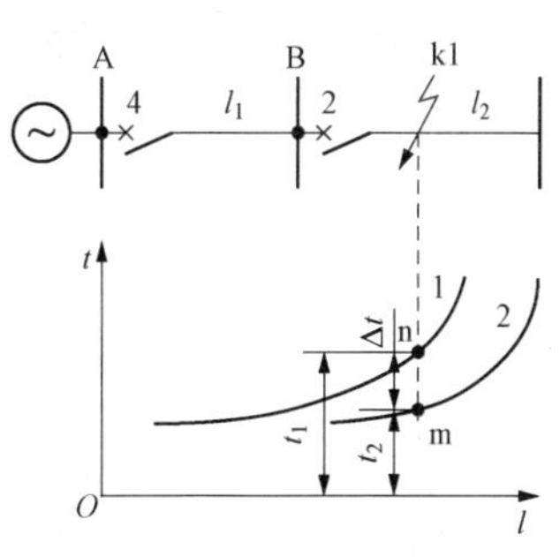

图 10-14　反时限保护的配合

当保护 2 在配合点 k1 的动作时间 t_2确定后（图 10-14 中 m 点），根据反时限级差要求（$\Delta t = 0.7$s），即可确定保护 1 的动作时间 t_1（图 10-14 中 n 点）。对于感应型电流继电器，已知其动作电流及 k1 点短路电流I_{k1}下的动作时间 t_1，即可确定与其相应的一条时限特性曲线，然后找出其 10 倍动作电流下对应的时间，以整定继电器的动作时间刻度。

3. 定时限与反时限的配合

如图 10-15 所示线路，保护 1 为定时限，保护 2 为反时限，现决定两级保护之间的时限配合。配合点应选择在保护 1 作为后备保护范围末端的 k 点。由图 10-15 看出，在 k 点为保护 1 与 2 重叠保护的范围，存在时限配合问题。如设保护 1 的动作时限为 t_1，则保护 2 在配合点 k 的动作时间 t_2应满足$t_1 - t_2 = \Delta t$（0.7s）。只要在 k 点时限配合，其他各点必然能配合，如图 10-14 中 k′点短路，保护 1 和 2 的时间差为 $\Delta t' > \Delta t$，必然满足选择性要求。

二、电流速断保护

过电流保护的选择性是靠纵向动作时限阶梯原则来保证的。因此，越靠近电源端，保护的动作时间越长，不能快速地切除靠近电源处发生的严重故障。为了克服这个缺点，可加装无时限或有时限电流速断保护。

（一）无时限电流速断保护

电流保护的整定值，如果按躲过保护区外部的最大短路电流原则来整定，即把保护范围限制在被保护线路的一定区段之内，就可以完全依靠提高动作电流的整定值获得选择性。因此，可以做成无时限的瞬动保护，称为无时限电流速断保护。

如图 10 - 16 所示，线路l_1与l_2的保护均为电流速断保护。图 10 - 16 中给出在线路不同地点短路时，短路电流I_k与距离 l 的关系曲线。曲线 1 是在系统最大运行方式下，三相短路电流的曲线。曲线 2 是在系统最小运行方式下，两相短路电流的曲线。

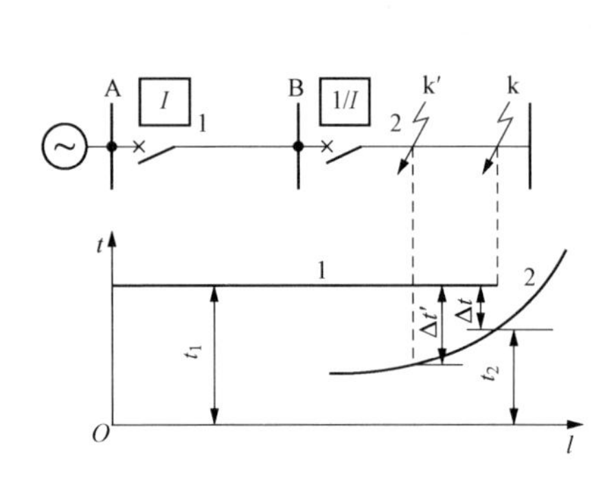

图 10 - 15 定时限与反时限的配合

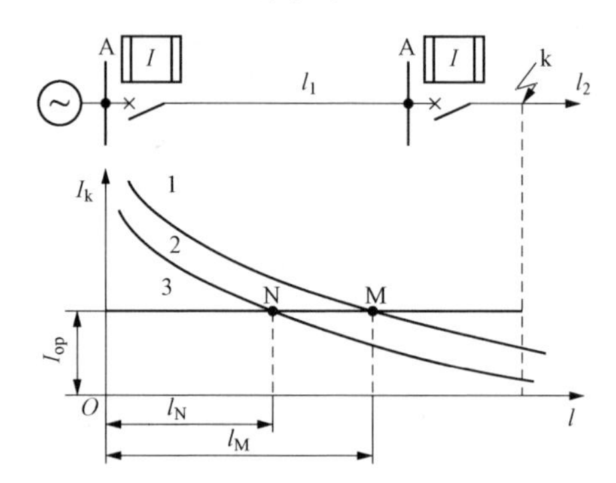

图 10 - 16 单侧电源线路上无时限电流速断保护

无时限电流速断保护的动作电流的计算式为

$$I_{op.qb} = K_{co} I_{k.max}^{(3)} \tag{10 - 7}$$

继电器的动作电流为

$$I_{op.qb.r} = K_{co} K_{WC} \frac{I_{k.max}^{(3)}}{K_{TA}} \tag{10 - 8}$$

式中：$I_{k.max}^{(3)}$为被保护线路末端的最大三相短路电流，A；K_{co}为可靠系数，一般取 1.2～1.3，当采用感应型继电器时取 1.4～1.5；K_{WC}为接线系数；K_{TA}为电流互感器变比。

无时限电流速断保护的动作电流$I_{op.qb}$在图 10 - 16 中为直线 3，它与曲线 1 和 2 分别相交在 M 和 N 点。可以看出，电流速断不断保护线路全长，它的最大保护范围是l_M，最小保护范围是l_N。

无时限电流速断保护的灵敏度，通常用保护区长度与被保护线路全长的百分比表示，一般应不小于 15%～20%。

由图 10 - 16 看出，最小保护区的长度可由最小运行方式下两相短路电流（曲线 2）与保护动作电流（直线 3）的交点 N 求得，即

$$I_{op.qb} = \frac{\sqrt{3}}{2} \frac{U_{av.p}}{X_{s.max} + x_0 l_N}$$

解得

$$l_N = \frac{1}{x_0}\left(\frac{\sqrt{3}}{2}\frac{U_{av.p}}{I_{op.qb}} - X_{s.max}\right) \tag{10 - 9}$$

式中：$U_{av.p}$为保护安装处的平均相电压，V；$X_{s.max}$为最小运行方式下归算到保护安装处的系统的最大电抗，Ω；x_0为线路每公里电抗，Ω/km；l_N为保护区最小长度，km。

对于线路变压器的保护，如图10-17所示，无论是变压器或是线路发生故障时，供电都要中断。所以，变压器故障时允许线路速断保护无选择地动作，即无时限速断保护范围可以伸长到被保护线路以外的变压器内部。这时线路的速断保护，按躲过变压器二次出口处（k1点）短路时的最大短路电流来整定，即

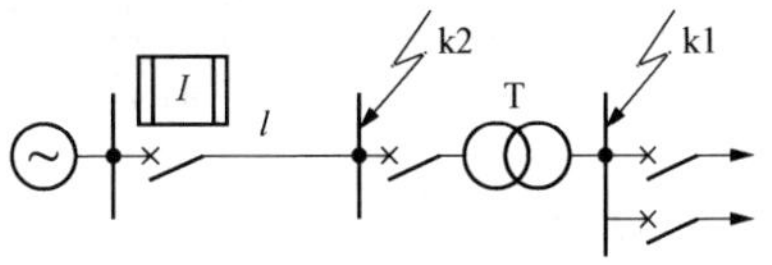

图10-17 线路变压器组的保护

$$I_{op.qb}=K_{co}I_{k.max}^{(3)} \tag{10-10}$$

式中：K_{co}为可靠系数，由于变压器计算电抗的误差较大，K_{co}一般取1.3～1.4；$I_{k.max}^{(3)}$为变压器二次母线k1点短路时，流经保护装置的最大三相短路电流。

这种情况下，无限时电流速断保护的灵敏系数按被保护线路末端k2点最小两相短路电流校验，并要求$K_s \geqslant 1.5$，即

$$K_s=\frac{I_{k.min}^{(2)}}{I_{op.qb}} \tag{10-11}$$

无限时电流速断保护的不完全星形接线图如图10-18所示。图10-18中采用了带时延0.06～0.08s动作的中间继电器3，其作用是利用它的触点接通断路器跳闸线圈，这是因为电流继电器触点容量小。

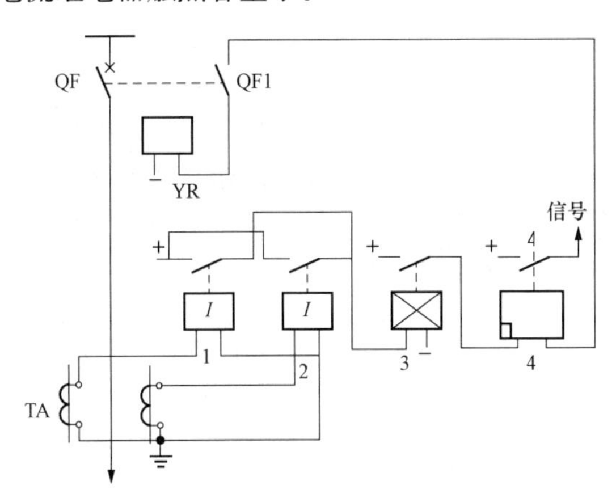

图10-18 无限时电流速断保护的不完全星形接线图

另外，当线路上装有管型避雷针时，利用中间继电器的延时，增加保护的固有动作时间，以避免在管型避雷器放电时引起电流速断保护误动作。这是因为大气过电压时，可能使两相以上的管型避雷器同时放电，造成暂时性的接地短路。因此，利用中间继电器的延时，躲过避雷器的放电时间。

由上述讨论可知，无时限电流速断保护接线简单、动作迅速可靠，其主要缺点是不能保护线路全长，并且保护范围直接受系统运行方式变化的影响。当系统运行方式变化很大，或被保护线路长度很短时，速断保护就可能没有保护范围。

（二）有时限电流速断保护

由于无时限电流速断保护不能保护线路全长，因此可增加一段带时限的电流速断保护，用以保护无时限电流速断保护不到的那段线路上的故障，并作为无时限电流速断保护的后备保护。

在无时限电流速断保护的基础上增加适当的延时（一般为0.5～1s），便构成了有时限电流速断，其接线与图10-18相似，不同的是用时间继电器取代中间继电器。

有时限速断与无时限速断保护的整定配合如图10-19所示，图中Ⅰ和Ⅱ分别表示无时限和时限速断的符号。曲线1为流过保护装置的最大短路电流。为了保护动作的选择性，变

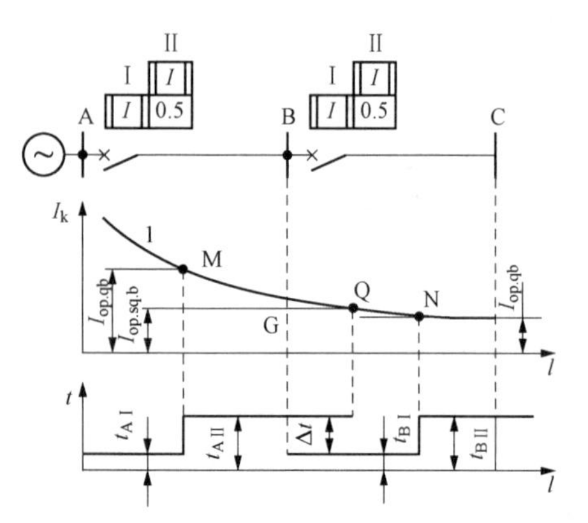

图 10-19 有时限速断与无时限速断保护的整定配合

电站 A 的有时限速断要与变电站 B 的无时限速断相配合，并使前者的保护区小于后者，即满足关系式

$$I_{op.sq.b} = K_{co} I_{op.qb} \tag{10-12}$$

式中：K_{co}为可靠系数，一般取 1.1～1.2；$I_{op.sq.b}$为变电站 A 的有时限电流速断的动作电流；$I_{op.qb}$为变电站 B 的无时限电流速断的动作电流。

由图 10-19 看出，按式（10-12）整定后，两种速断保护具有一定的重叠保护区（图中的 GQ 段），但是由于有时限速断的动作时间比无时限速断大一个时限级差 Δt（一般取 0.5s），从而使保护动作具有选择性。

有时限电流速断可作为输电线路相间故障的主保护。保护装置的灵敏系数，按最小运行方式下仍能可靠地保护线路全长进行校验，其计算式为

$$K_s = \frac{I_{k.min}^{(2)}}{I_{op.sq.b}} \tag{10-13}$$

式中：$I_{k.min}^{(2)}$为在最小运行方式下，被保护线路末端的两相短路电流；$I_{op.sq.b}$为有时限电流速断的动作电流。

灵敏系数应不低于 1.25～1.5。

三、三段式电流保护

从以上讨论可知，电流保护的三种方式各有所长和其不足之处。若将三种保护组合在一起，相互配合构成的保护称为三段式电流保护，它具有较好的保护性能。通常把无时限电流速断称为第Ⅰ段保护，将有时限电流速断称为第Ⅱ段保护，将定时限过电流保护称为第Ⅲ段保护。它们各自的保护范围和时限配合，如图 10-20 所示。

线路l_1第Ⅰ段保护为无时限电流速断，保护区为l_{AI}，动作时间为继电器固有动作时间t_{AI}。第Ⅱ段为有时限电流速断，保护区为l_{AII}，保护线路保护区为l_1的全长并延伸到l_2的一部分，其动作时间比t_{AI}大一个 Δt。第Ⅲ段为定时限过电流保护，保护区为l_{AIII}，包括l_1及l_2的全部，其动作时间$t_{AIII} = t_{BIII} + \Delta t$，$t_{BIII}$是线路$l_2$的第Ⅲ段保护的动作时限。

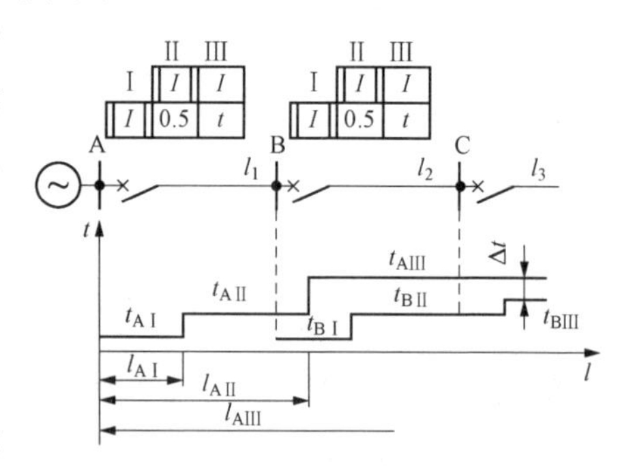

图 10-20 三段式电流保护线路

第Ⅰ、Ⅱ段保护构成本线路的主保护，第Ⅲ段保护对本线路的主保护起后备保护作用，称为近后备。另外，其还对相邻线路l_2起后备保护作用，称为远后备。

三段式电流保护目前已广泛应用在 35kV 及以下的电网中作为相间短路保护。在某些情况下，也可采用两段式电流保护。例如，对于线路变压器组接线系统，无时限电流速断可按保护全线路考虑，可以不装有时限电流速断，只用第Ⅰ、Ⅲ两段。又如，输电线路，装设无时限电流速断保护区很短，甚至没有，这时只装设第Ⅱ、Ⅲ段保护。

各段保护的动作电流计算及灵敏度校验方法同前述一样。

三段式电流保护原理接线图如图 10-21 所示，保护采用不完全星形接线。其中，电流继电器 KA1、KA2，中间继电器 KM 和信号继电器 KS1 构成第Ⅰ段保护。电流继电器 KA3、KA4，时间继电器 KT1 和信号继电器 KS2 构成第Ⅱ段保护。电流继电器 KA5、KA6、KA7，时间继电器 KT2 和信号继电器 KS3 构成第Ⅲ段保护。任何一段保护动作时均有相应的信号继电器掉牌指示保护段动作，以便于分析故障。

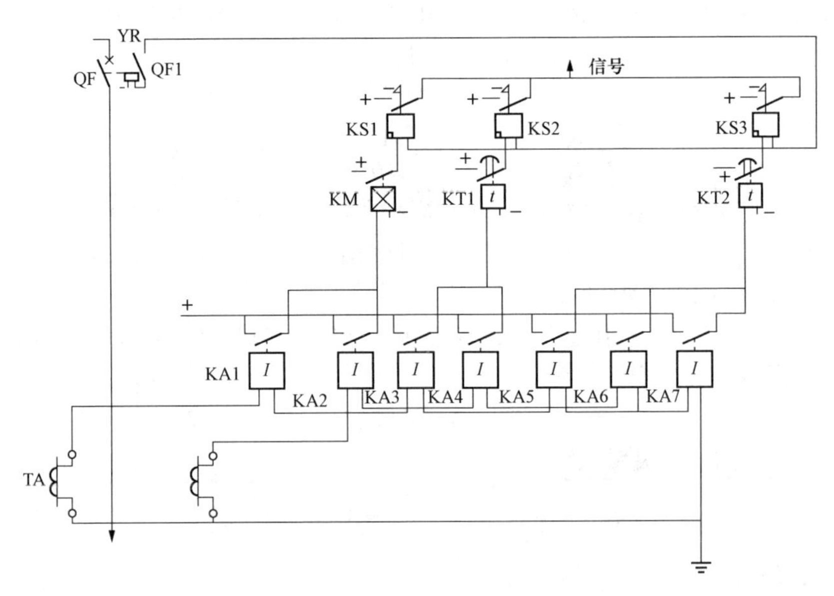

图 10-21　三段式电流保护原理接线图

为了提高对 Yd 接线的变压器后两相短路保护的灵敏系数，过电流保护采用了两相三继电器式不完全星形接线。

【例 10-1】 图 10-22 为 35kV 单侧电源输电线路，线路l_1和l_2的继电保护均为三段式电流保护。已知线路l_1的最大计算负荷电流为 150A，电流互感器变比为$K_{TA}=200/5$，在最大及最小运行方式下 k1、k2 及 k3 处三相短路电流值见表 10-1。保护采用不完全星形接线，线路l_2过电流保护动作时限为 2s。试计算并选定线路l_1各保护装置的动作电流及动作时间，校验保护的灵敏系数，并选择主要继电器。

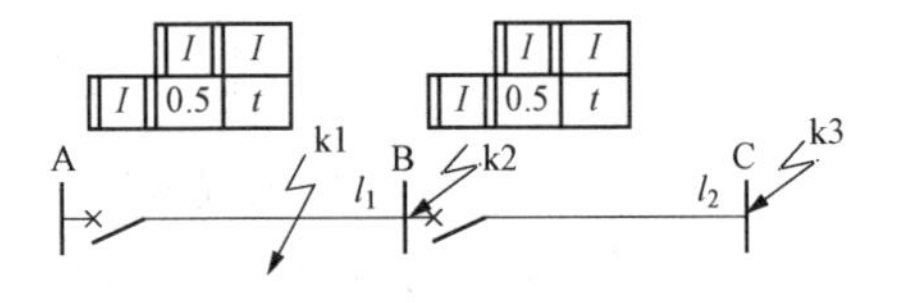

图 10-22　［例 10-1］计算图

表 10-1　　k1、k2、k3 处三相短路电流值

短路点	k1	k2	k3	短路点	k1	k2	k3
最大运行方式下三相短路电流	3400	1310	500	最小运行方式下三相短路电流	2150	1070	460

解：（1）线路l_1无时限电流速断保护。一次动作电流计算，根据式（10-7）为

$$I_{op.qb}=K_{co}I_{k2.max}=1.3\times1310\approx1700(A)$$

继电器的动作电流为

$$I_{op.qb.r}=\frac{K_{WC}}{K_{TA}}I_{op.qb}=\frac{1}{200/5}\times 1700=42.5(A)$$

选用 DL - 11/100 型电流继电器，动作电流的整定范围为 25～100A。

(2) 线路l_1的有时限电流速断保护。为计算l_1的有时限电流速断保护的动作电流，应首先算出线路l_2的无时限电流速断保护的一次动作电流$I_{op.qb}$。由式（10 - 7）得

$$I_{op.qb}=K_{co}I_{k3.max}=1.3\times 500=650(A)$$

线路l_1的有时限电流速断保护的一次动作电流，根据式（10 - 12）为

$$I_{op.sq.b}=K_{co}I_{op.qb}=1.1\times 650=715(A)$$

继电器动作电流为

$$I_{op.sq.b.r}=\frac{K_{WC}}{K_{TA}}I_{op.sq.b}=\frac{1}{200/5}\times 715\approx 17.9(A)$$

选用 DL - 11/50 型电流继电器，其动作电流的整定范围为 12.5～50A。

动作时限与线路l_2的无时限速断相配合，可选用 DS - 11 型时间继电器，其时限调整范围为 0.1～1.3s，本保护取动作时限 0.5s。

(3) 灵敏系数校验。有时限电流速断应保护在线路l_1末端发生短路时可靠动作，为此以 k2 点最小两相短路电流来校验灵敏系数。

$$I_{k2.min}^{(2)}=0.866I_{k2.min}^{(3)}=0.866\times 1070\approx 927(A)$$

根据式（10 - 13)，保护的灵敏系数为

$$K_s=\frac{I_{k2.min}^{(2)}}{I_{op.sq.b}}=\frac{927}{715}\approx 1.3>1.25$$

灵敏系数校验合格。

(4) 过电流保护装置。过电流保护的一次动作电流由式（10 - 3）得

$$I_{op}=\frac{K_{co}K_{ol}}{K_{re}}I_{ca}=\frac{1.2\times 1.5}{0.85}\times 150\approx 318(A)$$

继电器的动作电流为

$$I_{op.r}=\frac{K_{WC}}{K_{TA}}I_{op}=\frac{1}{200/5}\times 318\approx 8(A)$$

选用 DL - 11/20 型电流继电器，其动作电流的整定范围为 5～20A。

动作时限t_{AIII}应与线路l_2过电流保护的动作时限t_{BIII}相配合，即

$$t_{AIII}=T_{BIII}+\Delta t=2+0.5=2.5(s)$$

选用 DS - 112 型时间继电器，其时限调整范围为 0.25～3.5s，取动作时间为 2.5s。

(5) 灵敏度校验。过电流保护的灵敏系数应分别用l_1末端 k2 点及l_2末端 k3 点的最小短路电流校验。保护线路l_1的灵敏系数为

$$K_{s1}=\frac{I_{k2.min}^{(2)}}{I_{op}}=\frac{927}{318}\approx 2.9>1.5$$

校验合格。

保护线路l_2的灵敏系数（后备保护）为

$$K_{s2}=\frac{I_{k3.min}^{(2)}}{I_{op}}=\frac{0.866\times 460}{318}\approx 1.25>1.2$$

校验合格。

在实际计算中，还应求出无时限电流速断的保护范围。

四、电流电压连锁速断保护

当系统运行方式变化很大时，无时限电流速断保护的保护范围可能很小，甚至没有保护区。为了在不延长保护动作时间的条件下，增加保护范围，可采用电流电压连锁速断保护。

电流电压连锁速断保护的接线图如图 10-23 所示。保护采用不完全星形接线，包括两个电流继电器和三个电压继电器分别接在线电压上，以反应各种相间短路故障。电流继电器和电压继电器的触点接成“与”门关系，这样，只有在两者都动作时，保护才能作用于跳闸。

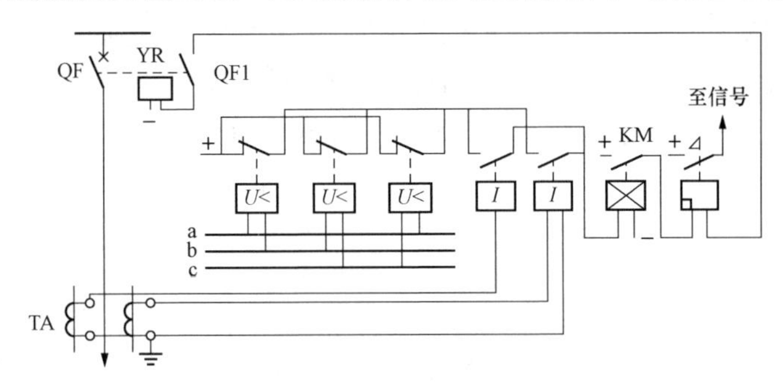

图 10-23 电流电压连锁速断保护的接线图

保护的整定原则和无时限电流速断保护一样，按躲开被保护线路末端故障整定。由于它采用了电流电压测量元件，且只要有一个测量元件不动作，保护就不动作，因此可有几种整定方法。常用的是保证在正常运行方式下有较大的保护范围作为整定计算的出发点。

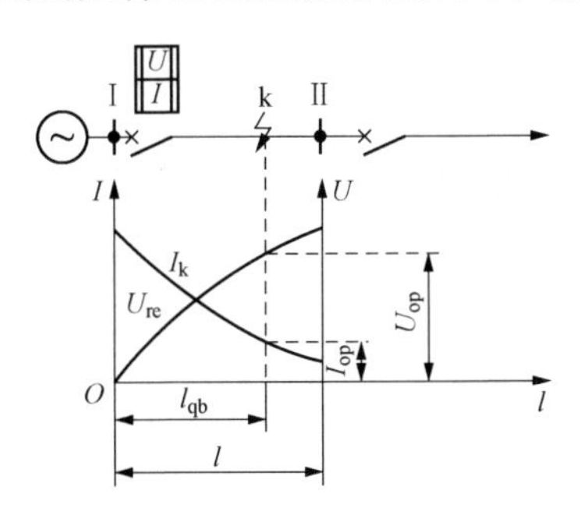

图 10-24 电流电压连锁速断装置的整定

图 10-24，给出了系统正常运行方式下，母线残压 U_{re} 和短路电流 I_k 的曲线。设被保护线路的长度为 l，为保证选择性，在正常运行方式时的保护区为

$$l_{qb}=\frac{l}{K_{co}}\approx 0.75l$$

式中：K_{co} 为可靠系数，取为 1.3～1.4。

因此，电流继电器的动作电流为

$$I_{op}=\frac{U_{av.p}}{X_s+x_0 l_{qb}} \qquad (10-14)$$

式中：$U_{av.p}$ 为被保护线路的平均相电压；X_s 为正常运行方式下的系统电抗；x_0 为线路单位长度电抗。

I_{op} 就是在正常运行方式下，保护范围末端（k 点）三相短路时的短路电流。由于在 k 点三相短路时，低电压继电器也应动作，所以它的动作电压为

$$U_{op}=\sqrt{3}\, I_{op}\, x_0\, l_{qb} \qquad (10-15)$$

式中：U_{op} 为正常运行方式下，保护范围末端三相短路时母线 I 上的残余电压。

由图 10-24 可以看出，按上述方法整定，在正常运行方式下电流元件和电压元件的保护范围是相同的。当运行方式改变时，如出现最大运行方式，短路电流增大，I_k 曲线升高，在保护区外短路，电流元件便可能动作，这时保护的选择性由电压元件保证，因为残压 U_{re} 也升高，低电压继电器不会动作。反之，在最小运行方式下，在保护区以外短路，电压元件可能动作，但电流元件不会动作，保护的选择性由电流元件来保证。

由上述分析不难看出，即使运行方式变化较大，电流电压连锁速断的保证范围仍然较大，而单独的电流速断保护区则很短。当无时限电流速断保护灵敏度不能满足要求时，可以考虑采用这种保护。

第三节 小接地电流系统的单相接地保护

一、单相接地的零序电流分布

图 10 - 25 为一中性点不接地系统单相接地时电容电流分布。线路l_1、l_2和发电机的各相对地电容，分别为C_{I}、C_{II}、C_{F}。当在线路l_2上 k 点发生 A 相接地故障后，系统中 A 相电容被短接，因而各元件 A 相对地电容电流为零。各元件的 B 相和 C 相对地电容电流，都要通过由大地、故障点、电源和本元件构成的回路。

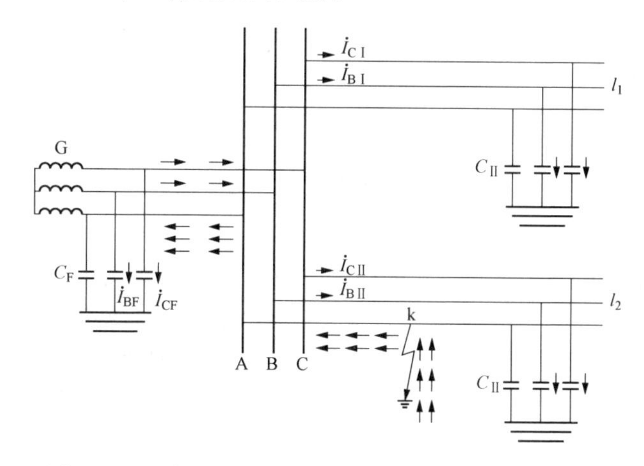

图 10 - 25 中性点不接地系统单相接地时电容电流分布

非故障线路l_1始端所反应的零序电流为

$$3\dot{I}_{0\mathrm{I}} = \dot{I}_{\mathrm{BI}} + \dot{I}_{\mathrm{CI}} = \mathrm{j}3\dot{U}_0\omega C_1 \tag{10 - 16}$$

其有效值为 $3I_{0\mathrm{I}}=3U_{\mathrm{p}}\omega C_1$，$U_{\mathrm{p}}$ 为相电压的有效值，即零序电流为线路l_1本身的电容电流，电容性无功功率的方向为由母线流向线路。

当电网中的线路很多时，上述结论可适用于每一条非故障的线路。发电机出线端所反应的零序电流为

$$3\dot{I}_{0\mathrm{F}} = \dot{I}_{\mathrm{BF}} + \dot{I}_{\mathrm{CF}} = \mathrm{j}3\dot{U}_0\omega C_{\mathrm{F}} \tag{10 - 17}$$

其有效值为 $3I_{0\mathrm{F}}=3U_{\mathrm{p}}\omega C_{\mathrm{F}}$，即零序电流为发电机本身的电容电流，其电容性无功功率的方向是由母线流向发电机，这个特点与非故障线路是一样的。

故障线路 l_2 的接地点要流过全系统 B 相和 C 相对地电容电流的总和。若以由母线流向线路作为假定正方向，则故障线路始端所反应的零序电流为

$$\begin{aligned} 3\dot{I}_{0\mathrm{II}} &= (\dot{I}_{\mathrm{BII}} + \dot{I}_{\mathrm{CII}}) - (\dot{I}_{\mathrm{BI}} + \dot{I}_{\mathrm{CI}}) - (\dot{I}_{\mathrm{BII}} + \dot{I}_{\mathrm{CII}}) - (\dot{I}_{\mathrm{BF}} + \dot{I}_{\mathrm{CF}}) \\ &= -(\dot{I}_{\mathrm{BI}} + \dot{I}_{\mathrm{CI}} + \dot{I}_{\mathrm{BF}} + \dot{I}_{\mathrm{CF}}) = -\mathrm{j}3\dot{U}_0\omega(C_1 + C_{\mathrm{F}}) \end{aligned} \tag{10 - 18}$$

其有效值为 $3\dot{I}_{0\mathrm{II}}=3U_{\mathrm{p}}\omega\ (C_{\Sigma}-C_{\mathrm{II}})$，$C_{\Sigma}=C_{\mathrm{I}}+C_{\mathrm{II}}+C_{\mathrm{F}}$为全系统每相对地电容的总和。由此可见，由故障线路流向母线的零序电流，其数值等于全系统非故障元件对地电容电流之总和（不包括故障线路本身），其电容性无功功率的方向由线路流向母线，恰好与非故障线路上的相反。

根据上述分析结果，可以作出单相接地时的零序等效网络，如图 10-26（a）所示。在接地点有一个零序电压$\dot{U}_0$，而零序电流回路是通过各个元件的对地电容构成的，由于线路的零序阻抗远小于电容的阻抗，因此可以忽略不计。在中性点不接地电网中的零序电流，就是各元件的对地电容电流，其相量关系如图 10-26（b）所示（图中$I'_{0\mathrm{II}}$表示线路l_2本身的零序电容电流）。

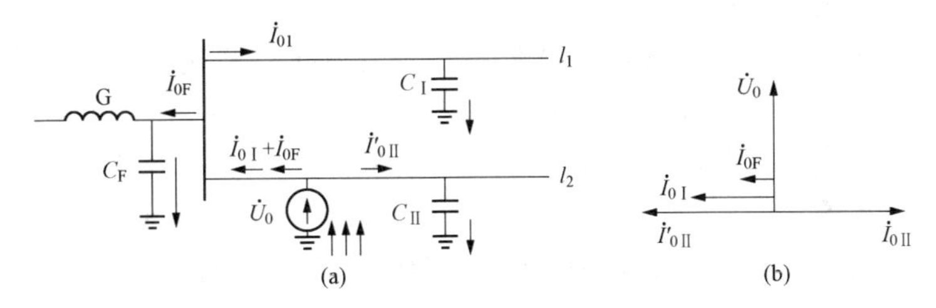

图 10-26　单相接地时的零序等效网络及相量图

（a）等效网络；（b）相量图

综上所述，可得如下结论：

（1）发生单相接地时，全系统都将出现零序电压。

（2）非故障元件中的零序电流，其数值等于本身对地的电容电流，其方向由母线指向线路。

（3）在故障线路上，零序电流为全系统非故障元件对地电容电流之总和，其方向由线路指向母线。

当中性点采用消弧线圈接地后，单相接地时的电流分布发生重大的变化。假定在图 10-25 所示的网络中，在电源的中性点接入了消弧线圈，如图 10-27（a）所示。当线路l_2上 A 相接地以后，电容电流的大小和分布与不接消弧线圈时是一样的，不同的是在零序电压作用下消弧线圈有一电感电流 $\dot{I}_L$经接地点流回弧线圈。相似地，可作出其零序等效网络，如图 10-27（b）所示。

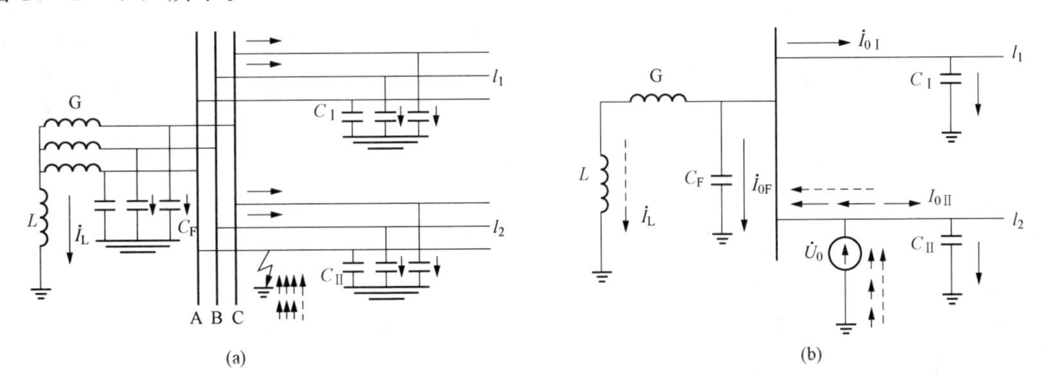

图 10-27　消弧线圈接地系统单相接地时的电流分布

（a）网络图及电流分布；（b）零序等效网络

由图 10-27 可知，流过非故障元件的零序电流与中性点不接地系统的相同，对于故障线路l_2，其始端所反应的零序电流为

$$3\dot{I}_{0\mathrm{II}}=-(\dot{I}_{\mathrm{BI}}+\dot{I}_{\mathrm{CI}}+\dot{I}_{\mathrm{BF}}+\dot{I}_{\mathrm{CF}})-\dot{I}_{\mathrm{L}}=-\mathrm{j}3\dot{U}_0\omega(C_{\mathrm{I}}+C_{\mathrm{F}})+\mathrm{j}\frac{\dot{U}_0}{\omega L} \quad (10-19)$$

由此可得出如下结论：

（1）当采用完全补偿方式时，流经故障线路和非故障线路的零序电流都是本线路的电容电流，电容性无功功率方向相同，都是由母线指向线路。在这种情况下，无法利用电流的大小和方向来区别故障线路和非故障线路。

（2）当采用过补偿方式时，流经故障线路和非故障线路始端的零序电流，是电容性电流，其容性无功功率方向都是由母线流向线路。故无法利用功率方向来判别是故障线路还是非故障线路。当过补偿度不大时，也很难利用电流大小判别出故障线路。

二、绝缘监视装置

由以上分析可知，中性点不接地系统正常运行时无零序电压，一旦发生单相接地故障时就会出现零序电压。因此，可利用有无零序电压来实现无选择性的绝缘监视装置。

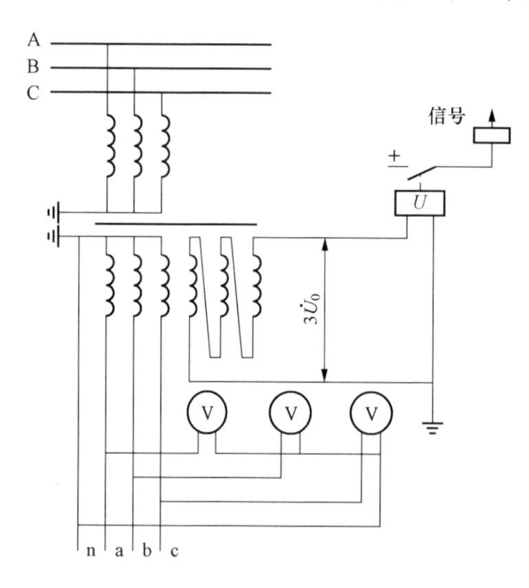

图 10-28 绝缘监视装置原理接线图

绝缘监视装置原理接线图如图 10-28 所示，在发电厂或变电站的母线上装设一台三相五柱式电压互感器（在系统内的其他地方不宜再安装绝缘监视装置），在其星形接线的二次侧接入三只电压表，用以测量各相对地电压，在开口三角侧接入一只过电压继电器，以反应接地故障时出现的零序电压。

正常运行时，电网三相电压是对称的，没有零序电压，所以三只电压表读数相等，过电压继电器不动作。当任一出线发生接地故障时，接地相对地电压为零，其他两相对地电压升高$\sqrt{3}$倍，可从三只电压表上指示出来。同时，在开口三角处出现零序电压，过电压继电器动作给出接地信号。值班人员根据接地信号和电压表指示，可以判断电网已发生接地故障和接地相别。如要查寻故障线路，还需运行人员依次短时断开各条线路，根据零序电压信号是否消失来确定故障线路。

三、零序电流保护

零序电流保护是利用故障线路的零序电流大于非故障线路的零序电流的特点，构成有选择性的保护。根据需要保护可动作于信号，也可动作于跳闸。

这种保护一般使用在有条件安装零序电流互感器的电缆线路或经电缆引出的架空线上。当单相接地电流较大，足以克服零序电流中的不平衡电流影响时，保护装置可接于由三只电流互感器构成的零序电流序回路中。

保护装置的动作电流，应按躲过本线路的零序电容电流整定，即

$$I_{\mathrm{op}}=K_{\mathrm{co}}3\omega CU_{\mathrm{p}} \quad (10-20)$$

式中：U_{p}为相电压；C为本线路每相对地电容；K_{co}为可靠系数，它的大小与动作时间有关，若保护为瞬时动作，为防止对地电容电流暂态分量的影响，K_{co}一般取 4～5，若保护为延时动作，K_{co}可取 1.5～2.0。

保护的灵敏度应按在被保护线路上发生单相接地故障时，流过保护的最小零序电流校验，即

$$K_s=\frac{3U_p\omega(C_\Sigma-C)}{K_{co}3U_p\omega C}=\frac{C_\Sigma-C}{K_{co}C} \tag{10-21}$$

式中：C_Σ为电网在最小运行方式下（产生最小接地电流），各线路每相对地电容之和。

利用零序电流互感器构成的接地保护如图10－29所示。在具体实施上述保护时，应该指出的是接地故障电流或其他杂散电流可能在地中流动，也可能沿故障或非故障线路导电的电缆外皮流动。这些电流转换到电流继电器中，可能造成接地保护误动、拒动或降低灵敏度。为解决这一问题，应将电缆盒及零序电流互感器到电缆盒的一段电缆对地绝缘，并将电缆盒的接地线穿回零序电流互感器的铁芯窗口再接地，如图10－29所示。这样，可使经电缆外皮流过的电流再经接地线流回大地，使其在铁芯中产生的磁通互相抵消，从而消除其对保护的影响。

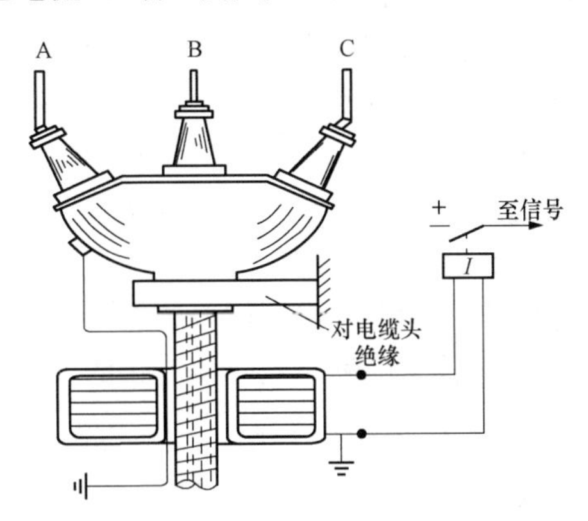

图10－29 利用零序电流互感器构成的接地保护

四、零序功率方向保护

零序功率方向保护利用故障线路与非故障线路零序功率方向相反来实现有选择性的保护，动作于信号或跳闸。这种方式适用于零序电流保护不能满足灵敏系数的要求时和接线复杂的网络中。

五、中性点经消弧线圈接地系统的接地保护

由上述可见，在中性点经消弧线圈接地的电网，要实现有选择性的保护是很困难的。目前，这类电网可采用无选择性的绝缘监视装置。除此之外，还可采用下列几种保护原理。

1. 反应5次谐波电流的接地保护

在发电机制造中虽已采用短节矩线圈，以消除5次谐波，但经过变压器后（由于变压器铁芯工作在近于饱和点），还会在变压器高压侧产生高次谐波，其中以3次、5次谐波为主要成分。消弧线圈的作用是对基波而言，即$\omega L=\frac{1}{3\omega C_\Sigma}$，而对5次谐波，$\omega_5 L=\frac{1}{3\omega_5 C_\Sigma}$，即5次谐波电流的分布规律与中性点不接地电网分布规律一样，仍可利用5次谐波电流构成有选择性的保护。同样，也可利用5次谐波功率方向构成有选择性的保护。

2. 短时投入一电阻的方法

发生单相接地时，在中性点与地之间投入一电阻，使在接地点产生一有功分量电流，再利用类似余弦功率方向继电器的原理选择出故障线路，经一定延时后，再把电阻切除。此种方式要增加电阻的控制回路，接线也较复杂。另外，投入电阻后会使接地电流增大，可能导致故障发展。

此外，还有反应暂态零序电流首半波的接地保护等，但都不理想。到目前为止，中性点经消弧圈接地电网的单相接地保护，还有待进一步研究。

第四节 电力变压器保护

变压器是电力系统的重要设备之一，它的正常运行对供电系统的可靠性意义重大，电力变压器常用的保护装置有瓦斯保护、电流速断保护、纵联差动保护（简称差动保护）、过电流保护和过负荷保护等，本节重点介绍电力变压器差动保护的原理与整定计算。

一、变压器的瓦斯保护

瓦斯保护主要用作变压器油箱内部故障的主保护及油面过低保护。变压器的内部故障，如匝间或层间短路、单相接地短路等，有时故障电流较小，可能不会使反应电流的保护动作。对于油浸式变压器，油箱内部故障时，由于短路电流和电弧的作用，变压器油和其他绝缘物会因受热而分解出气体，这些气体上升到最上部的储油柜。故障越严重，产气越多，形成强烈的气流。能反应此气体变化的保护装置，称瓦斯保护，瓦斯保护是利用安装于油箱和储油柜间管道中的机械式气体继电器来实现的。

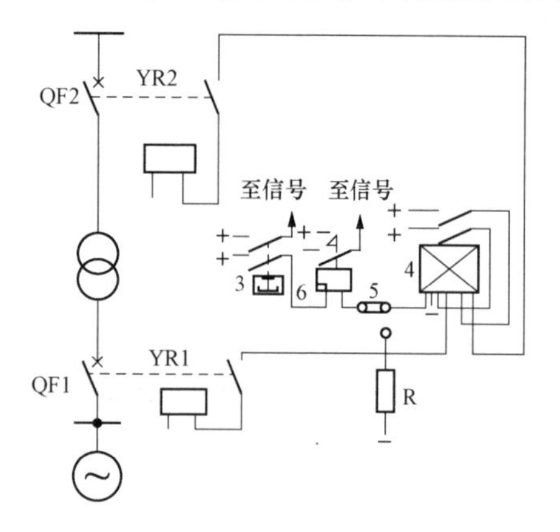

图 10 - 30 瓦斯保护的接线

瓦斯保护的接线如图 10 - 30 所示。图 10 - 30 中的中间继电器 4 是出口元件，它是带有电流自保线圈的中间继电器，这是考虑重瓦斯时，油流速度不稳定而采用的。轻瓦斯时，保护只发出信号，不跳闸。切换片 5 是为了在变压器换油或进行气体继电器试验时，防止误动作而设的，可利用切换片 5 使重瓦斯保护临时只作用于信号回路。

瓦斯保护的主要优点是动作快，接线简单，能反应变压器油箱内部的各种类型故障，特别是短路匝数很少的匝间短路，其他保护可能不动作，对这种故障，瓦斯保护具有特别重要的意义，所以瓦斯保护是变压器内部故障的主要保护之一。根据有关规定，800kVA 以上的油浸式变压器，均应装设瓦斯保护。

二、变压器的电流速断保护

对于较小容量的变压器（如 5600kVA 以下），特别是车间配电用变压器（容量一般不超过 1000kVA），广泛采用电流速断保护作为电源侧绕组、套管及引出线故障的主要保护；再用时限过电流保护装置，保护变压器的全部，并作为外部短路所引起的过电流及变压器内部故障的后备保护。

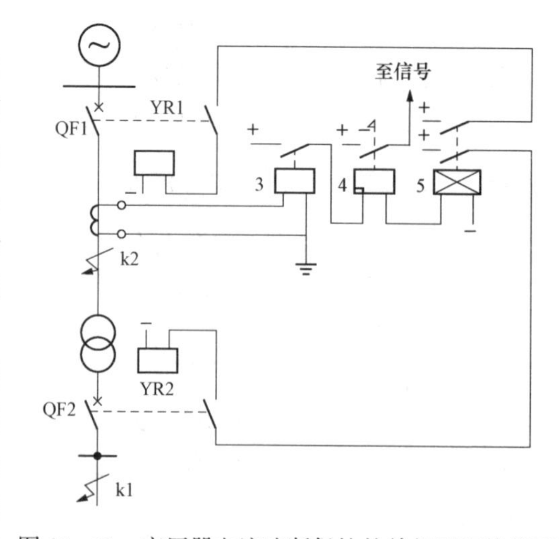

图 10 - 31 变压器电流速断保护的单相原理接线图

图 10 - 31 为变压器电流速断保护的单相原理接线图。电流互感器装于电源侧。电源侧为中性点直接接地系统时，保护采用完全星形接线方式。电源侧为中性点不接地或经消弧线圈接地的系统时，则采用两相式不完全星形接线。

速断保护的动作电流，按躲过变压器外部故障（如 k1 点）的最大短路电流整定，则

$$I_{op.qb} = K_{co} I_{k.max}^{(3)} \tag{10-22}$$

式中：$I_{k.max}^{(3)}$为变压器二次侧母线最大三相短路电流；K_{co}为可靠系数，取 1.2～1.3。

变压器电流速断保护的动作电流，还应躲过励磁涌流。根据实际经验及实验数据，保护装置的一次侧动作电流必须大于（3～5）$I_{N.T}$。$I_{N.T}$为保护安装侧变压器的额定电流。

变压器电流速断保护的灵敏系数为

$$K_s = \frac{I_{k.min}^{(2)}}{I_{op.qb}} \geqslant 2 \tag{10-23}$$

式中：$I_{k.min}^{(2)}$为保护装置安装处（如 k2 点）最小运行方式时的两相短路电流。

电流速断保护接线简单、动作迅速，但作为变压器内部故障保护存在以下缺点：

（1）当系统容量不大时，保护区很短，灵敏度达不到要求。

（2）在无电源的一侧，套管引出线的故障不能保护，要依靠过电流保护，这样切除故障时间长，对系统安全运行影响较大。

（3）对于并列运行的变压器，负荷侧故障时，如无母联保护，过电流保护将无选择性地切除所有变压器。

所以，对并联运行容量大于 6300kVA 的变压器和单独运行容量大于 10000kVA 的变压器，不采用电流速断，而采用差动保护。对于 2000～6300kVA 的变压器，当电流速断保护灵敏度小于 2 时，也可采用差动保护。

三、变压器的差动保护

（一）保护原理及不平衡电流

差动保护主要用作变压器内部绕组、绝缘套管及引出线相间短路的主保护。变压器差动保护原理与电网纵差保护相同，如图 10-32 所示。

在正常运行和外部故障时，流入继电器的电流为两侧电流之差，即 $\dot{I}_r = \dot{I}_{I2} - \dot{I}_{II2} \approx 0$，其值很小，继电器不动作。当变压器内部发生故障时，若仅 I 侧有电源，则 $\dot{I}_r = \dot{I}_{I2}$，其值为短路电流，继电器动作，使两侧断路器跳闸。由于差动保护无须与其他保护配合，因此可实现全部线路瞬动切除故障。

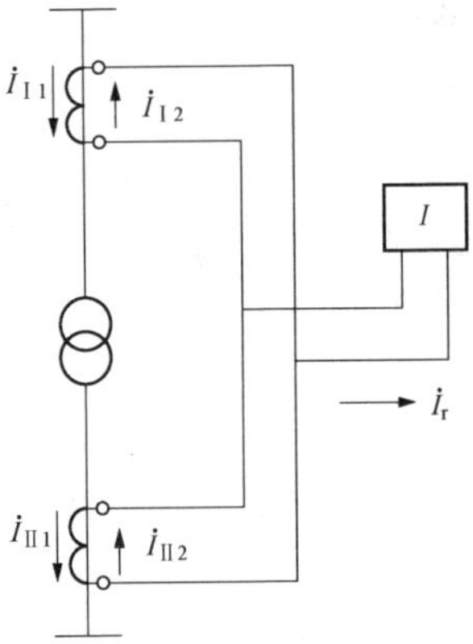

图 10-32　变压器差动保护原理

由于诸多因素的影响，在正常运行和发生外部故障时，在继电器中会流过不平衡电流，影响差动保护的灵敏度。一般有以下三种影响因素。

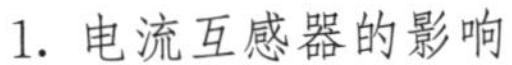

1. 电流互感器的影响

由于变压器两侧电压不同，装设的电流互感器形式便不同。它们的特性必然不一样，因此引起不平衡电流。又由于选择的电流互感器变比不同，也将产生不平衡电流。例如，图 10-32 中，变压器的变比为 K_T，为使两侧互感器二次电流相等，应满足

$$I_{I2} = \frac{I_{I1}}{K_{TAI}} = I_{II2} = \frac{I_{II1}}{K_{TAII}}$$

由此得

$$\frac{K_{TA\mathrm{II}}}{K_{TA\mathrm{I}}}=\frac{I_{\mathrm{II}1}}{I_{\mathrm{I}1}}=K_{T}$$

上式表明，两侧互感器变比的比值等于变压器的变比时，才能消除不平衡电流。但是，由于互感器产品变比的标准化，这个条件很难满足，由此产生不平衡电流。

另外，变压器带负荷调压时，改变分接头其变比也随之改变，将使不平衡电流增大。

2. 变压器接线方式的影响

对于 Yd11 接线方式的变压器，其两侧电流有 30°相位差。为消除相位差造成的不平衡电流，通常采用相位补偿的方法，即变压器 Y 侧的互感器二次接成 d 形，变压器 d 侧的互感器接成 Y 形，使相位得到校正，如图 10 - 33(a)所示。图 10 - 33(b)是电流互感器一次侧电流相量图，$\dot{I}_{A1}$与 $\dot{I}_{ab1}$有 30°相位差，图 10 - 33(c)是电流互感器二次侧电流相量图，通过补偿后 $\dot{I}_{AB2}$与 $\dot{I}_{ab2}$同相。

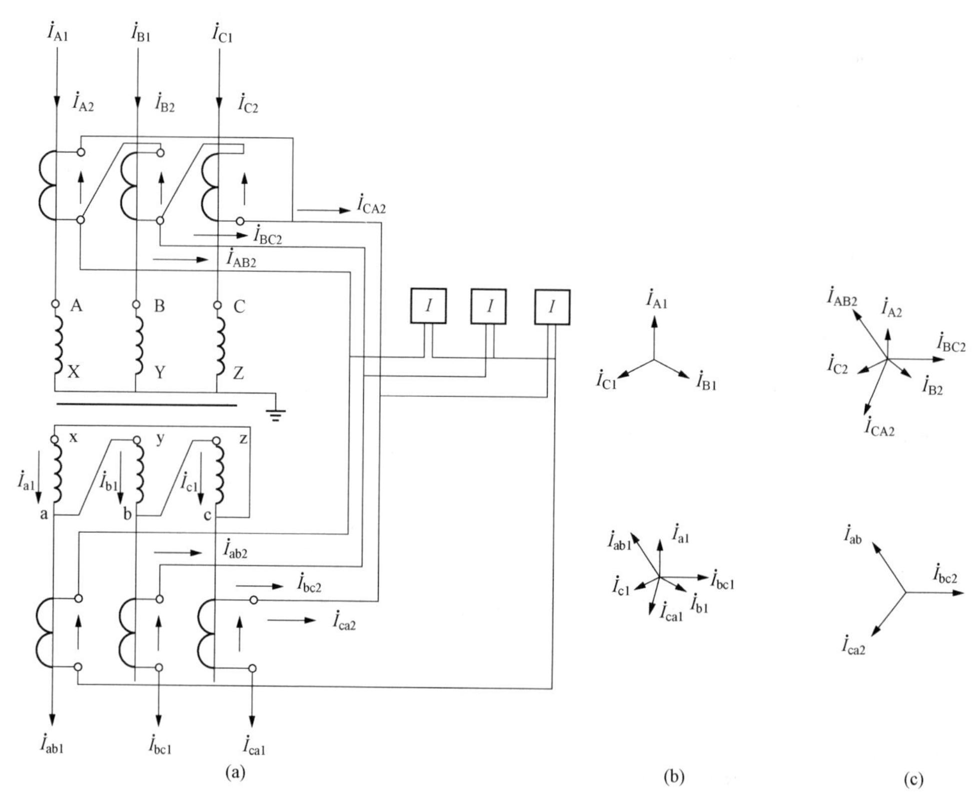

图 10 - 33 Yd11 变压器差动保护接线和相量图

(a) 差动保护接线图；(b) 一次侧电流相量图；(c) 二次侧电流相量图

相位补偿后，为了使每相两个差动臂的电流数值相等，在选择电流互感器的变比时，应考虑电流互感器的接线系数K_{WC}。电流互感器按三角形接线时$K_{WC}=\sqrt{3}$，按星形接线时$K_{WC}=1$。

两侧电流互感器变比可按式（10 - 24）和式（10 - 25）计算。

变压器三角形侧电流互感器变比为

$$K_{TA(d)}=\frac{I_{N.T(d)}}{5} \tag{10-24}$$

变压器星形侧电流互感器变比为

$$K_{TA(Y)}=\frac{\sqrt{3}I_{N.T(Y)}}{5} \tag{10-25}$$

式中：$I_{N.T(d)}$为变压器三角形侧额定线电流；$I_{N.T(Y)}$为变压器星形侧额定线电流。

3. 变压器励磁涌流的影响

变压器的励磁电流只在电源侧流过。它反映到变压器差动保护中，就构成了不平衡电流。正常运行时，变压器的励磁电流只不过是额定电流的 3%～5%。当外部短路时，由于电压降低，此时的励磁电流也相应减小，其影响就更小。

在变压器空载投入或外部短路故障切除后电压恢复时，都可能产生很大的励磁电流。这是由于变压器突然加上电压或电压突然升高时，铁芯中的磁通不能突变，必然引起非周期分量磁通的出现。与电路中的过渡过程相似，在磁路中引起过渡过程，在最不利的情况下，合成磁通的最大值可达正常磁通的 2 倍。如果考虑铁芯剩磁的存在，且方向与非周期分量一致，则总合成磁通更大。

虽然磁通只为正常时的 2 倍多，但由于磁路高度饱和，所对应的励磁电流却急剧增加，其值可达变压器额定电流的 6～10 倍，故称为励磁涌流，其波形如图 10-34 所示。它具有如下特点：

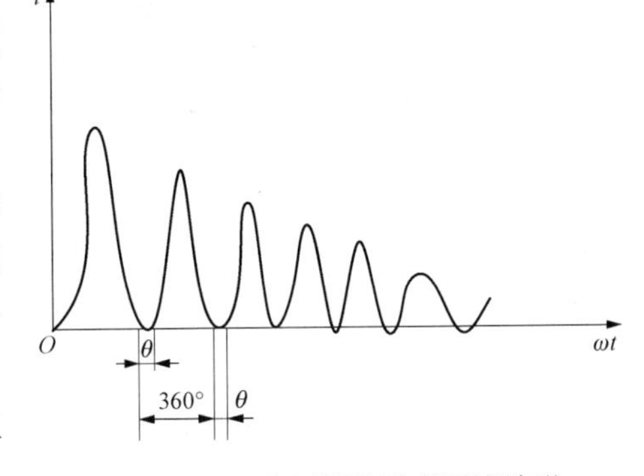

图 10-34 变压器的励磁涌流波形

（1）磁涌流中含有很大的非周期分量，波形偏于时间轴的一侧，并且衰减很快。对于中小型变压器经 0.5～1s 后，其值一般不超过 0.25～0.5 倍额定电流。

（2）涌流波形中含有高次谐波分量，其中二次谐波可达基波的 40%～60%。

（3）涌流波形之间出现间断，在一个周期中间断角为 θ。

4. 减小不平衡电流的措施

（1）对于电流互感器特性不同和变比不同而产生的不平衡电流，可在继电器中采取补偿的办法减小，并且可用提高整定值的办法来躲过。

（2）对于励磁涌流，可利用它所包含的非周期分量，采用具有速饱和变流器的差动继电器来躲过涌流的影响，或利用励磁涌流具有间断角和二次谐波等特点制成躲过涌流的差动继电器。

（二）差动继电器

目前，我国生产的差动保护继电器形式有电磁型的 BCH 系列、整流型的 LCD 系列和晶体管型的 BCD 系列。变压器保护常用的是 BCH-2 型差动继电器。差动继电器必须具有躲过励磁涌流和外部故障时所产生的不平衡电流的能力，而在保护区内故障时，应有足够的灵敏度和速动性。

BCH-2 型差动继电器原理图如图 10-35 所示。它由一个 DL-11/0.2 型电流继电器和

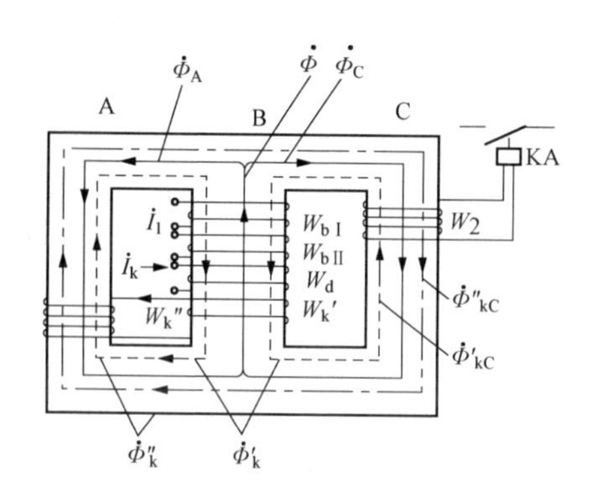

图 10-35 BCH-2 型差动继电器原理图

一个带短路线圈的速饱和变流器组成。速饱和变流器铁芯的中间柱 B 上绕有差动线圈 W_d 和两个平衡线圈 $W_{b\text{I}}$、$W_{b\text{II}}$，右边柱 C 上绕有线圈 W_2 与电流继电器相连，还有两个短路线圈W'_k和W''_k分别绕在中间柱 B 和左侧柱 A 上，W''_k与 W'_k为的匝数比为 2：1，缠绕时使它们产生的磁通对左边窗口来说是同方向的。

速饱和变流器的作用是躲过励磁涌流，流过差动电流的差动线圈是其主线圈，平衡线圈用来消除由于两组电流互感器二次电流有差异而引起的不平衡电流，短路线圈的作用则是进一步改善速饱和变流器躲过非周期分量的性能。

图 10-36 是 BCH-2 型继电器内部接线及用于双绕组变压器差动保护的单相原理接线图，两个平衡线圈 $W_{b\text{I}}$ 和 $W_{b\text{II}}$ 分别接于差动保护的两臂上，W_d接在差动回路中，它们都有插头可以调整匝数，匝数的选择应满足在正常运行和外部故障时使中间柱内的合成磁动势为零的条件，即 $I_{\text{I}2}(W_{b\text{I}}+W_d)=I_{\text{II}2}(W_{b\text{II}}+W_d)$，从而 W_2上没有感应电动势，电流继电器中没有电流。这就补偿了因两臂电流不等所引起的不平衡电流。但是，由于平衡线圈匝数不能平滑调节，因此仍有一定的不平衡电流存在。

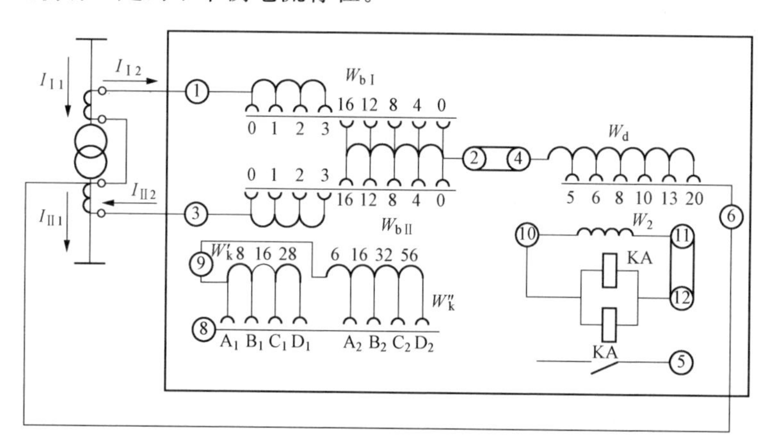

图 10-36 BCH-2 型继电器内部接线及用于双绕组变压器差动保护的单相原理接线图

（三）差动保护的整定计算

1. 变压器两侧额定电流的计算

由变压器的额定容量及平均电压计算出变压器两侧的额定电流 $I_{N.T}$，按 $K_{WC}I_{N.T}$选择两侧电流互感器一次额定电流，然后按下式算出两侧电流互感器二次回路的额定电流：

$$I_{N2}=\frac{K_{WC}\ I_{N.T}}{K_{TA}} \tag{10-26}$$

式中：K_{WC}为接线系数，电流互感器为星形接线时$K_{WC}=1$，三角形接线时$K_{WC}=\sqrt{3}$；K_{TA}为电流互感器变比。

取二次额定电流I_{N2}最大的一侧为基本侧。

2. 确定保护装置的动作电流I_{op}

（1）按躲过变压器的励磁涌流整定。

$$I_{op}=K_{co}I_{N.T} \tag{10-27}$$

式中：K_{co}为可靠系数，取1.3；$I_{N.T}$为变压器额定电流。

（2）按躲过外部故障时的最大不平衡电流整定。

$$I_{op}=K_{co}I_{dsq.m}=K_{co}(K_{sm}f_i+\Delta U+\Delta f)I_{k.max}^{(3)} \tag{10-28}$$

式中：K_{co}为可靠系数，取1.3；$I_{dsq.m}$为最大不平衡电流；$I_{k.max}^{(3)}$为外部故障时最大三相短路电流的周期分量；K_{sm}为电流互感器同型系数，型号相同时取0.5，不同时取1；f_i为电流互感器的容许最大相对误差，为0.1；ΔU为变压器改变分接头调压引起的相对误差，一般采用调压范围一半，取5%；Δf为由于继电器的整定匝数与计算的匝数不相等而产生的相对误差，初算时可取中间值0.05（最大值为0.091）。

在确定了线圈匝数后，计算式为

$$\Delta f=\frac{W_b-W_{b.s}}{W_b+W_{d.s}} \tag{10-29}$$

式中：W_b为平衡线圈计算匝数；$W_{b.s}$为平衡线圈整定匝数；$W_{d.s}$为差动线圈整定匝数。

（3）躲过电流互感器二次回路断线引起的不平衡电流。考虑电流互感器二次回路可能断线，这时应躲过变压器正常运行时最大负荷电流所造成的不平衡电流为

$$I_{op}=K_{co}I_{l.max} \tag{10-30}$$

式中：K_{co}为可靠系数，取1.3；$I_{l.max}$为变压器的最大工作电流，在无法确定时，可采用变压器的额定电流。

根据以上三个条件计算的结果，取其中最大的作为基本侧的动作电流整定值。

3. 基本侧差动线圈匝数的确定

继电器的动作电流为

$$I_{op}=\frac{K_{WC}I_{op}}{K_{TA}} \tag{10-31}$$

基本侧线圈匝数的计算式为

$$W_{ac}=\frac{AW_0}{I_{op}}=\frac{60}{I_{op}} \tag{10-32}$$

式中：AW_0为BCH-2型继电器的额定动作安匝，$AW_0=60$。

按照继电器线圈的实有抽头，选用差动线圈$W_{d.s}$与接在基本侧的平衡线圈$W_{bI.s}$。匝数之和比W_{ac}小且相近，可作为基本侧的整定匝数W_{I}，即

$$W_{I}=W_{d.s}+W_{bI.s}\leqslant W_{ac}$$

根据W_{I}再计算出实际的继电器动作电流和一次动作电流为

$$I'_{op}=\frac{60}{W_{I}} \tag{10-33}$$

$$I_{op}=\frac{I'_{op}K_{TA}}{K_{WC}} \tag{10-34}$$

4. 非基本侧平衡线圈匝数的确定

$$W_{bII}=W_{I}\frac{I_{N2I}}{I_{N2II}}-W_d \tag{10-35}$$

式中：$I_{N2\,I}$为基本侧二次额定电流；$I_{N2\,II}$为非基本侧二次额定电流。

选用接近W_{bII}的匝数作为非基本侧平衡线圈的整定匝数$W_{bII.s}$，则非基本侧工作线圈的匝数为

$$W_{II}=W_{bII.s}+W_d \tag{10-36}$$

5. 计算相对误差 Δf

由于非基本侧平衡线圈整定匝数与计算匝数不等引起的相对误差，按式（10-29）计算，将各匝数计算值代入后计算出 Δf，若 $\Delta f>0.05$，则应以计算得的 Δf 值代入式（10-28）重新计算动作电流值。

6. 确定短路线圈的匝数

如图10-36所示，继电器短路线圈有四组抽头，匝数越多，躲过励磁涌流的性能越好，然而内部故障时，电流中所含的非周期分量衰减则较慢，继电器的动作时间就会延长。因此，要根据具体情况考虑短路线圈匝数的多少。对于中小型变压器，由于励磁涌流倍数大，内部故障时非周期分量衰减快，对保护的动作时间要求较低，一般选较多的匝数，如 C_1-C_2 或 D_1-D_2。对于大型变压器则相反，励磁涌流倍数较小，非周期分量衰减较慢，而又要求动作快，则应采用较少的匝数，如 B_1-B_2 或 C_1-C_2。所选抽头匝数是否合适，最后应通过变压器空载投入试验确定。

7. 灵敏系数校验

按差动保护范围内的最小两相短路电流来校验：

$$K_s=\frac{I_{k.min.r}^{(2)}}{I_{op}}\geqslant 2 \tag{10-37}$$

式中：$I_{k.min.r}^{(2)}$为保护范围内部短路时，流过继电器的最小两相短路电流；I_{op}为继电器动作电流。

【例10-2】 以BCH-2作为单侧电源降压变压器的差动保护。已知：$S_{N.T}=15$MVA，35±2×2.5%/6.6kV，Yd接线，$U_k\%=8\%$，35kV母线$I_{k.max}^{(3)}=3570$A，$I_{k.min}^{(3)}=2140$A，6kV母线$I_{k.max}^{(3)}=9420$A，$I_{k.min}^{(3)}=7250$A，归算至35kV侧后，$I'^{(3)}_{k.max}=1600$A，$I'^{(3)}_{k.min}=1235$A，6kV侧最大长时负荷电流$I_{l.max}=1300$A。试对BCH-2进行整定计算。

解：（1）计算前期参数。先算出变压器一、二次额定电流，选出电流互感器，确定二次回路额定电流，结果见表10-2。

表10-2　　　　　　　　**二次回路额定电流计算值**

名称	各侧数值		名称	各侧数值	
额定电压（kV）	35	6	电流互感器计算变比	$\frac{\sqrt{3}\times 248}{5}\approx\frac{429}{5}$	$\frac{1315}{5}$
变压器额定电流（A）	$\frac{15000}{\sqrt{3}\times 35}\approx 248$	$\frac{15000}{\sqrt{3}\times 6.6}\approx 1315$	选择电流互感器变比	600/5	1500/5
电流互感器接线方式	d	y	电流互感器二次回路额定电流（A）	$\sqrt{3}\times\frac{248}{120}\approx 3.57$	$\frac{1315}{300}\approx 4.38$

由表10-2可以看出，6kV侧电流互感器二次回路额定电流大于35kV侧。因此，以

6kV 侧为基本侧。

（2）计算保护装置 6kV 侧的一次动作电流。

1）按躲过外部最大不平衡电流整定。

$$I_{op}=K_{co}(K_{sm}f_i+\Delta U+\Delta f)I_{k.max}^{(3)}=1.3\times(1\times0.1+0.05+0.05)\times9420\approx2450(\text{A})$$

2）按躲过励磁涌流整定。

$$I_{op}=K_{co}I_{N.T}=1.3\times1315\approx1710(\text{A})$$

3）按躲过电流互感器二次断线整定。因为最大工作电流为 1300A，小于变压器额定电流，故不予考虑。

综合考虑，应按躲过外部故障不平衡电流条件，选用 6kV 侧一次动作电流I_{op}=2450A。

（3）确定线圈接线与匝数。平衡线圈Ⅰ、Ⅱ分别接于 6kV 侧和 35kV 侧。计算基本侧继电器的动作电流为

$$I_{op.r}=\frac{K_{WC}I_{op}}{K_{TA.Ⅰ}}=\frac{1\times2450}{300}\approx8.16(\text{A})$$

基本侧工作线圈计算匝数为

$$W_{ac}=\frac{AW_0}{I_{op.r}}=\frac{60}{8.16}\approx7.35(\text{匝})$$

据 BCH - 2 内部实际接线，选择实际整定匝数为 $W_Ⅰ$=7 匝，其中取差动线圈匝数 $W_Ⅰ$=6，平衡线圈Ⅰ的匝数 $W_{bⅠ}$=1。

（4）确定 35kV 侧平衡线圈的匝数。

$$W_{bⅡ}=W_Ⅰ\frac{I_{N2Ⅰ}}{I_{N2Ⅱ}}-W_d=7\times\frac{4.38}{3.57}-6\approx2.6(\text{匝})$$

确定平衡线圈Ⅱ实际匝数$W_{bⅡ.s}$=3 匝。

（5）计算由于实际匝数与计算匝数不等产生的相对误差 Δf。

$$\Delta f=\frac{W_{bⅡ}-W_{bⅡ.s}}{W_{bⅡ}+W_{d.s}}=\frac{2.6-3}{2.6+6}\approx-0.0465$$

因为$|\Delta f|<0.05$，且相差很小，故不需核算动作电流。

（6）初步确定短路线圈的抽头。短路线圈选用 C_1- C_2抽头。

（7）计算最小灵敏系数。按最小运行方式下，6kV 侧两相短路校验。因为基本侧互感器二次额定电流最大，故非基本侧灵敏系数最小。35kV 侧通过继电器的电流为

$$I_{k.min.r}=\frac{\sqrt{3}I'(2)_{k.min}}{K_{TA.Ⅱ}}=\frac{\sqrt{3}\times1235\times\frac{\sqrt{3}}{2}}{120}\approx15.5(\text{A})$$

继电器的整定电流为

$$I_{op}=\frac{AW_0}{W_d+W_{bⅡ.s}}=\frac{60}{6+3}\approx6.67(\text{A})$$

则最小灵敏系数为

$$K_{s.min}=\frac{I_{k.min.r}}{I_{op.r}}=\frac{15.5}{6.67}\approx2.32>2$$

满足要求。

四、变压器的过电流保护

为了防止外部短路引起变压器绕组的过电流，并作为差动和瓦斯保护的后备，变压器还

必须装设过电流保护。

对于单侧电源的变压器，过电流保护安装在电源侧，保护动作时切断变压器各侧开关。过电流保护的动作电流应按躲过变压器的正常最大工作电流整定（考虑电动机自启动，并联工作的变压器突然断开一台等原因而引起的正常最大工作电流），即

$$I_{op}=\frac{K_{co}}{K_{re}}I_{l.max} \tag{10-38}$$

式中：K_{co}为可靠系数，取1.2～1.3；K_{re}为返回系数，一般取0.85；$I_{l.max}$为变压器可能出现的正常最大工作电流。

保护装置灵敏度为

$$K_s=\frac{I_{k.min}^{(2)}}{I_{op}} \tag{10-39}$$

式中：$I_{k.min}^{(2)}$为最小运行方式下，在保护范围末端发生两相短路时的最小短路电流，A。

当保护到变压器低压侧母线时，要求$K_s=1.5\sim2$，在远后备保护范围末端短路时，要求$K_s\geqslant1.2$。

过电流保护按躲过正常最大工作电流整定，启动值比较大，往往不能满足灵敏度的要求。为此，可以采用低压闭锁的过电流保护，以提高保护的灵敏度，其接线如图10-37所示。

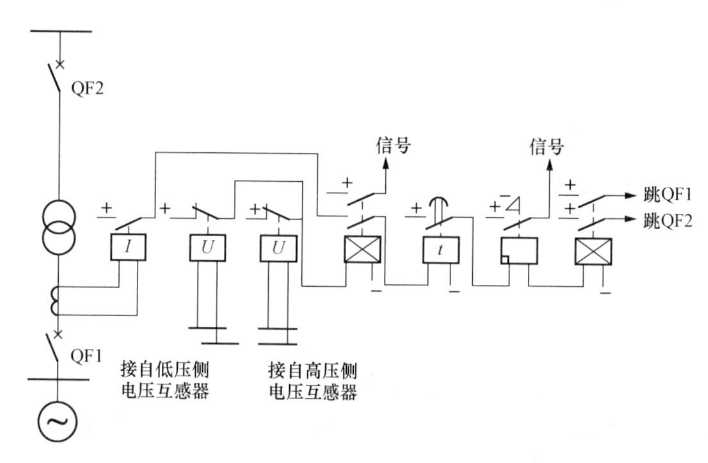

图10-37 低电压闭锁的过电流保护

当采用低电压闭锁的过电流保护时，保护中电流元件的动作电流按大于变压器的额定电流来整定，即

$$I_{op}=\frac{K_{co}}{K_{re}}I_{N.T} \tag{10-40}$$

式中：$I_{N.T}$为变压器额定电流，可靠系数取1.2，返回系数取0.85。

低电压继电器的动作电压，可按正常运行的最低工作电压整定，即

$$U_{op}=\frac{U_{w.min}}{K_{co}K_{re}} \tag{10-41}$$

式中：$U_{w.min}$为最低工作电压，取$U_{w.min}=0.9U_N$。

过电流保护的动作时限整定，要求与变压器低压侧所装保护相配合，比它大一个时限阶

段，取 Δt=0.5～0.7s。

五、变压器的过负荷保护

变压器过负荷大多是三相对称的，所以过负荷保护可采用电流继电器单相接线方式，经过一定延时作用于信号，在无人值班的变电站内，也可作用于跳闸或自动切除一部分负荷。变压器过负荷保护的动作时间通常取10s，保护装置的动作电流，按躲过变压器额定电流整定，即

$$I_{op.ol}=\frac{K_{co}I_{N.T}}{K_{re}} \tag{10-42}$$

式中：K_{co}为可靠系数，取1.05；K_{re}为返回系数，一般为0.85；$I_{N.T}$为变压器的额定电流。

第五节　供电系统的微机保护

一、微机保护的特点

微机保护是指将微型机、微控制器等器件作为核心部件构成的继电保护。自从微型机引入继电保护以来，微机保护在利用故障分量方面取得了长足的进步，而且结合了自适应理论的自适应式微机保护也得到较大发展；同时，计算机通信和网络技术的发展及其在系统中的广泛应用，使变电站和发电厂的集成控制、综合自动化更易实现。未来几年内，微机保护将朝着高可靠性、简便性、通用性、灵活性和网络化、智能化、模块化等方向发展，并可以与电子式互感器、光学互感器实现连接；同时，充分利用计算机的计算速度、数据处理能力、通信能力和硬件集成度不断提高等各方面的优势，结合模糊理论、自适应原理、行波原理、小波技术等，设计出性能更优良和维护工作量更少的微机保护设备。

（一）微机保护的优点

（1）调试维护方便。在微机保护应用之前，整流型或晶体管型继电保护装置的调试工作量很大，原因是这类保护装置都是布线逻辑的，保护的功能完全依赖硬件来实现。微机保护则不同，除了硬件外，各种复杂的功能均由相应的软件（程序）来实现。

（2）高可靠性。微机保护可对其硬件和软件连续自检，有极强的综合分析和判断能力。它能够自动检测本身硬件的异常部分，配合多重化可以有效地防止拒动；同时，软件也具有自检功能，对输入的数据进行校错和纠错，即自动地识别和排除干扰，因此可靠性很高。目前，国内设计与制造的微机保护均按照国际标准的电磁兼容试验来考核，进一步保证了装置的可靠性。

（3）易于获得附加功能。常规保护装置的功能单一，仅限于保护功能，而微机保护装置除了提供常规保护功能外，还可以提供一些附加功能。例如，保护动作时间和各部分的动作顺序记录，故障类型和相别及故障前后电压与电流的波形记录等。对于线路保护，还可以提供故障点的位置（测距），这将有助于运行部门对事故的分析和处理。另外，从电力系统的综合发展方向看，计算机和数字技术已成为电力系统运行的基础，测量、通信、遥测、控制等功能均以计算机作为基础。微机保护所具有的对外通信功能，使之成为该数字化环境不可缺少的一环。这些也是传统保护所无法比拟的。

（4）灵活性。由于微机保护的特性主要由软件决定，因此替换改变软件就可以改变保护的特性和功能，并且软件可实现自适应性，依靠运行状态自动改变整定值和特性，从而可灵

活地适应电力系统运行方式的变化。

（5）改善保护性能。微型机的应用可以采用一些新原理，解决一些常规保护难以解决的问题。例如，利用模糊识别原理判断振荡过程中的短路故障，对接地距离保护的允许过渡电阻的能力，大型变压器差动保护如何识别励磁涌流和内部故障，采用自适应原理改善保护的性能等。

（6）简便化、网络化。微机保护装置本身消耗功率低，降低了对电流互感器、电压互感器的要求，而正在研究的数字式电流互感器、电压互感器更易于实现与微机保护的接口。同时，微机保护具有完善的网络通信能力，可适应无人或少人值守的自动化变电站。

（二）微机保护的局限性

（1）硬件的更新换代。由于计算机技术日新月异，其硬件的应用周期相当短，这便造成了对原有硬件的维护问题。传统保护有些可工作长达三十年之久，只需妥善加以维护。而对于微机保护，我们很难预见其类似的寿命周期。为节省投资，现有的折中办法是使计算机硬件模块化，每隔一定时间更新几个模块，使属于同一系统的计算机及其外围设备有较长时间的使用寿命。

（2）软件的不可移植性。在微机保护的开发过程中，涉及专利、价格等问题，软件设计无法公开；同时，一般微机保护应用的程序均采用汇编语言编制，但如 Fortran、C、Pascal 及其他高级语言也可能采用。其结果是导致这些程序所产生的信息在不同类型的微机保护中难以传递，并导致大量接口电路的出现。

（3）微机保护的工作环境恶劣。变电站内极端的温度、湿度、污秽及电磁干扰将使微机保护无法正常工作。制定微机保护的环境标准、增加适量投资以保证微机保护正常工作是必不可少的。

二、微机保护装置的硬件组成

微机保护装置实际上就是一台具有继电保护功能的微机系统，是一种依靠单片微机智能地实现保护功能的工业控制装置。因此，它具有一般微机系统的硬件结构。从功能上说，微机保护装置可以分为模拟量输入系统（或称数据采集单元）、微机主系统、开关量输入/输出系统、人机接口、通信接口及电源六个部分，如图 10 - 38 所示。下面简要介绍各个部分的功用和特点。

（一）模拟量输入系统

数据采集系统包括电压形成、模拟低通滤波（ALF）、采样保持（S/H）、多路转换（MPX）及模/数转换（A/D）等功能块。模拟量输入系统的主要功能是采集由被保护设备的电流互感器、电压互感器输入的模拟信号，将此信号经过滤波，转换为所需的数字量。

（二）开关量输入/输出系统

开关量输入/输出系统由并行接口、光电耦合电路等组成，以完成各种保护的出口跳闸、信号指示及外部触点输入等工作。

（三）微机主系统

微机主系统包括微处理器（CPU）、只读存储器（ROM）或闪存单元（Flash）、随机存取存储器（RAM）、定时器、并行接口及串行接口等。微型机执行存放在只读存储器中的程序，将数据采集系统输入 RAM 区的原始数据进行分析处理，完成各种继电保护的功能。

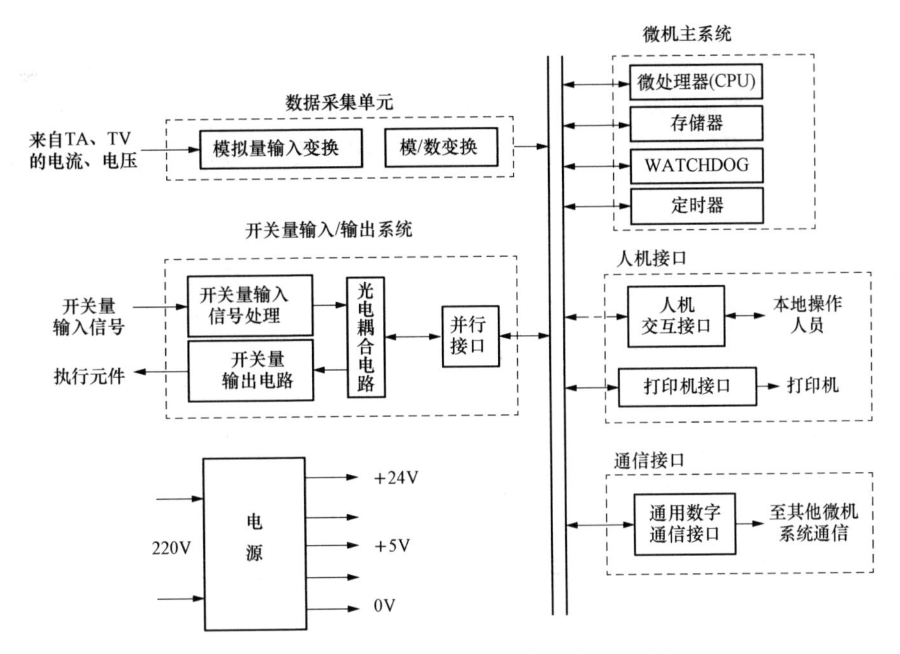

图 10-38 微机保护装置的硬件系统示意框图

（四）人机接口

人机接口主要包括打印、显示、键盘、各种面板开关等，其主要功能是用于人机对话，如调试、定值调整等。微机保护装置采用智能化人机界面使人机信息交换功能大为丰富，操作更为方便。

（五）通信接口

外部通信接口提供信息通道与变电站计算机局域网及电力系统远程通信网相连，实现更高一级的信息管理和控制功能，如信息交互、数据共享、远方操作及远方维护等。

（六）电源部分

电源系统是保护装置可靠工作的基础，通常采用开关式逆变电源组件。

三、微机保护的软件构成

微机保护的程序由主程序与中断服务程序两大部分组成，在中断服务程序中有正常运行程序模块和故障处理程序模块。在正常运行程序模块中进行取样值自动零漂调整及运行状态检查。运行状态检查包括互感器断线、开关位置状态检查、变化量制动电压形成、重合闸充电、准备手合判别等。不正常运行时发告警信号，信号分两种：一种是运行异常告警，这时不闭锁装置，提醒运行人员进行相应处理；另一种为闭锁告警信号，告警同时将装置闭锁，保护退出。

故障处理程序模块中进行各种保护的算法计算、跳闸逻辑判断以及事件报告、故障报告及波形的整理等。微机保护典型程序结构如图 10-39 所示。

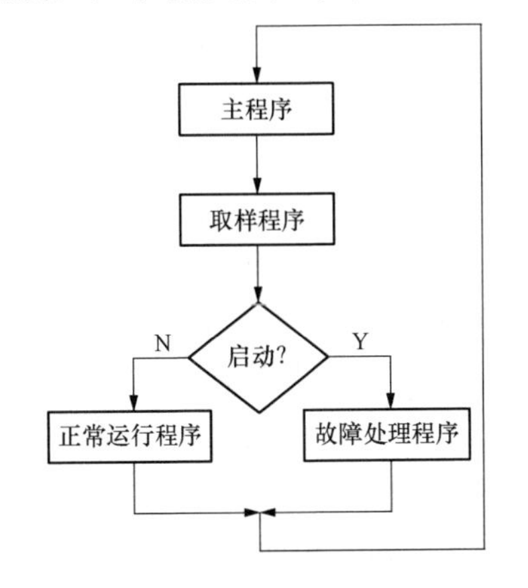

图 10-39 微机保护典型程序结构图

（一）主程序

主程序按固定的取样周期接受取样中断进入取样程序，在取样程序中进行模拟量采集与滤波、开关量的采集、装置硬件自检、交流电流断线和启动判据的计算，根据是否满足启动条件而进入正常运行程序或故障处理程序。硬件自检内容包括 RAM、E^2PROM、跳闸出口晶体管自检等。

（二）中断服务程序

1. 故障处理程序

根据被保护设备的不同，保护的故障处理程序有所不同。对于线路保护来说，一般包括纵联保护、距离保护、零序保护、电流电压保护等处理程序。

2. 正常运行程序

（1）检查开关位置状态。三相无电流，同时断路器处于跳闸位置动作，则认为设备不在运行。线路有电流但断路器处于跳闸位置动作，或三相断路器位置不一致，经 10s 延时报断路器位置异常。

（2）交流电压断线。交流电压断线时发 TV 断线异常信号。TV 断线信号动作的同时，将 TV 断线时会误动的保护（如带方向的距离保护等）退出，自动投入 TV 断线过电流和 TV 断线零序过电流保护或将方向保护，经过控制字的设置，改为不经过方向元件控制。三相电压正常后，经延时发 TV 断线信号复归。

（3）交流电流断线：交流电流断线时发 TA 断线异常信号。保护判断出交流电流断线的同时，在装置总启动元件中不进行零序过电流元件启动判别，且要退出某些会误动的保护，或将某些保护不经过方向控制。

（4）电压、电流回路零点漂移调整。随着温度变化和环境条件的改变，电压、电流的零点可能发生漂移，装置将自动跟踪零点的漂移。

（三）微机型电流保护流程

在微机电流保护中，可以将保护流程图设计为如图 10-40 所示。图中只画出了系统程序流程和定时中断服务程序流程，其他中断方式的使用，可以根据实际应用情况予以综合考虑。

图 10-40 的左上方是程序入口。每当微机保护装置刚接通电源或有复位信号（RESET）后，微型机都要响应复位中断，它将从一个微型机规定的地址（称为复位向量地址）中提取第一条要执行的指令所存放的地址，或执行一条跳转指令，直接控制微型机跳转到程序入口。复位向量地址是微型机器件事先设计好的规定地址，编程人员无法改变它，且复位向量地址必须存放在 ROM 或 Flash 中，不能存放在 RAM 中，否则造成掉电丢失，无法在上电后让微型机按照设计的流程运行。这样，微型机都把所希望运行的程序入口地址存放在复位向量地址中，保证每次接通电源或 RESET 后，微型机都自动地进入程序的入口，随后按照编制的程序运行。

图 10-40 所示电流保护流程的工作过程如下所述。

1. 系统程序流程

（1）初始化。

1）对硬件电路所设计的可编程并行接口进行初始化。按电路设计的输入和输出要求，设置每一个端口用作输入还是输出，用于输出的还要赋予初值。

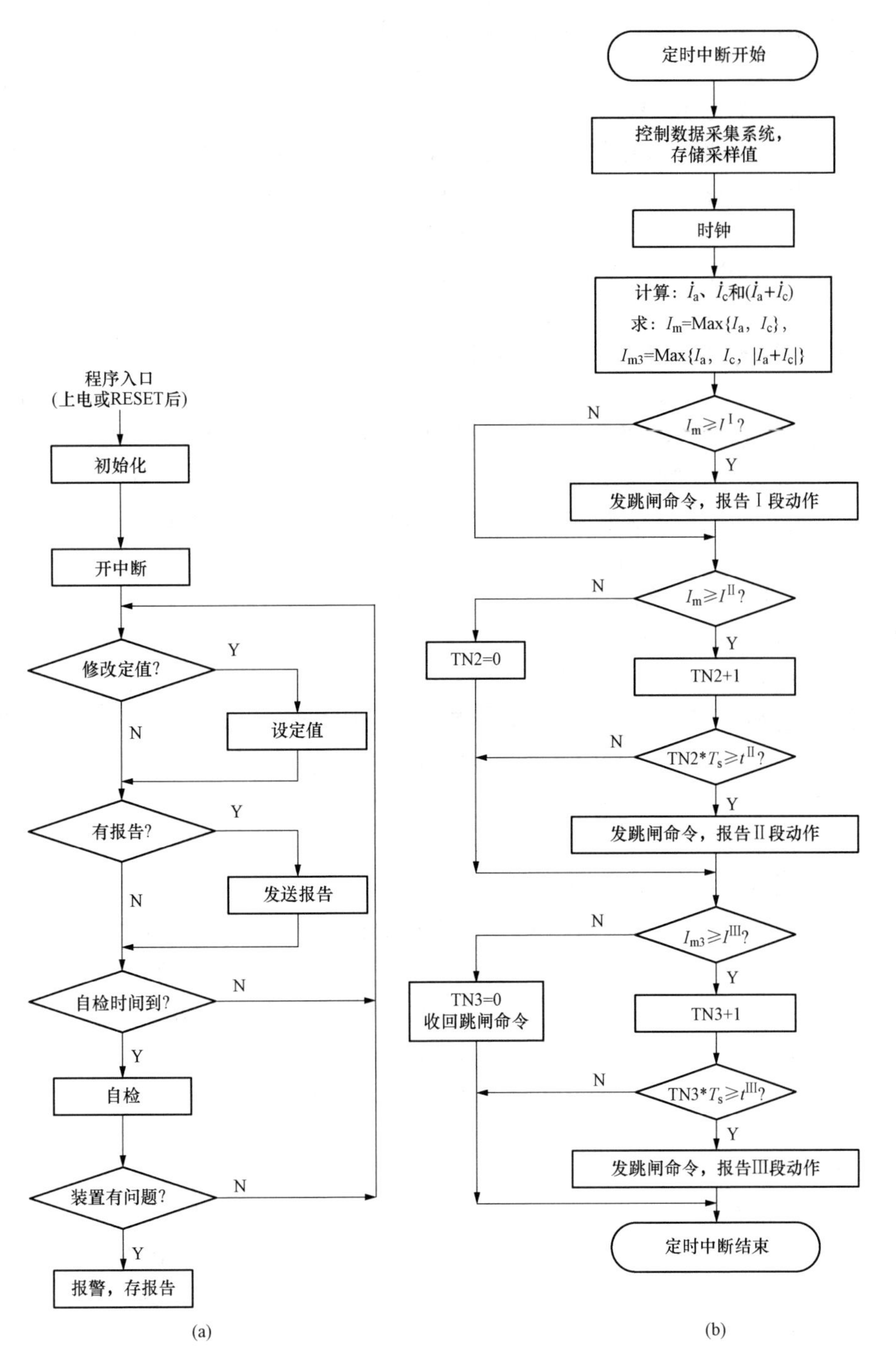

图 10-40 电流保护流程图

(a) 系统程序；(b) 中断服务程序

2) 读取所有开关量输入的状态，并将其保存在规定的 RAM 或 Flash 地址单元内，以备以后在自检循环时，不断监视开关量输入是否有变化。

3) 对装置的软、硬件进行一次全面的自检，包括 RAM、Flash、ROM、各开关量输出通道、程序和定值等，保证装置在投入使用时处于完好的状态。这一次全面自检不包括对数据采集系统的自检，因为它尚未工作。对数据采集系统的检测安排在中断服务程序中。当然，只要在自检中发现有异常情况，就发出告警信号，并停止保护程序的运行。

4）在经过全面自检后，应将所有标志字清零。因为每一个标志代表了一个“软件继电器”和逻辑状态，这些标志将控制程序流程的走向。一般情况下，还应将存放采样值的循环寄存器进行清零。

5）进行数据采集系统的初始化，包括循环寄存器存数指针 POINT 的初始化、设计定时器的采样间隔等。

（2）经过初始化和自检后，表明微型机的准备工作已经全部就绪，此时，开放中断，将数据采集系统投入工作，于是，可编程的定时器将按照初始化程序规定的采样间隔 T，不断地发出采样脉冲，控制各模拟量通道的采样和 A/D 转换，并在每一次采样脉冲的下降沿（也可以是其他方式）向微型机请求中断。应该做到，只要微机保护不退出工作、装置无异常状况，就要不断地发出采样脉冲，实时地监视和获取电力系统的采样信号。

（3）系统程序进入一个自检循环回路。它除了分时地对装置各部分软、硬件进行自动检测外，还包括人机对话、定值显示和修改、通信及报文发送等功能。将这些不需要完全实时响应的功能安排在这里执行，是为了尽量少占用中断的时间，保证继电保护的功能可以更实时地运行。在软、硬件自检的过程中，一旦发现异常情况，就应当发出信号和报文，如果异常情况会危及保护的安全性和可靠性，则立即停止保护工作。

应当指出，从保护启动到复归之前的过程中，应当退出相关的自检功能，尤其应当退出出口跳闸回路的自检，以免影响安全性和可靠性。另外，定值的修改应先在缓冲单元进行，等全部定值修改完毕后，再更换定值，避免在保护运行中，出现一部分是修改前的定值，另一部分是修改后的定值。

在微型机打开中断后，每间隔一个 T_S，定时器就会发出一个采样脉冲，随即产生中断请求，于是微型机先暂停一个系统程序的流程，转而执行一次中断服务程序，以保证对输入模拟量的实时采集；同时，实时地运行一次继电保护的相关功能。因此，在开中断后，微型机实际上是交替地执行系统程序和中断服务程序。

2. 中断服务程序流程

（1）控制数据采集系统，将各模拟输入量的信号转换成数字量的采样值，然后存入 RAM 区的循环寄存器中。

（2）时钟计时功能。

（3）计算保护功能中用到的所有测量值，如电流、电压、序分量和方向元件等。

（4）将测量电流与Ⅰ段电流定值进行比较。如果测量电流大于Ⅰ段定值，则立即控制出口回路，发出跳闸命令和动作信号，同时，保存Ⅰ段动作信息，用于记录、显示、查询和上传。一般情况下，可将动作信息存入 Flash 内存中，避免掉电丢失。

（5）在电流Ⅰ段的功能之后，执行电流Ⅱ段的功能。当Ⅱ段电流元件持续动作到 t^{II} 时，立即发出跳闸命令。在电流Ⅱ段的逻辑中，需要用到延时的功能，在此，采用计数器 TN2 的计数值结合采样间隔计时为 TN2×T_s，此计时与Ⅱ段延时 t^{II} 进行比较，从而判断“时间继电器”是否满足动作条件。

（6）电流Ⅲ段的功能、逻辑和比较过程均与电流Ⅱ段相似，仅仅是电流测量元件中，考虑了第三相电流的合成，用以提高第Ⅲ段电流保护的灵敏度。

（7）当Ⅰ、Ⅱ、Ⅲ段的电流测量元件都不动作时，再控制出口回路，使出口继电器处于都不动作状态，达到收回跳闸命令的目的。

复习思考题

10-1　什么是启动电流？什么是返回电流？

10-2　在什么条件下要求电流保护的动作具有方向性？

10-3　中性点非直接接地电网中，接地短路的特点及保护方式是什么？

10-4　中性点经消弧线圈接地电网中，单相接地短路的特点及补偿方式是什么？

10-5　已知某一供电线路的最大负荷电流 $I_{fh \cdot max}=100A$，相间短路定时限过电流保护采用两相星形接线，电流互感器的变比 $n_L=300/5$。当系统在最小运行方式时，线路末端的三相短路电流 $I_{d \cdot min}=550A$，该线路定时限过电流保护作为近后备时，是否能满足灵敏度的要求（自启动系数 K_{zq} 取 2）？

第十一章 智能变电站

智能电网包含发电、输电、变电、配电、用电、调度六大环节，智能变电站（smart substation）概念的提出源于智能电网，是作为智能电网的核心环节“变电”一环而出现的，作为智能电网的一个最重要、最关键的终端，承担为智能电网提供数据和控制对象的功能。

第一节 智能变电站的概念

一、变电站的演变

随着技术的不断发展和进步，电力科技随之飞速发展，电力系统也不断得到完善，变电站也从常规变电站发展到综合自动化变电站、数字化变电站，现在迈向智能变电站。变电站的演变过程如图 11 - 1 所示。

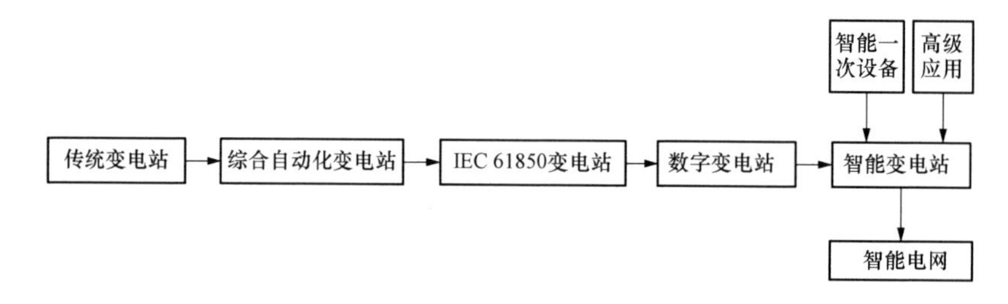

图 11 - 1 变电站的演变过程

二、智能变电站的定义

智能变电站是由数字化变电站演变而来，经过数年的发展，智能技术已日趋完善。现在智能化变电站已有从 10kV 到 750kV 电压等级，从新建变电站到旧站改造均已有投运记录。

采用可靠、经济、集成、节能、环保的设备与设计，以全站信息数字化、通信平台网络化、信息共享标准化、系统功能集成化、结构设计紧凑化、高压设备智能化和运行状态可视化等为基本要求，能够支持电网实时在线分析和控制决策，进而提高整个电网可靠性及经济型的变电站。

GB/T 30155—2013《智能变电站技术导则》给出的智能变电站定义如下：采用先进、可靠、集成、低碳、环保的智能设备，以全站信息数字化、通信平台网络化、信息共享标准化为基本要求，自动完成信息采集、测量、控制、保护、计量和监测等基本功能，并可根据需要支持电网实时自动控制、智能调节、在线分析决策和协同互动等高级功能的变电站。

变电站的智能化是一个不断发展的过程。就目前技术发展状况而言，智能变电站是由电子式互感器和智能化开关等智能一次设备、网络化二次设备分层构建，建立在 IEC 61850 通信规范基础上，能够实现变电站内智能电气设备间信息共享和互操作的现代化变电站。对智能化变电站的基本要求：全站信息数字化、通信平台网络化、信息共享标准化，如图 11 - 2 所示。

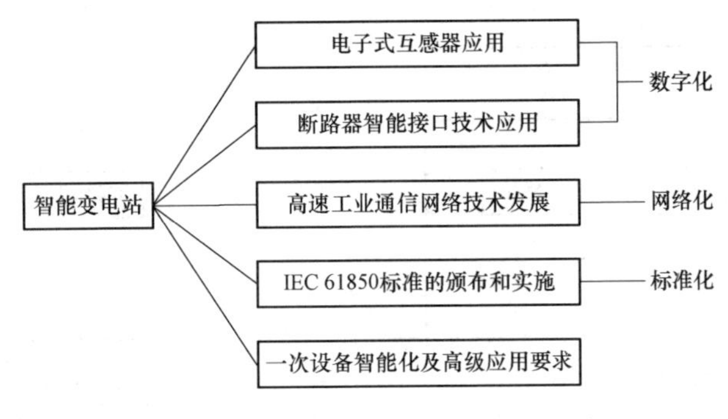

图 11-2　智能变电站的基本结构要求

第二节　智能变电站的主要设备和功能要求

智能变电站由智能高压设备、继电保护及安全自动装置、监控系统、网络通信系统、站用时间同步系统、电力系统动态记录装置、计量系统、电能质量监测系统、站用电源系统及辅助设施等设备或系统组成。智能变电站的一、二次设备都采用智能设备，设备间信息传输的方式为网络通信或串行通信，取代传统的控制电缆、TA 和 TV 电缆等二次回路连接线。

智能高压设备是具有测量数字化、控制网络化、状态可视化、功能一体化和信息互动化等技术特征的高压设备，由高压设备本体、集成于高压设备本体的传感器和智能组件组成。

智能组件是高压设备的组成部分，由高压设备本体的测量、控制、监测、保护（非电量）、计量等全部或部分智能电子装置（IED）集合而成，通过电缆或光缆与高压设备本体的传感器或（和）控制机构连接成一个有机整体，实现和（或）支持对高压设备本体或部件的智能控制，并对其运行可靠性及负荷能力进行实时评估，支持电网的优化运行和高压设备的状态检修。通常运行于高压设备本体近旁。

智能变电站的智能高压设备应符合常规高压设备的技术标准要求，根据工程实际需求，应实现下列全部或部分智能化功能：

（1）数字测量，需要测量的全部参量应实现数字化测量和传输。

（2）网络控制，受控部件实现与站内通信网络的控制，包括远方控制、多台智能高压设备受控部件之间的主从或协调控制等。

（3）状态评估，基于集成于高压设备本体的传感器，由相关 IED 采集传感器的感知信息，并宜就地进行高压设备本体运行状态、控制状态及负荷能力状态的分析评估，并形成能够支持电网运行控制的实施评估结果，同时支持高压设备的状态检修。

（4）信息互动，智能组件内各 IED 之间通过通信网络实现信息共享；智能组件通过通信网络上报评估结果及格式化的监测数据、接收控制指令、反馈控制状态等。

电力变压器、高压开关设备智能组件示意图如图 11-3 所示。

（一）电子式互感器

光电互感器的应用是智能变电站主要的技术特征之一，它由连接到传输系统和二次转换器的一个或多个电流或电压传感器组成，采用光电子器件用于传输正比于被测量的量，供给测量仪器、仪表和继电保护或控制设备的一种装置。其优点如下：

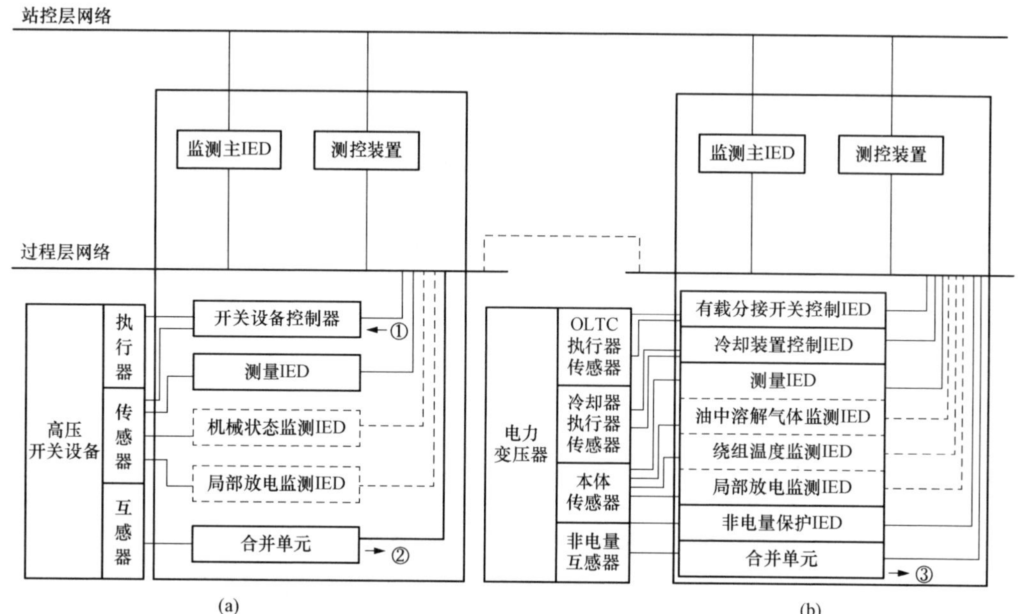

说明：
监测主IED——集合智能组件内所有其他相关IED信息，实现系统功能；
测量IED——测量有关高压设备运行状态的参量；
监测IED——监测有关高压设备可靠性状态的参量；
控制IED——实现对高压设备(部件)的网络化控制或（和）智能控制；
①——自相关继电保护装置；
②③——至相关继电保护装置；
虚线框——表示可选配，当至少有一个监测IED时应配置监测主IED；
根据调度(调控)系统的需要，监测主IED可以接入I区或II区。
a.可集成于智能组件；
b.可集成于智能组件，如高压设备集成了电子式互感器的传感器，则合并单元宜集成于智能组件。

图 11-3 电力变压器、高压开关设备智能组件示意图
（a）高压开关设备智能组件；（b）电力变压器智能组件

（1）高低压完全隔离，绝缘结构简单。

（2）不含铁芯，消除了磁饱和及铁磁谐振等问题。

（3）抗电磁干扰性能好，低压侧无开路高压危险。

（4）动态范围大，测量准确度高，频率响应范围宽。

（5）数据传输抗干扰能力强。

（6）无因充油而潜在污染及易燃、易爆等危险。

（7）体积小、质量小。

常规互感器与电子式互感器的对比见表 11-1。

表 11-1 常规互感器与电子式互感器的对比

比较项目	常规互感器	电子式互感器
绝缘	复杂	绝缘简单
体积及质量	大、重	小、轻
TA 动态范围	范围小、有磁饱和	范围宽、无磁饱和
TV 谐振	易产生铁磁谐振	TV 无谐振现象

续表

比较项目	常规互感器	电子式互感器
TA 二次输出	不能开路	可以开路
输出形式	模拟量输出	数字量输出

根据工作原理的不同，电子式互感器分为光学电子式互感器和混合电子式互感器。光学电子式互感器是基于光效应的互感器，如采用法拉第磁光效应原理的电流互感器和泡克尔斯电光效应原理的电压互感器。这类互感器直接用光进行测量变换和传输，与高压电路完全隔离，在地面有光电转换设备。混合电子式互感器是将电量模拟采样和电光转换在互感器设备的高压部分完成，通过光纤将数字采样信息传送至地面合并器。电流互感器一般采用 Rogowski 线圈作为保护采样，带小铁芯的低功率线圈作为计量采样用以提高计量准确度。电压互感器采用电阻、电感、电容分压实现模拟量的采样。如果按远端模块是否需要供电来划分，则光学电子式互感器又可称为无源式电子互感器，混合电子式互感器又可称为有源式电子互感器。目前，混合电子式互感器技术相对成熟，在实际工程中得到大量的应用。电子式互感器的分类如图 11-4 所示。

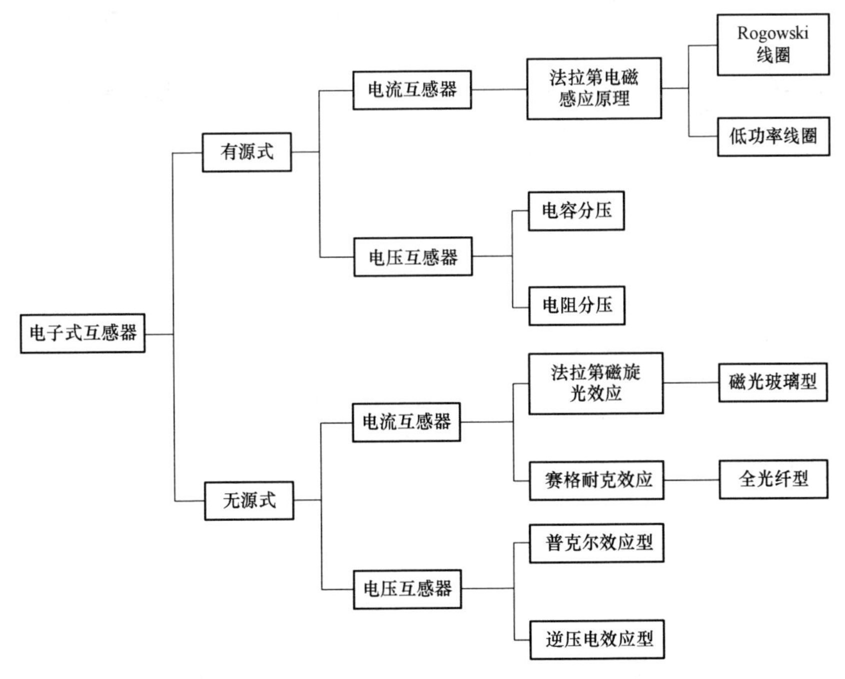

图 11-4 电子式互感器的分类

Rogowski 线圈的基本原理如图 11-5 所示。根据相关电磁关系，一次电流通过 Rogowski 线圈环内的一次导线时，线圈两端的电压 $e(t)$ 与一次电流 I 的关系式为

$$e(t)=-\frac{\mathrm{d}\phi}{\mathrm{d}t}=-\frac{\mu_0 Nh}{2\pi}\ln\frac{R_a}{R_j}\frac{\mathrm{d}I}{\mathrm{d}t} \tag{11-1}$$

式中：μ_0 为真空磁导率；N 为绕组匝数；h、R_a、R_j 为非磁性骨架材料的高度、内径与外径大小。可见，Rogowski 线圈的输出电压与电流变换率成正比关系，因此通过获取输出电

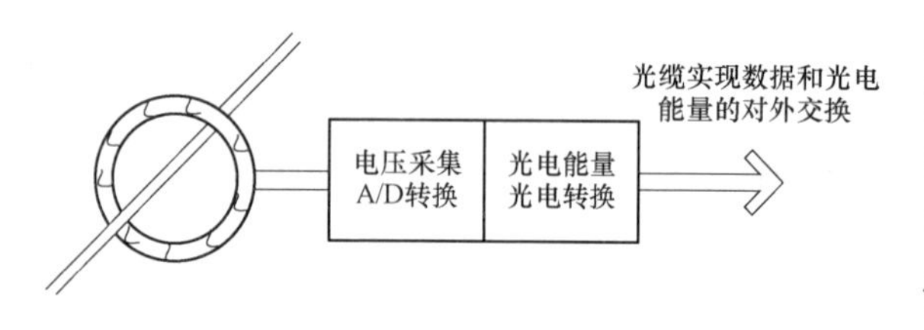

图 11-5　Rogowski 线圈的基本原理

压的积分即可获取被测一次电流的大小。需要指出的是，由于 Rogowski 线圈两端电压仅反映电流的变化率，因此不能用于稳恒直流的测量。而且，对于比较缓慢的非周期分量的测量也有一定局限性。

国外各大电气设备生产厂商（如 ABB、SIEMENS 等公司）对电子式互感器的研究较早，国内外也有不少厂家的有源电子式电流互感器已得到成功应用。电子式互感器的接线原理图如图 11-6 所示。

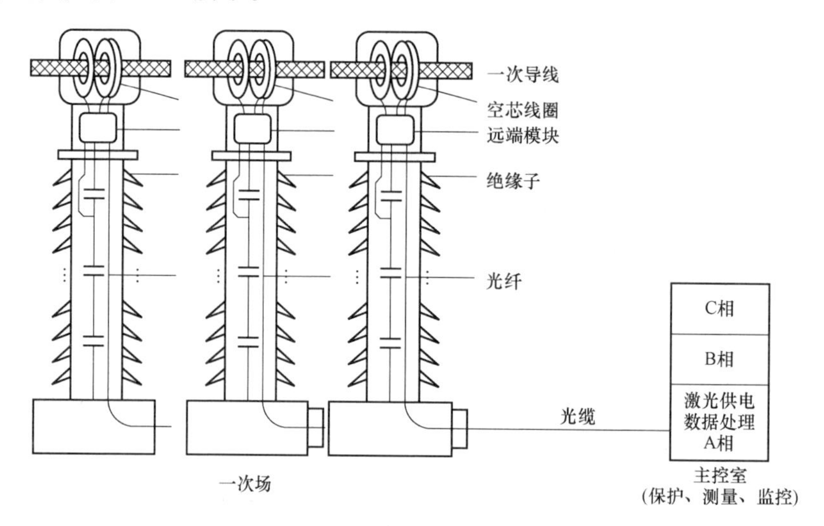

图 11-6　电子式互感器的接线原理图

无源电子式电流互感器采用光学原理实现一次电流的测量，也常被称为光学电流互感器，目前研究较多的主要是基于法拉第磁光效应原理的互感器。当一束平面偏振光在磁场作用下的介质中传播时，其偏转平面受到正比于平行传播方向的磁分量的作用而旋转，这种平面偏振光在磁场作用下的旋转现象，称为法拉第磁光效应。而且，偏振光的偏转角正比于磁场强度沿偏振光通过材料路径的线积分，因此，偏振角与被测一次电流成正比，利用检偏器将偏振角的变化转换为输出光强的变化，经光电变换及信号处理即可得到一次电流的大小。基于法拉第磁光效应的电子式互感器测量系统不仅可以测量变化电流，而且可以对稳恒直流和非周期分量进行有效测量，不存在测量频带问题。但传感头部分光学装置复杂，光学材质易受温度影响而影响电流测量准确度。长期以来，光学电流互感器测量准确度受温漂的影响和长期工作稳定性的影响，这两大技术难题一直阻碍着其工程应用和发展。

电子式互感器采集到一次电量数据后，输出的二次信号需先经过采集器调理（包括滤波、移相、积分等环节）和 A/D 采样后通过光纤输出到合并单元，然后通过合并单元送到保护测控装置，如图 11-7 所示。合并单元对传感模块传来的三相电量进行合并和同步处理，并将处理后的数字信号按规定的格式提供给间隔层设备使用。电子式互感器的输出应与配套的合并单元的输入相匹配，并宜集成于其他高压设备，但也可以是独立设备。合并单元的输入特性应与配套的互感器输出特性相匹配，输出特性应满足保护、监控、电能计量、电能质量监测、电力系统动态记录及相量测量等应用要求。

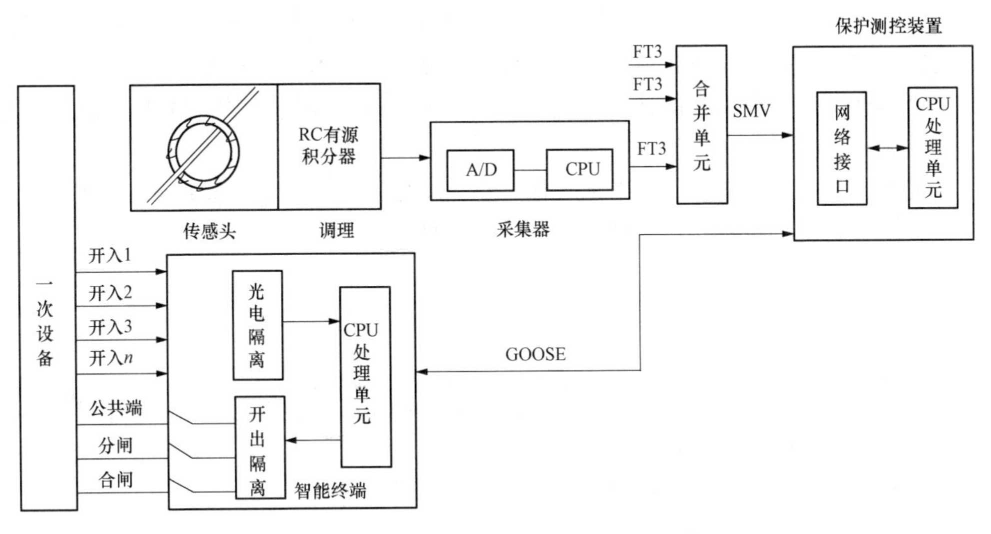

图 11-7 电子式互感器采集输出处理示意图

（二）智能开关设备

智能开关设备包括断路器和隔离开关，通过集成于高压开关设备的传感器，由智能组件实现智能化功能，对其基本要求如下：

(1) 应实现分、合闸操作的网络控制；如有要求，应同时支持继电保护装置的直接跳闸。

(2) 应支持顺序控制、智能连锁等功能。

(3) 宜实现各气室压力、温度等气体状态参量的联系测量。

(4) 可配置选相位操作功能。

(5) 可选择对机械状态（根据工程要求确定监测参量）、局部放电等进行实时监测。

(6) 应与配置的传感器进行一体化设计。

智能断路器的主要特征有两个方面，一是数字化的接口取代接线完成对断路器的控制和状态监视，二是能够智能地给出断路器的健康状况及检修建议。

理想的智能断路器是指在断路器内嵌电压、电流变换器及其光电测量系统，由微机控制的二次系统、IED和相应智能软件实现集成开关系统智能性的开关设备。过渡期内的一种解决方案称为间隔层智能终端，其主要思想是把间隔层设备下放到过程层，由智能化的间隔层设备同时担负过程层设备的数字化功能。

开关设备的智能化是过程层数字化的重要组成部分。智能断路器的最终目标是实现断路器的智能控制和在线监测，实现开关设备的顺序控制、连锁控制、受控分合闸，以及实现监测断路器灭弧室的局部放电和介损、机构动作特性、开关动作时间和次数、机构内温度、触头温度、分合闸线圈电压等，为实现开关设备的状态检修提供依据。

（三）智能电力变压器

智能电力变压器应遵循 GB 1094—2013 等电力变压器标准，通过集成于电力变压器的传感器，由智能组件实现其智能化功能，应与配置的传感器进行一体化设计，并满足以下具体要求：

（1）应实现冷却装置（非自冷型）的网络控制及自主智能控制，可支持网络控制。

（2）应实现有载分接开关的网络控制，支持自主恒压控制和智能主从控制等，同时实现过电压闭锁、欠电压闭锁、过电流闭锁、高油黏稠度闭锁等智能化功能。

（3）可实现常规触点信息的连续监测，包括油面温度、底层油温、油位、油压等。

（4）宜集成非电量保护功能。

（5）可对铁芯接地电流、油中溶解气体、绕组温度、局部放电、高压套管电容量、冷却装置运行状态、有载分接开关运行状态等部分或全部进行实时监测。

（四）无功补偿设备

无功补偿设备应遵循无功补偿设备相关标准，并满足以下要求：

（1）应实现网络化控制。

（2）应支持恒定电压控制、恒定无功控制、恒定功率因数控制等自主智能控制模式。

（3）应具备装置的自我保护功能。

（4）宜实现关键部件运行状态的实时监测。

（五）继电保护及安全自动装置

继电保护及安全自动装置应遵循 GB/T 14285—2006、DL/T 478—2013、DL/T 1092—2008 等相关标准，并优先满足以下要求：

（1）应针对互感器或（和）合并单元的输出特性，优化相关继电保护和稳定控制的有关算法，提高继电保护装置及安全自动装置的性能。

（2）差动保护应考虑各侧互感器特性的差异，支持不同类型互感器的接入方式。

（3）应适应风电、太阳能等可再生能源接入后可能出现的特殊情况。

（4）应具备自检及自诊断功能。

（5）继电保护装置双重化配置时，输入、输出及供电电源各环节应独立。

（6）宜将采集信息、控制对象相同的不同保护功能进行集成。

（7）面向单个设备的继电保护装置宜采用就地化布置方式。

（六）站域保护控制装置

（1）基于站域及相关站的电测量信息，实现部分安全自动装置的功能，包括（但不限于）备自投、低频减负荷、低压减负荷、过负荷联切和后备保护等。

（2）应支持与相关变电站之间的协调控制，实现面向区域电网安全与稳定的保护控制功能。

（3）宜支持不同运行方式下保护控制策略的自适应功能。

（七）监控系统

监控系统由站监控主机、综合应用服务器、数据通信网关机、测控装置等组成，在智能组件、继电保护装置及安全自动装置等支持下实现保护信息子站及下述功能：

1. 数据采集

准确级及实时性符合应用要求，同时要求：

（1）应实现对全站电测量信息、设备状态信息的采集。

（2）对有精确时标和同步要求的电测量信息，应实现统一时间断面的实时同步采集。

（3）根据需要，可支持电网广域态势感知的信息需求。

2. 运行监视

应实现对电测量信息、设备状态信息的实时监视，并满足以下要求：

(1) 应支持调度（调控）中心远方浏览变电站运行状态。

(2) 应支持设备控制、电网运行故障与视频监控联动。

(3) 宜采用可视化技术对运行监视内容进行统一展示。

3. 操作与控制

应实现站内设备就地和远方的操作与控制，包括站内操作、调度控制、自动控制（顺序控制、无功优化控制、负荷优化控制）、正常或紧急状态下的开关优化控制等，并满足以下要求：

(1) 对于所有操作，应实现电气防误操作闭锁功能，自动生成符合操作规范的操作票。

(2) 可配备直观图形界面，在站内和远方实现可视化操作。

4. 智能告警

(1) 对全站预警（warning）与告警（alarm）信息进行实时在线甄别和推理，建立统一的预警与告警逻辑，可根据需求上报分层、分类的预警与告警信息。

(2) 对预警与告警给出处理指导意见。

5. 故障分析

(1) 在电网事故、保护动作、设备或装置故障、异常报警等情况下，宜具有通过对站内事件属性与时序、电测量信息等的综合分析，实现故障类型识别和故障原因分析。

(2) 宜实现单事件推理、关联多事件推理、故障推理等智能分析决策功能。

(3) 宜具备可视化的故障反演功能。

6. 源端维护

(1) 利用配置工具，统一进行信息建模及维护，生成标准配置文件，支持 DL/T 860 模型到 DL/T 890 模型的转换。

(2) 主接线图和分画面图形文件应以标准图形格式上报调度（调控）中心。

(3) 具备模型合法性校验功能，包括站控层与间隔层装置的模型一致性校验、站控层 SCD 模型的完整性校验，支持离线和在线校验方式。

7. 数据辨识

(1) 基于站内电测量信息的冗余及关联性，对不良数据进行辨识与处理，提升基础数据的品质。

(2) 支持调度（调控）中心对电网状态估计的应用需求。

（八）数据通信网关机

(1) 应根据信息安全分区方案灵活配置，以满足安全防护要求。

(2) 应满足与调度（调控）中心的信息的交互要求，支持调度（调控）中心对智能变电站进行实时监控、远程浏览及顺序控制等功能，支持调度（调控）中心采集实时电测量信息及设备状态信息以实现电网广域态势感知等功能。

(3) 应满足与生产管理系统的信息交互要求，支持智能变电站将设备状态信息报送至生产管理系统，以支持设备状态检修。

（九）网络通信系统

1. 站内通信

站内通信应满足变电站各设备间的信息交互需求，同时要求：

（1）应具有网络数据分级、流量控制及优先传送功能，满足全站设备正常运行的需求。

（2）应具备网络风暴抑制功能，网络设备局部故障不应导致网络全局通信异常。

（3）宜实现全站测量、控制、监测、保护基于同一的站内通信网络。

（4）宜具备DOS防御能力与防止病毒传播的能力。

（5）应具备方便的配置工具进行网络配置、监护、维护。

（6）应具备对网络所有节点的工况监视与报警功能。

2. 站对外通信

站内各设备和系统与相关主站的通信应根据数据的安全分区原则分别选择专属通道传输数据。站内各设备和系统与调度（调控）中心信息交互遵循DL/T 634.5104、DL/T 860等协议。

3. 接入网络的设备

接入变电通信网络的设备，应满足以下要求：

（1）应基于自描述技术实现站内信息与模型的在线交换。

（2）应具备对报文丢包及数据完整性甄别的功能。

（十）站内时间同步系数

站内时间同步系数应遵循GB/T 33591—2017《智能变电站时间同步系数及设备技术规范》满足下列要求：

（1）站内时间同步系统应能接收北斗与GPS授时信号（休闲采用北斗），实现时间同步，两种授时互为备用，同时具有授时功能，条件具备时也可采用地面授时时钟的授时信号。

（2）站内时间同步系统为全站IED和系统进行授时，实现全站时间同步，授时精度满足各IED和系统的要求。

（3）站用时间同步系数应支持IRIG-B、SNTP、GB/T 25931等一种或多种对时方式，IED和系统至少支持其中一种。

（十一）电力系统动态记录装置

电力系统动态记录装置应遵循DL/T 663—2013《220kV～2500kV电力系统故障动态记录装置》，并满足以下要求：

（1）应记录系统电压、电流及开关设备状态信息；记录继电保护装置、安全自动装置的动作信息等。

（2）应支持基于站内通信网络或（和）点对点等多种采样方式。

（3）应具有记录数据在线转存及离线状态下对记录的动态过程进行反演和辅助分析的功能；具有对无效数据的甄别功能。

（4）应支持调度（调控）中心远程调阅及综合保障分析等功能。

（十二）网络报文记录仪

网络报文记录仪应对站内网络通信的报文进行监视、记录，并满足以下要求：

（1）对出现的异常进行告警。

（2）应具有对记录的网络报文进行转存及离线状态下对网络报文过程进行反演及分析的功能。

（十三）计量系统

计量系统通常由电能量采集终端和若干电能表等组成，在遵循计量设备相关标准的同时满足以下要求：

（1）贸易结算点计量应采用独立电能表。电能表应具备数字量输入接口，应支持基于网络通信的采样方式，接收合并单元的采样值。

（2）非贸易结算点计量可采用独立的电能表，也可以由测控装置等实现电能表的功能。

（3）电能表宜具备谐波功率计量功能，宜支持分时区和时段计量、支持本地及远方对时区和时段设定等功能。

（4）对于重要的贸易结算点，宜配置主、副两套电能表；主、副电能表应分别从双重化配置的合并单元接收采样值。

（5）计量数据应通过站内通信网络向电能量采集终端报送。

（6）计量系统应符合保密性、安全性要求。

（十四）电能质量监控系统

根据需要，可配置电能质量监控系统。电能质量监控系统由若干电能质量监控装置和综合应用服务器的相关功能模块组成，电能质量检测装置应遵循 GB/T 19826—2014，并满足以下要求：

（1）应接收合并单元的采样值（优先接收采样速率高的合并单元采样值），通过站内通信网络向综合应用服务器报送电能质量监测数据。

（2）应有定时段统计电能质量指标和电能质量事件告警的功能。

（3）电能质量检测各个环节，包括互感器、合并单元、电能质量监控装置及整个电能质量监控系统，均应满足电能质量检测的相关技术要求。

（4）宜具有在线进行干扰源辨识的功能。

（十五）站用电源系统

（1）应对全站直流、交流、逆变、UPS、通信等电源进行统一设计、统一配置。

（2）应对站用电源系统进行统一监视，监视信息宜按标准数据模型通过站用电源接口报送至综合应用服务器。

（十六）辅助设施

1. 视频监控

站内宜配置视频监控子系统，并满足以下要求：

（1）可上传图像或（和）视频信息。

（2）应接入综合应用服务器，在设备操控、事故处理时能与监控系统、安全警卫子系统协同联动。

（3）对重要枢纽变电站，可具备视频巡视功能。

2. 安全警卫

应配置红外对射或电子围栏、门禁等安全警卫设施，并满足以下要求：

（1）安全警卫信息宜按标准数据模型报送至综合应用服务器。

（2）宜有与应急指挥信息系统进行通信的接口。

（3）宜配备语音广播设施，实现设备区域人员与控制中心的语音交流，非法入侵时能广播告警。

3．消防

应配置火灾报警及消防子系统，告警信号、监测数据宜按标准数据模型报送至综合应用服务器。

4．环境监测

应监测环境温度和湿度等，有充 SF_6 气体设备的室内还应监测 SF_6 气体含量，监测信息宜按标准数据模型报送至综合应用服务器。

（十七）节能环保

站用电源可采用或部分采用太阳能、风能等清洁能源，站内照明宜采用高效节能光源。站内建筑宜按绿色建筑标准设计，空调、风机、加热器应实现节能运行。

注：（五）、（十一）、（十二）、（十三）、（十四）还均应符合（十）中的（3）的要求。

第三节 智能化变电站的网络架构

一、传统的常规变电站的典型架构

传统的常规变电站的典型架构如图 11-8 所示。

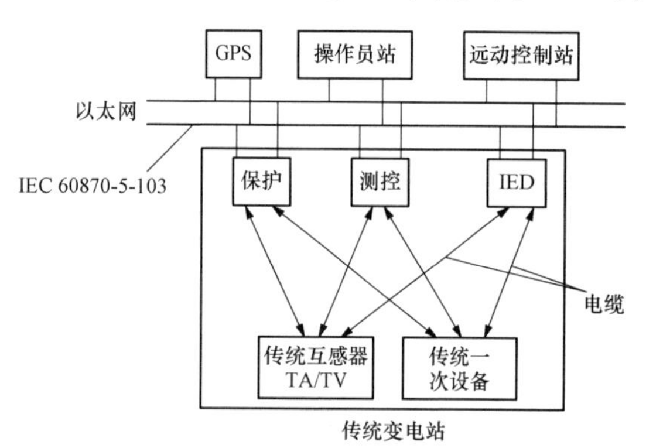

图 11-8 传统的常规变电站的典型架构

常规变电站的二次系统主要由继电保护、就地监控、远动装置和录波装置组成，与之对应的有保护屏、控制屏、录波屏和中央信号屏等设备。因此，每个设备的互感器的二次线都需要分别连接至上述屏柜内。另外，对于每一个一次设备，与之相对应的各个二次保护屏之间、保护与远动设备之间都有许多连线。这就势必造成变电站内各种线路错综复杂，无形中给日常维护增加了大量工作。正因为如此，常规变电站存在以下显著缺点：

（1）安全、可靠性不高。常规变电站多数采用传统设备，结构复杂，可靠性不高。设备本身不具备故障自检功能，只能靠日常巡视和维护才能发现和解决问题。

（2）占地面积较大。常规变电站的二次设备多采用电磁式或晶体管式，体积较大，导致各种保护控制屏及信号屏占用较大面积。

（3）维护工作量大。常规变电站的继电保护整定值必须定期停电试验，保护整定值整定工作量大，无法实现远方参数的修改。

（4）不具备实时监控功能。常规变电站不具备远方通信功能，缺乏自控手段和措施，不利于变电站安全、稳定地运行。

二、智能变电站的典型架构及优点

在计算机技术日新月异的前提下，国际电工委员会认为，以前各厂家自己制定的通信协议都不能完全满足当前电力通信的发展，各大厂家在互联时所花费的人力和物力也变得越来越大。为了将当前无序的通信协议（如 LON、CAN、PROFIBUS、IEC 60870-5）等规范化，国际电工委员会提出了“One World，One Technology，One Standard”的 IEC 61850 通信协议。1999 年的 IEC TC57 京都会议和 2000 年 SPAG 会议提出制定 IEC 61850 协议作为变电站建设的无缝通信协议。我国也于 2007 年 4 月审查通过全部 IEC 61850 标准并将其制定为我国的电力行业标准，标准号为 DL/T 860。

IEC 61850 将变电站通信体系分为三层：变电站层（第 2 层）、间隔层（第 1 层）、过程层（第 0 层）。这三个层次的任务如下。

1. 变电站层（站控层）

站控层包含自动化系统、站域控制系统、通信系统、对时系统等子系统，实现面向全站或一个以上一次设备的测量和控制功能，完成数据采集和监视控制（SCA - DA）、操作闭锁及同步相量采集、电能量采集、保护信息管理等相关功能。站控层的主要任务是，通过两级高速网络汇总全站的实时数据信息，不断刷新实时数据库，按时登录历史数据库；按既定协约将有关数据信息送往调度或控制中心；接收调度或控制中心有关控制命令并转间隔层、过程层执行；具有在线可编程的全站操作闭锁控制功能；具有（或备有）站内当场监控、人机联系功能；具有对间隔层、过程层诸设备的在线维护、在线组态、在线修改参数的功能；具有（或备有）变电站故障自动分析和操作的培训功能。

2. 间隔层

间隔层设备一般指继电保护装置、测控装置、故障录波等二次设备，实现使用一个间隔的数据并且作用于该间隔一次设备的功能，即与各种远方输入/输出、智能传感器和控制器通信。间隔层的主要功能是，汇总本间隔过程层实时数据信息；实施对一次设备保护控制的功能；实施本间隔操作闭锁功能；实施操作同期及其他控制功能；对数据采集、统计运算及控制命令的发出具有优先级别的控制；承上启下的通信功能，即同时高速完成与过程层及变电站层的网络通信功能，必要时，上下网络接口具备双口全双工方式以提高信息通道的冗余度，保证网络通信的可靠性。

3. 过程层

过程层包含由一次设备和智能组件构成的智能设备、合并单元和智能终端，完成变电站电能分配、变换、传输及其测量、控制、保护、计量、状态监测等相关功能。过程层是一次设备与二次设备的结合面，或者说过程层是智能化电气设备的智能化部分，其主要功能可分为三类：

（1）电气运行的实时电气量测量，即利用光电电流、电压互感器及直接采集数字量等手段，对电流、电压、相位及谐波分量等进行检测。

（2）运行设备的状态参数在线监测与统计，如对变电站的变压器、断路器、母线等设备在线监测温度、压力、密度、绝缘、机械特性及工作状态等数据。

（3）操作控制的执行和驱动，在执行控制命令时具有智能性，能判断命令的真伪及其合理性，还能对即将进行的动作准确度进行控制，如能使断路器定向合闸、选相分闸，在选定的相角下实现断路器的关合和开断等。

在站控层和间隔层之间的网络采用抽象通信服务接口映射到制造报文规范（MMS）、传输控制协议/网际协议（TCP/IP）以太网或光纤网。在间隔层和过程层之间的网络采用单点向多点的单向传输以太网。变电站内的智能电子设备（IED、测控单元和继电保护）均采用统一的协议，通过网络进行信息交换。IEC 61850 协议提供了变电站自动化系统功能建模、数据建模、通信协议、通信系统的项目管理和一致性检测等一系列标准。具有应用开放和网络开放统一的传输协议 IEC 61850 是目前变电站自动化系统到控制中心的唯一通信协议，也是变电站自动化系统甚至过程层到控制中心的唯一通信协议。

基于 IEC 61850 体系的智能变电站典型架构如图 11 - 9 所示。

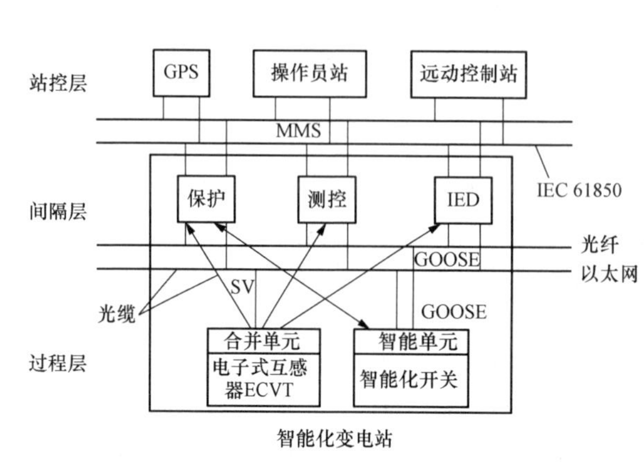

图 11 - 9 基于 IEC 61850 体系的智能变电站典型架构

IEC 61850 规约带来的变电站二次系统物理结构的变化：

（1）基本取消了硬接线，所有的开入、模拟量的采集均就地完成，转换为数字量后通过标准规约从网络传输。

（2）所有的开出控制也通过网络通信完成。

（3）继电保护的连锁、闭锁及控制的连锁、闭锁也由网络通信（GOOSE 报文）完成，取消了传统二次继电器逻辑控制。

（4）数据的共享通过网络交换完成。

智能变电站通过面向通用对象的变电站事件模型 GOOSE（generic object oriented substation event）来实现设备相互之间的信息交流沟通，用以取代传统的电缆连接。GOOSE 提供了网络条件下快速信息交换的手段，GOOSE 信息在三层结构系统中的一体化完整应用，实现了变电站间隔层二次设备的网络化信息交互。

由图 11 - 8 和图 11 - 9 可以看出，智能变电站与传统常规变电站的主要区别如下：

（1）通信标准不同。由 IEC 61850 替代了 IEC 60870 - 5 - 103。

（2）一次设备的不同。智能一次设备替代了传统一次设备，如采用了智能变压器、智能开关、电子式互感器等。

（3）信息传输介质的不同。光纤替代电缆，信息共享最大化。

（4）端子连接方式不同。虚端子代替物理端子，逻辑连接代替物理连接。

典型的基于 IEC 61850（DL/T 860）智能变电站通信网络和系统基本架构示意图如图 11 - 10 所示。

智能变电站能够完成比常规变电站范围更宽、层次更深、结构更复杂的信息采集和信息处理，变电站内、站与调度、站与站之间、站与大用户和分布式能源的互动能力更强，信息的交换和融合更方便快捷，控制手段更灵活可靠。智能变电站设备具有信息数字化、功能集成化、结构紧凑化、状态可视化等主要技术特征，符合易扩展、易升级、易改造、易维护的工业化应用要求。其优点如下：

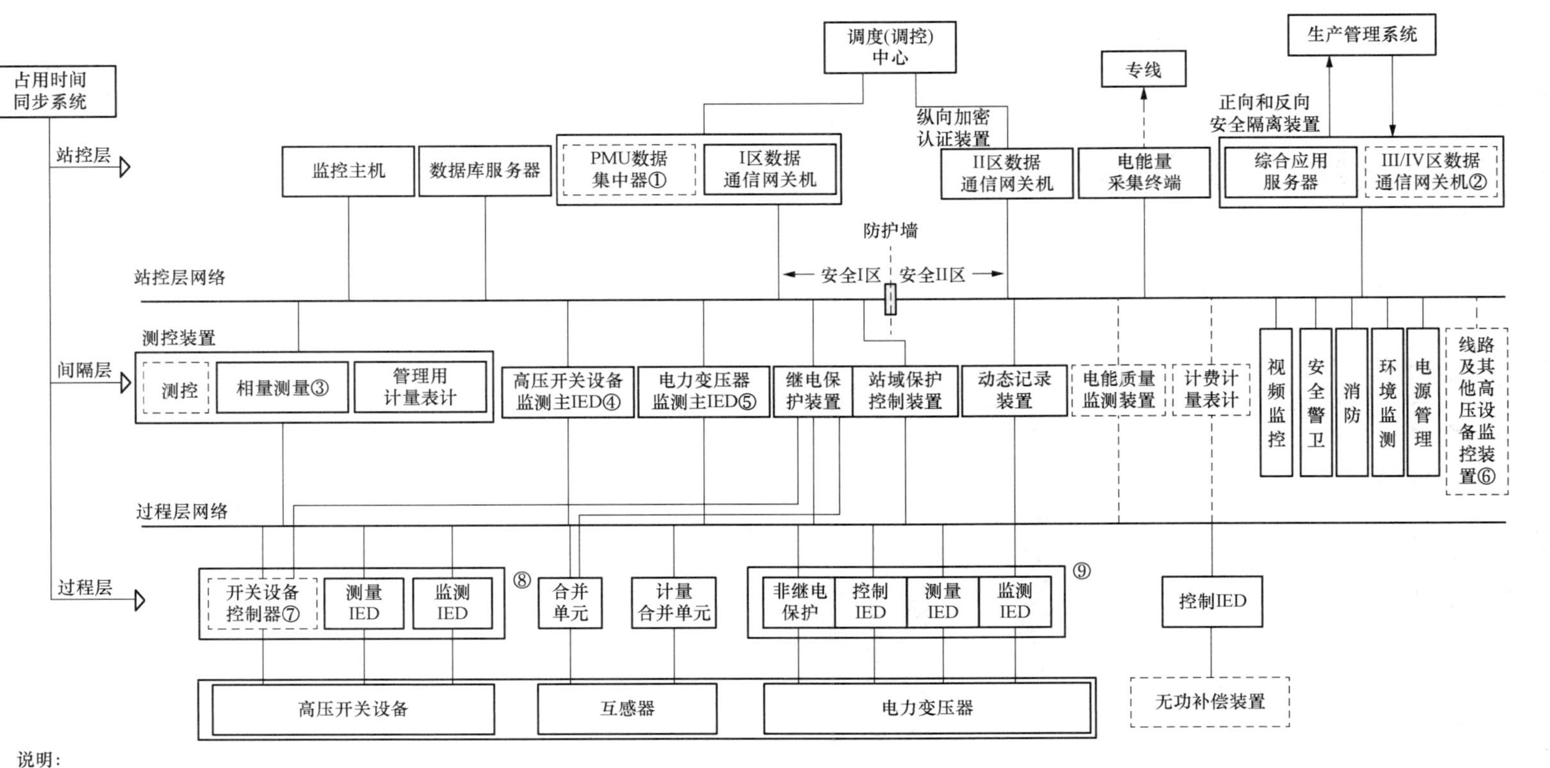

说明：
虚线框——此IED为可选；其中，变压器、开关设备配置有监测IED时，应配置监测主IED；

①——可为独立装置，也可以集成于I区网关机；

②——可为独立装置，也可与综合应用服务器合并；

③——可为独立装置，也可以集成于测控装置；

④——为高压开关设备智能组件的一部分；

⑤——为电力变压器智能组件的一部分。根据调度(调控)中心需要，可接入I区或II区；

⑥——输电线路及其他高压设备监测信息的接入(如有)；

⑦——又称智能终端，用于实现高压开关设备的网络化控制；需要时可支持选相位操作；

⑧——高压开关设备智能组件；

⑨——电力变压器智能组件。

图 11-10 典型的基于 IEC 61850（DL/T 860）智能变电站通信网络和系统基本架构示意图

（1）智能变电站能很好地实现低碳环保效果。在智能变电站中，传统的电缆接线已被光纤所取代。此外，传统的充油式互感器在智能变电站中也不见踪影，取而代之的是电子式互感器。无论是在设备上还是在接线手段上，都有效地减少了资源消耗浪费，不但降低了成本，而且在很大程度上实现了低碳环保的效果，提高了环境质量。

（2）智能变电站具有良好的交互性。智能变电站在实现信息的采集和分析功能后，不但可以将这些信息在内部共享，而且可以将其和网内更高级、更复杂的系统之间进行良好交互，从而确保电网安全、稳定地运行。

（3）智能变电站的可靠性更高。客户对用电基本需求除了安全就是可靠，智能变电站具有较高可靠性，在满足客户需求的同时，也实现了电网的高质量运行。智能变电站具备检测、管理故障的功能，当站内出现故障时，能快速作出判断并处理，使变电站的运行状况始终保持在最佳状态。

复习思考题

11-1 什么是智能变电站？

11-2 智能变电站包括哪些组成部分？

11-3 与常规变电站相比，智能变电站有什么优点？

第四部分　电力工程电气设计

第十二章　电力工程电气设计

第一节　概　　述

一、电力工程电气设计的要求

电力工程设计必须遵循国家的各项方针政策，设计方案必须符合国家标准，力争做到保障人身和设备安全、供电可靠、电能质量稳定、技术先进和经济指标合理，设计时应根据工程特点、规模和发展规划，正确处理好近期建设和远期发展的关系，并按照用户的负荷性质、用电容量、工程特点和地区供电条件，合理确定设计方案，满足供电要求。

二、电力工程电气设计的程序

电力工程电气设计通常分为项目建议书、初步可行性研究、可行性研究、初步设计、施工图设计和竣工图设计六个阶段。

1. 项目建议书

项目建议书（又称项目立项申请书或立项申请报告）由项目承建单位或项目法人根据行业、市场及相关外部条件，就某一具体项目提出的项目建议文件，是对拟建项目提出的框架性的总体设想。它要从宏观上论述项目设立的必要性和可能性，把项目投资的设想变为概略的投资建议。

2. 初步可行性研究

初步可行性研究的任务包括：在几个地区或指定地区分别调查可能建站的条件，择优推荐出建站地区的顺序及可能建站的站址与规模，提出下阶段开展可行性研究的建站地区和站址。

初步可行性研究的主要工作步骤应包括接受任务、准备工作、踏勘调研、综合研究、编制文件、出版文件、报上级审批、立卷归档。

3. 可行性研究

可行性研究的任务包括：新建工程应对两个及以上的站址（所址、线路路径）进行全面技术经济比较，提出推荐意见；落实建站（所、线）外部条件，取得符合要求的各类协议；工程设想中，接入系统、环境保护及地基处理等站址有关的内容，要有方案比较，使估算能达到要求的深度。投资估算应力求准确，能够满足控制概算的要求，并应与已审定参考造价进行对比分析；在明确投资融资来源的基础上作经济效益分析，计算出上网电价，并由项目法人据此鉴定合资协议、并网协议及落实融资。

4. 初步设计

初步设计是电力工程电气设计最关键的工作。它是在方案设计的基础上，按照设计任务书的要求，进行用户负荷的统计计算，确定用户供电的最优方案，选择主要供配电设备，编制主要设备材料清单和工程投资概算，报上级部门批准。因此，初步设计应包括设计说明书、工程投资概算、电气图样等设计资料。

为了进行初步设计，设计时必须收集以下资料：

（1）向电力用户收集。用户总平面图，各建筑的土建平、剖面图；各用电设备的名称及其有关技术数据；用电负荷对供电可靠性的要求及工艺允许停电的时间；用户的最大负荷、年最大负荷利用小时数及年耗电量等。

（2）向供电部门收集。向用户供电的电源容量和备用电源容量，供电线路的电压、供电方式、回路数、导线型号、规格型号、长度及入户线路的走向，电力系统的短路容量数据或供电电源线路始端的开关断流容量，电力部门对用户继电保护设置、整定要求，电力部门对用户电能计量方式的要求及电费收取办法的规定，电力部门对用户功率因数的要求等。

（3）向当地气象、水文地质部门收集。当地年最高平均气温、最热月平均最高气温，年雷暴日及雷电小时数，土壤性质、土壤电阻率，最高地震烈度，常年主导风向，地下水位及最高洪水位等。

5. 施工图设计

施工图是表示工程项目总体布局，建筑物、构筑物的外部形状、内部布置、结构构造，以及设备、施工等要求的图样。施工图设计是在初步设计方案和概算经上级部门批准后，为满足安装施工的要求进行的技术设计，重点是绘制安装施工图。安装施工图是电气设备安装施工时必须的全套图表资料，主要内容包括校正和修订初步设计的基础资料和设计计算数据，绘制各种设备的单项安装施工图和各项工程的布置图、平面图、剖面图，绘制工程所需设备、材料表，编制安装施工说明书和工程预算书等。

6. 竣工图设计

本阶段应按《电力工程竣工图文件编制规定》等规定进行竣工图编制工作。其工作步骤可包括准备工作、编制竣工图文件、出版文件、交付业主单位、立卷归档等。

三、电气主接线的设计步骤

1. 分析原始资料

（1）工程情况：变电站类型、设计规划容量（近期、远景）、主变压器台数及容量等。

（2）电力系统情况：电力系统近期及远景发展规划（5～10 年）、变电站在电力系统中的位置和作用、本期工程和远景与电力系统连接方式，以及各级电压中性点接地方式等。

（3）负荷情况：负荷的性质及其地理位置、输电电压等级、出线回路数及输送容量等。

（4）环境条件：当地的气温、湿度、覆冰、污秽、风向、水文、地质、海拔高度等因素，对主接线中电器的选择和配电装置的实施均有影响。

（5）设备制造情况：为使所设计的主接线具有可行性，必须对各主要电器的性能、制造能力和供货情况、价格等资料汇集并分析比较，保证设计的先进性、经济性和可行性。

2. 拟定主接线方案

根据设计任务书的要求，在原始资料分析的基础上，可拟定出若干个主接线方案。因为对出线回路数、电压等级、变压器台数、容量及母线结构等的考虑不同，所以会出现多种接线方案。应依据对主接线的基本要求，结合最新技术，确定最优的技术合理、经济可行的主接线方案。

3. 短路电流计算

对于拟定的主接线，为了选择合理的电器，需进行短路电流计算。

4. 主要电器选择

主要电器选择包括高压断路器、隔离开关、母线等的选择。

5. 绘制电气接线图

绘制电气接线图，即将最终确定的接线按工程要求绘制工程图。

此外，还应绘制电气设备布置图及电缆敷设图、防雷接地及照明图纸

为了进一步了解供配电技术在工程实践中的应用，本章将介绍采用目前较为流行的博超电力电气设计软件，以案例设计的方式讲解实际工程中的变电站电气部分的设计。

第二节 110kV降压变电站电气设计

一、项目案例概况

开发区内某建材生产工程需配套建设1座110/10kV总降压站，不考虑远期扩建可能。总降压站以辐射形式向本工程内3座10kV配电间及2座10/0.4kV车间变电站供电。

项目地点海拔887m，最热月平均最高温度30℃，土壤电阻率为100Ω·m，无冻土层。

二、系统接入方案

总降压站电源由开发区220kV变电站内2回110kV间隔经架空线路引来。线路送电容量按照25000kVA考虑。110kV及10kV母线均采用单母线双分段接线，并设置2台主变压器。总降压站主接线方案如图12-1所示。

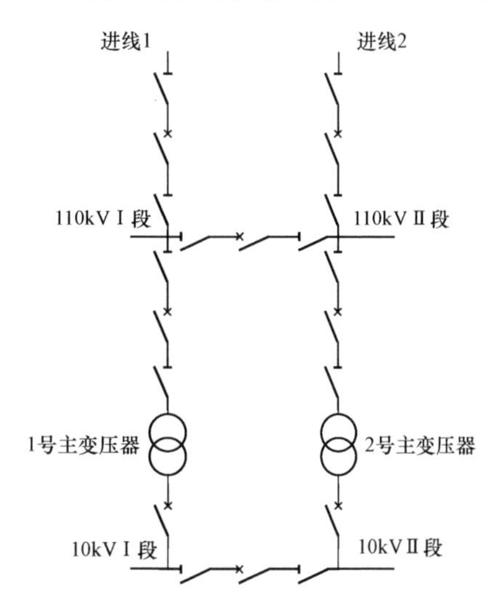

图12-1 总降压站主接线方案

三、主变压器设置方案

按照本工程建设规模，总降压站设置2台SFZ11-25 000/110主变压器（25 000kVA，110±8×1.25%/10kV，U_k=10.5%，YNd11）。

四、电气主接线

本工程中，110kV及10kV系统采用单母线双分段接线方式。其中，110kV系统采用GIS（SF_6封闭式组合电器）形式布置，包含线路进线间隔2个、主变压器间隔2个、母联间隔1个、电压互感器间隔2个，共计7个间隔。10kV系统采用KYN28-12中压开关柜室内布置形式，包含主变压器进线断路器柜2面、主变压器进线隔离车柜2面、母联断路器柜1面、母联开关隔离车柜1面、TV柜（含一次消谐）2面、1车间10kV A/B段进线柜各1面、2车间10kV A/B段进线柜各1面、3车间10kV A/B段进线柜各1面、4车间1/2号变压器进线柜各1面、5车间1/2号变压器进线柜各1面，共计18面盘柜。1/2/3车间10kV A/B段及4/5车间变压器A/B段均设置母联开关。

五、运行说明

正常情况下，110kV及10kV母联开关均断开，两段110kV母线带各自对应10kV母线段负荷；任一台主变压器或线路故障情况下，110kV母联开关闭合，正常运行主变压器带全厂负荷；任一110kV母线检修情况下，10kV母联开关闭合，正常运行主变压器带全厂负荷；任一10kV母线检修情况下，110kV母联开关闭合，正常运行主变压器带全厂负荷。

六、负荷统计

在实际工程中，常见的负荷统计方法有需要系数法、二项式法、单位面积功率法等。利用需要系数法对 4 车间负荷进行统计及无功补偿计算，计算结果见表 12 - 1。

表 12 - 1　　4 车间负荷统计表

序号	设备名称	额定容量（kW）	安装数量（台）	工作数量（台）	安装容量（kW）	工作容量（kW）	需要系数 K_x	功率因数 $\cos\varphi$	有功功率（kW）	无功功率（kvar）	视在功率（kVA）
1	1 号带式输送机	85	1	1	85	85	0.65	0.75	55.25	48.73	73.67
2	2 号带式输送机	85	2	1	170	85	0.65	0.75	55.25	48.73	73.67
3	3 号带式输送机	90	2	1	180	90	0.65	0.75	58.50	51.59	78.00
4	4 号带式输送机	75	2	1	150	75	0.65	0.75	48.75	42.99	65.00
5	5 号带式输送机	70	1	1	70	70	0.65	0.75	45.5	40.13	60.67
6	一级碎煤机室配电柜	125.6	1	1	125.6	125.6	1	0.95	125.6	41.28	132.21
7	二级碎煤机室配电柜	168.4	1	1	168.4	168.4	1	0.93	168.40	66.56	181.08
8	1 号转运站配电柜	137.6	1	1	137.6	137.6	1	0.95	137.6	45.23	144.84
9	2 号转运站配电柜	162.9	1	1	162.9	162.9	1	0.94	162.9	59.12	173.30
10	空气压缩机机房 1 号配电柜	124	1	1	124	124	1	0.92	124.0	52.82	134.78
11	空气压缩机机房 2 号配电柜	149	1	1	149	149	1	0.92	149.0	63.47	161.96
总计			14	11	1522.5	1272.5		0.84	1130.75	560.65	1279.16
乘以 $K_p=0.9$，$K_q=0.95$								0.88	967.95	532.62	1104.81
补偿容量										240.00	
补偿后容量								0.96	967.95	292.62	1011.21
变压器损耗 $P_b=0.01S_{30}$									10.11		
变压器损耗										10.11	
变压器 10kV 侧负荷统计								0.96	978.06	302.73	1023.84
变压器容量（kVA）								SCB11 - 1250/10			

由表 12 - 1 中可知，4 车间负荷在考虑需要系数 K_x、同时系数 K_p、K_q、低压无功补偿及变压器损耗因素的情况下，视在功率为 1023.83kVA。因此，4 车间选择变压器为 SCB11 - 1250/10。

对于本工程高压系统，同样可做负荷统计见表12-2。

表12-2 10kV系统负荷统计表

序号	用电设备名称	安装容量（kW）	工作容量（kW）	功率因数 $\cos\varphi$	有功功率（kW）	无功功率（kvar）	视在功率（kVA）
1	1车间10kV段	1689	1263	0.96	960.00	280.00	1000.00
2	2车间10kV段	14 673	12 879	0.95	8550.00	2810.25	9000.00
3	3车间10kV段	13 998	12 758	0.96	8640.00	2520.00	9000.00
4	4车间变电站	1373.5	1123.5	0.96	978.06	302.73	1024.00
5	5车间变电站	2452	2183	0.96	1792.32	522.76	1867.00
6	预留负荷			0.96	3840.00	1120.00	4000.00
总计				0.96	24 760.38	7555.74	25 891.00
乘以 $K_p=0.85$，$K_q=0.95$				0.95	21 046.32	7177.95	22 236.70
工程总计		34 185.5	30 206.5	0.95	21 046.32	7177.95	22 236.70

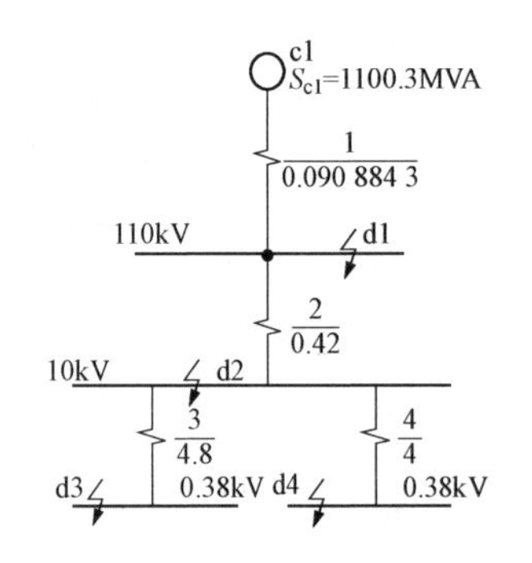

图12-2 系统等效正/负序网络图

由表12-2中数据可知，总计算负荷为 $P_{30}=21\ 046.32\text{kW}$，$Q_{30}=7177.95\text{kvar}$，$S_{30}=22\ 236.70\text{kVA}$，$\cos\varphi=0.95$。结合当地电网条件，主变压器选择SFZ11-25 000/110。

七、短路电流计算

在最大运行方式下，系统侧为总降压站110kV母线提供短路容量为1100.3MVA。短路等效电路图如图12-2和图12-3所示。

经博超软件计算的短路电流结果如表12-3所示。

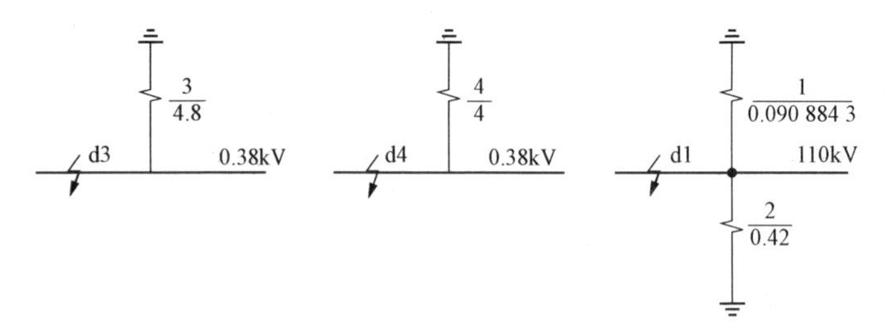

图12-3 系统等效零序网络图

八、导体及设备选择

1. 断路器选择

断路器选型的主要参数包括额定电压、额定电流、额定开断电流、额定关合电流、短路电流热效应、极限通过电流峰值。

根据短路电流计算可知，各断路器计算参数见表12-4。

根据表12-4中的参数可进行断路器选型，各断路器保证值参数见表12-5。

表 12 - 3　　经博超软件计算的短路电流结果

短路时间	短路点编号	短路电流计算结果																		
		基准电压（kV）	时间衰减常数	冲击系数	三相短路				单相短路				两相短路				两相对地短路			
					有效值 I_{p1}（kA）	全电流 I_{sh1}（kA）	冲击电流 i_{sh1}（kA）	非周期分量 i_{np1}（kA）	有效值 I_{p2}（kA）	全电流 I_{sh2}（kA）	冲击电流 i_{sh2}（kA）	非周期分量 i_{np2}（kA）	有效值 I_{p3}（kA）	全电流 I_{sh3}（kA）	冲击电流 i_{sh3}（kA）	非周期分量 i_{np3}（kA）	有效值 I_{p4}（kA）	全电流 I_{sh4}（kA）	冲击电流 i_{sh4}（kA）	非周期分量 i_{np4}（kA）
0	d1	115.5	40	1.8	5.5	8.305	14.001	7.778	5.847	8.829	14.884	9.74	4.763	7.192	12.125	6.736	5.694	8.598	14.495	9.486
	d2	10.5	40	1.8	10.76	16.247	27.39	15.217					9.321	14.074	23.727	13.182				
	d3	0.399	40	1.8	27.25	41.147	69.367	38.537	28.15	42.506	71.658	79.62	23.6	35.635	60.076	33.375	27.72	41.856	70.564	78.404
	d4	0.399	40	1.8	32.08	48.44	81.662	45.368	33.34	50.342	84.87	94.3	27.78	41.947	70.716	39.287	32.75	49.451	83.368	92.63

表 12 - 4　　各断路器计算参数（一）

序号	回路名称	计算值				
		工作电压（kV）	工作电流（A）	0s 开断短路电流值（kA）	短路电流热效应（kA^2s）	冲击短路电流值（kA）
1	110kV 进线	110	137.78	5.5	121	14
2	10kV 进线	10	1515.5	10.76	463.1	27.39
3	1 车间馈线	10	57.74	10.76	463.1	27.39

表 12 - 5　　各断路器保证值参数（一）

序号	回路名称	断路器形式	保证值						备注
			额定电压（kV）	额定电流（A）	额定开断电流（kA）	额定关合电流（kA）	短路电流热效应（kA^2s）	极限通过电流峰值（kA）	
1	110kV 进线	SF_6 全封闭组合电器	121	1600	31.5	80	3969	80	$t_{js}=4s$
2	10kV 进线	VBG - 12P	10.5	2000	31.5	80	3969	80	$t_{js}=4s$
3	1 车间馈线	VBG - 12P	10.5	630	31.5	80	3969	80	$t_{js}=4s$

采用博超电气软件校验如图 12-4～图 12-6 所示。

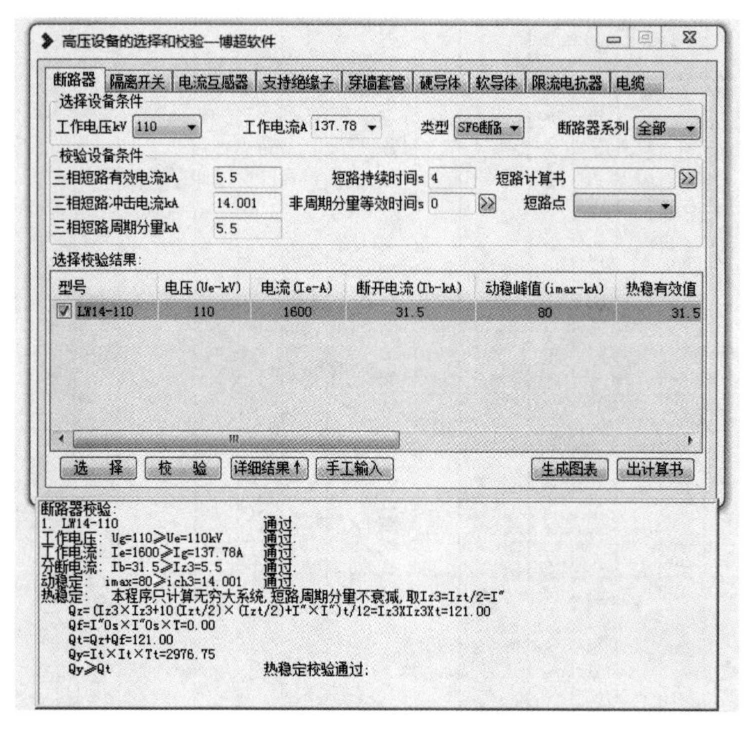

图 12-4　110kV 断路器软件选型校验

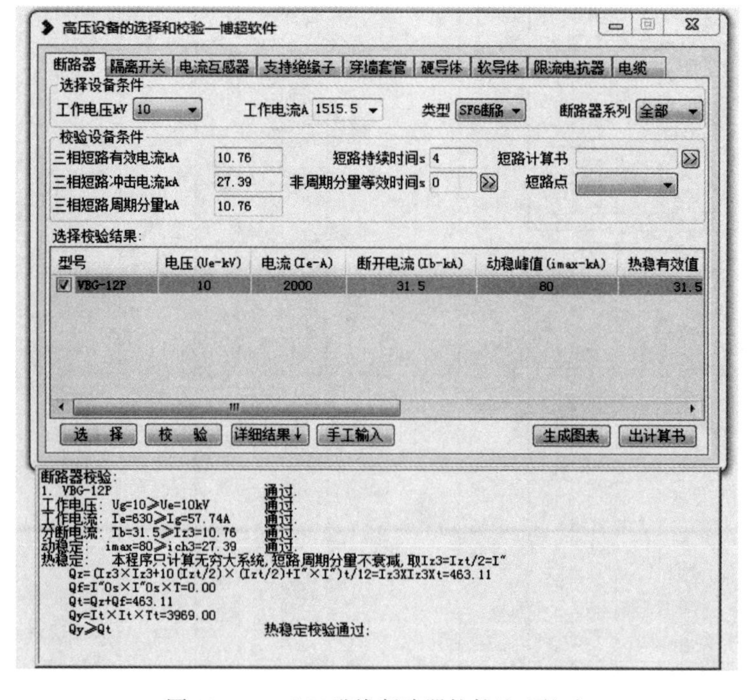

图 12-5　10kV 进线断路器软件选型校验

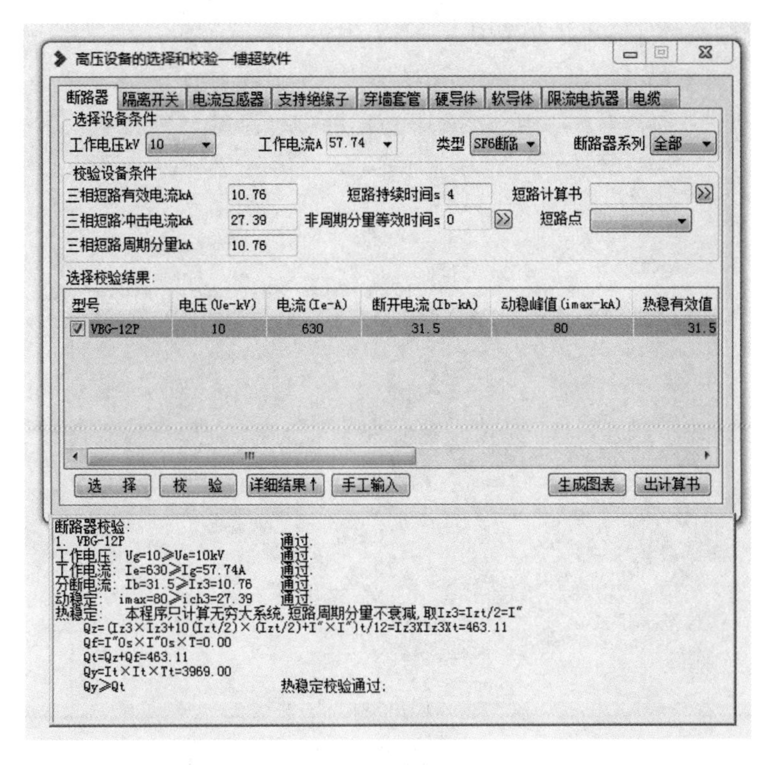

图 12-6 1 车间 10kV 馈线断路器软件选型校验

2. 隔离开关选择

隔离开关选型的主要参数包括额定电压、额定电流、短路电流热效应、极限通过电流峰值。

根据短路电流计算可知，各断路器计算参数见表 12-6。

表 12-6　　各断路器计算参数（二）

序号	回路名称	计算值				
		工作电压（kV）	工作电流（A）	0s 开断短路电流值（kA）	短路电流热效应（kA^2s）	冲击短路电流值（kA）
1	110kV 进线	110	137.78	5.5	121	14

根据表 12-6 中参数可进行断路器选型，各断路器保证值参数见表 12-7。

表 12-7　　各断路器保证值参数（二）

序号	回路名称	断路器形式	保证值						备注
			额定电压（kV）	额定电流（A）	额定开断电流（kA）	额定关合电流（kA）	短路电流热效应（kA^2s）	极限通过电流峰值（kA）	
1	110kV 进线	SF_6 全封闭组合电器	121	1600	31.5	80	3969	80	$t_{js}=4s$

110kV 隔离开关软件选型校验如图 12-7 所示。

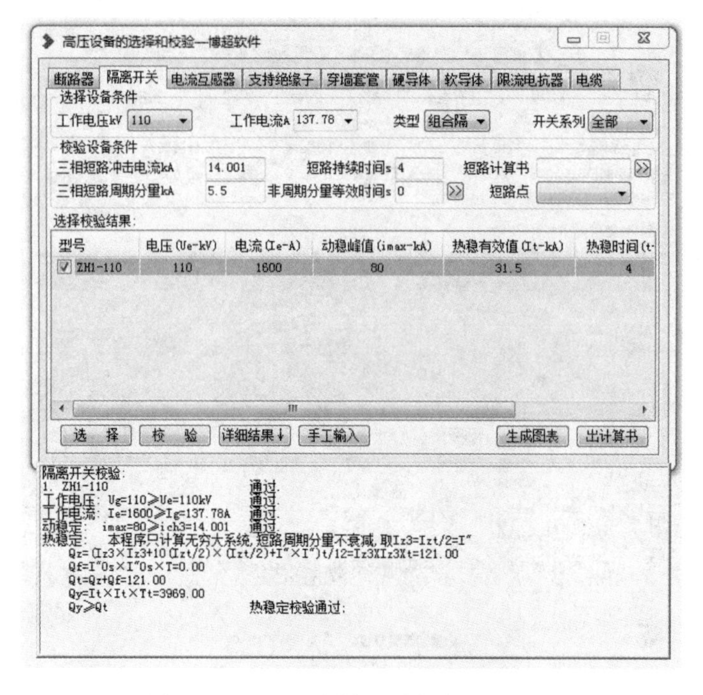

图 12-7　110kV 隔离开关软件选型校验

3. 110kV 架空线选择（软导体选择）

架空送电线路导线截面积一般按经济电流密度来选择。除此之外，还可采用回路持续工作电流进行选择，并进行热稳定校验。

针对本工程 110kV 架空线路导线截面积计算如下：

（1）根据经济电流密度计算经济截面：

$$A_{ec}=\frac{S_N}{\sqrt{3}J_{ec}U_N}=\frac{25\,000}{\sqrt{3}\times 0.9\times 110}=145.8(\text{mm}^2)$$

式中：J_{ec}为经济电流密度。

当按经济电流密度选择导体且无合适规格时，导体截面积可按经济电流密度计算截面积的相邻下一档选取。因此，应选择 LGJ-120/25 导线。

（2）利用回路持续工作电流校验：

$$I_{xu}\geqslant I_g=\frac{S_N}{\sqrt{3}\,U_N}=\frac{25\,000}{\sqrt{3}\times 110}\approx 131.2(\text{A})$$

式中：I_{xu}为导线长期允许电流；I_g 为回路持续工作电流。

考虑海拔 1000m 以下及最热月平均最高温度 30℃条件下的综合校正系数，钢芯铝绞线 LGJ-120/25 长期允许载流量为 399.5A，符合要求。

（3）热稳定校验。三相短路电流周期分量有效值为

$$I''=I_{0.1}''=I_{0.2}''=I_{\infty}''=5.5(\text{kA})$$

短路电流热稳定校验：

$$Q_z=\frac{5.5^2+10\times 5.5^2+5.5^2}{12}\times 0.2=6.05\ (\text{kA}^2\text{s})$$

$$Q_f = TI''^2 = 0.05 \times 5.5^2 = 1.5125(\mathrm{kA^2s})$$

$$Q_t = Q_z + Q_f = 7.56(\mathrm{kA^2s})$$

$$S_{\mathrm{MIN}} = \frac{\sqrt{Q_t}}{87} \times 10^3 \approx 31.61\ (\mathrm{mm^2})$$

钢芯铝绞线 LGJ-120/25 总截面积为 146.73mm²，其中铝导体截面积为 122.48mm²，符合要求。110kV 架空线软件选型校验如图 12-8 所示。

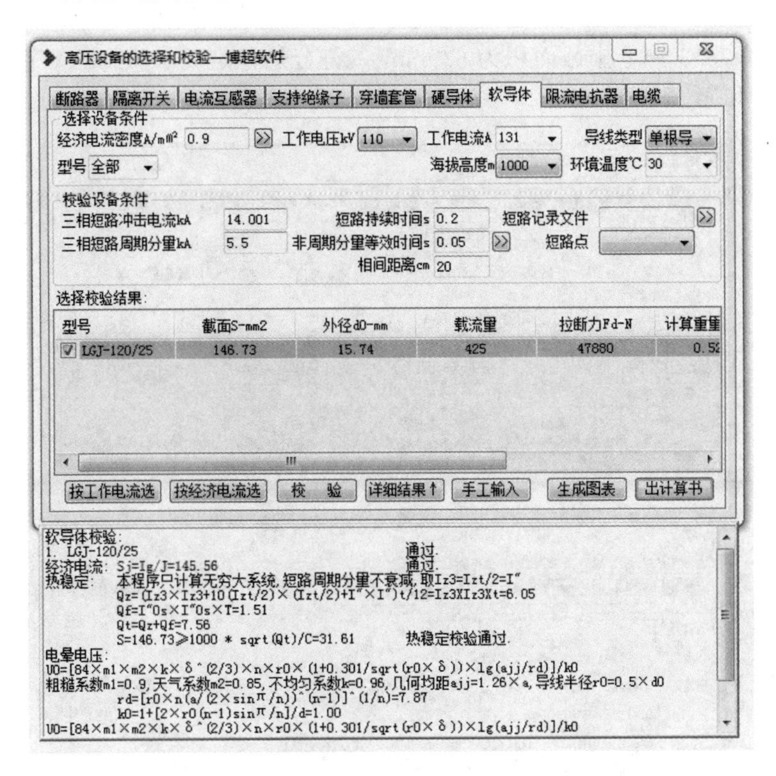

图 12-8　110kV 架空线软件选型校验

4.10kV 铜母排选择（硬导体选择）

硬导体通常采用回路持续工作电流及经济电流密度作为截面积选择标准。而对于全年负荷利用小时数大，且长度超过 20m 的硬导体应按经济电流密度选择。

对于本工程应采用回路持续工作电流作为导线选择条件，并利用热稳定进行导线截面积校验。

（1）根据回路持续工作电流计算：

$$I_{xu} \geqslant I_g/k = \frac{1.05S_N}{\sqrt{3}U_N k} = \frac{1.05 \times 25000}{\sqrt{3} \times 10 \times 0.94} \approx 1612.28(\mathrm{A})$$

式中：k 为裸导体载流量根据海拔高度及环境温度的综合校正系数（此处考虑项目海拔高度低于 1000m，最热月平均最高温度为 30℃）。

因此，可选择 TMY-100×6.3 铜母排，载流量为 1810A。

（2）热稳定校验。三相短路电流周期分量有效值为

$$I'' = I''_{0.1} = I''_{0.2} = I''_{\infty} = 10.76(\mathrm{kA})$$

短路电流热稳定校验：

$$Q_{\mathrm{z}} = \frac{10.76^2 + 10 \times 10.76^2 + 10.76^2}{12} \times 0.2 \approx 23.16\ (\mathrm{kA^2 s})$$

$$Q_{\mathrm{f}} = TI''^2 = 0.05 \times 10.76^2 \approx 5.79(\mathrm{kA^2 s})$$

$$Q_{\mathrm{t}} = Q_{\mathrm{z}} + Q_{\mathrm{f}} = 28.95(\mathrm{kA^2 s})$$

$$S_{\min} = \frac{\sqrt{Q_{\mathrm{t}}}}{171} \times 10^3 \approx 31.47\ (\mathrm{mm^2})$$

TMY - 100×6.3 铜母排截面积为 630mm²，符合热稳定要求。110kV 铜母排软件选型校验如图 12 - 9 所示。

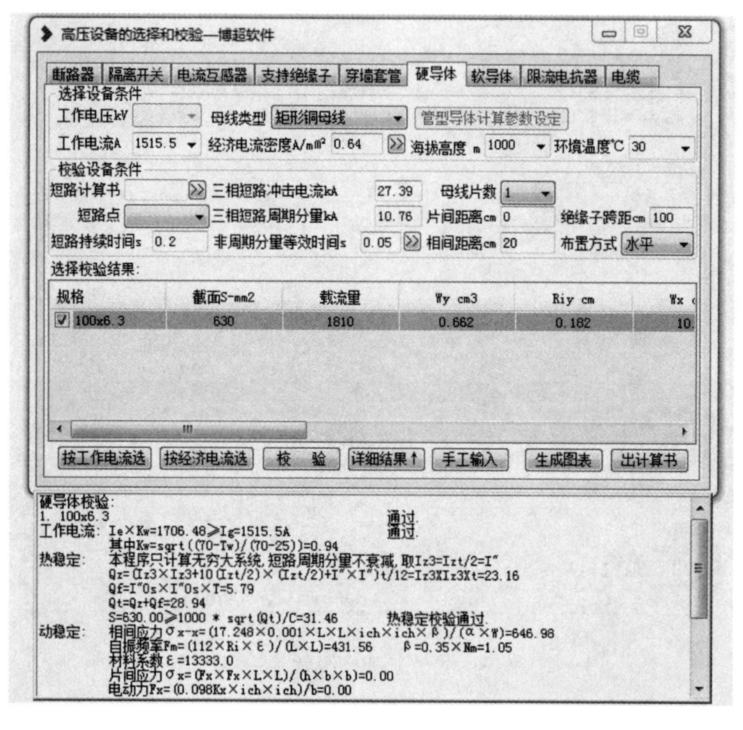

图 12 - 9　10kV 铜母排软件选型校验

5. 10kV 电缆选择（一次电缆选择）

一次电缆通常采用回路持续工作电流、经济电流密度及热稳定进行选择。此处以某车间 10kV 段进线电缆选择、校验为例。

（1）根据回路持续工作电流计算：

$$I_{\mathrm{xu}} \geqslant I_{\mathrm{g}}/k = \frac{S_{\mathrm{N}}}{\sqrt{3}U_{\mathrm{N}}k} = \frac{1000}{\sqrt{3} \times 10 \times 0.65} \approx 88.82(\mathrm{A})$$

式中：k 为电缆敷设的综合校正系数（此处考虑电缆敷设的综合校正系数为 0.65）。

因此，可选择 ZRC - YJV - 6/10 3×35，载流量为 123A。

（2）热稳定选择。三相短路电流周期分量有效值为

$$I'' = I''_{0.1} = I''_{0.2} = I''_{\infty} = 10.76(\mathrm{kA})$$

短路电流热稳定校验：

$$Q_z = \frac{10.76^2 + 10 \times 10.76^2 + 10.76^2}{12} \times 0.2 \approx 23.16\ (\mathrm{kA^2 s})$$

$$Q_f = TI''^2 = 0.05 \times 10.76^2 = 5.79(\mathrm{kA^2 s})$$

$$Q_t = Q_z + Q_f = 28.95(\mathrm{kA^2 s})$$

$$S_{min} = \frac{\sqrt{Q_t}}{137} \times 10^3 \approx 39.27\ (\mathrm{mm^2})$$

因此，可选择 ZRC - YJV - 6/10 3×50，导线截面积为 50 mm^2。

（3）根据经济电流密度计算：

$$S = \frac{I_g}{J} = \frac{88.82}{1.1} = 80.75\ (\mathrm{mm^2})$$

按照经济电流密度选择导线截面原则，应选择 ZRC - YJV - 6/10^3×70 导线。

综合（1）～（3），1 车间 10kV 段进线电缆可选择型号为 ZRC - YJV - 6/10 3×70。10kV 电缆软件选型校验如图 12 - 10 所示。

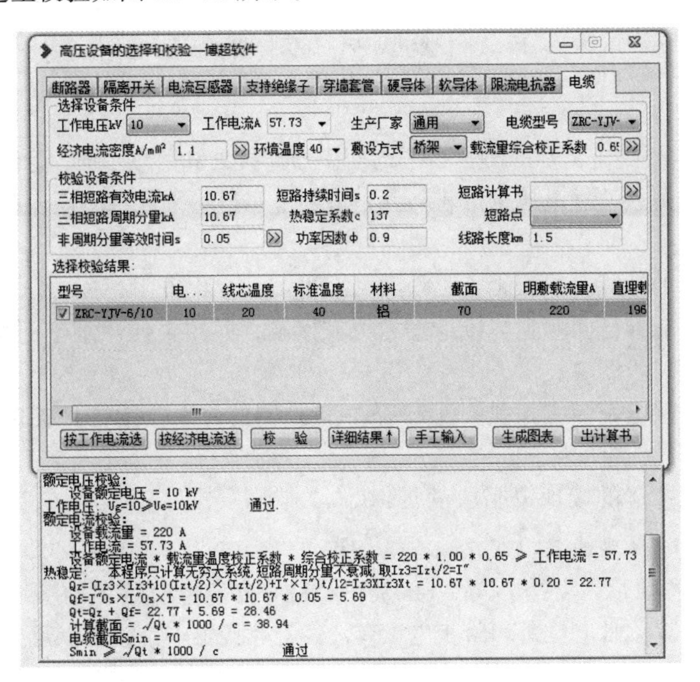

图 12 - 10　10kV 电缆软件选型校验

通过以上的计算及软件校验，可以确定主要导体及设备参数。同时，可以看出实际工程设计的过程就是电气主接线、高压电气设备、电力线路、电力系统、负荷计算及无功补偿、短路电流计算等知识的综合应用的过程。

九、过电压保护及接地

1. 防直击雷保护

110kV 线路全线架设接闪线。室外布置的 GIS 配电装置及主变压器采用避雷针进行防直击雷保护，并按照滚球法核算保护范围，滚球半径为 45m。避雷针保护范围如图 12 - 11 所示。配电间及主控室按第二类防雷建筑物设防，屋顶四周设接闪带，接闪带通过专用接地线与变电站接地网相连。

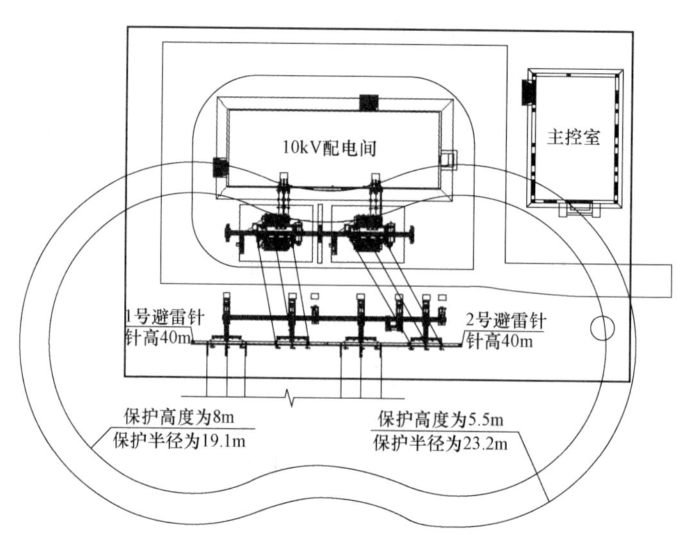

图 12-11 变电站避雷针保护范围示意图

2. 防雷电波侵入

在110kV架空线路进入GIS处、GIS与变压器连接处和每段10kV母线上均配置氧化锌避雷器以减少雷电侵入波过电压的危害，并对电力电子设备采取过电压保护措施。

3. 接地

（1）接地电阻的计算。根据岩土工程勘测报告工程土壤电阻率$\rho=100\Omega\cdot m$。本期土壤电阻率低，施工时应保证回填土与接地极的可靠接触。回填土要用细土回填，并分层夯实，不得用碎石和建筑垃圾回填。

接地网以水平接地带为主，埋深为0.8m，接地网的外缘应闭合且各角作成圆弧形，圆弧的半径不宜小于均压带间距的一半。

经计算，接地装置的接地电阻应满足：$R\leqslant 2000/I=2000/5847\approx 0.342\ 1(\Omega)$，根据本工程的实际计算，实际接地电阻$R_{js}\approx 0.5\rho/\sqrt{S}=0.5\times 100/\sqrt{2400}\approx 1.020\ 6(\Omega)$，可知，$R_{js}>R$，不能满足规程要求，需按GB/T 50065—2011《交流电气装置的接地设计规范》要求采取措施，并应验算接触电位差和跨步电位差。经计算接触电位差不满足要求，需采取铺设砾石地面或沥青地面的措施，使$\rho_t\geqslant 5000\Omega\cdot m$；再计算接触电位差能满足要求，这时采取措施后接地电阻$R_{js}\approx 1.71\Omega$。

所以，本工程接地网接地电阻要求值应小于1.71 Ω，可以满足要求。若实测值大于1.71 Ω，可采取接地体外延、增加深井接地极等其他措施。

（2）接地导体的选择。按照三十年腐蚀及热稳定校验选择60×8热镀锌扁钢作为水平接地极。主控室活动地板桥架内及主变压器及GIS区域电缆沟内均设置30×4接地铜排，主控室内接地铜网经2根电缆引出并于室外同一点接地，主变压器及GIS区域接地铜排应就近与接地网相连。变电站地下接地网如图12-12所示。

十、照明

1. 照明种类及照明方式

变电站设正常照明和事故照明。

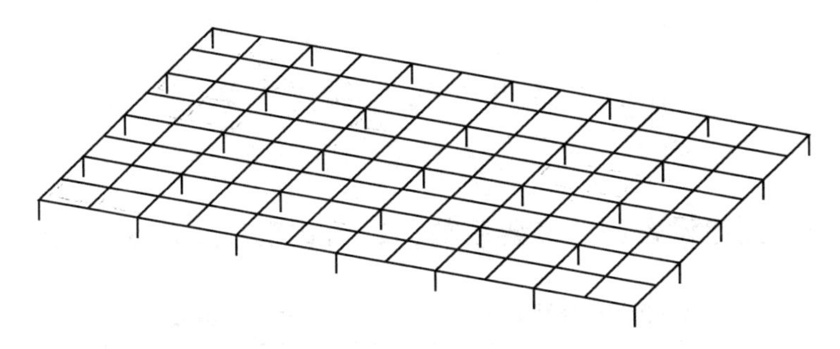

图 12-12　变电站地下接地网

2. 光照强度标准及照度选择

变电站各区域光照强度标准见表 12-8。

表 12-8　变电站各区域光照强度标准

序号	生产车间及工作场所	参考平面及高度	光照强度标准值（lx）
1	主控室	0.75m 水平面	500
2	10kV 配电室	地面	200
3	GIS	地面	20
4	主变压器继电器、指示器	操作面	20

通过上述设计可以看出实际工程的设计过程就是电气主接线、高压电气设备、电力线路、电力系统、负荷计算及无功补偿、短路电流计算、防雷及过电压保护、照明等知识的综合应用的过程。

附录　常用电气设备技术数据

附录 A　用电设备组的需要系数、二项式系数及功率因数参考值

附表 A　用电设备组的需要系数、二项式系数及功率因数参考值

用电设备组名称	需要系数 K_d	二项式系数		最大容量设备台数 x①	$\cos\varphi$	$\tan\varphi$
		b	c			
小批量生产的金属冷加工机床	0.15～0.2	0.14	0.1	5	0.5	1.73
大批量生产的金属冷加工机床	0.18～0.25	0.14	0.5	5	0.5	1.73
小批量生产的金属热加工机床	0.25～0.3	0.24	0.1	5	0.6	1.33
大批量生产的金属热加工机床	0.3～0.35	0.26	0.5	5	0.65	1.17
通风机、水泵、空气压缩机及电动发电机组	0.7～0.8	0.65	0.25	5	0.8	0.75
非连锁的连续运输机械及铸造车间整砂机械	0.5～0.6	0.4	0.4	5	0.75	0.88
连锁的连续运输机械及铸造车间整砂机械	0.65～0.7	0.6	0.2	5	0.75	0.88
锅炉房和机加工、机修、装配等类车间的吊车（e=25%）	0.1～0.15	0.06	0.2	3	0.5	1.73
铸造车间的吊车（e=2S%）	0.15～0.25	0.09	0.3	3	0.5	1.73
自动连续装料的电阻炉设备	0.75～0.8	0.7	0.3	2	0.95	0.33
非自动连续装料的电阻炉设备	0.65～0.7	0.7	0.3	2	0.95	0.33
实验室用的小型电热设备（电阻炉、电热干燥箱等）	0.7	0.7	0	—	1.0	0
工频感应电炉（未带无功补偿装置）	0.8	—	—	—	0.35	2.68
高频感应电炉（未带无功补偿装置）	0.8	—	—	—	0.6	1.33
电弧熔炉	0.9	—	—	—	0.87	0.57
点焊机、缝焊机	0.35	—	—	—	0.6	1.33
对焊机、铆钉加热机	0.35	—	—	—	0.7	1.02
自动弧焊变压器	0.5	—	—	—	0.4	2.29
单头手动弧焊变压器	0.35	—	—	—	0.35	2.68
多头手动弧焊变压器	0.4	—	—	—	0.35	2.68
单头弧焊电动发电机组	0.35		—	—	0.6	1.33
多头弧焊电动发电机组	0.7	—	—	—	0.75	0.88
生产厂房及办公室、阅览室、实验室照明②	0.8～1	—	—	—	1.0	0
变配电站、仓库照明②	0.5～0.7	—	—	—	1.0	0
宿舍（生活区）照明②	0.6～0.8	—	—	—	1.0	0
室外照明、应急照明②	1	—	—	—	1.0	0

①如果用电设备组的设备总台数 $n<2x$. 则最大容量设备台数取 $x=n/2$，且按"四舍五入"修约规则取整数。

②这里的 $\cos\varphi$ 和 $\tan\varphi$ 值均为白炽灯照明数据。如为荧光灯照明，则 $\cos\varphi=0.9$，$\tan\varphi=0.48$；如为高压汞灯、钠灯，则 $\cos\varphi=0.5$，$\tan\varphi=1.73$。

附录 B　部分工厂的需要系数、功率因数及年最大有功负荷利用小时参考值

附表 B　　部分工厂的需要系数、功率因数及年最大有功负荷利用小时参考值

工厂类别	需要系数 K_d	功率因数 $\cos\varphi$	年最大有功负荷利用小时 T_{max}（h）
汽轮机制造厂	0.38	0.88	5000
锅炉制造厂	0.27	0.73	4500
柴油机制造厂	0.32	0.74	4500
重型机械制造厂	0.35	0.79	3700
重型机床制造厂	0.32	0.71	3700
机床制造厂	0.2	0.65	3200
石油机械制造厂	0.45	0.78	3500
量具刃具制造厂	0.26	0.60	3800
工具制造厂	0.34	0.65	3800
电机制造厂	0.33	0.65	3000
电器开关制造厂	0.35	0.75	3400
电线电缆制造厂	0.35	0.73	3500
仪器仪表制造厂	0.37	0.81	3500
滚珠轴承制造厂	0.28	0.70	5800

附录 C　S9、SC9 和 S11-M·R 系列电力变压器的主要技术数据

附表 C-1　　S9 系列油浸式铜线配电变压器技术数据（一）

型号	额定容量（kVA）	额定电压（kV）		联结组标号	损耗（W）		空载电流（%）	阻抗电压（%）
		一次	二次		空载	负荷		
S9-30/10（6）	30	11、10.5、10、6.3、6	0.4	Yyn0	130	600	2.1	4
S9-50/10（6）	50	11、10.5、10、6.3、6	0.4	Yyn0	170	870	2.0	4
				Dyn11	175	870	4.5	4
S9-63/10（6）	63	11、10.5、10、6.3、6	0.4	Yyn0	200	1040	1.9	4
				Dyn11	210	1030	4.5	4
S9-80/10（6）	80	11、10.5、10、6.3、6	0.4	Yyn0	240	1250	1.8	4
				Dyn11	250	1240	4.5	4
S9-100/10（6）	100	11、10.5、10、6.3、6	0.4	Yyn0	290	1500	1.6	4
				Dyn11	300	1470	4.0	4
S9-125/10（6）	125	11、10.5、10、6.3、6	0.4	Yyn0	340	1800	1.5	4
				Dyn11	360	1720	4.0	4
S9-160/10（6）	160	11、10.5、10、6.3、6	0.4	Yyn0	400	2200	1.4	4
				Dyn11	430	2100	3.5	4

附表 C-2　　S9 系列油浸式铜线配电变压器技术数据（二）

型号	额定容量（kVA）	额定电压（kV）		联结组标号	损耗（W）		空载电流（%）	阻抗电压（%）
		一次	二次		空载	负荷		
S9-200/10（6）	200	11、10.5、10、6.3、6	0.4	Yyn0	480	2600	1.3	4
				Dyn11	500	2500	3.5	4
S9-250/10（6）	250	11、10.5、10、6.3、6	0.4	Yyn0	560	3050	1.2	4
				Dyn11	600	2900	3.0	4
S9-315/10（6）	315	11、10.5、10、6.3、6	0.4	Yyn0	670	3650	1.1	4
				Dyn11	720	3450	3.0	4
S9-400/10（6）	400	11、10.5、10、6.3、6	0.4	Yyn0	800	4300	1.0	4
				Dyn11	870	4200	3.0	4
S9-500/0（6）	500	11、10.5、10、6.3、6	0.4	Yyn0	960	5100	1.0	4
				Dyn11	1030	4950	3.0	4
		11、10.5、10	6.3	Yd11	1030	4950	1.5	4
S9-630/10（6）	630	11、10.5、10、6.3、6	0.4	Yyn0	1200	6200	0.9	4
				Dyn11	1300	5800	3.0	4
		11、10.5、10	6.3	Yd11	1200	6200	1.5	4.5
S9-800/10（6）	800	11、10.5、10、6.3、6	0.4	Dyn0	1400	7500	0.8	4.5
				Dyn11	1400	7500	2.5	5
		11、10.5、10	6.3	Yd11	1400	7500	1.4	4.5

附表 C-3　　S9 系列油浸式铜线配电变压器技术数据（三）

型号	额定容量（kVA）	额定电压（kV）		联结组标号	损耗（W）		空载电流（%）	阻抗电压（%）
		一次	二次		空载	负荷		
S9-1000/10（6）	1000	11、10.5、10、6.3、6	0.4	Dyn0	1700	10 300	0.7	4.5
				Dyn11	1700	9200	1.7	5
		11、10.5、10	6.3	Yd11	1700	9200	1.4	5.5
S9-1250/10（6）	1250	11、10.5、10、6.3、6	0.4	Yyn0	1950	12 000	0.6	4.5
				Dyn11	2000	11 000	2.5	5
		11、10.5、10	6.3	Yd11	1950	12 000	1.3	5.5
S9-1600/10（6）	1600	11、10.5、10、6.3、6	0.4	Yyn0	2400	14 500	0.6	4.5
				Dyn11	2400	14 000	2.5	6
		11、10.5、10	6.3	Yd11	2400	14 500	1.3	5.5
S9-2000/10（6）	2000	11、10.5、10、6.3、6	0.4	Yyn0	3000	18 000	0.8	6
				Dyn11	3000	18 000	0.8	6
		11、10.5、10	6.3	Yd11	3000	18 000	1.2	6

续表

型号	额定容量（kVA）	额定电压（kV）		联结组标号	损耗（W）		空载电流（%）	阻抗电压（%）
		一次	二次		空载	负荷		
S9-2500/10（6）	2500	11、10.5、10、6.3、6	0.4	Yyn0	3500	25 000	0.8	6
				Dyn11	3500	25 000	0.8	6
		11、10.5、10	6.3	Yd11	3500	19 000	1.2	5.5
S9-3150/10（6）	3150	11、10.5、10	6.3	Yd11	4100	23 000	1.0	5.5

附表 C-4　　S9 系列树脂浇注干式铜线配电变压器的主要技术数据

型号	额定容量（kVA）	额定电压（kV）		联结组标号	损耗（W）		空载电流（%）	阻抗电压（%）
		一次	二次		空载	负荷		
SC9-200/10	200	10	0.4	Yyn0	480	2670	1.2	4
SC9-250/10	250				550	2910	1.2	4
SC9-315/10	315				650	3200	1.2	4
SC9-400/10	400				750	3690	1.0	4
SC9-500/10	500				900	4500	1.0	4
SC9=630/10	630				1100	5420	0.9	4
SC9-630/10	630				1050	5500	0.9	6
SC9-800/10	800				1200	6430	0.9	6
SC9-1000/10	1000				1400	7510	0.8	6
SC9-1250/10	1250				1650	8960	0.8	6
SC9-1600/10	1600				1980	10 850	0.7	6
SC9-2000/10	2000				2380	13 360	0.6	6
SC9-2500/10	2500				2850	15 880	0.6	6

附表 C-5　　S11-M・R 系列卷铁心全密封铜线配电变压器的主要技术数据

型号	额定容量（kVA）	额定电压（kV）		联结组标号	损耗（W）		空载电流（%）	阻抗电压（%）
		一次	二次		空载	负荷		
S11-M-R-100	100	1、10.5、10、6.3、6	0.4	Yyn0、Dyn11	200	1480	0.85	4
S11-M・R-125	125				235	1780	0.80	
S11-M・R-160	160				280	2190	0.76	
S11-M・R-200	200				335	2580	0.72	
S11-M・R-250	250				390	3030	0.70	
S11-M・R-315	315				470	3630	0.65	
S11-M・R-400	400				560	4280	0.60	
S11-M・R-500	500				670	5130	0.55	
S11-M・R-630	630				805	6180	0.52	4.5

附录 D 三相线路导线和电缆单位长度每相阻抗值

附表 D-1 数据（一）

类别			导线（线芯）截面积（mm^2）													
			2.5	4	6	10	16	25	35	50	70	95	120	150	185	240
导线类型		导线温度（℃）	每相电阻（Ω/km）													
LJ		50	—	—	—	—	2.07	1.33	0.96	0.66	0.48	0.36	0.28	0.23	0.18	0.14
LGJ		50	—	—	—	—	—	—	0.89	0.68	0.48	0.35	0.29	0.24	0.18	0.15
绝缘导线	铜芯	50	8.40	5.20	3.48	2.05	1.26	0.81	0.58	0.40	0.29	0.22	0.17	0.14	0.11	0.09
		60	8.70	5.38	3.61	2.12	1.30	0.84	0.60	0.41	0.30	0.23	0.18	0.14	0.12	0.09
		65	8.72	5.43	3.62	2.19	1.37	0.88	0.63	0.44	0.32	0.24	0.19	0.15	0.13	0.10
	铝芯	50	13.3	8.25	5.53	3.33	2.08	1.31	0.94	0.65	0.47	0.35	0.28	0.22	0.18	0.14
		60	13.8	8.55	5.73	3.45	2.16	1.36	0.97	0.67	0.49	0.36	0.29	0.23	0.19	0.14
		65	14.6	9.15	6.10	3.66	2.29	1.48	1.06	0.75	0.53	0.39	0.31	0.25	0.20	0.15
电力电缆	铜芯	55	—	—	—	—	1.31	0.84	0.60	0.42	0.30	0.22	0.17	0.14	0.12	0.09
		60	8.54	5.34	3.56	2.13	1.33	0.85	0.61	0.43	0.31	0.23	0.18	0.14	0.12	0.09
		75	8.98	5.61	3.75	3.25	1.40	0.90	0.64	0.45	0.32	0.24	0.19	0.15	0.12	0.10
		80	—	—	—	—	1.43	0.91	0.65	0.46	0.33	0.24	0.19	0.15	0.13	0.10
	铝芯	55	—	—	—	—	2.21	1.41	1.01	0.71	0.51	0.37	0.29	0.24	0.20	0.15
		60	14.38	8.99	6.00	3.60	2.25	1.44	1.03	0.72	0.51	0.38	0.30	0.24	0.20	0.16
		75	15.13	9.45	6.31	3.78	2.36	1.51	1.08	0.76	0.54	0.41	0.31	0.25	0.21	0.16
		80	—	—	—	—	2.40	1.54	1.10	0.77	0.56	0.41	0.32	0.26	0.21	0.17

附表 D-2 数据（二）

类别		导线（线芯）截面积（mm^2）													
		2.5	4	6	10	16	25	35	50	70	95	120	150	185	240
导线类型	线距（mm）	每相电阻（Ω/km）													
LJ	600	—	—	—	—	0.36	0.35	0.34	0.33	0.32	0.31	0.30	0.29	0.28	0.28
	800	—	—	—	—	0.38	0.37	0.36	0.35	0.34	0.33	0.32	0.31	0.30	0.30
	1000	—	—	—	—	0.40	0.38	0.37	0.36	0.35	0.34	0.33	0.32	0.31	0.31
	1250	—	—	—	—	0.41	0.40	0.39	0.37	0.36	0.35	0.34	0.34	0.33	0.32
LGJ	1500	—	—	—	—	—	—	0.39	0.38	0.37	0.35	0.35	0.34	0.33	0.33
	2000	—	—	—	—	—	—	0.40	0.39	0.38	0.37	0.37	0.36	0.35	0.34
	2500	—	—	—	—	—	—	0.41	0.41	0.40	0.39	0.38	0.37	0.37	0.36
	3000	—	—	—	—	—	—	0.43	0.42	0.41	0.40	0.39	0.39	0.38	0.37

续表

类别			导线（线芯）截面积（mm²）													
			2.5	4	6	10	16	25	35	50	70	95	120	150	185	240
绝缘导线	明敷	100	0.327	0.312	0.300	0.280	0.265	0.251	0.241	0.229	0.219	0.206	0.199	0.191	0.184	0.178
		150	0.353	0.338	0.325	0.305	0.290	0.277	0.266	0.251	0.242	0.231	0.223	0.216	0.209	0.200
	穿管敷设		0.127	0.119	0.112	0.108	0.102	0.099	0.095	0.091	0.087	0.085	0.083	0.082	0.081	0.080
纸绝缘电力电缆		1kV	0.098	0.091	0.087	0.081	0.077	0.067	0.065	0.063	0.062	0.062	0.062	0.062	0.062	0.062
		6kV	—	—	—	—	0.099	0.088	0.083	0.079	0.076	0.074	0.072	0.071	0.070	0.069
		10kV	—	—	—	—	0.110	0.098	0.092	0.087	0.083	0.080	0.078	0.077	0.075	0.075
塑料绝缘电力电缆		1kV	0.100	0.093	0.091	0.087	0.082	0.075	0.073	0.071	0.070	0.070	0.070	0.070	0.070	0.070
		6kV	—	—	—	—	0.124	0.111	0.105	0.099	0.093	0.089	0.087	0.083	0.082	0.080
		10kV	—	—	—	—	0.133	0.120	0.113	0.107	0.101	0.096	0.095	0.093	0.090	0.087

附录 E　部分高压断路器的主要技术数据

附表 E-1　　**数据（一）**

类别	型号	额定电压（kV）	额定电流（A）	开断电流（kA）	断流容量（MVA）	动稳定电流峰值（kA）	热稳定电流（kA）	固有分闸时间（s）	合闸时间（s）	配用操作机构型号
少油户外	SW2-35/1000	35（40.5）	1000	16.5	1000	45	16.5（4s）	0.06	0.4	CT2-XG
	SW2-35/1500		1500	24.8	1500	63.4	24.8（4s）			
少油户内	SN10-35Ⅰ	35（40.5）	1000	16	1000	45	16（4s）	0.06	0.2	CT10、CT10Ⅳ
	SN10-35Ⅱ		1250	20	1250	50	20（4s）		0.25	
	SN10-10Ⅰ	10	630	16	300	40	16（4s）	0.06	0.15	CT7、CT8、CD10Ⅰ
			1000	16	300	40	16（4s）		0.2	
	SN10-10Ⅱ		1000	31.5	500	80	31.5（4s）	0.06	0.2	CD10Ⅰ、CD10Ⅱ
	SN10-10Ⅲ		1250	40	750	125	40（4s）	0.07	0.2	CD10Ⅲ
			40	750	125	40（4s）	40（4s）			
			40	750	125	40（4s）	40（4s）			
真空户内	ZN 12-40.5	35（40.5）	1250、1600	25	—	63	25（4s）	0.07	0.1	CT12 等
			1600、2000	31.5	—	80	31.5（4s）			
	ZN12-35		1250～2000	31.5	—	80	31.5（4s）	0.075	0.1	
	ZN23-40.5		1600	25	—	63	25（4s）	0.06	0.075	

附表 E-2 数据（二）

类别	型号	额定电压（kV）	额定电流（A）	开断电流（kA）	断流容量（MVA）	动稳定电流峰值（kA）	热稳定电流（kA）	固有分闸时间（s）	合闸时间（s）	配用操作机构型号
真空户内	ZN3-10I	10（12）	630	8	—	20	8（4s）	0.07	0.15	CD10 等
	ZN3-10II		1000	20	—	50	20（2s）	0.05	0.1	
	ZN4-10/1000		1000	17.3	—	44	17.3（4s）	0.05	0.2	
	ZN4-10/1250		1250	20	—	50	20（4s）			
	ZN5-10/630		630	20	—	50	20（2s）	0.05	0.1	CD8 等
	ZN5-10/1000		1000	20	—	50	20（2s）			
	ZN5-10/1250		1250	25	—	63	25（2s）			
	1250 ZN12-12/1600 2000		1250 1600 2000	25	—	63	25（4s）	0.06	0.1	CD8 等
	ZN24-12/1250-20		1250	20	—	50	20（4s）	0.06	0.1	CT8 等
	ZN24-12/1250、2000-31.5		1250、2000	31.5	—	80	31.5（4s）			
	ZN28-12/630～1600		630～1600	20	—	50	20（4s）			

附表 E-3 数据（三）

类别	型号	额定电压（kV）	额定电流（A）	开断电流（kA）	断流容量（MVA）	动稳定电流峰值（kA）	热稳定电流（kA）	固有分闸时间（s）	合闸时间（s）	配用操作机构型号
SF_6 户内	LN2-35Ⅰ	35（40.5）	1250	16	—	40	16（4s）	0.06	0.15	CT12Ⅱ
	LN2-35Ⅱ		1250	25	—	63	25（4s）			
	LN2-35Ⅲ		1600	25	—	63	25（4s）			
	LN2-10	10（12）	1250	25	—	63	25（4s）	0.06	0.15	CT12Ⅰ、CT8Ⅰ

附录 F 外壳防护等级的分类代号

附表 F 外壳防护等级的分类代号

项目	代号组成格式
代号含义说明	IP □ □ 防水浸入的代号(第二位特征数字) 防固体侵入的代号(第一位特征数字) 外壳防护的代号(特征字母)

续表

特征数字		含义说明
第一位特征数字	0	无防护
	1	防止直径大于 50mm 的固体异物
	2	防止直径大于 12.5mm 的固体异物
	3	防止直径大于 2.5mm 的固体异物
	4	防止直径大于 1mm 的固体异物
	5	防止（尘埃进入量不致妨碍正常运转）
	6	尘密（无尘埃进入）
第二位特征数字	0	无防护
	1	防滴（垂直滴水对设备无有害影响）
	2	15°防滴（倾斜 15°，垂直滴水无有害影响）
	3	防淋水（倾斜 60°，以内淋水无有害影响）
	4	防溅水（任何方向溅水无有害影响）
	5	防喷水（任何方向喷水无有害影响）
	6	防强烈喷水（任何方向强烈喷水无有害影响）
	7	防短时浸水影响（浸入规定压力的水中经规定时间后外壳进水量不致达到有害程度）
	8	防持续潜水影响（持续潜水后外壳进水量不致达到有害程度）

附录 G 架空裸导线的最小允许截面积

附表 G-1 架空裸导线的最小允许截面积

线路类别		导线最小截面积（mm^2）		
		铝及铝合金线	钢芯铝线	铜绞线
35kV 及以上线路		35	35	35
3～10kV 线路	居民区	35	25	25
	非居民区	25	16	16
低压线路	一般	16	16	16
	与铁路交叉跨越档	35	16	16

附录H 绝缘导线芯线的最小允许截面积

附表 H-1　　绝缘导线芯线的最小允许截面积

<table>
<tr><td colspan="3" rowspan="2">线路类别</td><td colspan="3">芯线最小截面积（mm^2）</td></tr>
<tr><td>铜芯软线</td><td>铜芯线</td><td>铝芯线</td></tr>
<tr><td colspan="2" rowspan="2">照明用灯头引下线</td><td>室内</td><td>0.5</td><td>1.0</td><td>2.5</td></tr>
<tr><td>室外</td><td>1.0</td><td>1.0</td><td>2.5</td></tr>
<tr><td colspan="2" rowspan="2">移动式设备线路</td><td>生活用</td><td>0.75</td><td>—</td><td>—</td></tr>
<tr><td>生产用</td><td>1.0</td><td>—</td><td>—</td></tr>
<tr><td rowspan="5">敷设在绝缘支持件上的绝缘导线（L 为支持点间距）</td><td>室内</td><td>$L \leqslant 2m$</td><td>—</td><td>1.0</td><td>2.5</td></tr>
<tr><td rowspan="4">室外</td><td>$L \leqslant 2m$</td><td>—</td><td>1.5</td><td>2.5</td></tr>
<tr><td>$2m < L \leqslant 6m$</td><td>—</td><td>2.5</td><td>4</td></tr>
<tr><td>$6m < L \leqslant 15m$</td><td>—</td><td>4</td><td>6</td></tr>
<tr><td>$15m < L \leqslant 25m$</td><td>—</td><td>6</td><td>10</td></tr>
<tr><td colspan="3">穿管敷设的绝缘导线</td><td>1.0</td><td>1.0</td><td>2.5</td></tr>
<tr><td colspan="3">沿墙明敷的塑料护套线</td><td>—</td><td>1.0</td><td>2.5</td></tr>
<tr><td colspan="3">板孔穿线敷设的绝缘导线</td><td>—</td><td>1.0</td><td>2.5</td></tr>
<tr><td rowspan="3">PE线和PEN线</td><td colspan="2">有机械保护时</td><td>—</td><td>1.5</td><td>2.5</td></tr>
<tr><td rowspan="2">无机械保护时</td><td>多芯线</td><td>—</td><td>2.5</td><td>4</td></tr>
<tr><td>单芯干线</td><td>—</td><td>10</td><td>16</td></tr>
</table>

注 《住宅设计规范》（GB 50096—2011）规定：住宅导线应采用铜芯绝缘线，住宅分支回路导线截面积应不小于2.5mm^2。

附录I LJ型铝绞线和LGJ型钢芯铝绞线的允许载流量

附表 I　　LJ型铝绞线和LGJ型钢芯铝绞线的允许载流量（A）

导线截面积（mm^2）	LJ型铝绞线				LGJ型钢芯铝绞线			
	环境温度				环境温度			
	25℃	30℃	35℃	40℃	25℃	30℃	35℃	40℃
10	75	70	66	61	—	—	—	—
16	105	99	92	85	105	98	92	85
25	135	127	119	109	135	127	119	109
35	170	160	150	138	170	159	149	137
50	215	202	189	174	220	207	193	178
70	265	249	233	215	275	259	228	222
95	325	305	286	247	335	315	295	272
120	375	352	330	304	380	357	335	307

续表

导线截面积（mm^2）	LJ 型铝绞线				LGJ 型钢芯铝绞线			
	环境温度				环境温度			
	25℃	30℃	35℃	40℃	25℃	30℃	35℃	40℃
150	440	414	387	356	445	418	391	360
185	500	470	440	405	515	484	453	416
240	610	574	536	494	610	574	536	494
300	680	640	597	550	700	658	615	566

注　1. 导线正常工作温度按 70℃计。

2. 本表载流量按室外架设考虑，无日照，海拔高度 1000m 及以下。

附录 J　LMY 型矩形硬铝母线的允许载流量

附表 J　　**LMY 型矩形硬铝母线的允许载流量（A）**

每相母线条数		单条		双条		三条		四条	
母线放置方式		平放	竖放	平放	竖放	平放	竖放	平放	竖放
母线尺寸宽×厚（mm×mm）	40×4	480	503	—	—	—	—	—	—
	40×5	542	562	—	—	—	—	—	—
	50×4	586	613	—	—	—	—	—	—
	50×5	661	692	—	—	—	—	—	—
	3×6.3	910	952	1409	1547	1866	2111	—	—
	63×8	1038	1085	1623	1777	2113	2379	—	—
	63×10	1168	1221	1825	1994	2381	2665	—	—
	80×6.3	1128	1178	1724	1892	2211	2505	2558	3411
	80×8	1274	1330	1946	2131	2491	2809	2861	3817
	80×10	1427	1490	2175	2373	2774	3114	3167	4222
	100×6.3	1371	1430	2054	2253	2633	2985	3032	4043
	100×8	1542	1609	2298	2516	2933	3311	3359	4479
	100×10	1728	1803	2558	2796	3181	3578	3622	4829
	25×6.3	1674	1744	2446	2680	2079	3490	3525	4700
	125×8	1876	1955	2725	2982	3375	3813	3847	5129
	125×10	2089	2177	3005	3282	3725	4194	4225	5633

注　1. 本表载流量按导体最高允许工作温度 70℃、环境温度 25℃、无风、无日照条件下计算而得。如果环境温度不为 25℃，则应乘以下表的校正系数：

环境温度（℃）	＋20	＋30	＋35	＋40	＋45	＋50
校正系数	1.05	0.94	0.88	0.81	0.74	0.67

2. 当母线为四条时，平放和竖放时第二、三片间距均为 50mm。

附录K 10kV常用三芯电缆的允许载流量及校正系数

附表K-1 10kV三芯交联聚乙烯绝缘电缆持续允许载流量（A）

绝缘类型		交联聚乙烯			
钢铠护套		无		有	
电缆导体最高工作温度（℃）		90			
敷设方式		空气中	直埋	空气中	直埋
电缆导体截面（mm²）	25	100	90	100	90
	35	123	110	123	105
	50	146	125	141	120
	70	178	152	173	152
	95	219	182	214	182
	120	251	205	246	205
	150	283	223	278	219
	185	324	252	320	247
	240	378	292	373	292
	300	433	332	428	328
	400	506	378	501	374
	500	579	428	574	424
环境温度（℃）		40	25	40	25
土壤热阻系数（K·m/W）		—	2.0	—	2.0

注 1. 适用于铝芯电缆，铜芯电缆的持续允许载流量值可乘以1.29；

2. 本表根据GB 50217—2018《电力工程 电缆设计标准》编制。

附表K-2 电缆在不同环境温度时的载流量校正系数

电缆敷设地点		空气中				土壤中			
环境温度		30℃	35℃	40℃	45℃	20℃	25℃	30℃	35℃
缆芯最高工作温度	60℃	1.22	1.11	1.0	0.86	1.07	1.0	0.93	0.85
	65℃	1.18	1.09	1.0	0.89	1.06	1.0	0.94	0.87
	70℃	1.15	1.08	1.0	0.91	1.05	1.0	0.94	0.88
	80℃	1.11	1.06	1.0	0.93	1.04	1.0	0.95	0.90
	90℃	1.09	1.05	1.0	0.94	1.04	1.0	0.96	0.92

附表K-3 电缆在不同土壤热阻系数时的载流量校正系数

土壤热阻系数	分类特征（土壤特性和雨量）	校正系数
0.8	土壤很潮湿，经常下雨。如湿度大于9%的沙土，湿度大于14%的砂—泥土等	1.05

续表

土壤热阻系数	分类特征（土壤特性和雨量）	校正系数
1.2	土壤潮湿，规律性下雨。如湿度大于7%但小于9%的砂土，湿度为12%～14%的砂—泥土等	1.0
1.5	土壤较干燥，雨量不大。如湿度为8%～12%的砂—泥土等	0.93
2.0	土壤干燥，少雨。如湿度大于4%但小于7%的砂土，湿度为4%～8%的砂—泥土等	0.87
3.0	多石地层，非常干燥。如湿度小于4%的砂土等	0.73

附录L　绝缘导线明敷、穿钢管和穿塑料管时的允许载流量

附表L-1　绝缘导线明敷时的允许载流量（A）

芯线截面积（mm^2）	橡皮绝缘线								塑料绝缘线							
	环境温度（℃）															
	25		30		35		40		25		30		35		40	
	铜芯	铝芯	铜芯	铝芯	铜芯	铝芯	铜芯	铝芯	铜芯	铝芯	铜芯	铝芯	铜芯	铝芯	铜芯	铝芯
2.5	35	27	32	25	30	23	27	21	32	25	30	23	27	21	25	19
4	45	35	41	32	39	30	35	27	41	32	37	29	35	27	32	25
6	58	45	54	42	49	38	45	35	54	42	50	39	46	36	41	33
10	84	65	77	60	72	56	66	51	76	59	71	55	66	51	59	46
16	110	85	102	79	94	73	86	67	103	80	95	74	89	69	81	63
25	142	110	132	102	123	95	112	87	135	105	126	98	116	90	107	83
35	178	138	166	129	154	119	141	109	168	130	156	121	144	112	132	102
50	226	175	210	163	195	151	178	138	213	165	199	154	183	142	168	130
70	284	220	266	206	245	190	224	174	264	205	246	191	228	177	209	162
95	342	265	319	247	295	229	270	209	323	250	301	233	279	216	254	197
120	400	310	361	280	346	268	316	243	365	283	343	266	317	246	290	225
150	464	360	433	336	401	311	366	284	419	325	391	303	362	281	332	257
185	540	420	506	392	468	363	428	332	490	380	458	355	423	328	387	300
240	660	510	615	476	570	441	520	403	—	—	—	—	—	—	—	—

注　型号表示为铜芯橡皮线—BX，铝芯橡皮线—BLX，铜芯塑料线—BV，铝芯塑料线—BLV。

附表 L-2　　橡皮绝缘导线穿钢管时的允许载流量（A）

芯线截面积（mm^2）	芯线材质	2 根单芯线				2 根穿管管径(mm)		3 根单芯线				3 根穿管管径(mm)		4～5 根单芯线				4 根穿管管径(mm)		5 根穿管管径(mm)	
		环境温度（℃）						环境温度（℃）						环境温度（℃）							
		25	30	35	40	SC	MT	25	30	35	40	SC	MT	25	30	35	40	SC	MT	SC	MT
50	铜	172	160	148	135	40	(50)	152	142	132	120	50	(50)	135	126	116	107	50	—	70	—
	铝	133	124	115	105			118	110	102	93			105	98	90	83				
70	铜	212	199	183	168	50	(50)	194	181	166	152	50	(50)	172	160	148	135	70	—	70	—
	铝	164	154	142	130			150	140	129	118			133	124	113	105				
95	铜	258	241	223	204	70	—	232	217	200	183	70	—	206	192	178	163	70	—	70	—
	铝	200	187	173	158			180	168	155	142			160	149	138	126				
120	铜	297	277	255	233	70	—	271	253	233	214	70	—	245	228	216	194	70	—	80	—
	铝	230	215	198	181			210	196	181	166			190	177	164	150				
150	铜	335	313	289	264	70	—	310	289	267	244	70	—	284	266	245	224	80	—	100	—
	铝	260	243	224	205			240	224	207	180			220	205	190	174				
185	铜	381	355	329	301	80	—	348	325	301	275	80	—	323	301	279	254	80	—	100	—
	铝	295	275	255	233			270	252	233	213			250	233	216	197				

注　1. 穿线管符号为 SC—焊接钢管，管径按内径计；MT—电线管，管径按外径计。

2. 4～5 根单芯线穿管的载流量，是指低压 TN-C 系统、TN-S 系统或 TN-C-S 系统中的相线载流量，其中 N 线或 PEN 线中可有不平衡电流通过。如果三相负荷平衡，则虽有 4 根或 5 根导线穿管，但导线的载流仍按 3 根导线穿管考虑，而穿线管管径则按实际穿管导线数选择。

附表 L-3　　塑料绝缘导线穿钢管时的允许载流量（A）

芯线截面积（mm^2）	芯线材质	2 根单芯线				2 根穿管管径(mm)		3 根单芯线				3 根穿管管径(mm)		4～5 根单芯线				4 根穿管管径(mm)		5 根穿管管径(mm)	
		环境温度（℃）						环境温度（℃）						环境温度（℃）							
		25	30	35	40	SC	MT	25	30	35	40	SC	MT	25	30	35	40	SC	MT	SC	MT
2.5	铜	26	23	21	19	15	15	23	21	19	18	15	15	19	18	16	14	15	15	15	20
	铝	20	18	17	15			19	16	15	14			15	14	12	11				
4	铜	35	32	30	27	15	15	31	28	26	23	15	15	28	26	23	21	15	20	20	20
	铝	27	25	23	21			24	22	20	18			22	20	19	17				
6	铜	45	41	39	35	15	20	41	37	35	32	15	20	36	34	31	28	20	25	25	25
	铝	35	32	30	27			32	29	27	25			28	26	24	22				
10	铜	63	58	54	49	20	25	57	53	49	44	20	25	49	45	41	39	25	25	25	32
	铝	49	45	42	38			44	41	38	34			38	35	32	30				
16	铜	81	75	70	63	25	25	72	67	62	57	25	32	65	59	55	50	25	32	32	40
	铝	63	58	54	49			56	52	48	44			50	46	43	39				
25	铜	103	95	89	81	25	32	90	84	77	71	32	32	84	77	72	66	32	40	32	(50)
	铝	80	74	69	63			70	65	60	55			65	60	56	51				

续表

芯线截面积（mm²）	芯线材质	2根单芯线 环境温度（℃）				2根穿管管径（mm）		3根单芯线 环境温度（℃）				3根穿管管径（mm）		4～5根单芯线 环境温度（℃）				4根穿管管径（mm）		5根穿管管径（mm）	
		25	30	35	40	SC	MT	25	30	35	40	SC	MT	25	30	35	40	SC	MT	SC	MT
35	铜	129	120	111	102	32	40	116	108	99	92	32	40	103	95	89	81	40	(50)	40	—
	铝	100	93	86	79			90	84	77	71			80	74	69	63				
50	铜	161	150	139	126	40	50	142	132	123	112	40	(50)	129	120	111	102	50	(50)	50	—
	铝	125	116	108	98			110	102	95	87			100	93	86	79				
70	铜	200	186	173	157	50	50	184	172	159	146	50	(50)	164	150	141	129	50	—	70	—
	铝	155	144	134	122			143	133	123	113			127	118	109	100				
95	铜	245	228	212	194	50	(50)	219	204	190	173	50	—	196	183	169	155	70	—	70	—
	铝	190	177	164	150			170	158	147	134			152	142	131	120				
120	铜	284	264	245	224	50	(50)	252	235	217	199	50	—	222	206	191	173	70	—	80	—
	铝	220	205	190	174			195	182	168	154			172	160	148	136				
150	铜	323	301	279	254	70	—	290	271	250	228	70	—	258	241	223	204	70	—	80	—
	铝	250	233	216	197			225	210	194	177			200	187	173	158				
185	铜	368	343	317	290	70	—	329	307	284	259	70	—	297	277	255	233	80	—	80	—
	铝																				

附表 L-4　　橡皮绝缘导线穿硬塑料管时的允许载流量（A）

芯线截面积（mm²）	芯线材质	2根单芯线 环境温度（℃）				2根穿管管径（mm）	3根单芯线 环境温度（℃）				3根穿管管径（mm）	4～5根单芯线 环境温度（℃）				4根穿管管径（mm）	5根穿管管径（mm）
		25	30	35	40		25	30	35	40		25	30	35	40		
2.5	铜	25	22	21	19	15	22	19	18	17	15	19	18	16	14	20	25
	铝	19	17	16	15		17	15	14	13		15	14	12	11		
4	铜	32	30	27	25	20	30	27	25	23	20	26	23	22	20	20	25
	铝	25	23	21	19		23	21	19	18		20	18	17	15		
6	铜	43	39	36	34	20	37	35	32	28	20	34	31	28	26	25	32
	铝	33	30	28	26		29	27	25	22		26	24	22	20		
10	铜	57	53	49	44	25	52	48	44	40	25	45	41	38	35	32	32
	铝	44	41	38	34		40	37	34	31		35	32	30	27		
16	铜	75	70	65	58	32	67	62	57	53	32	59	55	50	46	32	40
	铝	58	54	50	45		52	48	44	41		46	43	39	36		
25	铜	99	92	85	77	32	88	81	75	68	32	77	72	66	61	40	40
	铝	77	71	66	60		68	63	58	53		60	56	51	47		

续表

芯线截面积(mm²)	芯线材质	2根单芯线 环境温度(℃)				2根穿管管径(mm)	3根单芯线 环境温度(℃)				3根穿管管径(mm)	4～5根单芯线 环境温度(℃)				4根穿管管径(mm)	5根穿管管径(mm)
		25	30	35	40		25	30	35	40		25	30	35	40		
35	铜	123	114	106	97	40	108	101	93	85	40	95	89	83	75	40	50
	铝	95	88	82	75		84	78	72	66		74	69	64	58		
50	铜	155	145	133	121	40	139	129	120	111	50	123	114	106	97	50	65
	铝	120	112	103	94		108	100	93	86		95	88	82	75		
70	铜	197	184	170	156	50	174	163	150	137	50	155	144	133	122	65	75
	铝	153	143	132	121		135	126	116	106		120	112	103	94		
95	铜	237	222	205	187	50	213	199	183	168	65	194	181	166	152	75	80
	铝	184	172	159	143		165	154	142	130		150	140	129	118		
120	铜	271	253	233	214	65	245	228	212	194	65	219	204	190	173	80	80
	铝	210	196	181	166		190	177	164	150		170	158	147	134		
150	铜	323	301	277	254	75	293	273	253	231	75	264	246	228	209	80	90
	铝	250	233	215	197		227	212	196	179		205	191	177	162		
185	铜	364	339	313	288	80	320	307	284	259	80	299	279	258	236	100	100
	铝	282	263	243	223		255	238	220	201		232	216	200	183		

注 如附表 L-2 的注 2 所述，如果三相负荷平衡，则虽有 4 根或 5 根导线穿管，但导线的载流量仍按 3 根导线穿管选择，而穿线管管径则按实际穿管导线数选择。

附表 L-5　塑料绝缘导线穿硬塑料管时的允许载流量（A）

芯线截面积(mm²)	芯线材质	2根单芯线 环境温度(℃)				2根穿管管径(mm)	3根单芯线 环境温度(℃)				3根穿管管径(mm)	4～5根单芯线 环境温度(℃)				4根穿管管径(mm)	5根穿管管径(mm)
		25	30	35	40		25	30	35	40		25	30	35	40		
2.5	铜	23	21	19	18	15	21	18	17	15	15	18	17	15	14	20	25
	铝	18	16	15	14		16	14	13	12		14	13	12	11		
4	铜	31	28	26	23	20	28	26	24	22	20	25	22	20	19	20	25
	铝	24	22	20	18		22	20	19	17		19	17	16	15		
6	铜	40	36	34	31	20	35	32	30	27	20	32	30	27	25	25	32
	铝	31	28	26	24		27	25	23	21		25	23	21	19		
10	铜	54	50	46	43	25	49	45	42	39	25	43	39	36	34	32	32
	铝	42	39	36	33		38	35	32	30		33	30	28	26		
16	铜	71	66	61	51	32	63	58	54	49	32	57	53	49	44	32	40
	铝	55	51	47	43		49	45	42	38		44	41	38	34		
25	铜	94	88	81	74	32	84	77	72	66	40	74	68	63	58	40	50
	铝	73	68	63	57		65	60	56	51		57	53	49	45		

续表

芯线截面积(mm²)	芯线材质	2根单芯线				2根穿管管径(mm)	3根单芯线				3根穿管管径(mm)	4～5根单芯线				4根穿管管径(mm)	5根穿管管径(mm)
		环境温度（℃）					环境温度（℃）					环境温度（℃）					
		25	30	35	40		25	30	35	40		25	30	35	40		
35	铜	116	108	99	92	40	103	95	89	81	40	90	84	77	71	50	65
	铝	90	84	77	71		80	74	69	63		70	65	60	55		
50	铜	147	137	126	116	50	132	123	114	103	50	116	108	99	92	65	65
	铝	114	106	98	90		102	95	89	80		90	84	77	71		
70	铜	187	174	161	147	50	168	156	144	132	50	148	138	128	116	65	75
	铝	145	135	125	114		130	121	112	102		115	107	98	90		
95	铜	226	210	195	178	65	204	190	175	160	65	181	168	156	142	75	75
	铝	175	163	151	138		158	147	136	124		140	130	121	110		
120	铜	266	241	223	205	65	232	217	200	183	65	206	192	178	163	75	80
	铝	206	187	173	158		180	168	155	142		160	149	138	126		
150	铜	297	277	255	233	75	267	249	231	210	75	230	222	206	188	80	90
	铝	230	215	198	181		207	193	179	163		185	172	160	146		
185	铜	342	319	295	270	75	303	283	262	239	80	273	255	236	215	90	100
	铝	265	247	220	209		235	219	203	185		212	198	13	167		

注　1. 同上表注。

2. 管径在工程中常用英寸（in）表示，管径的SI制与英制近似对照如下：

SI制（mm）	15	20	25	32	40	50	65	70	80	90	100
英制（in）	1/2	3/4	1	1（1/4）	1（1/2）	2	2（1/2）	2（3/4）	3	3（1/2）	4

参 考 文 献

[1] 孙丽华．电力工程基础［M］．2版．北京：机械工业出版社，2010.
[2] 葛廷友．供配电技术［M］．北京：北京航空航天大学出版社，2009.
[3] 刘介才．工厂供电［M］．6版．北京：机械工业出版社，2015.
[4] 甄国涌，商福恭．电气接地技术［M］．北京：中国电力出版，2013.
[5] 贾智勇．高压电工基础知识［M］．北京：中国电力出版社，2014.
[6] 刘宝贵，叶鹏，马仕海．发电厂变电站电气部分［M］．3版．北京：中国电力出版社，2016.
[7] 文锋．电气二次接线识图［M］．北京：中国电力出版社，2000.
[8] 电力工业部电力规划设计总院．电力系统设计手册［M］．北京：中国电力出版社，1998.
[9] 水利电力部西北电力设计院．电力工程电气设计手册：电气一次部分［M］．北京：中国电力出版社，1996.
[10] 国家电力调度通信中心．国家电网公司继电保护培训教材［M］．北京：中国电力出版社，2009.